普通高等教育“十二五”规划教材

机械设计基础

主　编　田亚平　李爱姣

中国水利水电出版社
www.waterpub.com.cn

内 容 提 要

“机械设计基础”是一门介绍机械设计的基本知识、基本理论和基本方法的专业基础课程。为适应能源、动力、交通、材料、自动控制、生物化工、信息工程、光电、环境、石油、土建、轻纺、食品工业等非机械类专业对现代机电产品中机构设计与选型及常用零部件设计与计算方面的要求，培养学生的创新意识和工程设计能力，本书分 17 章从机械设计的总体要求、材料特性、机构工作原理、传动零部件设计、连接零部件设计、轴系零部件设计及减速器课程设计等方面详细阐述了机械设计的一般规律和思路、设计的基本知识、基本理论和设计方法。

本书可作为高等工科学校非机械类各专业 64 学时左右的机械设计基础课程的教材，也可供有关工程技术人员参考和自学。

图书在版编目（CIP）数据

机械设计基础 / 田亚平，李爱姣主编. -- 北京 : 中国水利水电出版社，2015.2（2021.9 重印）
普通高等教育“十二五”规划教材
ISBN 978-7-5170-2900-7

Ⅰ. ①机… Ⅱ. ①田… ②李… Ⅲ. ①机械设计－高等学校－教材 Ⅳ. ①TH122

中国版本图书馆CIP数据核字(2015)第020878号

策划编辑：宋俊娥　责任编辑：宋俊娥　加工编辑：宋　杨　封面设计：李　佳

书　名	普通高等教育“十二五”规划教材 **机械设计基础**
作　者	主　编　田亚平　李爱姣
出版发行	中国水利水电出版社 （北京市海淀区玉渊潭南路 1 号 D 座　100038） 网址：www.waterpub.com.cn E-mail：mchannel@263.net（万水） sales@waterpub.com.cn 电话：（010）68367658（营销中心）、82562819（万水）
经　售	全国各地新华书店和相关出版物销售网点
排　版	北京万水电子信息有限公司
印　刷	三河市鑫金马印装有限公司
规　格	184mm×260mm　16 开本　16.5 印张　410 千字
版　次	2015 年 2 月第 1 版　2021 年 9 月第 4 次印刷
印　数	6001—8000 册
定　价	30.00 元

前　言

“机械设计基础”是一门介绍机械设计的基本知识、基本理论和基本方法的重要专业基础课程。本书针对“十二五”科学技术的发展规划要求，现代机电产品设计中对具有创新精神人才的需要，为适应能源、动力、交通、材料、自动控制、生物化工、信息工程、光电、环境、石油、土建、轻纺、食品工业等非机械类专业对现代机械设计中机构设计与选型及常用零部件设计与计算方面的知识要求，从提高学生的创新设计能力入手，加强工程设计和实践内容，注重设计技能的基本训练，由专业教育转向通识教育，拓宽学生的知识面，全面提高学生的综合素质。

本书在教学体系与内容上进行系统改革，从整个机械系统下手，着重培养学生的创新设计能力，提高学生的独立工作和解决实际问题的能力。在内容编排上，遵从由浅入深的认识规律，采取突出重点、照顾知识面的原则，注意共性与特性的分析，将涉及内容和设计方法有机地融合，加强结构设计的训练，从而使学生既能掌握本课程的核心内容，又有利于培养学生的创新意识和工程设计能力。同时，本书在文字叙述上力求简明扼要、通俗易懂，以适应各专业学生对本课程学习的需要。

本书由田亚平、李爱姣担任主编。绪论和第 1～7 章由李爱姣编写，第 10 章和第 16 章由汪诤编写，其余部分由田亚平编写。在本书的编写过程中，兰州交通大学机电工程学院机械设计系的赵军、牛卫中、刘艳妍、洪涛、边红丽、潘丽华、张强、石慧荣老师给予了热情鼓励与大力支持，并对本书提出了许多宝贵的意见和建议。甘肃省经济学校的康军凤老师对书中的文字和公式进行了详细校正。在出版过程中，中国水利水电出版社的领导和编辑给予了很大支持与帮助，并付出了辛勤劳动，编者在此向他们表示诚挚的谢意！

本书由兰州交通大学机电工程学院院长石广田教授审阅，在此致以衷心的感谢。

限于编者水平，书中错误和不当之处在所难免，恳请各位专家和广大读者批评指正。

编　者

2014 年 12 月

目　　录

第一篇　机械设计总论

第二篇　常用机构设计

第三篇 机械传动

第四篇　机械连接

第五篇　轴承及轴系零部件

第六篇 机械设计实例

第一篇　机械设计总论

绪论

§0-1　本课程研究的对象和内容

机械是现代社会进行生产和服务的五大要素（即人、资金、能量、材料和机械）之一。任何现代产业和工程领域都需要应用机械，在人们的日常生活中，也越来越多地应用各种机械，如汽车、自行车、钟表、照相机、洗衣机、冰箱、空调机、吸尘器等。

随着机械化生产规模的日益扩大，各个工程领域的发展都要求机械工程有与之相适应的发展，都需要机械工程提供所必需的机械。因此，不仅机械制造领域，在动力、铁路、建筑、冶金、石油、化工、食品工业等各工程领域工作的工程技术人员，都会经常接触到各种类型的通用和专用机械，因此，他们必须具备一定的机械基础知识。

“机械设计基础”研究的对象是机械，研究的内容是有关机械的基础知识，即机械中常用机构和常用零、部件设计的基本理论问题。

从一般意义来讲，“机械”就是劳动工具，现代机械是由古代的劳动工具逐步发展起来的，其性能也是从低级幼稚阶段逐渐发展为高级先进阶段，并且发展成为了当今多种多样的类型，并且它的发展程度标志着国家的科技水平，也是当今科技高速发展的基础。

从专业意义上讲，机械是“机器”和“机构”的总称。

一、机器

机器的种类繁多，其形式、构造和用途也各不相同，但就其组成来说，它们有着相同的特征。

图 0-1 所示的自行车是一种简单的机器，它由链轮 1、链条 2、飞轮 3、后轮 4 和前轮 5 等组成。人力通过踏板使链轮 1 转动，经过链条 2 带动飞轮 3，飞轮 3 内的棘轮机构驱动后轮 4 转动，从而使自行车沿地面向前运动，实现代步功能。

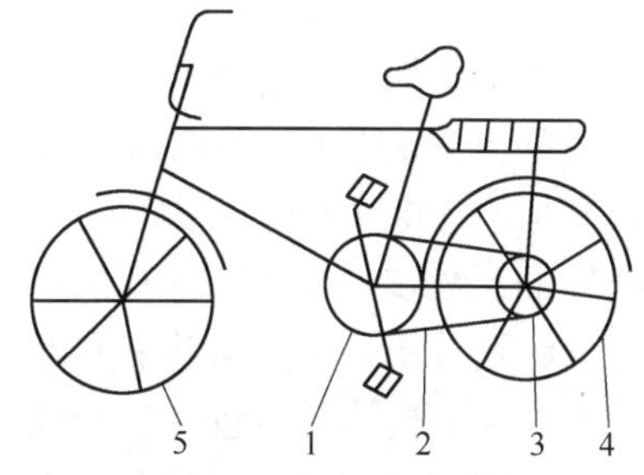

图 0-1　自行车示意图

图 0-2 所示为单缸四冲程内燃机，它由汽缸体 1、活塞 2、连杆 3、曲轴 4、小齿轮 4′和大齿轮 5、凸轮轴 5′、顶杆 6 等组成。当内燃机工作时，燃气推动活塞作往复运动，经连杆使曲轴连续转动。为了保证曲轴每转两周，进、排气阀各启闭一次，利用固定在曲轴上的小齿轮 4′带动固定在凸轮轴上的大齿轮 5 转动，再由凸轮轴上的两个凸轮 5′推动顶杆 6 来控制进气阀和排气阀。这样，当燃气推动活塞运动时，进、排气阀有规律的启闭，将燃气的内能转变为曲轴转动的机械能。

图 0-3 所示的牛头刨床是由床身 1、主动齿轮 2、从动齿轮 3、滑块 4、导杆 5、连杆 6、滑枕 7 等组成。当安装于机架 1 上的主动齿轮 2 转动时，可将运动传递给与之相啮合的齿轮 3，齿轮 3 通过滑块 4 带动导杆 5 绕 E 点摆动，并通过连杆 6 带动滑枕 7，刨刀固定在滑枕 7 的前端，随同滑枕一起作往复直线运动，实现刨削运动，完成有效的机械功。

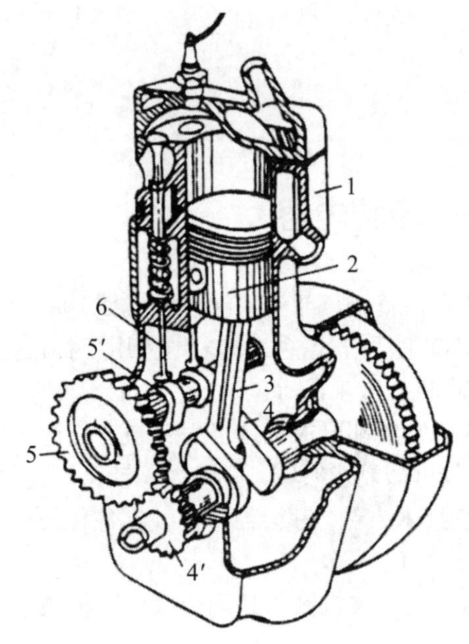

图 0-2 单缸四冲程内燃机

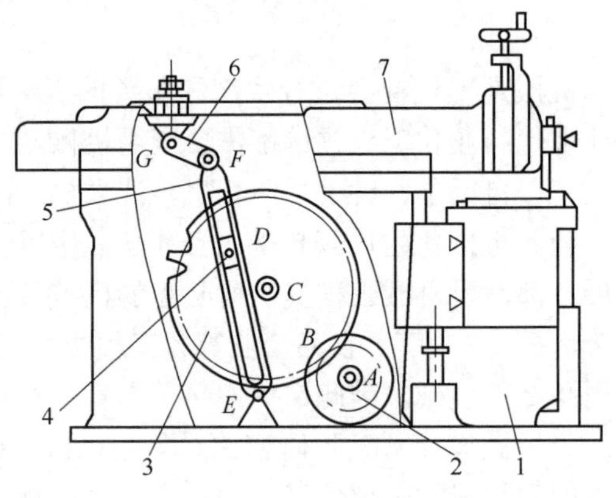

图 0-3 牛头刨床

从以上几个例子可以看出，机器具有以下三个特征：

（1）它们是人为的实物组合；

（2）它们是执行机械运动的装置；

（3）它们能代替或减轻人的劳动，完成有效的机械功（如机床、起重机、洗衣机等），传递能量、物料（斗提机、螺旋输送机）与信息（发报机、传真机等），或者进行能量的变换（如内燃机、发电机等）。

二、机构

机器中用于传递运动和动力的部分称为机构，机器的运动大多是通过各种机构来实现的。

如图 0-2 所示的单缸内燃机，主要包含三个机构：活塞、连杆、曲轴和汽缸体组成曲柄滑块机构，它将活塞的往复运动转变为曲柄的连续转动；凸轮、顶杆和汽缸体组成凸轮机构，将凸轮的连续转动变为顶杆有规律的往复移动；曲轴、凸轮轴上的齿轮和汽缸体组成齿轮机构。

经过分析，可以看出各种机器的主要组成部分是各种机构，机构是一切机器的共性组成部分。一部机器通常包含一个或若干个机构，电动机只由一个机构组成。

机构与机器类似，也是人为的实物组合，但机构只是一个构件系统，只用于传递运动和动力，它不具备机器的第三个特征。机器除了传递运动和动力之外，还具有变换或传递能量、物料、信息的功能。但仅从结构和运动的观点来看，机器与机构之间并无区别。所以，通常用“机械”一词作为机器和机构的总称。

机器中常用的机构有：连杆机构、凸轮机构、齿轮机构、间歇运动机构、螺旋传动机构等。

三、构件、零件和部件

1. 构件

组成机构的各个相对运动的部分称为构件，它是一个整体或元件的刚性组合，是运动的单元。

例如：曲轴（图 0-2）是一个整体；而内燃机的连杆（图 0-4）则是由连杆体 1，连杆盖 2，轴套 3，轴承瓦 4、5，螺栓 6，螺母 7，销 8 等元件刚性的连接在一起，元件之间无相对运动，构成了运动的最小单元。

自行车的车轮也是一个构件，是由外胎、内胎、钢圈、辐条和支撑架等元件组成，各元件间不产生相对运动。

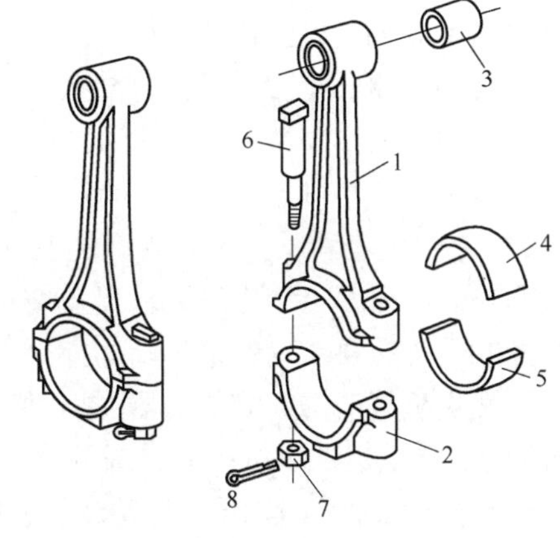

图 0-4　内燃机连杆

2. 零件

组成构件的单元称为零件，零件是机器中最小的制造单元。零件有通用零件和专用零件两大类。

通用零件是各种机器中普遍使用的零件，如螺栓、螺母、螺钉、键、齿轮、弹簧等；专用零件是特定类型机器中所使用的零件，如洗衣机中的波轮、内燃机中的活塞、风扇中的叶轮等。

构件与零件的区别在于：构件是运动的最小单元，零件是制造的最小单元。

3. 部件

机器中由若干零件所组成而协调工作的、不一定是刚性连接的装配单元，称为部件，如减速器、离合器、顶尖、刀架、轴承等。

四、机器的组成

虽然机器的种类繁多，形式各不相同，但一部完整的机器主要由以下四个部分组成，如图 0-5 所示。

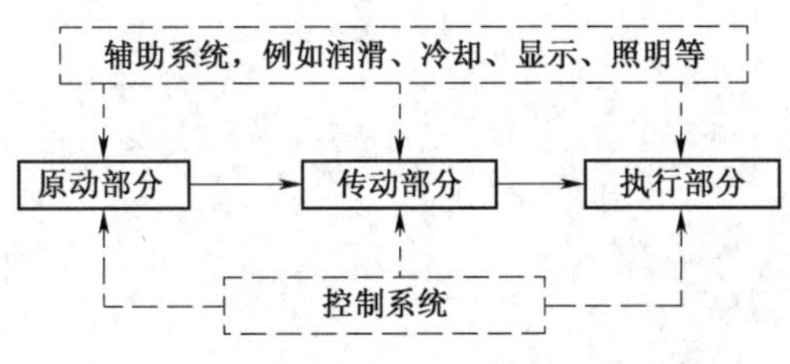

图 0-5　机器的组成

（1）原动部分。原动部分为机器运转提供动力，是将自然界中的能量转换为机械能的机械装置。常用的原动机有电动机、内燃机等。电动机可以把电能转化成机械能；内燃机可把燃料燃烧的化学能转换成机械能。

（2）执行部分。执行部分是一部机器中最接近作业工作端的部分，它通过执行构件与被作业件相接触，完成作业任务。如起重机的吊钩、车床的刀架、仪表的指针等。一部机器可以只有一个执行部分，也可以把机器的功能分解成几个执行部分。

（3）传动部分。传动部分用来连接原动机和执行部分，将原动机的运动形式、运动及动力参数转变为执行部分所需的运动形式、运动及动力参数。传动部分大多数采用机械传动，有时也采用液压或电力传动。如常用的各种减速和变速装置均可作为传动部分。

（4）控制、辅助系统。控制、辅助系统用来处理机器各组成部分之间，以及与外部其他机器之间的工作协调关系，它通常由各种传感器、继电器、控制器和计算机等组成。例如，用各种传感器收集机器内、外部的信息，输入计算机进行处理，并向机器各部分发出指令，使之协调工作。随着科学技术和生产的发展，对机械的功能和高度自动化的要求日益增长，因此对控制系统的要求也越来越高。

洗衣机是清洗衣物的机器，是我们熟悉的机械之一。虽然洗衣机控制方式各有不同，但结构和执行部件基本相同。自动洗衣机的动力源是电动机；带传动、齿轮减速器是传动部分；波轮和脱水桶是执行部分；机械控制、电控、传感器等为控制辅助系统（见图 0-6）。

如图 0-7 所示的汽车，发动机是原动部分；离合器、变速箱、传动轴和差速器等是传动部分；车轮、悬挂系统及底盘（包括车身）是执行部分；方向盘、转向系统、排挡杆、刹车、油门等是控制系统；后视镜、车门锁、雨刮器、车灯及各种仪表等为辅助系统。

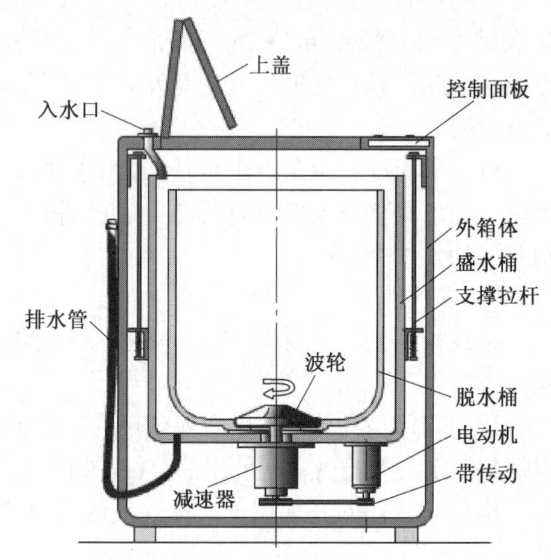

图 0-6 自动洗衣机

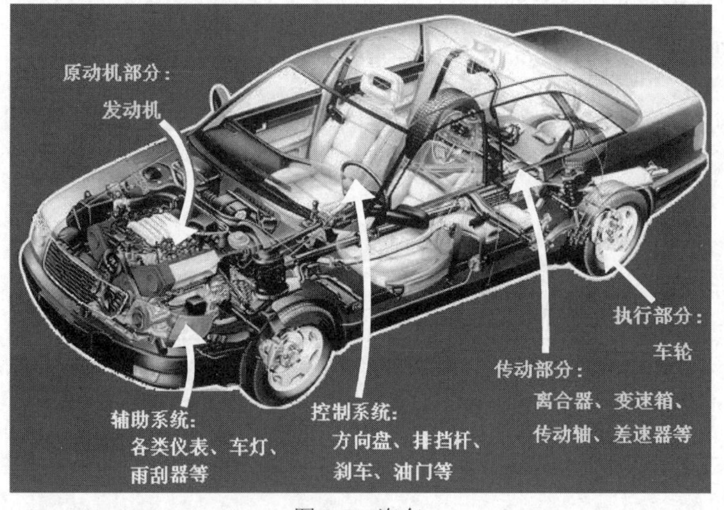

图 0-7 汽车

本课程的研究内容是在简要介绍关于整部机器设计的基本知识的基础上，重点讨论机械设计的一般原则和步骤；机械的组成原理和规律；组成机械的常用机构、机械传动、通用零部件；常用机械连接的工作原理、特点、应用、结构及其基本的设计计算方法等共性问题。

本书讨论的具体内容是：

（1）总体部分——机械及零件设计的基本原则、设计及计算理论；材料选择及钢的热处理；结构要求以及标准的应用等基本知识。

（2）常用机构——平面机构的组成原理；常用机构如平面连杆机构、凸轮机构、齿轮机构、轮系、间歇运动机构的工作原理、结构特点、应用范围及设计的基本知识；机械的平衡、机械运转速度波动的类型及其调节方法。

（3）机械传动——带传动、链传动、齿轮传动、蜗杆传动等。

（4）机械连接——螺纹连接、键连接、花键连接、无键连接、销连接等。

（5）轴系部分——轴、滑动轴承、滚动轴承、联轴器、离合器和制动器等。

（6）机械设计实例——减速器的结构、课程设计的内容和要求。

§0-2 本课程的性质和任务

一、本课程的性质和任务

机械设计基础是高等学校工科相关专业必修的一门设计性质的课程，是培养学生具有一定机械设计能力的技术基础课。本课程具有系统性、综合性、工程性的特点，是从理论性很强的基础课向实践性较强的专业课过渡的一个重要转折点。为此，对于机械设计人员来说，只有理论扎实，才能充分考虑并正确处理机械设计中的各种问题，才能进行创造性的设计工作，从而获得最佳的设计结果。

本课程的主要任务是：使学生获得认识、正确使用和维护机械设备方面的一些基本知识；培养学生具备分析和选择常用机构的能力；初步掌握运用有关机械设计方面的手册设计简单机械装置的能力，为顺利过渡到专业课程的学习以及进行专业产品和设备的设计奠定必要的基础。

二、本课程的学习方法

机械设计的过程具有反复性，而且往往有多种设计方案可供选择和判断。所以，在初学本课程时，学生常常难以适应这一变化。为了使学生尽快进入该课程的学习，需注意以下几点：

（1）注重基本概念的理解和基本设计方法的掌握。常用机构的工作原理、设计方法以及零部件的强度计算与校核是本课程的主要内容；

（2）着重理解公式的应用条件、公式中参数的选择范围等；

（3）注意联系生产实际，特别是结构设计和工艺性问题；

（4）学习机械设计不仅在于继承，更重要的是应用创新，只有学会创新，才能把知识变成分析问题、解决问题的能力。

习 题

0-1 机器与机构有什么异同？机器有哪些特征？机器的组成以及各部分的作用是什么？

0-2 构件与零件有什么区别？

0-3 什么是专用零件和通用零件？

第 1 章　机械设计的基础知识

§1-1　机械设计的基本要求和一般程序

一、机械设计的基本要求

机械设计的任务是在当前技术发展所能达到的条件下，根据生产及生活的需要提出的，目的是设计新产品，或者改进现有的机器和设备，使其具有新的性能。

无论机器的类型如何，一般来说，对机器提出以下的基本要求：

1. 使用要求

所设计的机械应具有预定的使用功能。这主要靠正确地选择机械的工作原理，正确地设计或选用原动机、传动机构和执行机构，以及合理配置控制辅助系统来实现。

2. 经济性要求

机械的经济性体现在设计、制造和使用的全过程。设计经济性体现在降低设计成本和采用先进的设计方法以缩短设计周期等；制造经济性体现在省工、省料、易装配、制造周期短等；使用经济性表现在高生产率、高效率、低能耗以及低的管理成本、维护费用等。

3. 可靠性要求

机械的可靠性的高低是用可靠度来衡量的。可靠度是指在规定的使用时间内和预定的环境条件下机械能够正常工作的概率。

机械的可靠性取决于设计、制造、管理、使用等各阶段。机器出厂时已经存在的可靠性称为机器的固有可靠性，它在机器的设计、制造阶段就已确定。考虑到用户的人为因素，已出厂的机器正确地完成预定功能的概率，称为机器的使用可靠性。在管理、使用等环节所采取的措施，只能用来保证而不能超过固有可靠性。所以，作为机械的设计者，对机械的可靠性起到决定性的作用。

4. 劳动保护和环境保护要求

对机械的劳动保护和环境保护要求为：

（1）使机械的操作者方便和安全。设计时要按照人机工程学观点布置各种按钮、手柄，使操作方式符合人们的心理和习惯，同时，设置完善的安全装置、报警装置、显示装置等。

（2）改善操作者及机械的环境。降低机器运转时的噪声水平，防止有毒、有害介质的渗漏，对废气和废液进行治理。

5. 其他要求

在满足以上基本要求的前提下，对于不同的机械，有其特殊的要求。例如：对机床有长期保持精度的要求；对飞机有质量小、飞行阻力小而运载能力高的要求；对流动使用的机械有便于安装和拆卸的要求；对大型机器有便于运输的要求；对于食品机械有防止污染的要求等。

二、机械设计的一般程序

机器是一个复杂的系统，它的质量基本上取决于设计质量。制造过程从本质上讲，是实现设计时所规定的质量，因此，设计阶段是决定机器好坏的关键。

机械设计是一个创造性的工作，同时也是一个尽可能多地利用已有的成功经验的工作，只有把继承与创新很好地结合起来，才能设计出高质量的机器。

要提高设计质量，必须有一个科学的设计程序。根据人们设计机器的长期经验，一部机器的设计程序基本上可以用图 1-1 表示。

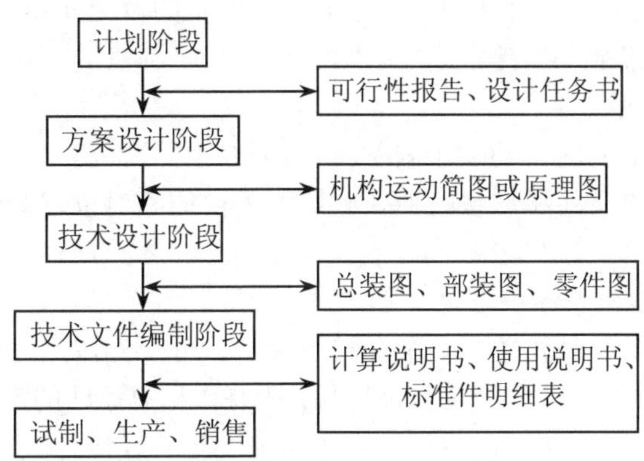

图 1-1　机械设计的一般程序

1. 计划阶段

计划是设计工作必要的前提和准备。在根据市场预测、用户需求调查和可行性分析后，拟定出机械的设计任务书。任务书中应规定机器的功能、主要参数、工作环境、生产批量、预期成本、设计完成期限以及使用条件等。

2. 方案设计阶段

方案设计是影响机械产品结构、性能、工艺、成本的关键环节，是实现机械产品创新的重要阶段。方案设计是在功能分析的基础上，确定机械的工作原理和技术要求；拟定机械的总体布局、传动方案；选择恰当的机构、绘制机构运动简图等。

3. 技术设计阶段

技术设计是将机械的功能原理方案具体化为机械及零部件的合理结构。其工作主要包括选择材料、确定零部件的合理结构；检查机械的功能及零部件的强度、刚度、运转精度等性能是否满足设计要求；最后绘制出正式的总装配图、部件装配图和零件工作图。

4. 技术文件编制阶段

完成全部生产图样，并编制设计计算说明书、使用说明书、标准件明细表及易损件（或备用件）清单等技术文件。

从明确设计要求开始，经过设计、制造、鉴定到产品定型是一个复杂的过程。在实际设计工作中，上述设计步骤的各个阶段的顺序并不是一成不变的，有时是相互交叉或相互平行的，例如设计计算与绘图常常是相互交叉、互为补充的。

§1-2　机械零件的设计准则及设计步骤

机器是由各种各样的零部件组成的，要使所设计的机器满足其基本要求，零件必须首先达到要求，即零件设计的好坏，将对机器使用性能的优劣起着决定性的作用。

一、机械零件的主要失效形式

机械零件由于某种原因而不能正常工作的现象称为失效，其主要失效形式有：

1. 整体断裂

机械零件在受外载荷作用时，由于某一危险截面上的应力超过零件的强度极限而发生的断裂，或者零件在受交变应力作用时，危险截面上发生的疲劳断裂，均属于整体断裂，例如齿轮轮齿根部的断裂、螺栓的断裂等。

2. 过大的残余变形

如果作用于零件上的应力超过了材料的屈服极限，零件将产生残余塑性变形。当残余变形过大时，会使零件的尺寸和形状改变，破坏各零件的相对位置和配合，使机器的运动精度丧失。

3. 零件的表面破坏

零件的表面破坏主要是腐蚀、磨损和接触疲劳。处于潮湿空气中或与水、汽及其他腐蚀介质接触的金属零件，均有可能产生腐蚀现象；所有作相对运动的零件接触表面都有可能发生磨损；在接触变应力作用下工作的零件表面也可能发生接触疲劳。腐蚀、磨损和接触疲劳都是随工作时间的延续而逐渐发生的失效形式。

4. 破坏正常工作条件引起的失效

有些零件只有在一定的工作条件下才能正常工作。例如，带传动和摩擦轮传动，只有在传递的有效圆周力小于临界摩擦力时才能正常工作；液体摩擦的滑动轴承，只有在保持完整的润滑油膜时才能正常工作。如果破坏了这些必备的条件，零件将发生不同类型的失效。例如，带传动将发生打滑失效；滑动轴承将发生过热、胶合、磨损等形式的失效。

二、机械零件的设计准则

为防止零件失效，保证其工作能力，在设计机械零件时主要有以下设计准则：

（一）强度准则

零件在载荷作用下所产生的最大工作应力不得超过零件的许用应力。

1. 载荷和应力

在计算零件强度时，需要根据作用在零件上载荷的大小、方向和性质以及工作情况，确定零件中的应力。作用在零件上的载荷和相应的应力，按其随时间变化的情况，可分为以下两类：

（1）静载荷和静应力。不随时间变化或变化缓慢的载荷和应力，称为静载荷和静应力（图 1-2）。例如零件的重力及其相应的应力。

（2）变载荷和变应力。随时间作周期性变化的载荷和应力，称为变载荷和变应力（图 1-3）。变应力既可由变载荷产生，也可以由静载荷产生。例如，轴在不变弯矩作用下等速转动时，轴的横截面内将产生周期性变化的弯曲应力。

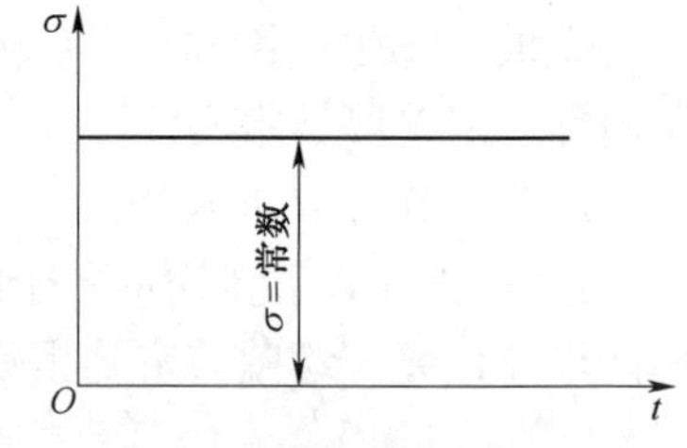

图 1-2 静载荷和静应力

应力作周期性变化时，一个周期所对应的应力变化称为应力循环。应力循环中的平均应力 σ_m、应力幅度 σ_a、循环特性 r 与其最大应力 σ_{max} 和最小应力 σ_{min} 有如下的关系

$$\sigma_m = \frac{\sigma_{max} + \sigma_{min}}{2} \tag{1-1}$$

$$\sigma_a = \frac{\sigma_{max} - \sigma_{min}}{2} \tag{1-2}$$

$$r = \frac{\sigma_{min}}{\sigma_{max}} \tag{1-3}$$

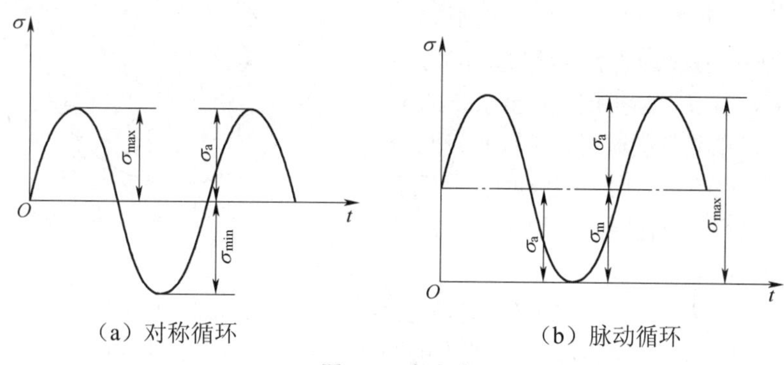

（a）对称循环　　（b）脉动循环

图 1-3　变应力

当$r=-1$时，称为对称循环（图 1-3a）；当$r \neq -1$时，称为非对称循环，其特例是$r=0$，称为脉动循环（图 1-3b）；当$r=+1$时，称为静应力，可以看成是变应力的一个特例。

在进行强度计算时，作用在零件上的载荷又可分为：

名义载荷：在稳定和理想的工作条件下，作用在零件上的载荷称为名义载荷。

计算载荷：为了提高零件的工作可靠性，必须考虑影响零件强度的各种因素，如零件的变形、工作阻力的变动、工作状态的不稳定等。为计入上述因素，将名义载荷乘以某些系数，作为计算时采用的载荷，称为计算载荷。

2. 零件的整体强度

零件整体抵抗载荷作用的能力称为整体强度。其强度条件为

$$\sigma \leqslant [\sigma] \text{ 或 } \tau \leqslant [\tau] \tag{1-4}$$

而

$$[\sigma] = \frac{\sigma_{lim}}{S}, \quad [\tau] = \frac{\tau_{lim}}{S} \tag{1-5}$$

式中：σ_{lim}，τ_{lim} 分别为零件材料的极限拉应力和剪切应力，MPa；S 为安全系数，可以用下列几个系数的乘积表示

$$S = S_1 S_2 S_3 \tag{1-6}$$

式中：S_1 为考虑计算载荷及应力准确性的系数，一般 S_1=1～1.5；S_2 为考虑材料机械性能均匀性的系数，对锻钢件或轧钢件 S_2=1.2～1.5，对铸铁零件取 S_2=1.2～2.5；S_3 为考虑零件重要程度的系数，一般 S_3=1～1.5。

从式（1-5）可知，要求出许用应力还需要确定极限应力，而极限应力应当根据应力循环特性和材料性质来选择。

（1）静应力下的强度。

对于塑性材料，应取材料的屈服极限σ_s或τ_s作为极限应力，即

$$[\sigma] = \sigma_s / S, \quad [\tau] = \tau_s / S \tag{1-7}$$

对于脆性材料，应取材料的强度极限σ_B或τ_B作为极限应力，即

$$[\sigma]=\sigma_B/S，\ \tau=\tau_B/S \tag{1-8}$$

（2）变应力下的强度。

在变应力下，零件疲劳断裂是主要的失效形式。这种失效形式不仅与变应力的大小有关，还与应力循环次数有关。表面无缺陷的金属材料的疲劳断裂过程可分为两个阶段，第一阶段是在变应力的作用下，零件材料表面开始滑移而形成初始裂纹；第二阶段是在变应力作用下随着应力循环次数的增加初始裂纹逐渐扩展，直至余下的未断裂的面积不足以承受外载荷时，材料就突然发生脆性断裂，因此在断裂前由于裂纹两边相互摩擦而形成表面光滑区，而在突然断裂时产生粗糙的断裂区（见图 1-4）。

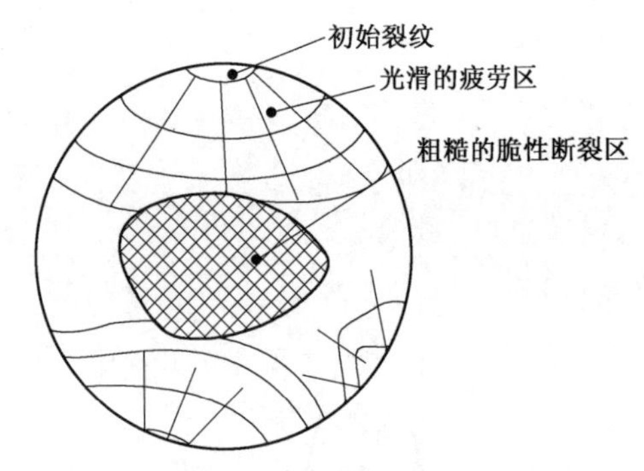

图 1-4　零件疲劳断口

实际上，由于材料具有晶界夹渣、微孔以及机械加工造成的表面划伤、裂纹等缺陷，材料的疲劳断裂过程只经过第二阶段，零件上的圆角、凹槽、缺口等造成的应力集中也会促使零件表面裂纹的生成和扩展。

当循环特性 r 一定时，材料经过 N 次应力循环后，不发生破坏的应力最大值称为疲劳极限 σ_r（或 τ_r）。表示应力循环次数 N 与疲劳极限 σ 间关系的曲线称为疲劳曲线（σ-N 曲线）。典型的疲劳曲线如图 1-5 所示，横坐标为循环次数 N，纵坐标为极限应力 σ。从图中可以看出：应力越小，试件能经历的循环次数就越多。对于一般的铁碳合金，当循环次数 N 超过某一数值 N_0 后曲线趋向水平，即疲劳极限不再随循环次数 N 的增加而降低，把 N_0 称为循环基数。对应于 N_0 的应力称为材料的疲劳极限，记为 σ_r（或 τ_r）。在对称循环变应力下，$r=-1$，取其疲劳极限为 σ_{-1}（或 τ_{-1}）做为极限应力 $\sigma_{\lim}$；在脉动循环变应力下，$r=0$，取其疲劳极限为 σ_0（或 τ_0）做为极限应力 $\sigma_{\lim}$。

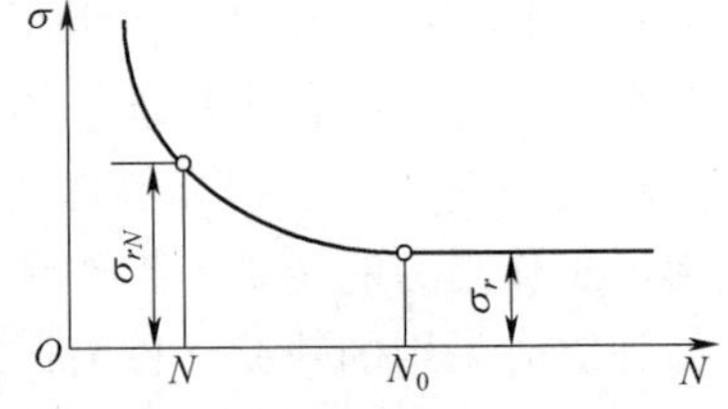

图 1-5　疲劳寿命 $\sigma-N$ 曲线图

3. 零件的表面接触强度

在机械中经常遇到两个零件上的曲面互相接触以传递压力的情况。加载前两个曲面呈线接触或点接触，加载后由于接触表面的局部弹性变形，接触线或接触点扩展为微小的接触面积。图 1-6a 所示的原为线接触的两圆柱体，加载后接触区域扩展为 $2ab$ 的小矩形面积；图 1-6b 所示的原为点接触的两球，加载后接触点扩展成直径为 $2a$ 的小圆面积。两个零件在接触区产生的局部应力称为接触应力。

根据赫兹公式，轴线平行的两个圆柱体相压时，其最大接触应力可按下式计算，即

$$\sigma_H=\sqrt{\frac{\dfrac{F}{B}\left(\dfrac{1}{\rho_1}\pm\dfrac{1}{\rho_2}\right)}{\pi\left(\dfrac{1-\mu_1^2}{E_1}+\dfrac{1-\mu_2^2}{E_2}\right)}} \tag{1-9}$$

式中：σ_H 为最大接触应力；F 为外载荷；B 为接触线长度；ρ_1、ρ_2 分别为两圆柱体在接触处

曲率半径，其中正号用于外接触，负号用于内接触；E_1、E_2 分别为两圆柱体材料的弹性模量；μ_1、μ_2 分别为两圆柱体材料的泊松比。

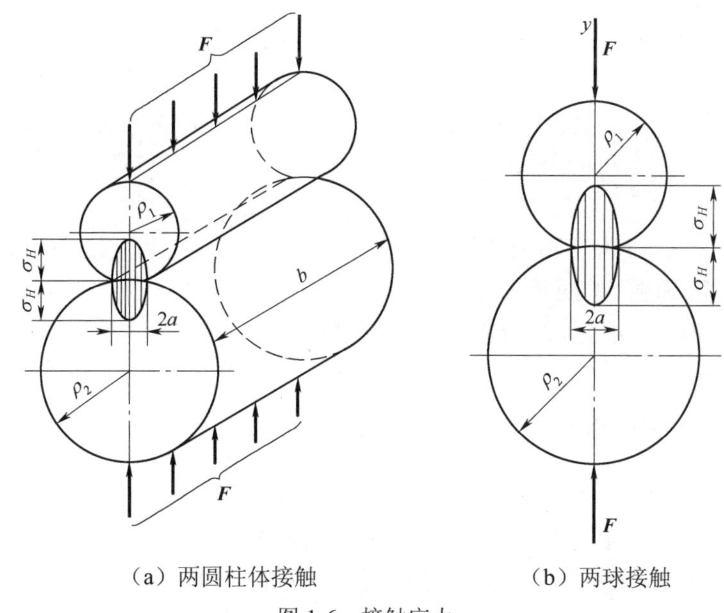

（a）两圆柱体接触　　　　（b）两球接触

图 1-6　接触应力

在循环接触应力作用下，接触表面产生疲劳裂纹，裂纹扩展导致表层小块金属剥落，这种失效形式称为疲劳点蚀。点蚀将使零件表面失去正确的形状，降低工作精度，引起附加动载荷，产生噪声和振动，并降低零件的使用寿命。

（二）刚度准则

零件在载荷作用下所产生的最大弹性变形量不得超过机器工作性能所允许的极限值，其表达式为

$$y_{max} \leqslant [y] \tag{1-10}$$

式中：y_{max} 为零件所产生的最大弹性变形量；$[y]$为零件的许用变形量。

对于某些零件要求有足够的刚度，例如机床的主轴、电动机轴等。对于另外一些零件（如弹簧、减震器等）是不允许有过大刚度的，即要求零件具有一定柔度。

（三）寿命准则

影响机械零件寿命的主要因素是磨损、腐蚀和疲劳破坏，它们是三个不同范畴的问题，所以它们各自发展过程的规律也不同。迄今为止，还没有提出实用有效的腐蚀寿命计算方法，因而也无法列出腐蚀的设计准则。关于磨损的计算方法，由于其类型众多，影响因素十分复杂，如载荷的大小和性质、滑动速度、润滑剂的化学性质和物理性质等，尚无可供工程实际使用的定量计算方法，因此现在按磨损设计零件的方法只能是条件性的。

（四）振动稳定性准则

设计时要使机器中受激振作用的各零件的固有频率与激振源的频率错开，以免发生共振。其表达式为

$$f_p \leqslant 0.85f \text{ 或 } f_p > 1.15f \tag{1-11}$$

式中：f 为零件的固有频率；f_p 为激振源的频率。

机器中存在很多周期性变化的激振源。如齿轮的啮合、滚动轴承中的振动等。如果某一零件本身的固有频率与上述激振源的频率重合或成整倍数关系时，这些零件会发生共振，以致使零件破坏或机器工作情况失常等。

（五）可靠性准则

如有一大批某种零件，其件数为 N_0，在一定的工作条件下进行试验，如果在 t 时间后仍有 N 件零件能正常工作，则此零件在该工作条件下工作 t 时间的可靠度 R 可表示为

$$R=\frac{N}{N_0} \tag{1-12}$$

很显然，随着试验时间 t 不断延长，N 不断地减小，可靠度也将随之改变。也就是说，零件的可靠度 R 本身是时间的函数。

在工程上，零件的可靠性也可以用平均寿命来表示。所谓平均寿命是指一大批零件在失效前平均工作的时间。

三、机械零件的设计步骤

机械零件的设计常按下列步骤进行：

（1）根据零件的使用要求，选择零件的类型和结构；

（2）根据机器的工作情况，确定作用在零件上的载荷大小；

（3）根据零件的工作条件，选择合适的材料及热处理方法；

（4）根据设计准则进行有关计算，确定出零件的基本尺寸；

（5）绘制零件的工作图，并标注必要的技术条件。

上述的设计步骤不是固定不变的，有时，可先根据实践的经验以及零件与机器结构协调一致的原则，初步定出零件的形状和尺寸，然后再根据衡量零件工作能力的基本准则进行验算，最后修改并确定零件的形状和尺寸。

§1-3 机械零件的常用材料及其选择

机械零件常用的材料有黑色金属（钢、铁）、有色金属、非金属材料和复合材料等。

一、机械零件的常用材料

1. 黑色金属

（1）碳钢和合金钢。

1）钢材按化学成分可分为碳素钢和合金钢。

碳素钢，简称碳钢，是含碳量大于 0.0218%而小于 2.11%的铁碳合金。常用的碳钢含碳量一般不超过 1.4%。碳钢具有较好的力学性能和工艺性能，且产量高、价格低，因此它是机械工程上应用十分广泛的金属材料。

合金钢，是在优质碳素钢中加入适当的合金元素，如锰（Mn）、镍（Ni）、铬（Cr）、硅（Si）等冶炼而成。合金钢具有比碳钢更高的强度和韧性，但合金钢冶炼比较复杂，价格也较昂贵，因此，在应用碳钢能够满足要求时，一般不使用合金钢。

2）碳素钢按含碳量分为低碳钢、中碳钢和高碳钢。

含碳量低于 0.25%的为低碳钢，其抗拉强度和屈服强度较低，但塑性和可焊性好；含碳量在 0.25%～0.6%的为中碳钢，有较高的强度、一定的塑性和韧性，综合力学性能较好；含碳量在 0.6%以上的为高碳钢，其强度高、弹性好但塑性差。

我国钢的牌号是根据国家标准（GB/T 221-2000），采用汉语拼音字母、化学元素符号和阿拉伯数字相结合来表示，牌号中化学元素采用国际化学符号表示。

普通碳素钢的牌号冠以 Q，代表钢材的屈服强度，后面的数字表示屈服强度数值，单位为 MPa。例如，Q235 表示屈服强度为 235MPa 的碳素钢。普通碳素钢一般不进行热处理，用于制造受载不大，且主要处于静应力状态下的一般零件，如螺钉、螺母、垫圈等。

优质碳素钢牌号开头的两位数字表示平均含碳量的万分数。例如，45 钢表示平均含碳量为 0.45%的碳素钢；65Mn 钢表示平均含碳量为 0.65%、含锰量约为 1%的高级优质碳素钢。优质碳素钢可进行热处理，用于制造受载较大，或承受一定冲击载荷的较重要的零件，如一般用途的齿轮、蜗杆、轴等。

合金钢牌号的前两位数字也表示平均含碳量的万分数，后面的数字表示主要合金元素的含量，以平均含量的百分之几表示，含量少于或等于 1.5%时，一般不标明含量。例如 $60Si_2Mn$ 表示平均含碳量 0.6%，平均含硅量 2%，平均含锰量不大于 1.5%。合金钢的热处理工艺性好，但价格高。表 1-1～表 1-3 分别列出了几种普通碳素钢、优质碳素钢、合金钢的力学性能。

表 1-1　几种普通碳素钢的力学性能

牌号	化学成分 C /（%）	力学性能			应用举例
		抗拉强度 σ_B /MPa	屈服强度 σ_s /Mpa	伸长率 δ_5 /%	
Q195	0.06～0.12	315～390	195	33	塑性好，有一定的强度，用于制造受力不大的零件，如螺钉、螺母、垫圈、焊接件、冲压件及桥梁建筑金属构件
Q235	0.14～0.20	375～460	235	26	
Q255	0.18～0.28	410～510	255	24	强度较高，用于制造承受中等载荷的零件，如小轴、拉杆、连杆、容器、油罐、车辆、桥梁、农机零件等
Q275	0.28～0.38	490～610	275	20	
Q295	0.28～0.38	490～610	295	23	

表 1-2　几种优质碳素钢的力学性能

牌号	化学成分 C /（%）	热处理方法	抗压强度 σ_B /MPa	屈服强度 σ_s /Mpa	伸长率 δ_5 /%	硬度		应用举例
						/HBS	/HRC（表面淬火）	
10	0.07～0.14	正火	335	205	31	≤137		形状简单、受力小的垫圈、铆钉、轴套、螺钉、起重钩等
20	0.17～0.24	正火	410	245	25	≤156	渗碳后 56～62，芯部 137～163HBS	
		正火回火	400	220	24	103～156		

续表

牌号	化学成分 C / （%）	热处理方法	抗压强度 σ_B /Mpa	屈服强度 σ_s /Mpa	伸长率 δ_5 /%	硬度 /HBS	硬度 /HRC（表面淬火）	应用举例
35	0.32～0.40	正火	530	315	20	≤187	35～45	曲轴、转轴、连杆、螺栓、螺母等
		调质	580	400	19	156～207		
45	0.42～0.50	正火	600	355	16	≤241	40～45	齿轮、链轮、轴、键、销等
		调质	700	500	17	215～255		
50Mn	0.48～0.56	正火	645	390	13	≤255	45～55	齿轮、齿轮轴、东风 $_4$ 内燃机车凸轮轴等
		调质	800	550	8	196～229		
65	0.62～0.70	淬火 480℃回火	1000	800	9	（/HRC）38～45		板簧、螺旋弹簧等
65Mn	0.62～0.70	淬火 480℃回火	1000	800	8	（/HRC）40～48		板簧、刹车弹簧、弹簧垫圈

表 1-3 几种合金钢的力学性能

牌号	热处理办法	抗拉强度 σ_B /MPa	屈服强度 σ_s /Mpa	伸长率 δ_5 /%	硬度 /HBS	硬度 /HRC（表面淬火）	应用举例
20Cr	渗碳 淬火 回火	835	540	10	179	渗碳 56～62	机床变速箱齿轮、齿轮轴、蜗杆、活塞销、气门顶杆等
20Mn2	渗碳 淬火 回火	785	590	10	187	渗碳 56～62	代替 20Cr
20CrMnTi	渗碳 淬火 回火	1080	850	10	217	渗碳 56～62	工艺性优良，可用作汽车的齿轮、凸轮等
35SiMn	调质	885	735	15	229～286	45～55	传动齿轮、主轴、飞轮
35CrMo	调质	985	835	12	207～269	40～45	大截面齿轮、重载传动轴、韶山 $_{7E}$ 电力机车连杆销等
40Cr	调质	980	785	9	241～286	48～55	重要的齿轮、轴、连杆螺钉、进气阀、汽车万向节等
$60Si_2Mn$	淬火 460℃ 回火	1300	1250	5	（/HRC）40～48		铁路机车上板弹簧、安全阀弹簧等
$18Cr_2Ni_4WA$	调质	1200	850	10		35～40	大型渗碳齿轮、轴、东风 $_4$ 内燃机车连杆螺栓等

（2）铸钢。

铸造碳钢（简称铸钢）一般用于形状复杂、尺寸较大的零件，如轧钢机机架、水压机横梁、锻锤和钻座等。铸钢的平均含碳量在 0.20%～0.60%之间。如果含碳量过高，塑性会变差，而且铸造时易产生裂纹。其牌号是由“铸钢”两字的汉语拼音首字母的大写“ZG”加两组数字组成，第一组数字代表屈服强度，第二组数字代表抗拉强度。例如 ZG270-500 表示屈服强度不小于 270MPa、抗拉强度不小于 500MPa 的铸钢。

（3）铸铁。

铸铁是指含碳量大于 2.11%的铁碳合金，工业上常用铸铁的含碳量一般在 2.55%～4.0%范围内。它的铸造工艺性好，适于形状复杂的零件，且价格低廉，但抗拉强度、塑性和韧性较差，不能锻造或辗轧。铸铁主要分为灰铸铁、球墨铸铁等。

灰铸铁的断口呈灰色，故称灰铸铁。灰铸铁是铸铁中最便宜的一种，由于本身的抗压强度约为抗拉强度的四倍，广泛用于制造机床床身、箱体、机座等。灰铸铁的代号用“灰铁”两字的汉语拼音首字母的大写“HT”加数字组成，数字表示抗拉强度。例如 HT200 表示抗拉强度不小于 200MPa 的灰铸铁。

球墨铸铁的强度比灰铸铁高，接近于低碳钢，而减振性优于钢，具有较高的延展性和耐磨性，因此多用于制造曲轴等承受冲击载荷且形状复杂的零件。球墨铸铁的代号用“球铁”两字的汉语拼音首字母的大写“QT”加两组数字组成：第一组数字表示抗拉强度，第二组数字表示伸长率。QT 500-7 表示抗拉强度不小于 500MPa、伸长率为 7%的球墨铸铁。

表 1-4 为几种常用的铸钢和铸铁的力学性能。

表 1-4　几种铸钢和铸铁的力学性能

牌号	热处理办法	抗拉强度 σ_B /MPa	屈服强度 σ_s /Mpa	伸长率 δ_5 /%	硬度 /HBS	硬度 /HRC（表面淬火）	应用举例
ZG310-570	正火回火	570	310	15	≥151	40～50	大齿轮、汽缸、制动轮、辊子等
ZG340-640	调质	700	380	12	241～269	45～55	起重运输机中的齿轮、棘轮等
	正火	640	340	10	169～229		
HT150		150			163～229		承受中等载荷的铸件，如机床支架、箱体、带轮、轴承座、法兰、阀壳、管路附件等
HT200		200			170～241		承受中等载荷的重要零件，如汽缸、齿轮、飞轮、刀架、一般机床床身等
HT250		250			175～262		齿轮、油缸、汽缸、轴承座、联轴器、机体等
HT300		300			182～272		承受高载荷、耐磨和高气密性的零件，如活塞环、凸轮、压力机机身、高压液压筒等
QT500-7		500	320	7	170～230		受压阀门、飞轮、内燃机油泵齿轮、铁轮机车车辆轴瓦等
QT600-3		600	370	3	190～270		柴油机曲轴、机床主轴、空压机缸体、缸套等

2. 有色金属及其合金

在工业上，把黑色金属以外的金属及其合金统称为有色金属。有色金属具有许多可贵的特性，如减磨性、耐蚀性、耐热性和导电性等。

（1）铜合金。

铜合金不仅具有良好的减磨性和耐磨性，还具有优良的导电、导热、耐蚀性和延展性。铜合金分黄铜和青铜两大类。黄铜是铜锌合金，其强度和耐蚀性较好。青铜又分为锡青铜（又称普通青铜）和无锡青铜（特殊青铜）两种，前者是铜锡合金，后者是铜和铝、硅、铅等的合金。锡青铜的减磨性、耐磨性比无锡青铜好，但强度稍差。铜合金可通过铸造或辗压来制备毛坯，可制造形状复杂的零件。表 1-5 为几种青铜的力学性能。

表 1-5　几种青铜的力学性能

牌号	铸造种类	力学性能			应用
		抗拉强度 σ_B/MPa	伸长率 δ_5/%	硬度/HBS	
ZCuSn10P1	砂模 金属模	220 310	3 2	80 90	重要用途的轴承、齿轮、轴瓦、缸套等减磨零件
ZCuSn5Pb5Zn5	砂模 金属模	200	13 3	60	较高负荷、中速的轴瓦、衬套、齿轮等耐磨零件
ZCuAl9Mn2	砂模 金属模	390 440	20	85 95	耐磨、耐蚀零件，如齿轮、蜗轮、衬套等
ZCuPb30	金属模	—	—	25	柴油机曲轴及连杆的轴承、高速双金属轴瓦

（2）铝合金。

铝合金的切削性能好，耐腐蚀，但不耐磨，可用镀铬的方法提高其耐磨能力；铝合金不产生电火花，故可用作贮存易燃、易爆物料的容器。

（3）轴承合金。

轴承合金一般指滑动轴承合金，用来制造滑动轴承的轴瓦或轴承衬，又称巴氏合金，是锡、铅、锑、铜等的合金，具有优良的减磨性、耐磨性和导热性。

3. 非金属材料

机械中除了大量应用金属材料外，还经常使用非金属材料，如工程塑料、橡胶、皮革、陶瓷、木材等。

（1）工程塑料。

塑料是在玻璃态使用的高分子材料。实际上使用的塑料是以树脂为基础原料，加入（或不加）各种助剂增强材料或填料，在一定温度和压力的条件下可以塑造或固化成型，得到固体制品的一类高分子材料。由于塑料具有原料丰富、制取方便、成形加工简单、成本低等优点，所以近年来广泛用于制成各种零件，以节约钢材和有色金属，如罩壳、支架、仪表零件等。

（2）橡胶。

橡胶除具有弹性、能缓冲吸振外，还有较好的抗撕裂、耐疲劳、不透水、不透气、耐酸碱和绝缘等特性，因而在密封、防腐蚀、防渗漏、减振、耐磨、绝缘以及安全防护等方面得到了广泛的应用。

4. 复合材料

复合材料是由两种或两种以上的金属或非金属材料复合而成的新材料。通常其中的一种作为基体起黏结作用，另一些作为增强材料，提高承载能力。复合材料不仅性能优于单一材料，而且还可具有单一材料不具备的独特性能，从而使复合材料具有优良的综合性能。因此，复合材料已在建筑、交通运输、化工、船舶、航空航天和通用机械等领域广泛应用。

二、钢的热处理

热处理是将钢在固态下加热到一定温度，并进行必要的保温，然后再用不同的冷却速度，改变钢的组织结构，从而得到所需性能的一种工艺方法。热处理能充分发挥材料的潜能，延长零件的使用寿命，目前机械中大多数零件都要进行热处理。常用热处理的方法有：退火、正火、淬火、回火、表面热处理等。

1. 退火

退火是将钢加热到一定的温度（对 45 钢，一般在 830℃～860℃），并保温一段时间，然后随炉缓慢冷却。退火的目的是降低硬度、提高塑性、改善加工性能。消除钢中的内应力，细化晶粒，均匀组织，为后续热处理作准备。

2. 正火

正火的加热温度和保温时间与退火相似，不同的是正火是在空气中冷却，冷却速度大于退火的冷却速度，故可获得比退火后更细的组织，从而得到较高的力学性能（硬度和强度均比退火后高），但消除内应力效果不如退火好。由于正火比退火周期短、费用低，故低碳钢大多采用正火代替退火。

3. 淬火

淬火是将钢加热到一定的温度（对 45 钢，一般在 830℃～860℃），经保温后投入水、盐水或油中急速冷却。淬火后，钢的硬度急剧增加，但存在很大的内应力，脆性也相应增加。淬火的主要目的是提高材料的硬度，以提高材料的耐磨性及疲劳强度等。

普通淬火处理是将整个零件，按上述过程进行淬火，这种热处理方式亦称整体淬火，整体淬火后的零件会有较大的内应力，因此淬火后必须进行回火。

4. 回火

回火是将淬火后的零件，重新加热到一定温度，保温一段时间，然后在空气或油中冷却。回火的目的是消除淬火时因冷却过快而产生的内应力，以降低钢的脆性，使其具有一定的韧性。因而回火不是独立的工序，它是淬火后必须进行的工序。根据加热温度不同，回火可分为低温回火、中温回火、高温回火三种。

低温回火：加热温度为 150℃～250℃，低温回火后硬度一般可达 55～64HRC。目的是在保持高硬度、高强度和耐磨性的前提下，适当提高韧性、降低淬火应力和脆性。主要用于高碳钢制作的切削刀具、模具和滚动轴承等。

中温回火：加热温度为 300℃～500℃，中温回火后硬度一般可达 35～50HRC。目的是获得较高的弹性、消除淬火后的内应力和脆性，同时具有足够的强度、塑性和韧性。主要用于要求强度较高的零件，如刀杆、轴套、热压模具等。

高温回火：加热温度为 500℃～650℃。目的是消除淬火后的内应力，获得较高的强度、塑性和韧性相配合的综合力学性能，但硬度较低（200～350HBS）。生产中把淬火后经高温回火的处理过程称为调质处理。调质处理主要用于各种重要的结构零件，特别是在变载荷下工作的连杆、螺栓、螺母、曲轴和齿轮等。调质处理还可作为某些精密零件如丝杠、量具等的预备热处理，以减小最终热处理过程中的变形。

5. 表面热处理

表面热处理是强化零件表面（主要提高其硬度及耐磨性）的重要手段，常用的方法有表面淬火和化学热处理两种。

表面淬火是将零件表层以极快的速度加热到淬火温度，不等热量传至工件芯部，迅速将该表面冷却的热处理方法。表面淬火只使表层被淬硬，而芯部仍留有原来的塑性和韧性。采用表面淬火的零件材料一般为中碳钢或中碳合金钢，如 45、40Cr、40MnB 等。齿轮、曲轴及主轴轴颈等零件，常采用这种热处理方法以提高表面的疲劳强度和耐磨性。

化学热处理是将机器零件置于含有某种化学元素（如碳、氮等）介质中加热保温，使介质中的活性原子渗入零件表层的一种热处理工艺。与表面淬火不同之处：表层不仅有组织的变化，而且有成分的变化。根据渗入元素的不同，常用的化学热处理方法有渗碳、氮化和氰化等。

渗碳是将钢件在渗碳剂中，加热到高温（900℃～950℃），保温，使碳原子渗入钢件表层，以获得高碳（含碳量一般为 0.85%～1%）的表面组织。目的是提高钢件表层的硬度（一般在56～62HRC）和耐磨性，而芯部仍保持原来的高塑性和韧性组织，这对工作时受到严重摩擦、冲击的零件，如汽车齿轮、活塞销、凸轮轴和花键轴特别有利。渗碳零件一般用低碳钢或低碳合金钢。

氮化是向钢件表层渗入氮原子的过程。目的是提高钢件表面的硬度、耐磨性、抗蚀性及疲劳强度等。氮化适用于合金钢，特别是含有铝、铬等合金元素的钢材，如 38CrMoAl、35CrMo 等为较典型的氮化用钢。氮化层本身具有极高的硬度，因此氮化后不再进行其他任何热处理和大余量的切削加工，有时只进行精磨和研磨。氮化主要用于精密量具、高精度机床主轴、镗杆、精密丝杠、气阀等。

氰化是向钢的表层同时渗入碳和氮的过程，因此又称碳氮共渗。目的也是为了提高零件表面的硬度、耐磨性、抗蚀性和疲劳强度，氰化后的零件需经淬火和低温回火处理。与渗碳相比，氰化可以获得更高的硬度和耐磨性，并且还有相当好的抗胶合能力；与氮化相比，氰化可获得更大的硬化层深度和较小的脆性。

三、机械零件材料的选择原则

在设计零件的过程中，合理地选用材料是一个重要的环节。因同一零件如采用不同的材料来制造，则零件的尺寸、结构、加工方法等都有所不同。因此，正确选用零件的材料，对保证和提高产品的性能与质量、降低成本有着十分重要意义。

在选择材料时，应主要考虑使用要求、工艺要求和经济要求。

1. 使用要求

使用要求是指强度、刚度、耐磨性、耐热性等要求。

（1）若零件的尺寸取决于整体强度，且尺寸和质量又受到某些限制时，应选用高强度的材料。

（2）若零件的尺寸取决于接触强度，选用可以进行表面强化处理的材料，如调质钢、渗碳、渗氮钢等。

（3）若零件的尺寸取决于刚度，首先应在零件结构设计方面保证有较大的刚度，当截面积相同，改变零件形状能得到较大的刚度，如某些空心轴结构的应用。由于碳素钢和合金钢的弹性模量相差很小，若想用价高的合金钢代替普通碳钢来提高零件的刚性是没有意义的。

（4）滑动摩擦下工作的零件，为减小阻力应选用减磨性能好的材料；在高温下工作的零件，应选用耐热材料；在腐蚀介质中工作的零件应选用耐腐蚀材料等。

由于通过热处理可以有效地提高和改善金属材料的性能，因此，在选用材料时，应同时考虑采用何种热处理工艺，以充分发挥材料的潜力。

2. 工艺要求

工艺要求是指所选材料能用最简单的方法制造出零件来。

选用材料时必须要考虑零件加工的工艺方法、生产条件和毛坯的制取方法等。

形状复杂、尺寸较大的零件采用铸造时，必须考虑材料的铸造性能，在结构上也必须要符合铸造要求。

对于锻件，要视批量大小决定采用模锻或自由锻；对于尺寸较小的齿轮坯、轴类等回转零件，可采用钢、铜合金、铝合金棒料，直接进行机械加工；对于形状简单、薄壁、高度或深度小的零件，如生产批量较大时，可采用低碳钢、铜、铝等塑性好的材料压力加工成型。

3. 经济要求

经济要求是指用所选材料能制造出成本最低的机器。

在满足使用要求和工艺要求的前提下，应尽可能选用普通材料和价格低廉的材料，以降低生产成本。另外还应综合考虑生产批量等因素的影响，大量生产宜用铸造毛坯；单件生产可采用焊接件。因为机器的价格不仅取决于材料的价格，而且与加工费用有很大的关系。有时虽然采用较昂贵的材料，但由于加工简便、外廓尺寸及重量减小，却能制造出成本低的机器来。例如，当生产个别形状不很复杂的大型机座时，采用焊接结构就比用铸造的成本低。

零件的不同部位有时对材料有不同的要求，可以在不同的部位上采用不同的材料或采用不同的热处理工艺，使各部位的要求都得到满足。如滑动摩擦支承中，只有与轴颈接触的表面处要求减磨性，此时可在轴套或轴瓦的内表面上，浇铸减磨性好的轴承合金，而不必将整个轴套或轴瓦都用减磨材料制造。

总之，全面考虑各方面的要求来选择材料是一个复杂的技术经济问题，选用时，可参考已有的类似零件的材料。

§1-4　机械零件的工艺性和标准化

一、机械零件的工艺性

工艺性良好的零件应当是：①制造和装配的工时较少；②需要复杂设备的数量较少；③材料的消耗较少；④准备生产的费用较少。

为此，设计者必须了解零件的制造工艺，能从材料选择、毛坯制造、机械加工、装配以及维修等环节考虑有关的工艺性问题。

1. 毛坯选择合理

机械制造中零件的毛坯种类主要有铸件、锻件、型材、冲压件和焊接件等。毛坯的种类与零件的尺寸、形状、生产批量有关，根据零件的要求和生产条件选择合理的毛坯种类，对零件的工作能力和经济性有很大影响。

2. 零件结构简单合理

零件的毛坯种类一经确定以后，就必须按照毛坯的特点进行结构设计，最好采用最简单的表面（平面、圆柱面）及其组合，同时还应当尽量使加工表面数目最少和加工面积最小；在同一个结构中，尽量采用相同零件；合理选择零件上的孔、槽等，尽可能选用标准刀具来加工。

3. 适当的加工精度、表面粗糙度和热处理条件

零件的加工费用会随着精度的提高而增加，精度规定过高将会增加零件的制造成本。因此，在没有充分依据时，不应该盲目追求高的精度，同理，零件的表面粗糙度也应当根据配合表面的实际需要，作出适当的规定。

二、机械零件设计中的标准化

零件的标准化，就是通过对零件的尺寸、结构要素、材料性能、检验方法、设计方法、制图要求等，制定出各式各样的大家共同遵守的标准。

标准化的意义：在设计方面，减轻设计工作量，有利于把主要精力用于关键零部件的创新设计；在制造方面，可实现专业化大量生产，有利于提高产品质量，降低成本，提高互换性；在管理和维修方面，可减少库存量，简化机器的维修工作。

我国现行标准分为国家标准（GB）、行业标准、地方标准和企业标准四种。按标准实施的强制程度，又分为强制性标准和推荐性标准两种。例如《压力容器》（GBl50.1～GBl50.4-2011）是强制性标准，必须执行；而《普通螺纹　基本尺寸》（GB / T196-2003）、《渐开线圆柱齿轮精度　检验细则》（GB/T 13924-2008）等为推荐性标准，鼓励企业采用。对于机械零件而言，已颁布的有连接件（如螺栓、螺母、键等）、传动件、密封件、轴承、联轴器等标准，各种标准可以查阅机械设计手册。

零件的标准化是在总结了先进生产技术和经验的基础上制定出来的。因此，设计人员在设计时如无特殊要求，应当采用国家标准。

习　题

1-1　设计机械时应满足哪些基本要求？

1-2　机械零件主要有哪些失效形式？常用的计算准则主要有哪些？

1-3　按时间和应力的关系，应力可分为几类？σ_{-1}、σ_0、σ_{+1}各代表什么？

1-4　零件疲劳断裂的断口有什么特点？为什么？

1-5　指出下列牌号的含义：Q235、45、65Mn、40Cr、20Mn2、ZG310-570、HT200、QT600-3。

1-6　设计机械零件时，应满足哪些基本要求？

1-7　选择机械零件的材料时，应该考虑哪些原则？

第二篇　常用机构设计

第 2 章　平面机构的结构分析

§2-1　平面机构的组成

一、运动副及其分类

1. 构件的自由度

一个自由构件可能出现的独立运动称为自由度。

一个作平面运动的自由构件有三个独立运动。如图 2-1 所示，在 xOy 坐标系中，构件 S 可随其上任一点 A 沿 x 轴、y 轴方向移动和绕点 A 转动。这种相对于参考系，构件所具有的独立运动称为构件的自由度，一个作平面运动的自由构件有三个自由度。

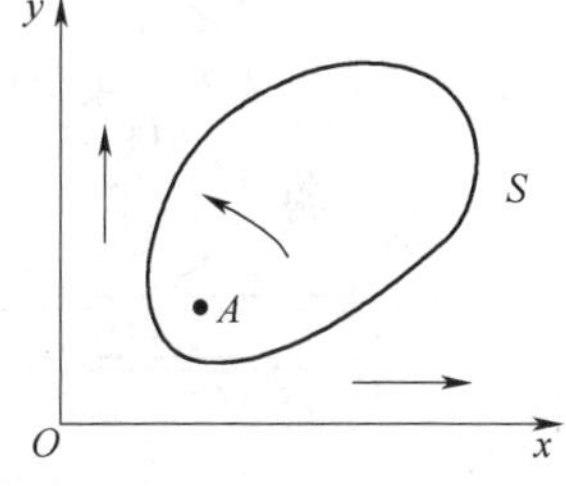

图 2-1　刚体自由度示意图

2. 运动副

机构由构件组成，机构中每个构件都是以一定的方式与其他构件相互连接，这种连接不是固定连接，而是能产生相对运动的连接，这种使两构件直接接触并能产生一定相对运动的可动连接称为运动副。例如，图 0-2 所示内燃机中活塞与汽缸、两个齿轮之间都构成运动副。

当两个构件以某种方式组成运动副后，它们的相对运动就受到约束，自由度随之减少。每加上一个约束，构件便失去一个自由度，自由度减少的数目等于引入的约束数目。两构件间约束数的多少以及约束的形式，完全取决于运动副的类型。

运动副的类型很多，按构件间相互接触方式不同可分为低副和高副两类。

（1）低副。

两构件通过面接触所构成的运动副称为低副。平面机构中的低副有转动副和移动副两种。

转动副：组成运动副的两构件若只能在一个平面内作相对转动或摆动，则该运动副称为转动副或铰链。如图 2-2 所示，若两构件中有一个是固定的，称为固定铰链（见图 2-2a）；若两个构件都是活动的，称为活动铰链（见图 2-2b）。

显然，图 2-2 中的两构件只能作相对转动，不能沿轴向或径向作相对移动。因此，两构件组成转动副后，引入 2 个约束，保留了 1 个自由度。

移动副：组成运动副的两构件只能沿某一轴线相对移动，则该运动副称为移动副。如图 2-3 所示。构件只能沿轴向作相对移动，其余的运动受到了约束（一个移动和一个转动），即引入 2 个约束，保留了 1 个自由度。

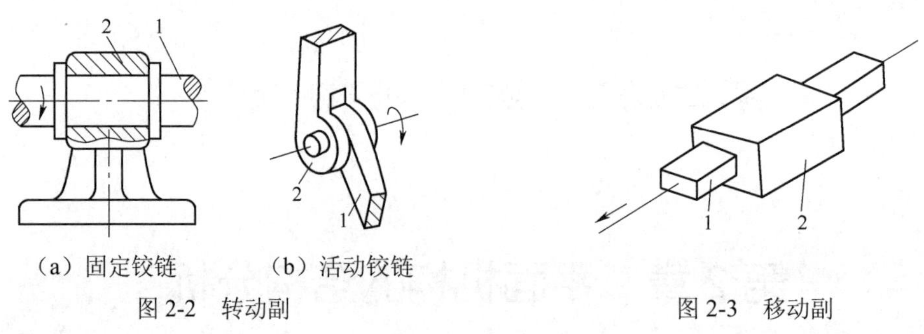

（a）固定铰链　（b）活动铰链

图 2-2　转动副

图 2-3　移动副

（2）高副。

两构件通过点或线接触组成的运动副称为高副。图 2-4a 中火车车轮与钢轨、图 2-4b 中的凸轮与从动件、图 2-4c 中轮齿 1 和轮齿 2 均在接触处 A 组成高副。组成平面高副的两构件间的相对运动是沿接触处的切线 t - t 方向的相对移动和在平面内绕接触点 A 的相对转动，构件间沿公法线 n-n 方向的移动受到约束。显然，高副引入 1 个约束，保留了 2 个自由度。

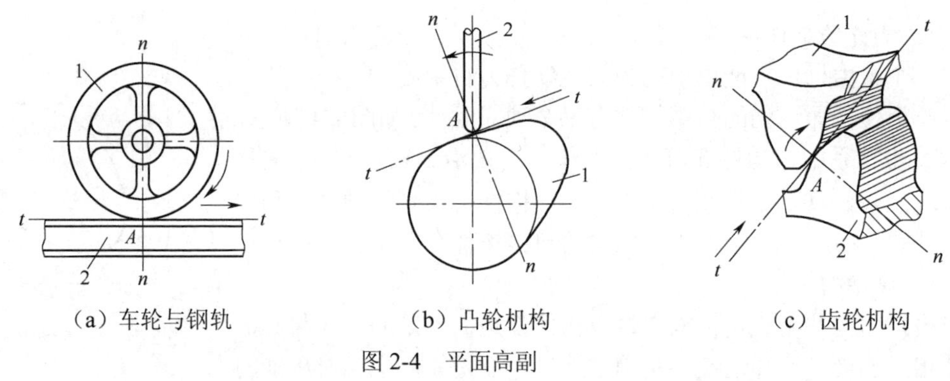

（a）车轮与钢轨　（b）凸轮机构　（c）齿轮机构

图 2-4　平面高副

因此，在平面机构中，平面低副具有 2 个约束，1 个自由度；平面高副具有 1 个约束，2 个自由度。

此外，在机械中还常采用图 2-5a 所示的球面副和图 2-5b 所示的螺旋副。由于这些运动副的两构件间的相对运动为空间运动，所组成的运动副属于空间运动副，故不属于本章的讨论范围。

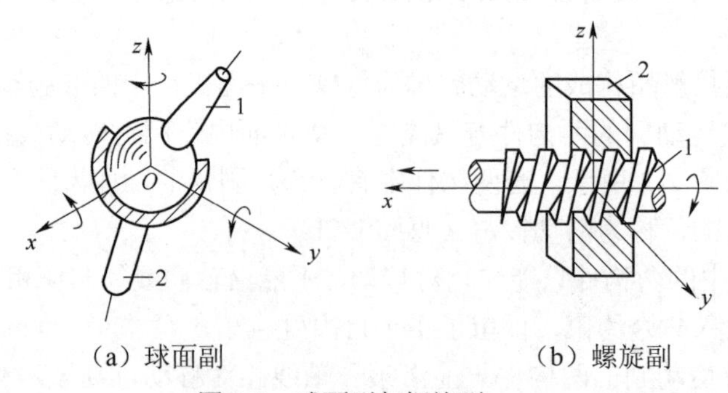

（a）球面副　（b）螺旋副

图 2-5　球面副与螺旋副

3. 运动链

由两个以上的构件通过运动副连接构成的系统称为运动链。如果运动链的各构件构成首末封闭的系统，如图 2-6a 所示，称为闭式链；如果运动链的各构件没有构成首末封闭的系统，如图 2-6b 所示，称为开式链。在各种机构中，一般多采用闭式链，开式链多用于机械手或机器人的传动中。

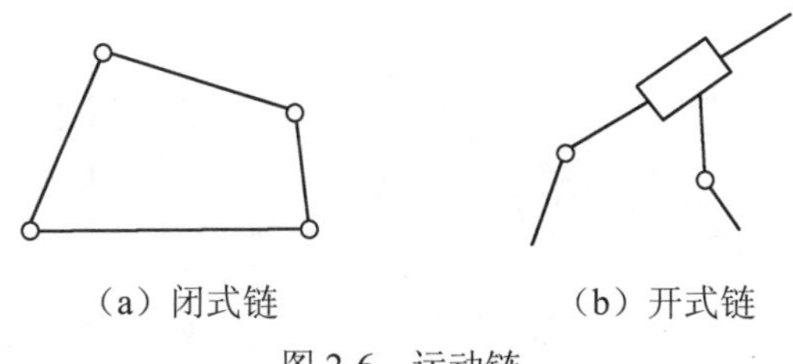

（a）闭式链　　（b）开式链

图 2-6　运动链

二、平面机构的组成

如果将运动链中的一个构件加以固定作为参考系，则这种运动链便成为机构。

机架：机构中作为参考系的构件称为机架，是用来支承活动构件的构件。机架相对地面可以是固定的，也可以是运动的（如汽车、轮船、飞机等中的机架）。如图 0-2 中的汽缸体是机架，用来支承活塞、连杆、曲轴、凸轮轴等活动构件。

主动件：按给定运动规律运动的活动构件称为主动件或原动件。如图 0-2 中的活塞 2，它的运动规律已知，是由外界输入的。

从动件：随着主动件的运动而运动的活动构件称为从动件。如图 0-2 中的连杆、曲轴、齿轮、凸轮、顶杆等都是从动件。从动件的运动规律取决于原动件的运动规律和机构的结构。

由此可见，任何机构都是由若干个构件通过运动副连接而成，且必定有一个固定构件作为机架，并有一个（或几个）原动件，从而使其余各个构件之间都能产生完全确定的相对运动。

§2-2　平面机构的运动简图

一、平面机构运动简图的定义

实际机构往往是由外形和结构都比较复杂的构件通过运动副连接而构成的。构件的运动取决于运动副的类型和机构的运动尺寸（确定各运动副相对位置的尺寸），而与构件外形、断面尺寸、组成构件的零件数目、运动副的具体结构等无关。因此，为了便于研究机构的运动，可以撇开构件、运动副的外形和具体构造，只用简单的线条和符号代表构件和运动副，并按一定的比例确定出各运动副位置，表示机构的组成和传动情况，这样绘制出的能够准确表达机构运动特性的简明图形称为机构运动简图。机构运动简图与原机构具有完全相同的运动特性，可以根据它对机构进运动分析。

有时，只是为了表明机构的组成情况、运动状态或各构件的相互关系，也可以不按比例来绘制运动简图，这种简图称为机构示意图。

二、机构运动简图中的常用符号

表 2-1 中列出了绘制运动简图时一些常用构件和运动副以及常用机构的代表符号。

表 2-1 机构运动简图中的常用符号

名称		符号	名称		符号
构件	固定件	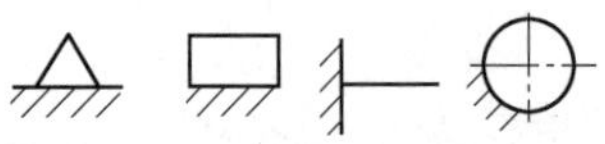	高副	凸轮副	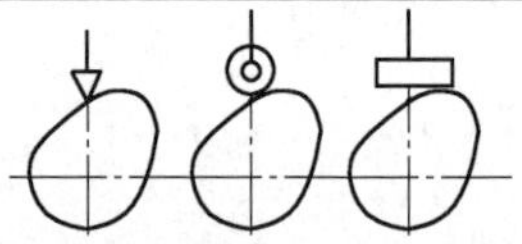
	同一构件			齿轮副	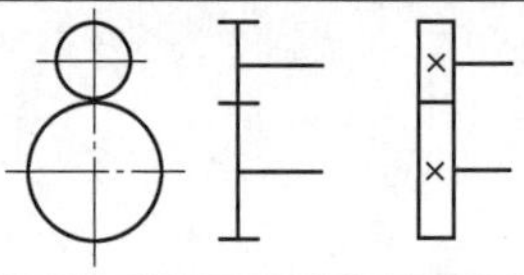
	两副构件	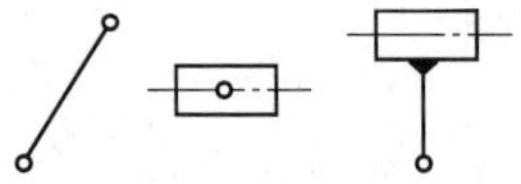			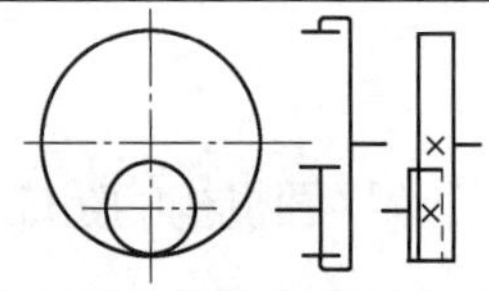
	三副构件	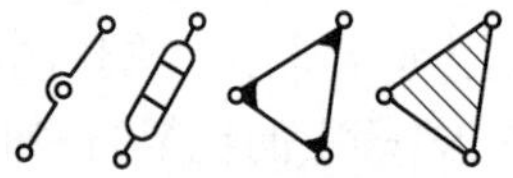			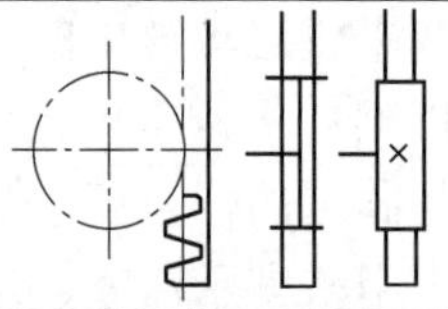
低副	转动副	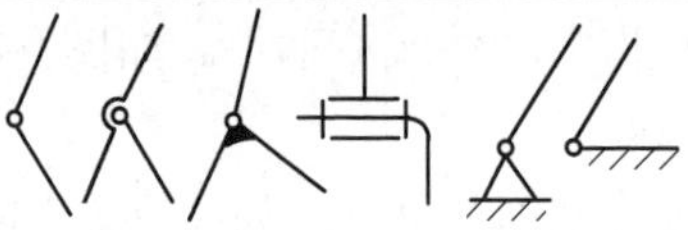			
	移动副	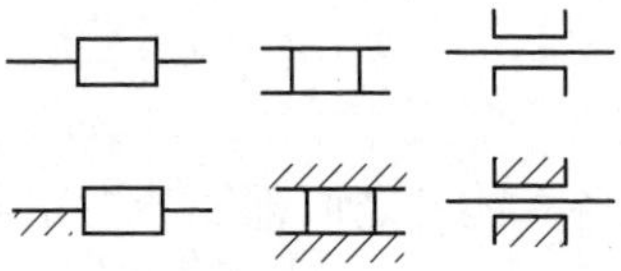			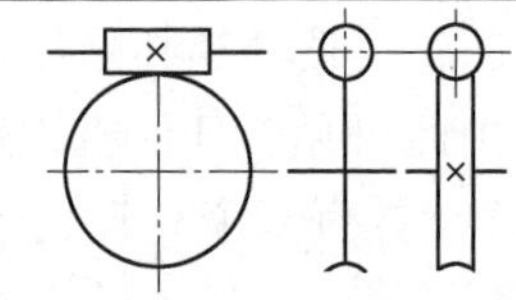
电动机		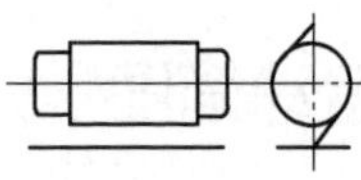	棘轮机构		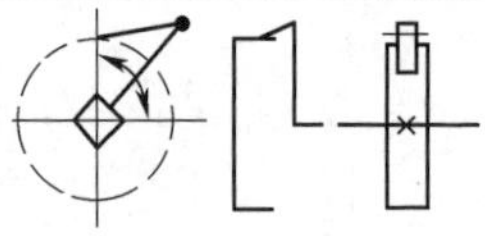
带传动		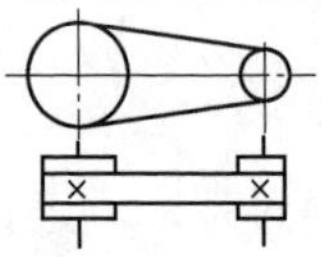	链传动		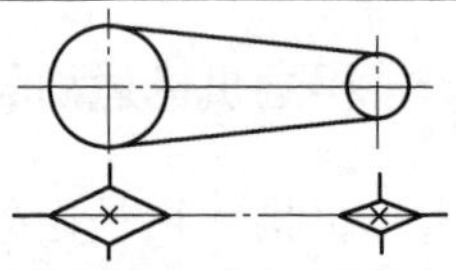

三、机构运动简图的绘制

机构运动简图的绘制步骤：

（1）分析机构的组成，确定机构的原动件和执行件，从原动件开始，沿运动传递顺序确定构件数目；

（2）分析机构的运动情况，确定机构中各构件的运动尺寸及运动副类型和数目；

（3）恰当地选择投影面，以能够简明地把机械结构及运动情况表示清楚为原则；

（4）选择合适的比例尺 μ_l， μ_l=实际尺寸（m）/图示尺寸（mm），用简单的线条和各种运动副代号绘制机构运动简图；

（5）用箭头表示原动件的运动方向。

例题 2-1　绘制图 2-7a 所示油泵机构的运动简图。

解：先找出油泵的原动件为圆盘 1，执行件是构件 3。当回转副 *B* 在 *AC* 中心线的左边时，从机架 4 的右孔道吸油；当 *B* 在 *AC* 中心线的右边时，经机架 4 的左孔道排油。

按照运动传递路线可以看出，此机构由圆盘 1、构件 2、构件 3 和机架 4 四个构件组成。其中圆盘 1 与机架 4 在 *A* 点构成转动副、与构件 2 在 *B* 点构成转动副，而构件 3 与机架 4 在 *C* 点构成转动副，构件 2 与构件 3 构成移动副，移动导路沿 *BC* 方向。

机构组成情况、运动情况清楚后，再选定投影面和比例尺，定出各转动副的位置，测量出各转动副中心之间的尺寸，即可绘出其机构的运动简图，如图 2-7b 所示。

例题 2-2　绘制图 0-2 所示单缸内燃机的机构运动简图。

解：活塞 2 是原动件，在燃气的压力作用下，活塞 2 首先运动，通过连杆 3 使曲轴 4 输出回转运动。为了控制进、排气，利用固定在曲轴上的小齿轮 4′带动固定在凸轮轴上的大齿轮 5 转动，再由凸轮轴上的凸轮 5′推动顶杆 6 来控制进气阀和排气阀。

按照运动传递路线可以看出，此内燃机是由汽缸体 1（机架）、活塞 2、连杆 3、曲轴 4（齿轮 4′）、齿轮 5（凸轮轴 5′）、顶杆 6 六个构件组成。其中机架 1 与活塞 2、与顶杆 6 组成移动副；连杆 3 与活塞 2 在 *C* 点构成转动副、与曲轴 4 在 *B* 点构成转动副，机架 1 与曲轴 4 在 *A* 点构成转动副、与大齿轮 5 在 *D* 点构成转动副；小齿轮 4′与大齿轮 5、凸轮 5′与顶杆 6 构成高副。

选择好投影面，选定比例尺，按规定的符号和线条绘出运动简图，如图 2-8 所示。

例题 2-3　绘制图 0-3 所示牛头刨床机构运动简图。

解：牛头刨床由床身 1（机架）、齿轮 2、齿轮 3、滑块 4、导杆 5、连杆 6、滑枕 7 七个构件组成。当齿轮 2（原动件）转动时，将运动传递给齿轮 3，再经过滑块 4 带动导杆 5 绕 *E* 点摆动，并通过连杆 6 带动滑枕 7，使刨刀随同滑枕 7 一起作往复直线运动，实现刨削运动。

床身 1 与齿轮 2、与齿轮 3、与导杆 5 分别在 *A*、*C*、*E* 点构成转动副，滑块 4 与齿轮 3、导杆 5 与连杆 6、连杆 6 与滑枕 7 分别在 *D*、*F*、*G* 点构成转动副；滑块 4 与导杆 5、滑枕 7 与床身 1 组成移动副；齿轮 2 与齿轮 3 构成高副。

选定比例尺，选择投影面，按规定的符号和线条绘出运动简图，如图 2-9 所示。

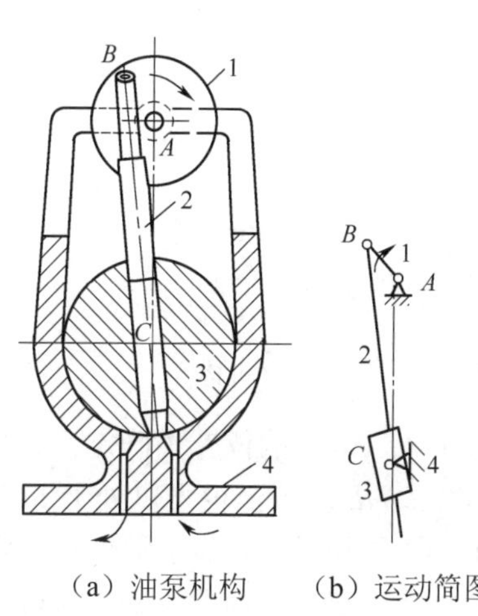

（a）油泵机构　（b）运动简图

图 2-7　油泵机构

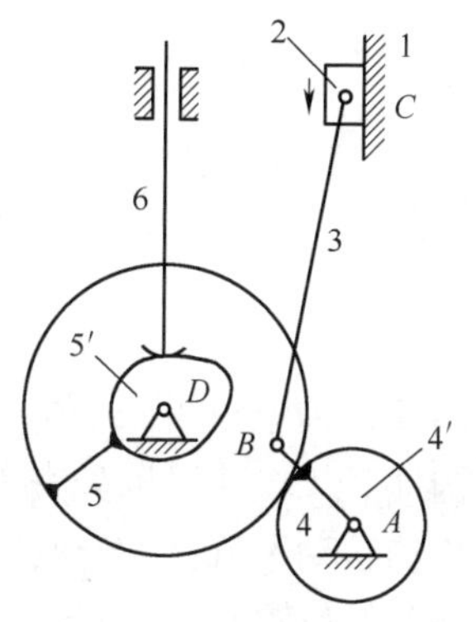

图 2-8　内燃机机构运动简图

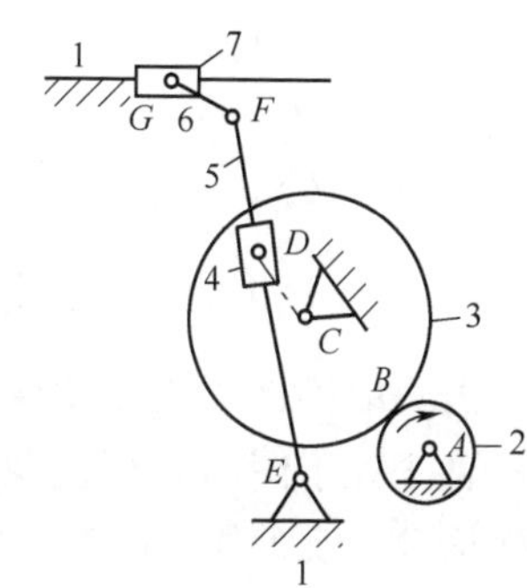

图 2-9　牛头刨床机构运动简图

§2-3 平面机构的自由度

一、平面机构的自由度计算公式

一个作平面运动的自由构件有三个自由度。设平面机构共有 K 个构件，其中必有一个构件为机架，机架的自由度为零，则活动件个数为 $n=K-1$，这些活动构件在未组成运动副之前总共有 $3n$ 个自由度，组成运动副后，自由度将减少，减少的数目应等于运动副引入的约束数目。每个低副引入 2 个约束，每个高副引入 1 个约束。若平面机构中包含 P_L 个低副和 P_H 个高副，则引入的约束数为 $2P_L+P_H$。则机构的自由度 F 为

$$F=3n-2P_L-P_H \tag{2-1}$$

例题 2-4 试计算图 2-8 所示内燃机机构的自由度。

解：从机构运动简图中可以看出该机构有 5 个活动构件（即 n=5），包含 4 个转动副、2 个移动副和 2 个高副（即 $P_L=6$，$P_H=2$）。根据式（2-1），机构的自由度为

$$F=3n-2P_L-P_H=3\times5-2\times6-2=1$$

二、机构具有确定运动的条件

机构是用来传递运动和动力的构件系统，机构要实现这种功能就必须满足一定的条件。我们先看几个例子，判断一下它们是否能传递运动和动力。

如图 2-10 所示铰链四杆机构，n=3，$P_L=4$，$P_H=0$。其自由度为

$$F=3n-2P_L-P_H=3\times3-2\times4=1$$

如取构件 1 作为原动件，当构件 1 以参变量 φ_1 相对机架运动时，对于每一个确定的 φ_1 值，从动件 2、3 便有一个与之确定的对应位置，由此说明这个自由度为 1 的机构，在具有一个原动件时，构件间的相对运动是确定的，能传递运动和动力。若同时给定两个构件作为原动件（如构件 1 和构件 3），机构就可能出现卡死或损坏。

如图 2-11 所示铰链五杆机构，n=4，$P_L=5$，$P_H=0$。该机构自由度为

$$F=3n-2P_L-P_H=3\times4-2\times5=2$$

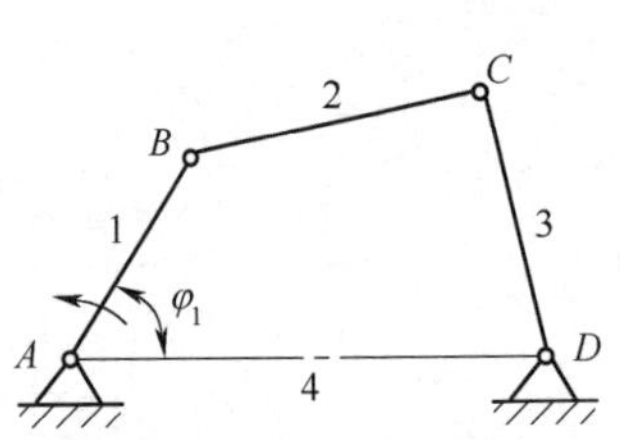

图 2-10 铰链四杆机构

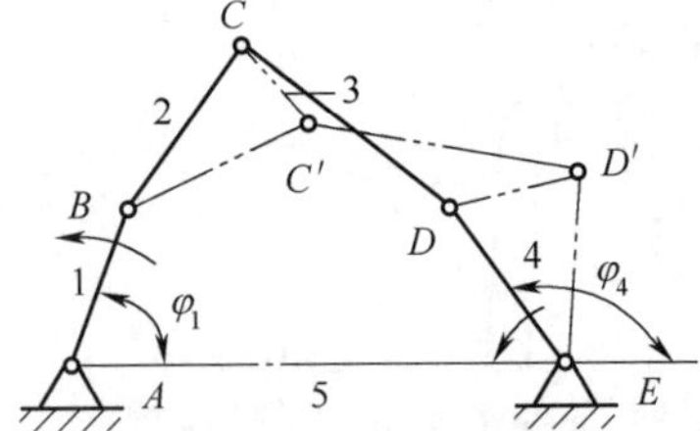

图 2-11 铰链五杆机构

若只取构件 1 为原动件，对于每一个给定的 φ_1 值，从动件 2、3、4 的位置不确定，如当原动件 1 处于图示 AB 位置时，构件 2、3、4 可以处在 BC、CD、DE 位置，也可以处于 BC'、$C'D'$ 及 $D'E$ 或者其他位置，即机构的运动不确定；若取构件 1 和 4 为原动件，对于每一组给定 φ_1 和 φ_4 值，从动件 2、3 便有一确定的位置，该机构的运动就能完全确定。由此可知，该机构具有两个自由度，在两个原动件的作用下，机构具有确定的运动。

图 2-12a 所示系统，n=2，P_L=3，P_H=0 可得 $F=3n-2P_L-P_H=3\times2-2\times3=0$，各构件之间不能产生相对运动，是刚性桁架。

图 2-12b 所示系统，n=3，P_L=5，P_H=0，$F=3n-2P_L-P_H=3\times3-2\times5=-1$，该系统由于受到的约束过多，已成为超静定桁架，各构件之间不能产生相对运动，故此系统不能传递运动和力。

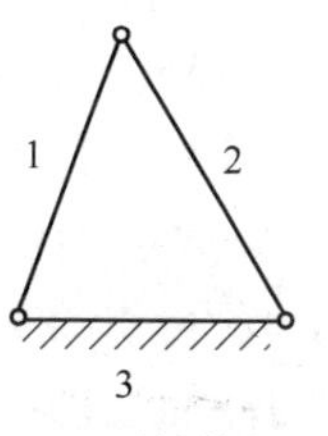

（a）刚性桁架

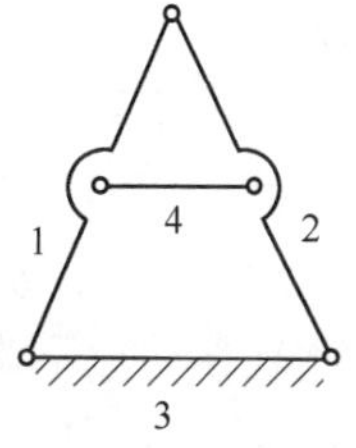

（b）超静定桁架

图 2-12　刚性桁架

机构的自由度就是机构具有确定位置时所必须给定的独立运动参数的数目。机构的自由度 F、机构原动件的数目与机构的运动有着密切的关系：

（1）若机构自由度 $F\leqslant 0$，则机构不能动。

（2）若 $F>0$ 且与原动件数相等，则机构各构件间的相对运动是确定的，这就是机构具有确定运动的条件。

（3）若 $F>0$，而原动件数小于 F，则构件间的运动是不确定的。

（4）若 $F>0$，而原动件数大于 F，则构件间不能运动或产生破坏。

例题 2-5　试计算图 2-9 所示牛头刨床传动机构的自由度。

解：从图中看出，该机构共有 6 个活动构件（即 n=6），包含 6 个转动副，2 个移动副和 1 个高副（即 $P_L=8$，$P_H=1$）。则该机构的自由度为

$$F=3n-2P_L-P_H=3\times6-2\times8-1=1$$

即此机构只有 1 个自由度。齿轮 2 为原动件，由于此机构的自由度大于零且与原动件数相同，故机构具有确定的运动。

三、计算平面机构自由度时要注意的问题

计算机构的自由度时，还有一些注意事项，否则得不到正确的结果。

1. 复合铰链

两个以上的构件在同一处用转动副相连，便构成复合铰链。

如图 2-13 所示为三个构件组成的复合铰链，它实际为两个转动副。同理，由 m 个构件组成的复合铰链，共存在 $(m-1)$ 个转动副。

例题 2-6　试计算图 2-14 所示直线锯机构的自由度。

解：机构共有 5 个活动构件（即 $n=5$）；在 C 处是 3 个构件组成的复合铰链，有两个转动副，整个机构共有 6 个转动副，1 个移动副，由公式可得机构的自由度为

$$F=3n-2P_L-P_H=3\times5-2\times7=1$$

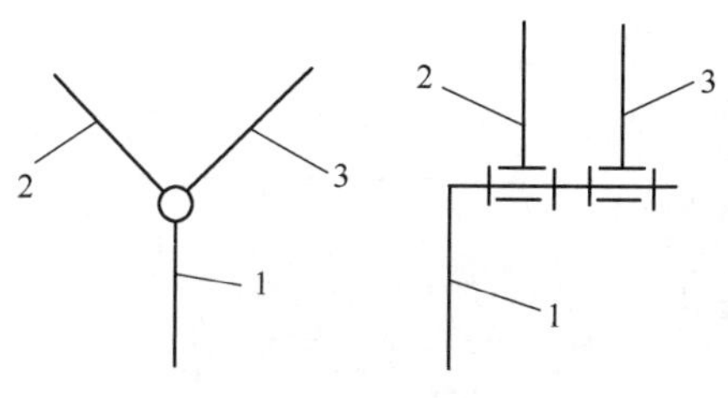

图 2-13　复合铰链

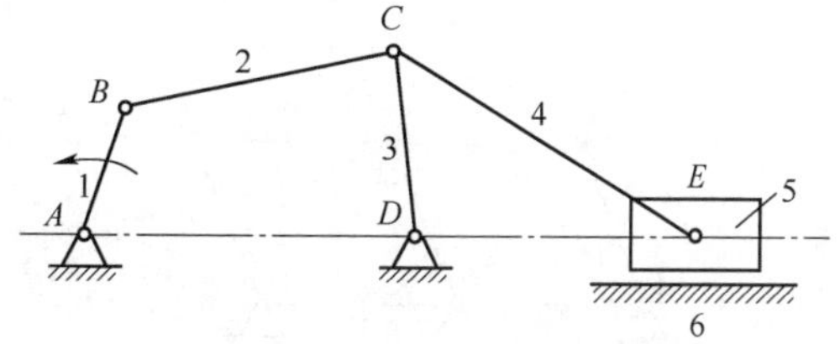

图 2-14　直线锯机构

2. 局部自由度

机构中某些构件所产生的局部运动，并不影响其他构件或整个机构的运动规律，称为机构的局部自由度。在计算机构自由度时局部自由度应舍弃不计。

例题 2-7 试计算图 2-15a 所示滚子从动件盘形凸轮机构的自由度。

解: 图 2-15a 中凸轮 2 为原动件，当凸轮转动时，通过滚子 4 驱使从动件 3 以一定的运动规律在机架 1 中往复移动。不难看出，滚子 4 绕其本身轴线的自由转动丝毫不影响其他构件的运动。因此滚子的转动是一个局部自由度。

在计算机构自由度时，可设想将滚子与从动件焊成一体，排除局部自由度，如图 2-15b 所示，并不改变机构的运动特性。这时机构具有 2 个活动构件，1 个转动副，1 个移动副和 1 个高副。机构自由度为

$$F=3n-2P_L-P_H=3\times2-2\times2-1=1$$

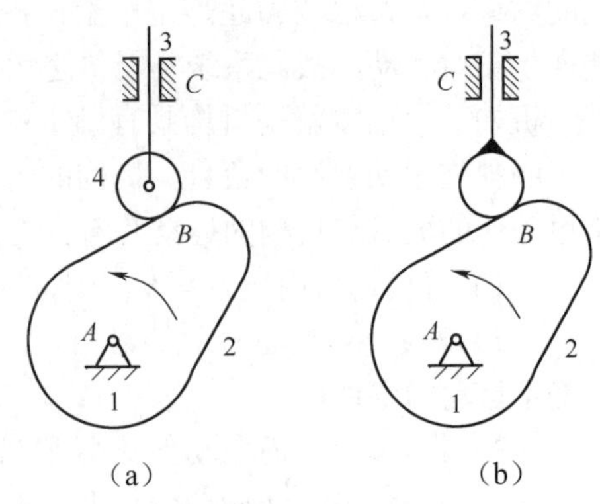

图 2-15 局部自由度

实际机械中常常采用局部自由度，其目的是将高副接触处的滑动摩擦变成滚动摩擦，以达到减少摩擦和磨损的目的。

3. 虚约束

在机构中有时存在着对运动起不到限制作用的重复约束。这些重复的约束称为虚约束，在计算机构自由度时应除去不计。

如图 2-16a 所示的机车车轮联动机构，若按式（2-1）计算，其自由度 $F=3\times4-2\times6=0$，这个结果与实际情况不符。实际上，机车运行中，车轮在飞快旋转。究其原因，此机构存在着对运动不起约束作用的虚约束，即构件 4 和转动副 G、H 构成的虚约束，构件 4 引入三个自由度，两个转动副 G、H 共引入四个约束，多引入了一个约束，这个约束对机构的运动起重复限制作用（图 2-16b）。现把它们除去（图 2-16c），则该机构的自由度为：$F=3\times3-2\times4=1$。这样，与实际相符。由此可见，如何判断机构是否存在虚约束是十分重要的。

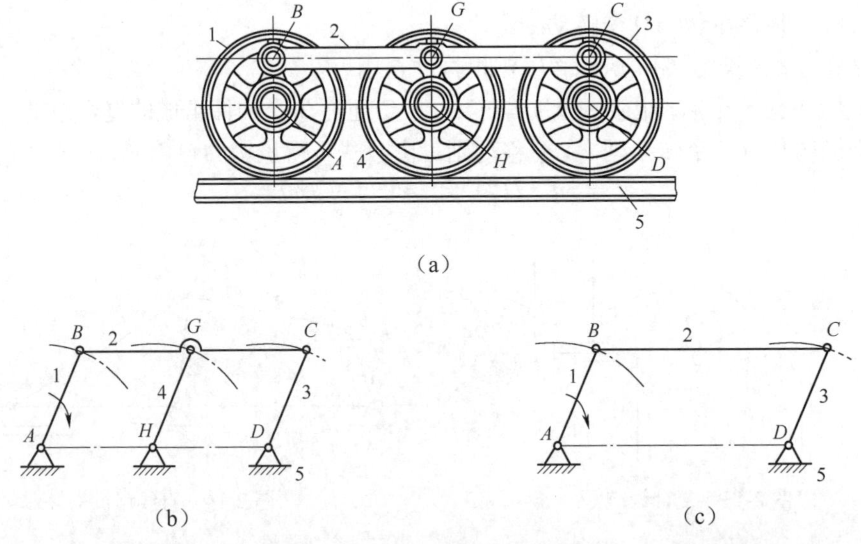

图 2-16 机车车轮联动机构

下面介绍几种在平面机构中常出现的虚约束。

（1）移动副导路重合或平行。

当两构件组成多个移动副，且其导路互相平行或重合时，则只有一个移动副起约束作用，其余都是虚约束。如图 2-17a 中的 E 和 E'、图 2-17b 中的 D 和 D' 两处移动副导路重合；图 2-17c 中的两处移动副 A 或 A' 导路平行，计算自由度时，均仅计一个移动副。

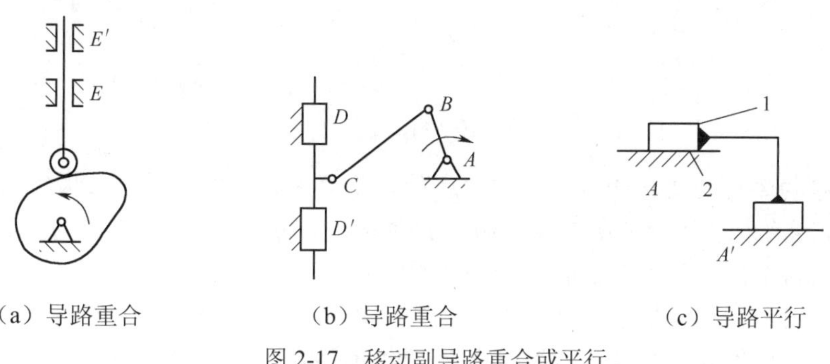

（a）导路重合　（b）导路重合　（c）导路平行

图 2-17　移动副导路重合或平行

（2）转动副轴线重合。

当两构件组成多个转动副，且轴线重合时，则只有一个转动副起作用，其余转动副都是虚约束。如图 2-18a 中的 A 和 A' 构成两处转动副；图 2-18b 中的四缸发动机的曲轴和轴承在 2、2′和 2″构成三处转动副，计算自由度时，均仅计一个转动副，余者为虚约束。

（3）轨迹重合（两构件连接前后，连接点的轨迹重合）。

如果机构中两活动构件上某两点之间的距离在机构运动过程中始终保持不变，此时若用具有两转动副的附加构件来连接这两个点，则会引入一个虚约束。如图 2-19 所示，当机构运动时，构件 1 和 3 上 E、F 两点间的距离始终不变，若将 E、F 两点以构件 4 相连，则多引入一个虚约束，在计算自由度时，该机构可看作拆掉构件 4 连同 E、F 转动副，再计算自由度。

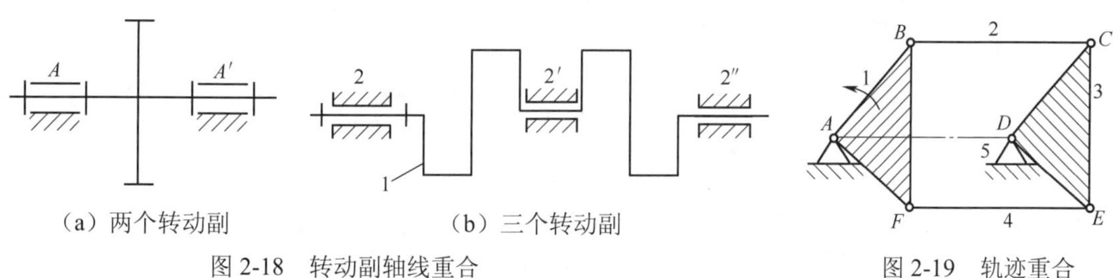

（a）两个转动副　（b）三个转动副

图 2-18　转动副轴线重合　　图 2-19　轨迹重合

（4）机构存在对运动不起作用的对称部分。

在机构中，某些不影响机构运动传递的重复部分所带入的约束为虚约束。

如图 2-20a 所示的行星轮系，为了受力均衡，采用三个行星轮 2、2′和 2″对称布置的结构，而事实上只要一个行星轮 2 就可以满足运动要求，其余两个行星轮 2′和 2″则引入两个虚约束。计算自由度时应予以排除，认为该机构有三个活动构件、三个转动副、两个高副，此机构的自由度 F=1，如图 2-20b 所示。

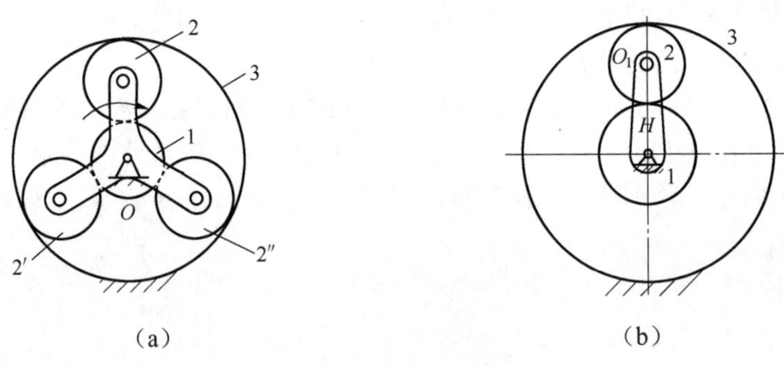

（a） （b）

图 2-20 行星轮系

注意：从机构运动的观点分析，机构的虚约束是多余的，但从增加机构的刚度、改善构件的受力情况、避免机构运动不确定等方面来说却是有益的。当机构具有虚约束时，通常都必须满足一定的几何条件（如图 2-21a 中 EF 与 AB、CD 平行且相等），否则，虚约束就会成为真实有效的约束而使机构卡住不能运动（图 2-21b 中 EF 是真实约束）。所以，从保证机构运动和便于加工、装配等方面而言，应尽量减少机构的虚约束。

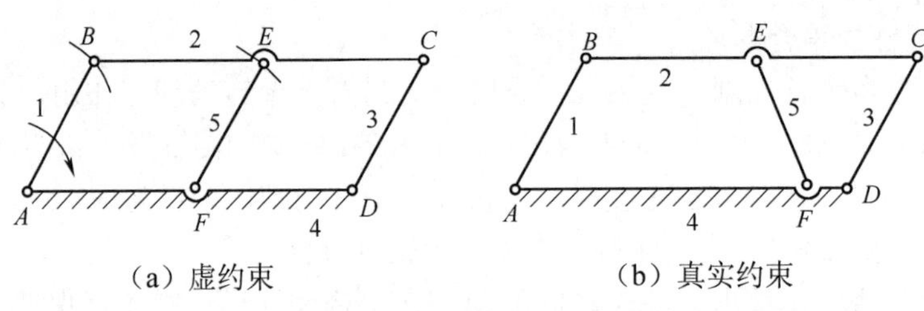

（a）虚约束 （b）真实约束

图 2-21 虚约束的几何条件

例题 2-8 试计算图 2-22 所示配气机构的自由度。

解：滚子 F 处有一个局部自由度，气门与机架在 G 或 H 处有一个虚约束。该机构包含 6 个活动构件（n=6），8 个转动副、2 个移动副、一个高副（$P_L=8$，$P_H=1$）。则自由度为

$$F=3n-2P_L-P_H=3\times6-2\times8-1=1$$

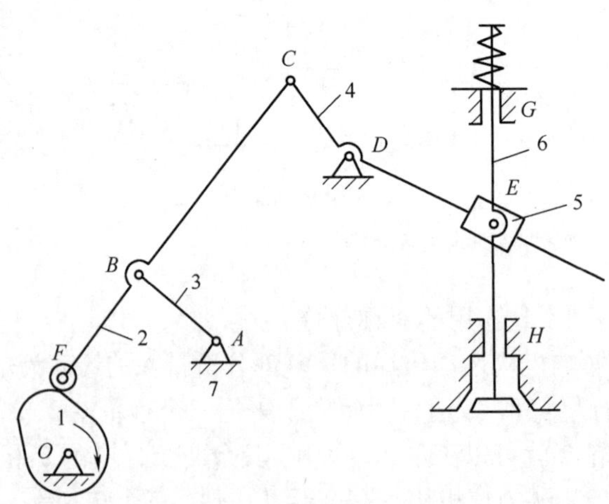

图 2-22 配气机构

习　题

2-1　什么是运动副？高副和低副有何区别？

2-2　什么是机构运动简图？机构运动简图和机构示意图有何区别？

2-3　平面机构具有确定运动的条件。

2-4　绘出如图所示机构的机构运动简图。

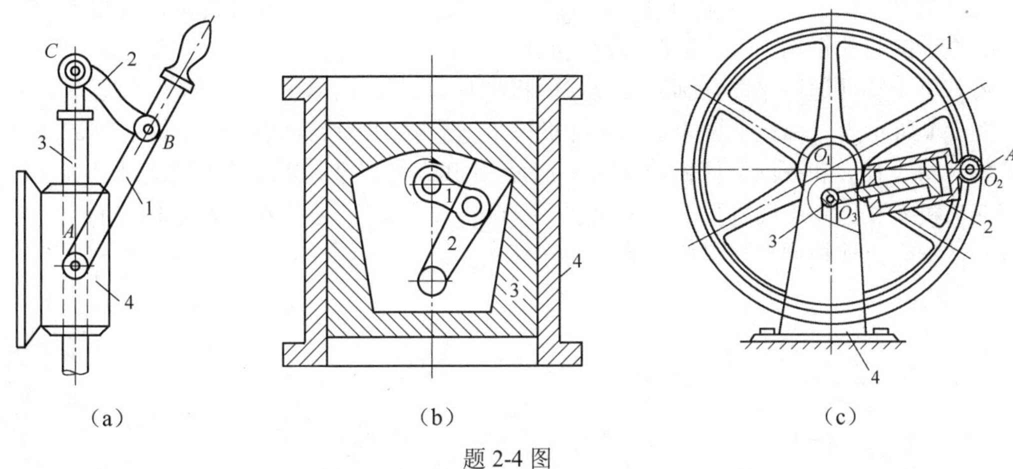

题 2-4 图

2-5　计算如图所示机构的自由度，如有复合铰链、虚约束、局部自由度，请明确指出。

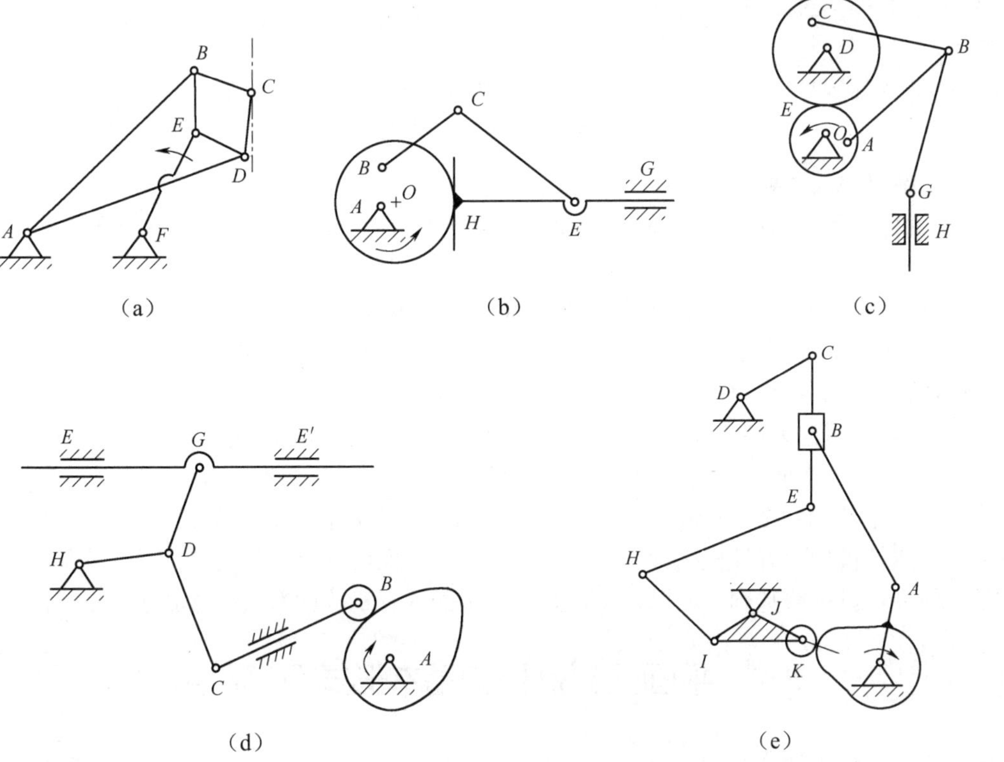

题 2-5 图

第 3 章　平面连杆机构

§3-1　平面连杆机构及其传动特点

连杆机构广泛应用于众多机械中，而且诸如人造太阳能板的展开机构、机械手的传动机构、折叠伞的收放机构、人体假肢等都用到连杆机构。

由若干个构件通过平面低副连接而成的机构称为平面连杆机构，又称平面低副机构。

图 3-1 所示为三种最常见的平面连杆机构，它们分别是铰链四杆机构（图 3-1a）、曲柄滑块机构（图 3-1b）和摆动导杆机构（图 3-1c）。其共同特点是：原动件 1 的运动都要经过一个不直接与机架相连的中间构件 2 才能传递到从动件 3 上，这个不直接与机架相连的中间构件称为连杆，把含有连杆的平面机构称为平面连杆机构。

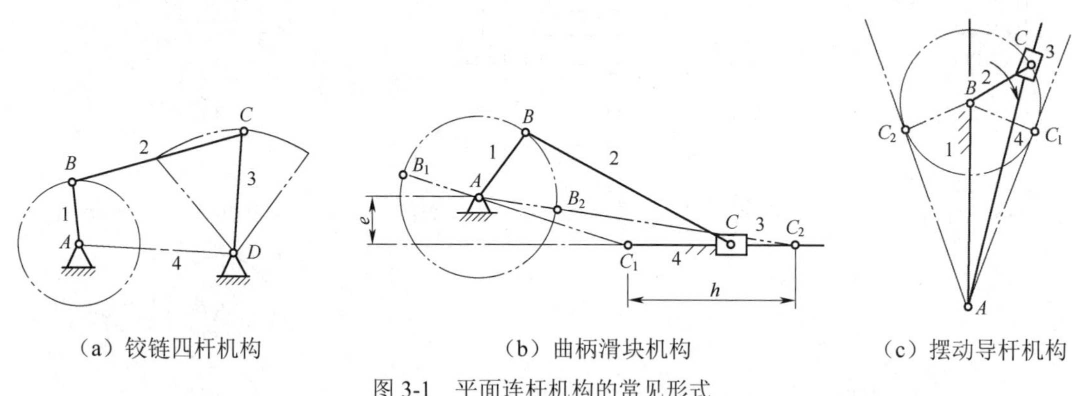

（a）铰链四杆机构　　（b）曲柄滑块机构　　（c）摆动导杆机构

图 3-1　平面连杆机构的常见形式

平面连杆机构的主要优点为：

（1）机构中所有运动副都是低副，两运动副元素为面接触，因此压强小、磨损小、承载能力大、便于润滑；

（2）运动副元素为平面或圆柱面，制造简单，成本较低，并能获得较高的精度；

（3）结构简单、设计方便，易于实现多种运动规律和运动轨迹的要求。

平面连杆机构的缺点为：

（1）机构的惯性力和惯性力矩不容易得到平衡，不适宜用于高速传动；

（2）对多杆机构而言，随着构件和运动副数目的增加，累积误差较大，传动精度不高。

连杆机构中的构件多成杆状，故通常简称为杆，所以连杆机构一般根据其所含杆的个数来命名，如四杆机构、五杆机构、六杆机构等；其中平面四杆机构结构最简单、应用最广泛，而且是其他多杆机构的基础。所以，本章只介绍平面四杆机构的有关基本知识。

§3-2　平面四杆机构的基本形式及其应用

所有运动副均为转动副的平面四杆机构称为铰链四杆机构（图 3-1a），它是平面四杆机构的最基本形式，其他形式的四杆机构都可看成是在它的基础上通过演化得到的。在此铰链四杆机构中，构件 4 为机架，与机架相连的构件 1 和 3 称为连架杆，不与机架直接相连的构件 2 为连杆。而在连架杆中，能整周回转的称为曲柄；只能在一定范围内往复摆动的称为摇杆。

如果以转动副相连的两构件间能作整周相对转动，则称此转动副为周转副（图 3-1a 中的 *A*、*B*）；不能作整周相对转动的转动副称为摆转副（图 3-1a 中的 *C*、*D*）。

在铰链四杆机构中，根据其两连架杆能否做整周转动，可将铰链四杆机构分为三种基本类型。

一、曲柄摇杆机构

在铰链四杆机构中，若两连架杆中一个为曲柄，另一个为摇杆，称该四杆机构为曲柄摇杆机构（图 3-2a）。此机构广泛应用在各种机械中，如雷达天线仰俯角调整机构（图 3-3）、搅拌机（图 3-4）、缝纫机的踏板机构（图 3-5）。其中 *AB* 杆为曲柄，*CD* 杆为摇杆。

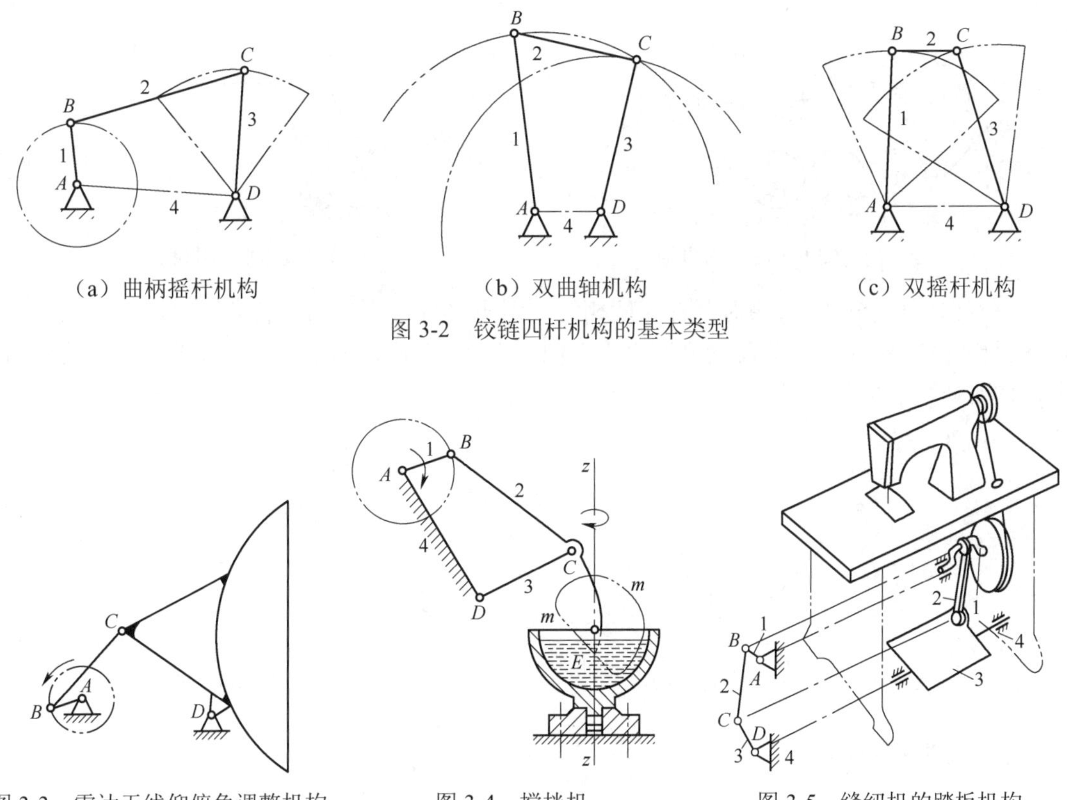

（a）曲柄摇杆机构　（b）双曲轴机构　（c）双摇杆机构

图 3-2　铰链四杆机构的基本类型

图 3-3　雷达天线仰俯角调整机构　图 3-4　搅拌机　图 3-5　缝纫机的踏板机构

二、双曲柄机构

在铰链四杆机构中，若两个连架杆均为曲柄，称该四杆机构为双曲柄机构（图 3-2b）。如图 3-6 所示惯性筛中的四杆机构 *ABCD* 为双曲柄机构。当主动曲柄 *AB* 等速回转时，从动曲柄 *CD* 作变速回转，因而可使筛子 6 具有所需的加速度，利用加速度所产生的惯性力，使大小不同的颗粒在筛子上作往复运动，从而达到筛分的目的。

在双曲柄机构中，若相对两杆平行、相等，且两曲柄的转向相同，称为平行四边形机构

（图 3-7）。平行四边形机构的两曲柄运动状态完全相同，连杆始终作平行移动，例如播种机的料斗机构（图 3-8）、蒸汽机车车轮联动机构（图 3-9）、摄影平台升降机构（图 3-10）均为其应用实例。

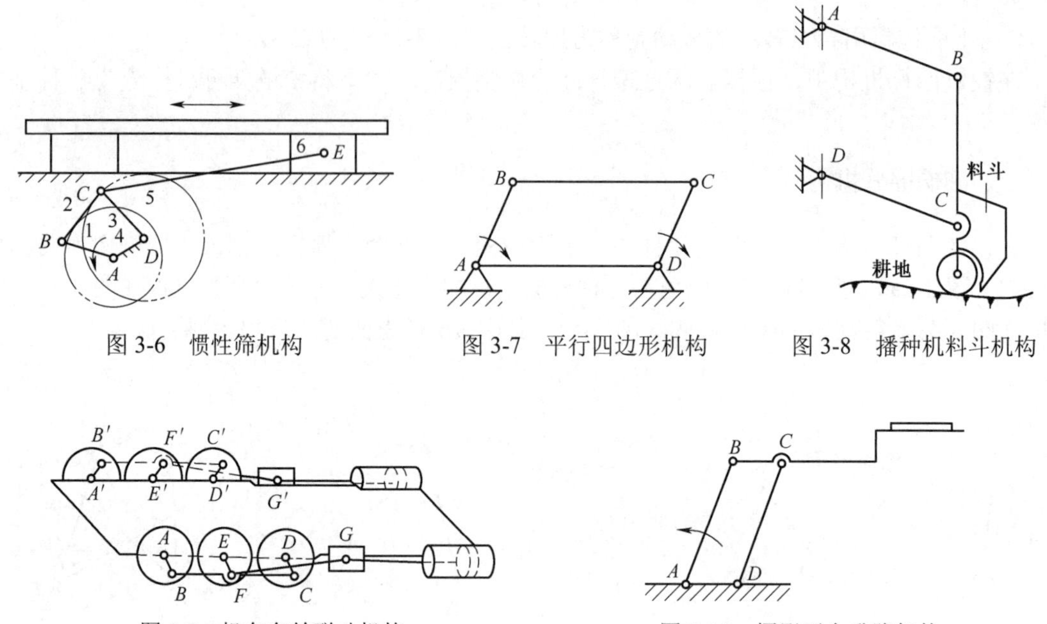

图 3-6 惯性筛机构 图 3-7 平行四边形机构 图 3-8 播种机料斗机构

图 3-9 机车车轮联动机构 图 3-10 摄影平台升降机构

在双曲柄机构中，若相对两杆长度相等，但不平行，且两曲柄转向相反，称为反平行四边形机构（图 3-11）。例如车门开闭机构（图 3-12），利用两曲柄转向相反的特性，达到两扇车门同时敞开或关闭的目的。

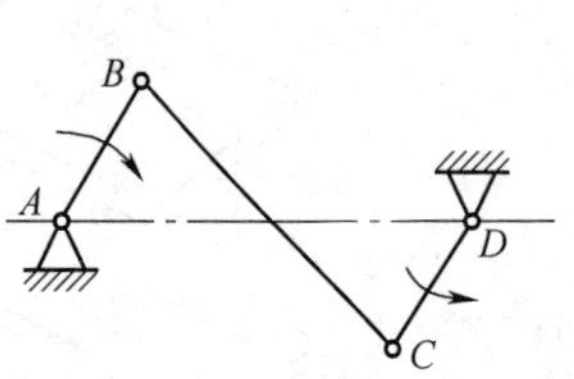

图 3-11 反平行四边形机构

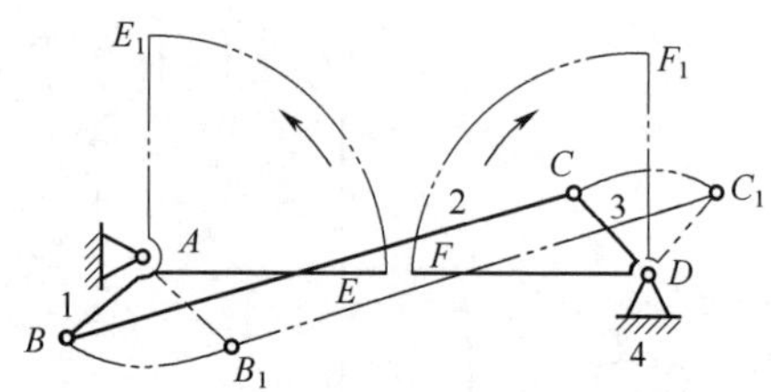

图 3-12 车门开闭机构

三、双摇杆机构

在铰链四杆机构中，若两连架杆均为摇杆，称该四杆机构为双摇杆机构（图 3-2c）。如图 3-13 所示鹤式起重机中的四杆机构 *ABCD* 为双摇杆机构。当摇杆 *AB* 摆动时，另一摇杆 *CD* 随之摆动，可使吊在连杆上点 *E* 处的重物 *Q* 能沿近似水平直线移动，这样，平移货物时可避免不必要的升降，以保证货物平稳和减少能量消耗。如图 3-14 所示的摇头风扇传动机构，风扇轴上装有蜗杆，风扇转动时通过蜗杆带动蜗轮（与连杆 *AB* 固连）回转，使摇杆 *AD* 及固连在该杆上的风扇壳绕 *D* 往复摆动，实现风扇摇头的目的。双摇杆机构在电力机车受电弓、小电炉炉门开闭机构中也得到应用。

在双摇杆机构中，若两摇杆的长度相等，称为等腰梯形机构。汽车前轮转向机构（图 3-15），即采用两摇杆转向相同来实现转弯。

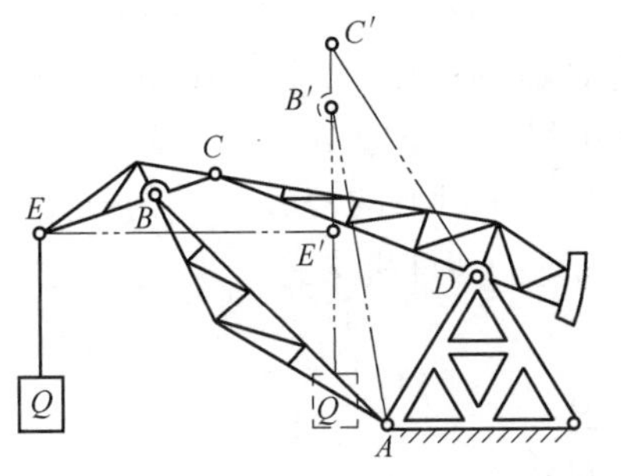

图 3-13　鹤式起重机

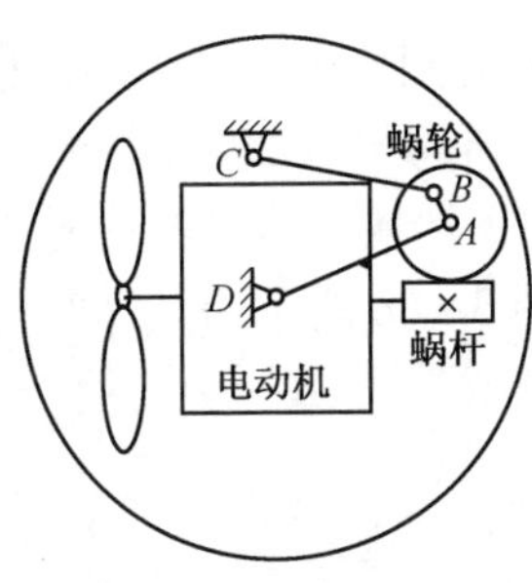

图 3-14　风扇传动机构

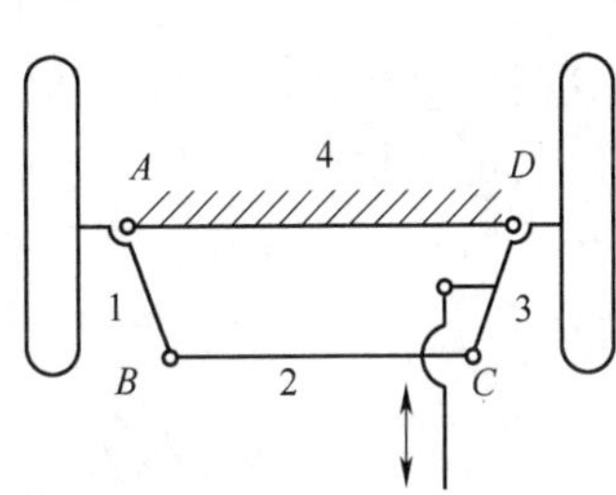

图 3-15　车轮转向机构

§3-3　平面四杆机构的演化

在平面四杆机构中，除了上述三种铰链四杆机构外，在工程实际中，还广泛应用了多种其他形式的平面四杆机构，尽管其外形和特性都不相同，但这些机构都可以看作是由铰链四杆机构通过各种方法演化而来的。下面介绍几种演化方法及演化后的机构。

一、改变相对杆长、转动副演化为移动副

在图 3-16a 所示的曲柄摇杆机构中，摇杆 3 上点 C 的运动轨迹为一段 $\beta\beta$ 的圆弧。若将摇杆 3 做成一环形滑块，使其在具有弧形槽的机架上滑动，并取该弧形槽的曲率半径等于构件 3 的长度，显然，机构的运动特性并未发生改变，但此时铰链四杆机构已演化成具有曲线导轨的曲柄滑块机构，如图 3-16b 所示。

若再将 3-16b 中的弧形槽的半径增至无穷大，即摇杆 3 的长度增至无穷大，则转动副 D 的中心移至无穷远处，弧形槽变成直槽，曲柄摇杆机构演变成如图 3-17 所示的曲柄滑块机构。

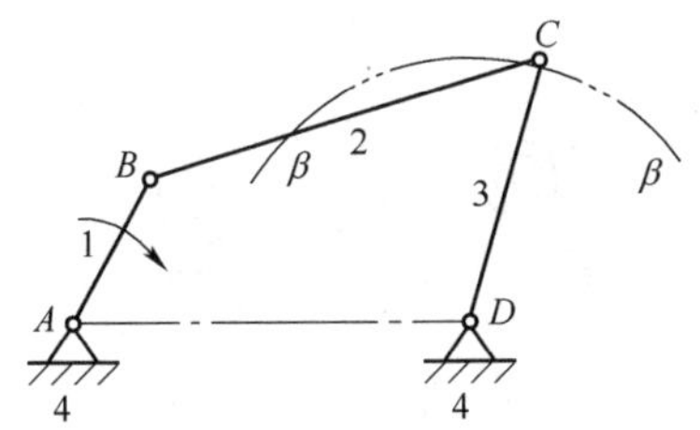

（a）曲柄摇杆机构

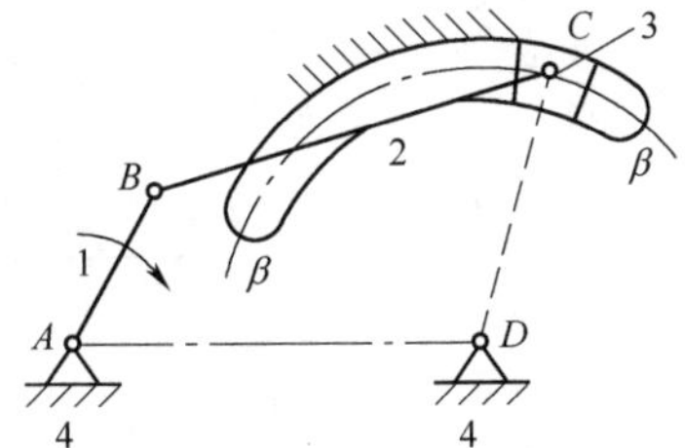

（b）转动副演化成移动副

图 3-16　曲柄摇杆机构的演化

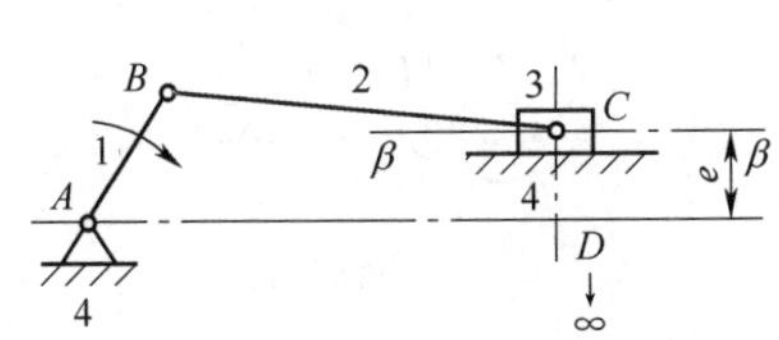

（a）偏置曲柄滑块机构

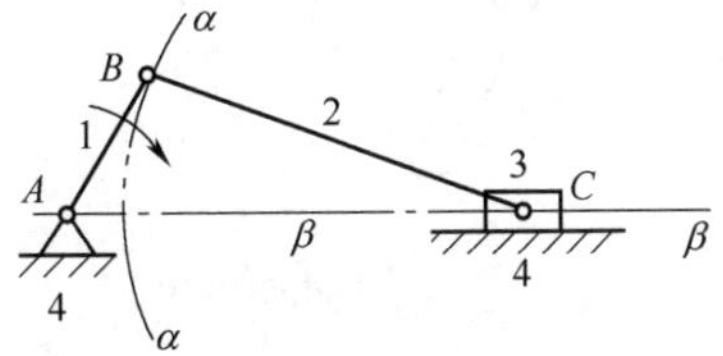

（b）对心曲柄滑块机构

图 3-17　曲柄滑块机构

在曲柄滑块机构中，若滑块 3 的移动导路中心线不通过曲柄的回转中心（$e \neq 0$），称为偏置曲柄滑块机构（图 3-17a），e 为曲柄回转中心至滑块移动导路中心线的垂直距离，称为偏距。若滑块的移动导路中心线通过曲柄的回转中心（e=0），称为对心曲柄滑块机构（图 3-17b）。曲柄滑块机构在内燃机、压缩机、压力机、冲床等生产实际中得到广泛应用。

若继续将图 3-17b 所示对心曲柄滑块机构中的连杆 2 改为滑块（图 3-18a），再将转动副 C 移至无穷远处，该机构演化成如图 3-18b 所示的具有两个移动副的四杆机构。

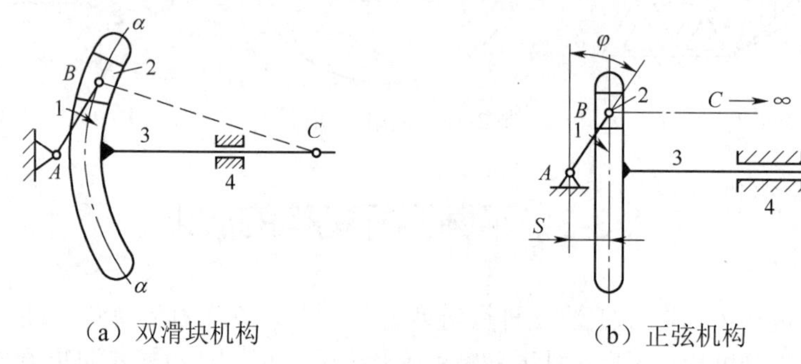

（a）双滑块机构　　（b）正弦机构

图 3-18　曲柄滑块机构的演化

二、改变构件的形状和相对尺寸

当曲柄滑块机构的曲柄较短时（图 3-19a），往往由于工艺、结构和强度等方面的要求，需将回转副 B 的曲柄销轴半径扩大（图 3-19b）至超过曲柄的长度，使曲柄变成了绕 A 点转动的偏心轮，经过这样转化而成的新机构称为偏心轮机构（图 3-19c）。由于偏心轮的几何中心 B 与其回转中心 A 间的距离（偏心距）等于曲柄 AB 的长度，所以，这种演化并不影响各构件间的相对运动性质，却解决了设计中构件强度不足的问题，能承受较大冲击载荷，传递更大的动力，因而得到了广泛采用。如鄂式破碎机、柱塞泵和锻压设备等。同理，可将曲柄摇杆机构中的转动副 B 的半径扩大，得到图 3-19d 所示的偏心轮机构。

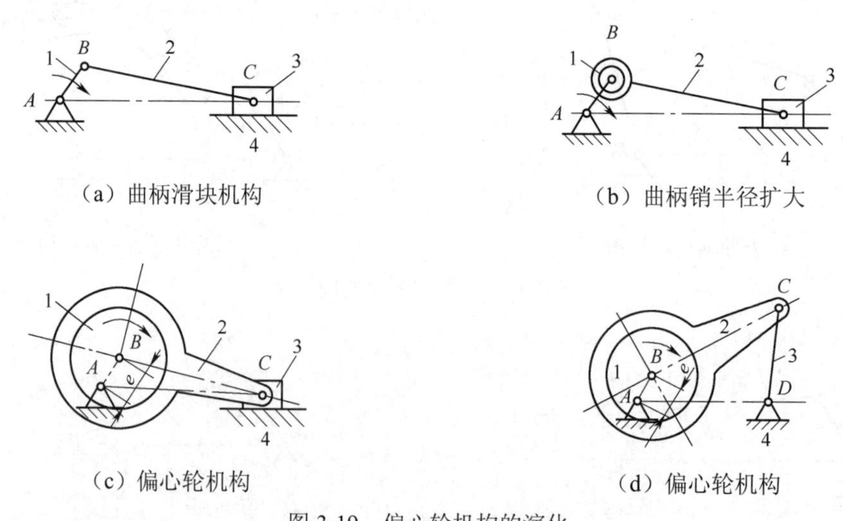

（a）曲柄滑块机构　　（b）曲柄销半径扩大

（c）偏心轮机构　　（d）偏心轮机构

图 3-19　偏心轮机构的演化

三、选取不同构件为机架

根据相对运动原理，对同一机构，选取不同构件为机架，各构件间的相对运动关系仍保持不变，但能演化出不同特性和不同用途的机构。

1. 变化铰链四杆机构的机架

图 3-20a 所示的铰链四杆机构为曲柄摇杆机构，*AD* 杆为机架，*AB* 杆为曲柄，*CD* 杆为摇杆。转动副 *A*、*B* 为周转副，*C*、*D* 为摆转副。

当选择杆件 *AB* 作机架（图 3-20b），*A*、*B* 均为周转副，该机构演化成双曲柄机构；选择 *BC* 杆为机架（图 3-20c），*B* 为周转副，*C* 为摆转副，机构仍为曲柄摇杆机构；选择 *CD* 杆为机架（图 3-20d）时，*C*、*D* 均为摆转副，机构为双摇杆机构。

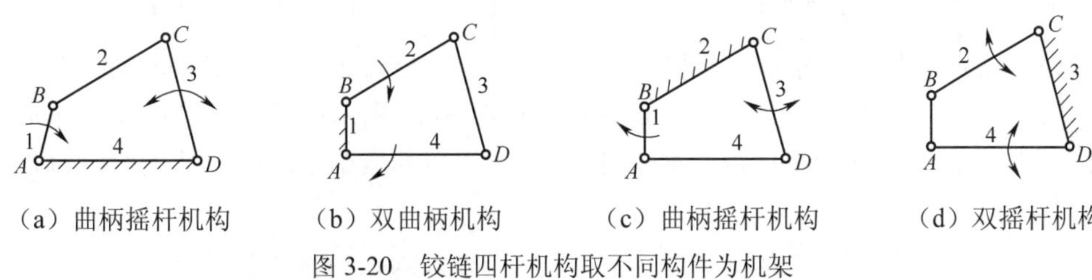

（a）曲柄摇杆机构　（b）双曲柄机构　（c）曲柄摇杆机构　（d）双摇杆机构

图 3-20　铰链四杆机构取不同构件为机架

2. 变化单移动副四杆机构的机架

在图 3-21a 所示的对心曲柄滑块机构中，若选构件 1 为机架，则构件 4 可绕轴 *A* 整周回转，滑块 3 以构件 4 为导杆沿其导杆作相对移动，这种机构称为导杆机构，如图 3-21b 所示。

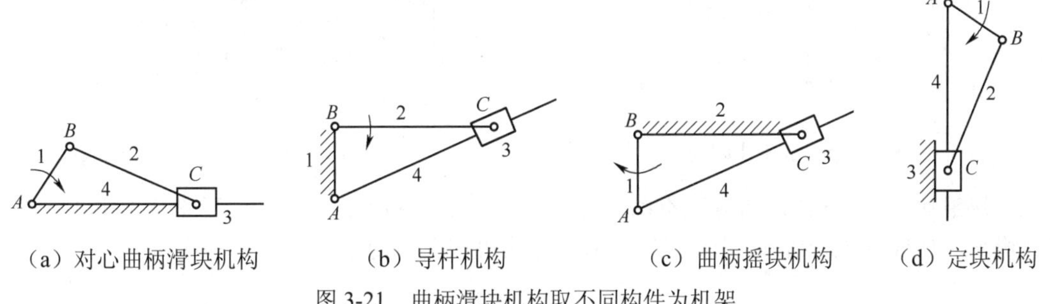

（a）对心曲柄滑块机构　（b）导杆机构　（c）曲柄摇块机构　（d）定块机构

图 3-21　曲柄滑块机构取不同构件为机架

在导杆机构中，如果导杆 2 的长度大于机架 1 的长度，则导杆 4 能绕点 *A* 作整周转动，该机构称为转动导杆机构（图 3-22a）。如果导杆 2 的长度小于机架 1 的长度，导杆只能在一定范围内往复摆动，该机构称为摆动导杆机构（图 3-22b）。如图 3-23 所示的小型刨床和图 3-24 所示的牛头刨床分别是转动导杆机构和摆动导杆机构的应用实例。

（a）转动导杆机构　（b）摆动导杆机构

图 3-22　导杆机构

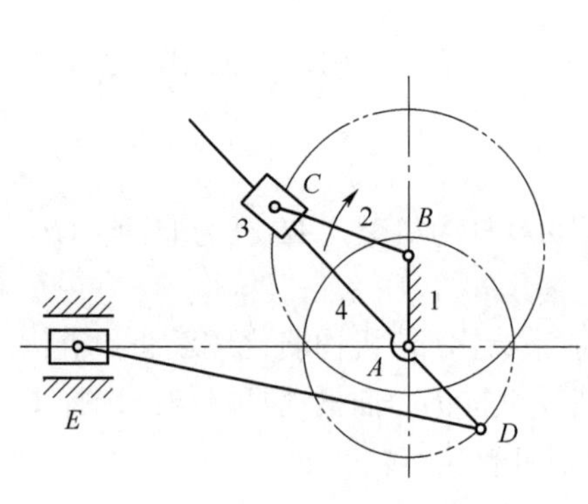

图 3-23 小型刨床

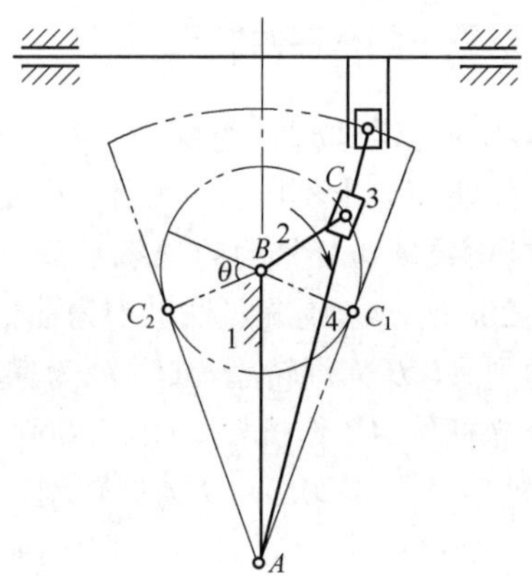

图 3-24 牛头刨床

在图 3-21a 所示的对心曲柄滑块机构中，若选构件 2 为机架，则滑块 3 仅能绕轴 C 摆动，这种机构称为曲柄摇块机构，如图 3-21c 所示。如图 3-25 所示的液压作动筒即为此机构的应用实例，液压作动筒的应用很广泛。如图 3-26 所示为自卸汽车车厢的举升机构，为此机构应用的又一实例。

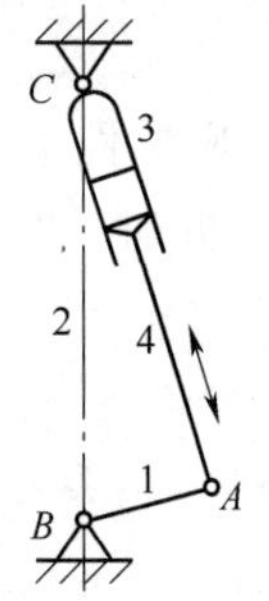

图 3-25 液压作动筒

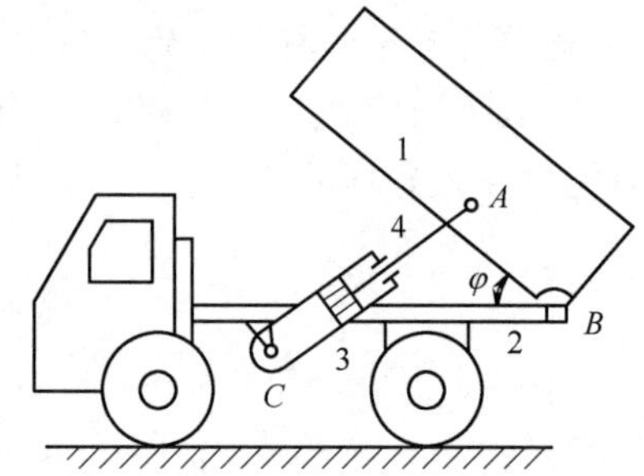

图 3-26 自卸汽车的举升机构

若选滑块 3 为机架，则滑块不动，导杆在其中上下移动，这种机构称为定块机构或移动导杆机构，如图 3-21d 所示。图 3-27 所示为定块机构其应用于抽水唧筒的实例。

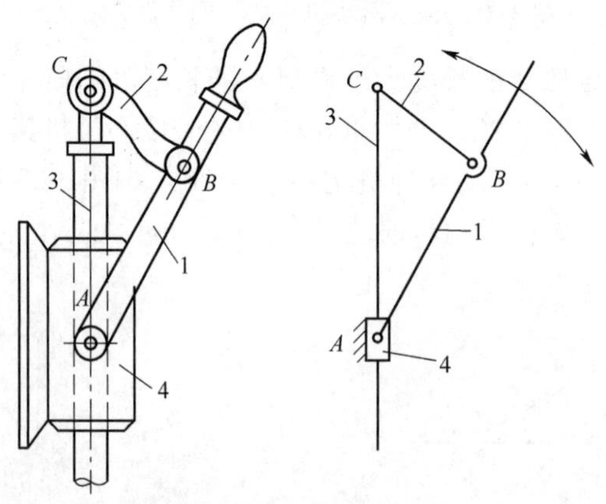

图 3-27 抽水唧筒机构

3. 变化双移动副四杆机构的机架

在如图 3-18b 所示的具有两个移动副的四杆机构中，选择构件 4 作为机架，由于该机构中导杆 3 的位移 s 与构件 1 的长度 l_{AB} 及其转角 φ 之间有如下关系：$s=l_{AB}\sin\varphi$，所以该机构又称为正弦机构（见图 3-28）。这种机构在印刷机械、纺织机械、机床中均得到广泛应用，例如机床变速箱操纵机构、缝纫机中的针杆机构（见图 3-29）。

若取机构中的构件 1 为机架，则演化成双转块机构（图 3-30），构件 3 作为中间构件，它保证转块 2、4 转过相同的角度。因此，常用作两距离很小的平行轴联轴器，如图 3-31 所示的十字滑块联轴器，在运动过程中，两平行轴的转速相等。

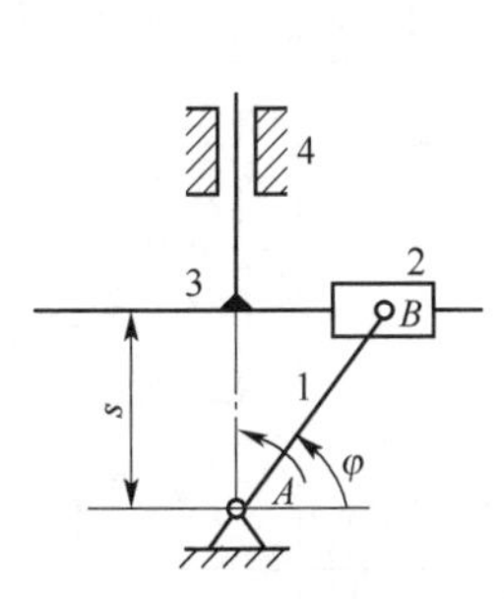

图 3-28　正弦机构

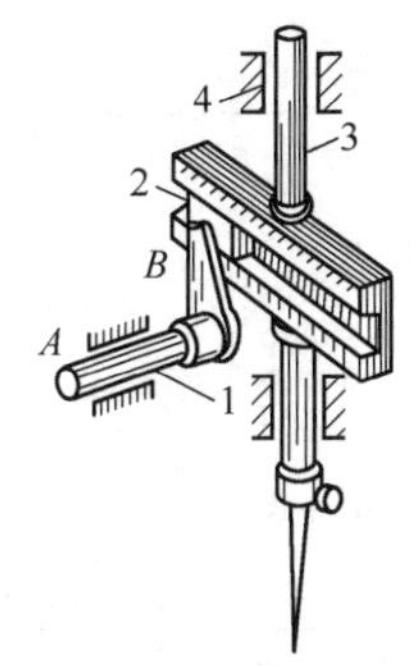

图 3-29　缝纫机针杆机构

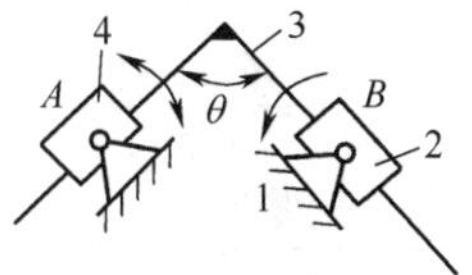

3-30　双转块机构

若取构件 3 为机架，则演化成双滑块机构（见图 3-32），如图 3-33 所示的椭圆仪，AB 直线上任意点的轨迹为椭圆，利用双滑块机构的运动特点，可以很简便地绘制各种规格的椭圆。

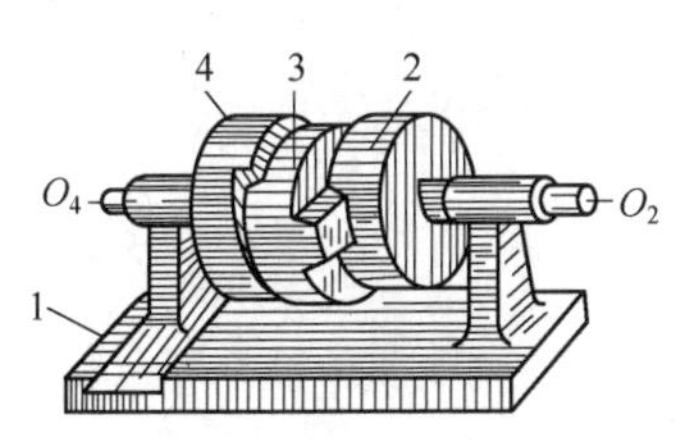

图 3-31　十字滑块联轴器

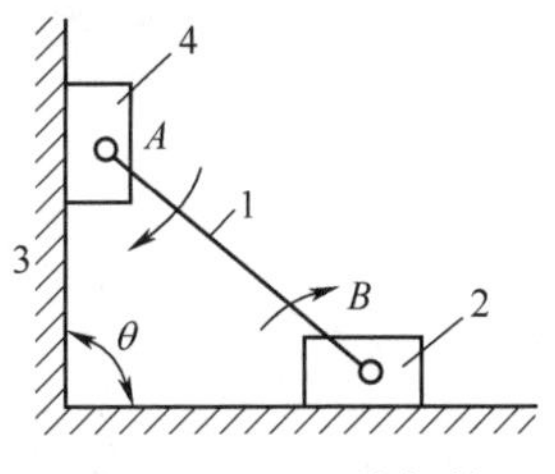

图 3-32　双滑块机构

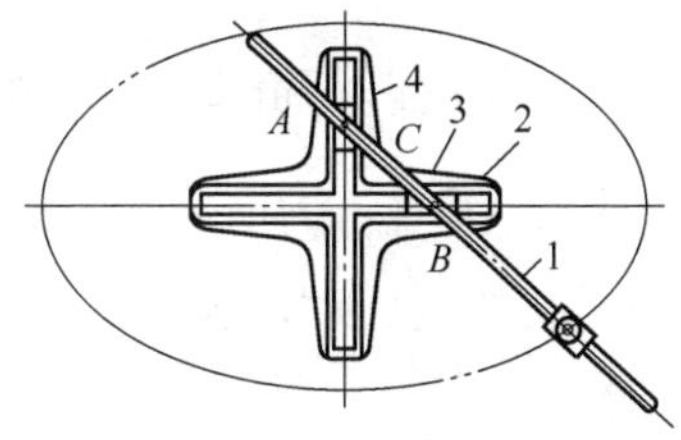

图 3-33　椭圆仪

为查阅方便，将平面四杆机构的演化规律归纳于表 3-1 中。

表 3-1　平面四杆机构的演化及应用

	构件 4 为机架	构件 1 为机架	构件 2 为机架	构件 3 为机架
铰链四杆机构	曲柄摇杆机构	双曲柄机构	曲柄摇杆机构	双摇杆机构
用途	搅拌机、缝纫机	惯性筛、车门开闭机构	同前曲柄摇杆机构	鹤式起重机、飞机起落架

续表

	构件 4 为机架	构件 1 为机架	构件 2 为机架	构件 3 为机架
单移动副四杆机构	曲柄滑块机构	导杆机构	曲柄摇块机构	定块机构
用途	内燃机、空气压缩机	小型刨床、插床、油泵	自卸汽车、液压泵	抽水唧筒
双移动副四杆机构	正弦机构	双转块机构	曲柄移动导杆机构	双滑块机构
用途	缝纫机、印刷机	十字滑块联轴器	仪表、解算机构	椭圆仪

§3-4 平面四杆机构有曲柄的条件及运动特性

一、平面四杆机构有曲柄的条件

在工程实际中，用于驱动机构运动的原动件通常作整周转动，因此，要求机构的原动件是曲柄。

在图 3-34 所示的铰链四杆机构中，设构件 1、2、3、4 的长度分别为 a、b、c、d，并且 $a<d$。由前面曲柄的定义可知，若杆 1 为曲柄，它必能绕固定铰链 A 相对机架作整周转动，这样必须使铰链 B 能转过点 B_2（距离 D 点最远）和 B_1（距离 D 点最近）两个特殊位置，此时，杆 1 和杆 4 共线。根据几何关系，分析如下：

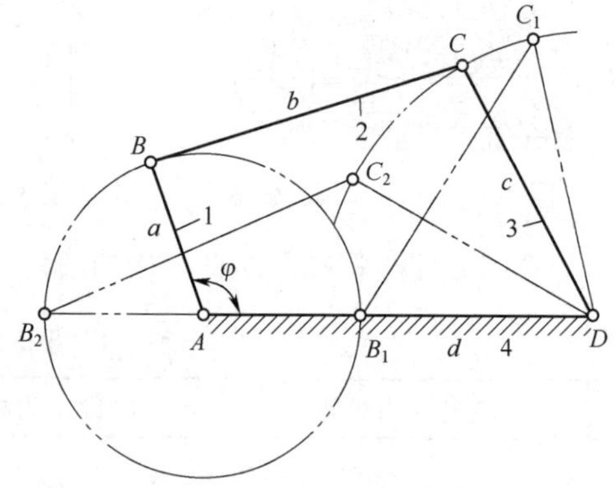

图 3-34 铰链四杆机构有曲柄的条件

由△B_2C_2D，应有

$$a+d \leqslant b+c \tag{3-1}$$

由△B_1C_1D，应有

$$b \leqslant (d-a)+c \text{ 或 } c \leqslant (d-a)+b$$

即

$$a+b \leqslant d+c \tag{3-2}$$

$$a+c \leqslant d+b \tag{3-3}$$

将式（3-1）、（3-2）和（3-3）中每两式相加，化简后得

$$a \leqslant c,\ a \leqslant b,\ a \leqslant d \tag{3-4}$$

即 AB 杆为最短杆。

分析以上各不等式，可以得出平面铰链四杆机构存在曲柄的条件为：

（1）最短杆与最长杆长度之和应小于或等于其余两杆长度之和（杆长条件）；

（2）最短杆是连架杆或机架。即当最短杆为连架杆时，机构为曲柄摇杆机构（图 3-2a）；当最短杆为机架，机构为双曲柄机构（图 3-2b）；最短杆为连杆（即最短杆对面的杆为机架），机构为双摇杆机构（图 3-2c）。

如果铰链四杆机构各杆的长度不满足杆长条件，即“最短杆与最长杆长度之和大于其余两杆长度之和”，该机构中就不存在曲柄，因此，无论以何构件为机架，均为双摇杆机构（图 3-15）。

对于曲柄滑块机构，杆 AB（长度为 a）成为曲柄的条件是：a 为最短杆，且 $a+e\leqslant b$。

二、急回特性

1. 极位夹角

如图 3-35 所示的曲柄摇杆机构中，当原动件曲柄 AB 作等速转动时，从动件摇杆 CD 往复摆动。曲柄在回转一周的过程中，有两次与连杆 BC 共线（即图中 AB_1C_1、AB_2C_2 位置），此时，摇杆 CD 分别处于两极限位置 C_1D 和 C_2D，即极位。摇杆处在两个极位时，曲柄 AB 所在的两位置线 AB_1 和 AB_2 之间所夹的锐角 θ 称为极位夹角。摇杆 CD 两极位 C_1D 和 C_2D 的夹角 ψ 称为摇杆的摆角。

2. 急回特性

如图 3-35 所示，当曲柄 AB 由位置 AB_1（与连杆重叠共线）顺时针转过 $\varphi_1=180°+\theta$ 到位置 AB_2（与连杆展开共线）时，摇杆从左极位 C_1D 摆到右极位 C_2D（通常称正行程），摆角为 ψ，设所需时间为 t_1、C 点的平均速度为 v_1；当曲柄继续顺时针由位置 AB_2 转 $\varphi_2=180°-\theta$ 回到位置 AB_1（与连杆重叠共线）时，摇杆由 C_2D 摆回到 C_1D（反行程），摆角仍然是 ψ，设所需时间为 t_2、C 点的平均速度为 v_2。由于曲柄等角速度转动，而 $\varphi_1>\varphi_2$，所以 $t_1>t_2$，则 $v_2>v_1$。这种在曲柄等速回转的情况下，摇杆往复摆动的速度快慢不同的运动特性称为急回特性。

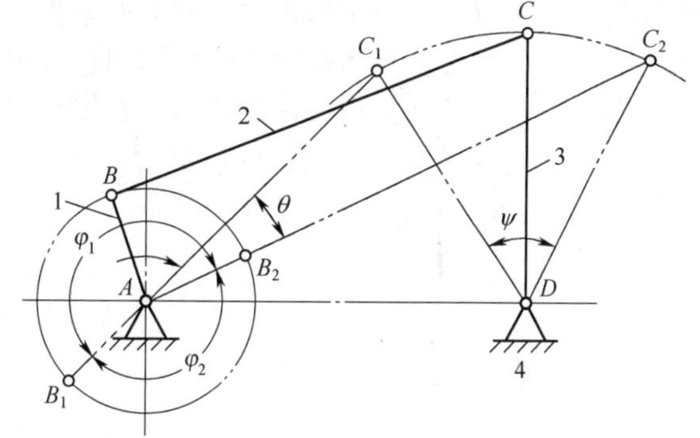

图 3-35　曲柄摇杆机构的急回特性

3. 行程速度变化系数

为了表明机构的急回程度，通常用行程速度变化系数（从动件往复摆动时快速行程与慢速行程平均速度的比值）K 来衡量，即

$$K=\frac{v_2}{v_1}=\frac{\psi/t_2}{\psi/t_1}=\frac{\varphi_1}{\varphi_2}=\frac{180°+\theta}{180°-\theta} \tag{3-5}$$

由公式（3-5）可知，当机构存在极位夹角 θ 时，机构便具有急回特性，且 θ 角越大，K 值越大，机构的急回特性也愈显著。

在图 3-36a 所示的对心曲柄滑块机构中，由于 $\theta=0$，$K=1$，故无急回特性；而图 3-36b 所示的偏置曲柄滑块机构，$\theta \neq 0$，故有急回特性。当曲柄顺时针转动时，滑块由 $C_1 \to C_2$ 为快速运动，$C_2 \to C_1$ 为慢速运动。

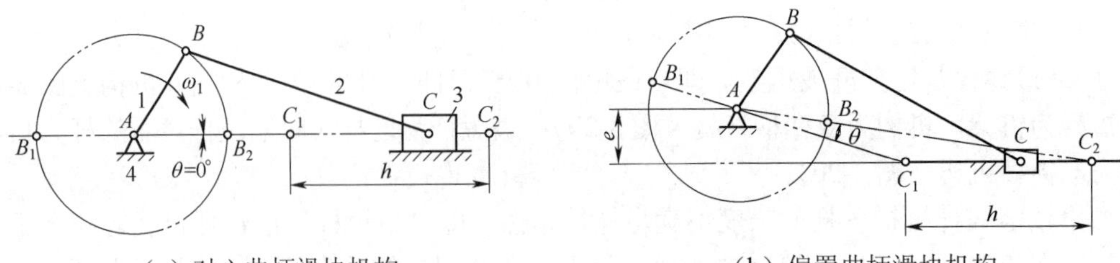

（a）对心曲柄滑块机构　　（b）偏置曲柄滑块机构

图 3-36　曲柄滑块机构的急回特性

如图 3-37 所示的摆动导杆机构中，当曲柄 AC 两次与导杆垂直时，导杆处于两极限位置，此时曲柄所在的两位置线 AC_1 与 AC_2 之间所夹的锐角 θ 为极位夹角，且 $\theta=\psi$。由于 $\theta \neq 0$，故也有急回作用。当曲柄顺时针转动时，由 $C_1 \to C_2$ 为快速运动，$C_2 \to C_1$ 为慢速运动。

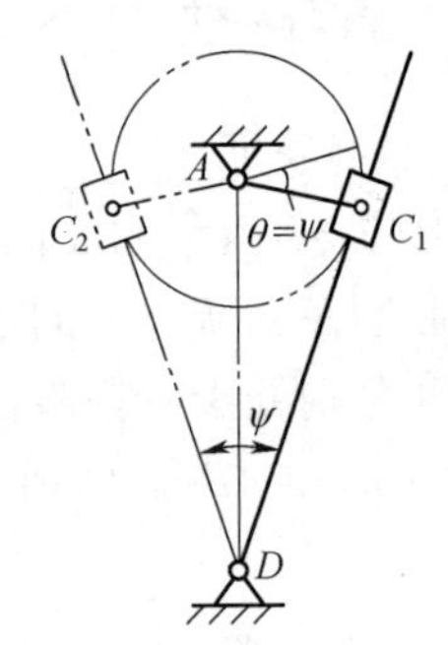

图 3-37　导杆机构的急回特性

平面连杆机构的这种急回运动特性，在机械中常被用来缩短非生产时间，以提高劳动生产率。例如牛头刨床、插床就是如此。

急回运动有方向性，当原动件的回转方向改变时，急回的行程也跟着改变。为了避免把急回方向弄错，在有急回要求的设备上应明显标示出原动件的正确回转方向。

对于一些有急回特性要求的机械，在设计时，要根据所需的行程速度变化系数 K 来设计，这时应先求出极位夹角 θ，再设计各杆的尺寸。

由式（3-5）可得极位夹角 θ 为

$$\theta = 180^\circ \frac{K-1}{K+1} \tag{3-6}$$

三、死点

1. 死点位置

如图 3-38 所示，在曲柄摇杆机构 $ABCD$ 中，如果摇杆 CD 为主动件，曲柄 AB 为从动件，在摇杆的两个极限位置 C_1D 和 C_2D 时，连杆与从动曲柄共线，这时，主动摇杆 CD 通过连杆 BC 作用于从动曲柄 AB 上的驱动力正好通过其转动中心 A，不能使曲柄 AB 转动，此时机构出现“卡死”现象，机构所处的这种位置称为死点位置。如果曲柄是原动件，摇杆是从动件，则机构是不会有死点位置的。

缝纫机的踏板机构即是以摇杆为原动件，有时会出现踏不动的现象，这正是由于机构处于死点位置引起的（图 3-39）。

双摇杆机构和以滑块为主动件的曲柄滑块机构，也存在死点位置。

2. 克服死点的措施

在实际设计过程中，机构有死点位置是不利的，应该采取措施使机构顺利通过死点位置。

（1）利用惯性通过死点。

对于连续运转的机器，可采用安装飞轮加大转动惯量的方法，利用从动件的惯性闯过死点。例如缝纫机脚踏板机构中（见图 3-5），从动曲柄轴上安装了兼有飞轮作用的大带轮，利用惯性通过死点。

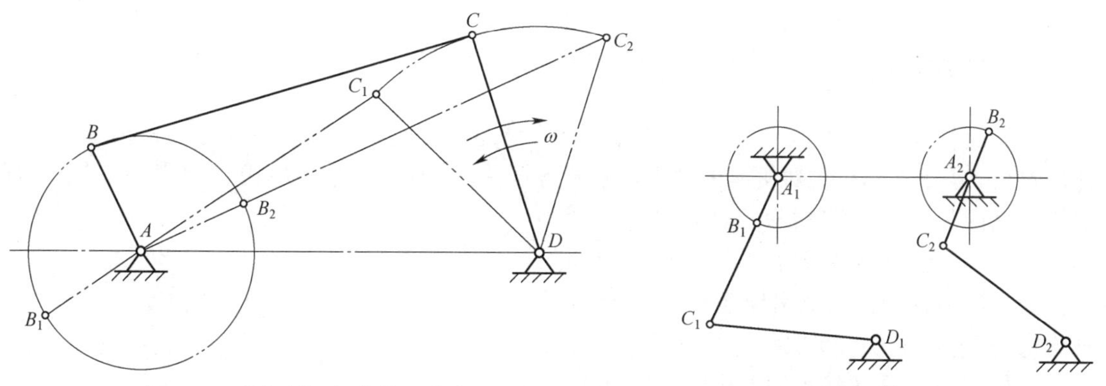

图 3-38　曲柄摇杆机构的死点位置　　图 3-39　缝纫机踏板机构死点位置

（2）机构错位排列。

利用多组机构错位排列的方法，使各组机构的死点相互错开。例如蒸汽机车车轮联动机构（图 3-9），左右车轮的两组曲柄滑块机构中，曲柄 AB 与 $A'B'$位置错开 90°，借助另一组机构带过死点位置。

3. 死点位置在机构中的应用

机构的死点位置并非总是起消极作用的，工程上有时也利用机构具有死点位置的性质来实现某些功能。如图 3-40 所示的钻床夹具。当工件 5 被夹紧后，四杆机构的铰链 B、C、D 处于一条直线上，在此位置，工件给夹具的反力经杆 1 通过连杆 2 传给杆 3 的回转中心 D，此力不能使杆 3 转动，因此，在所加的外力撤去后，仍能夹紧工件。

如图 3-41 所示的飞机起落架机构也是利用双摇杆机构处于死点位置，来保证飞机安全起降的。当飞机着陆时机轮虽然受力很大，但连杆 BC 与从动杆 CD 共线，机构处于死点位置，机轮不能折回，从而提高了起落架工作的可靠性。

又如图 3-42 所示的开关分合闸机构，在实线位置（合闸）时，机构处于死点位置，在触头接合力 Q 作用下机构不会打开。

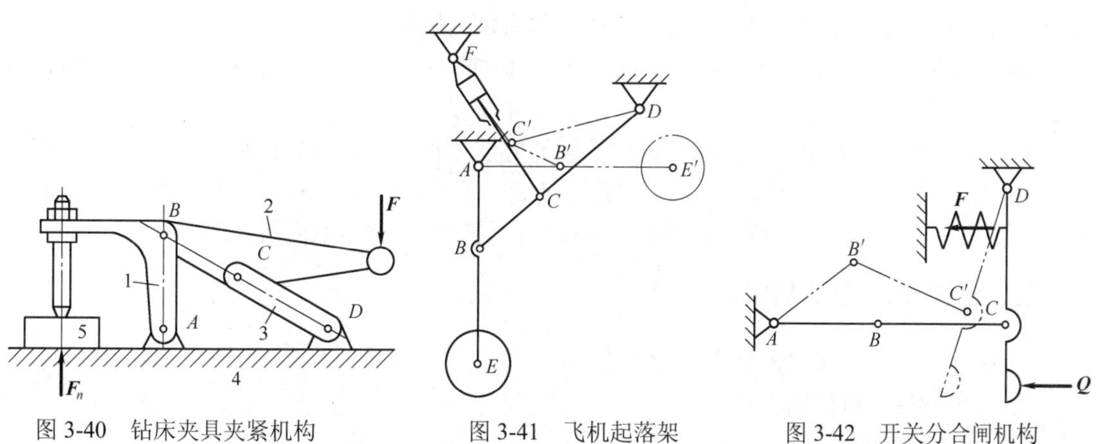

图 3-40　钻床夹具夹紧机构　　图 3-41　飞机起落架　　图 3-42　开关分合闸机构

机构有无死点，与其原动件的选取有关。对于有曲柄的平面四杆机构而言，取曲柄作原动件时，机构没有死点位置；当取曲柄作为从动件时，机构有死点位置。

*§3-5 平面四杆机构设计简介

一、平面四杆机构设计的基本问题

平面四杆机构的设计，主要是根据给定的要求选择机构的形式，并确定该机构各构件的几何参数。由于实际机械对机构的要求是各式各样的，设计方法也不尽相同，所以对平面四杆机构的设计归纳为以下三类基本问题。

（1）实现连杆给定位置的设计。

要求所设计的机构能引导连杆依次通过一系列给定的位置，这类设计又称为导引机构设计。

例如图 3-43 所示铸造砂型机的翻转机构，当翻台 1 处于位置Ⅰ时，在砂箱内填砂造型；造型结束时，液压缸活塞杆驱动四杆机构 AB_1C_1D，使翻台转至位置Ⅱ，这时托台 2 上升，接下砂箱并起模。机构要求翻台能实现 B_1C_1、B_2C_2 两个位置。这就是实现连杆给定两个位置的应用实例。

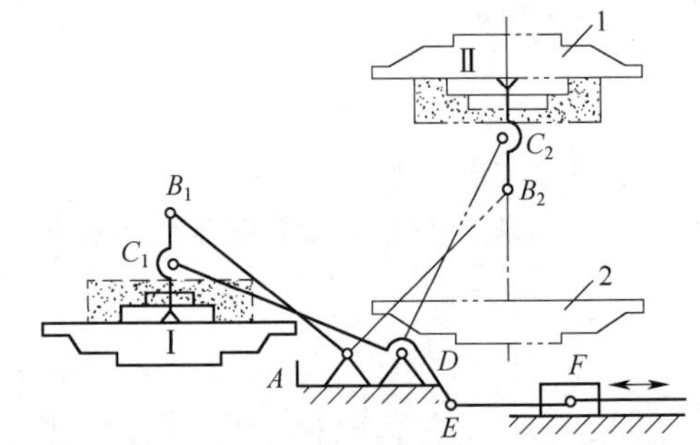

图 3-43 铸造砂型机翻转机构

（2）实现预定运动规律的设计。

要求所设计机构的主、从动连架杆之间的运动关系能满足若干组对应位置关系（或某种给定的函数关系），或者要求在主动连架杆运动规律一定的条件下，从动连架杆能够准确或近似地满足预定的运动规律的要求，以及实现输出构件的急回要求等。这类设计又称为函数机构设计或传动机构设计。

如图 3-12 所示的车门开闭机构，要求两连架杆的转角满足大小相等而转向相反的运动关系，以实现车门的开启和关闭；而图 3-15 所示的汽车前轮转向机构，则要求两连架杆的转角满足某种函数关系，以保证汽车顺利转弯。

（3）实现预定运动轨迹的设计。

要求所设计机构连杆上某一点的运动轨迹，能满足预定的轨迹曲线要求，或者能依此通过给定曲线上的若干个有序的点。这类设计又称为轨迹机构设计。

如图 3-13 所示的鹤式起重机中，连杆 BC 上悬挂重物的点 E 在近似水平的直线上移动。图 3-4 所示的搅拌机，要求其连杆上的某一点 E 可以按轨迹 m-m 运动。

根据不同的设计要求，平面连杆机构的设计方法多种多样，总的说来，可以分为图解法、解析法、实验法三大类。图解法直观、解析法精确、实验法简便。下面主要介绍图解法，解析法和实验法只举例作简单介绍，有关平面四杆机构的设计问题请参阅有关书籍。

二、图解法设计四杆机构

1. 按给定的行程速比系数 K 设计四杆机构

（1）曲柄摇杆机构的设计。

已知行程速比系数 K、摇杆长度 l_{CD}、机架长度 l_{AD}、摇杆摆角 ψ。

设计步骤：

1）求出极位夹角 θ。

$$\theta = 180^\circ \frac{K-1}{K+1}$$

2）选定比例尺，任选一点 D，按给定的摇杆长度 l_{CD} 和摆角 ψ 作出 DC_1 和 DC_2 的位置，如图 3-44 所示。

3）连接 C_1、C_2 两点。过 C_2 点作一直线，与 C_1C_2 线段成 $90^\circ-\theta$ 夹角，过 C_1 点作 C_1C_2 线段的垂线，与过 C_2 点的直线交于 P 点，则 $\angle C_1PC_2=\theta$。

4）过 C_1、C_2 和 P 三点作外接圆，则圆弧 C_1PC_2 上任一点 A 与 C_1 和 C_2 点连线的夹角 $\angle C_1AC_2$ 都等于极位夹角 θ。

5）以 D 点为中心，以机架 l_{AD} 长度为半径画弧交圆于 A 点，点 A 即为所求机构的曲柄中心。则曲柄长度 a 和连杆长度 b 分别为

$$a = \mu_l(\overline{AC_2} - \overline{AC_1})/2 ,\quad b = \mu_l(\overline{AC_2} + \overline{AC_1})/2$$

（2）偏置曲柄滑块机构的设计。

已知行程速比系数 K、滑块行程 H、偏距 e。

设计步骤与曲柄摇杆机构类似，不同之处：

1）由滑块行程 H 确定 C 点的两个极限位置 C_1、C_2（如图 3-45 所示）。

2）根据偏距 e 作 C_1C_2 的平行线交外接圆上一点 A。

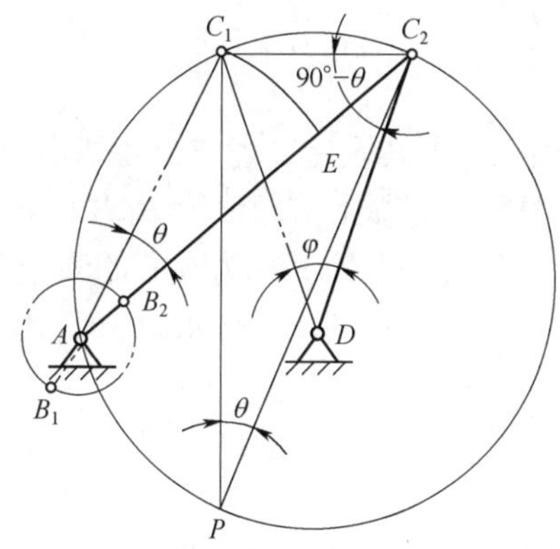

图 3-44　按 K 值设计曲柄摇杆机构

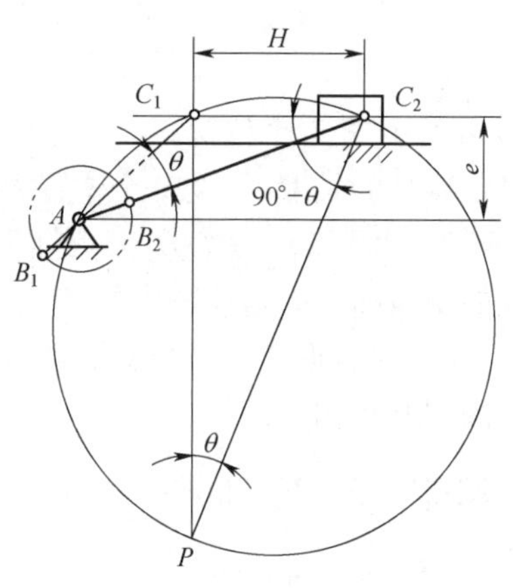

图 3-45　按 K 值设计曲柄滑块机构

（3）摆动导杆机构的设计。

已知行程速比系数 K、机架长度 l_{AD}。

设计步骤：

1）由于极位夹角 θ 等于导杆的最大摆角 Ψ（图 3-46），求出 Ψ。

$$\psi = \theta = 180^\circ \frac{K-1}{K+1}$$

2）选定比例尺，任选一点 D，作 $\angle MDN=\theta=\Psi$，作其角平分线，并在此线上截取 l_{AD} 的长度，确定出固定铰链 A、D。

3）过 A 点作 DN（或 DM）的垂线 AC_1（或 AC_2），即为曲柄的长度。也可直接计算出 $l_{AC} = l_{AD}\sin(\theta/2)$。

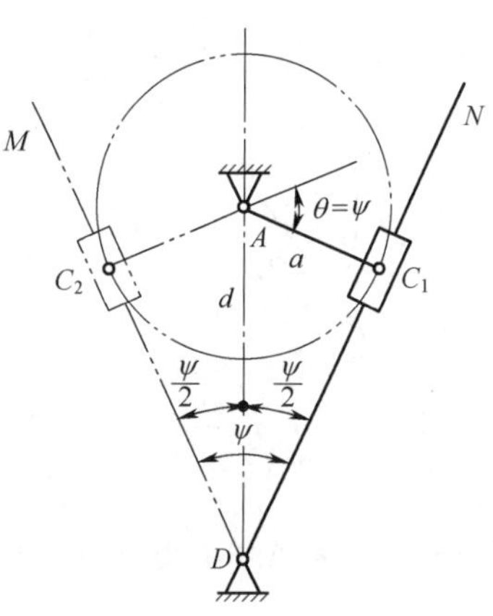

图 3-46　按 K 值设计摆动导杆机构

2. 按给定连杆的两个或三个位置设计四杆机构

（1）给定连杆两个位置。

平面四杆机构中若给定连杆的长度 l_{BC} 及其两个位置 B_1C_1、B_2C_2，如图 3-47 所示，设计此机构的实质是确定固定铰链中心 A 和 D 的位置。设计步骤如下：

1）根据给定条件，选定合适的比例尺，作出连杆的两个给定位置 B_1C_1、B_2C_2。

2）分别连接 B_1 和 B_2，C_1 和 C_2，并作其垂直平分线 b_{12}、c_{12}。

3）由于 A 和 D 两点可在 b_{12} 和 c_{12} 两直线上任选，故有无穷多组解，因而在实际设计时还要考虑其他辅助条件，使解确定。

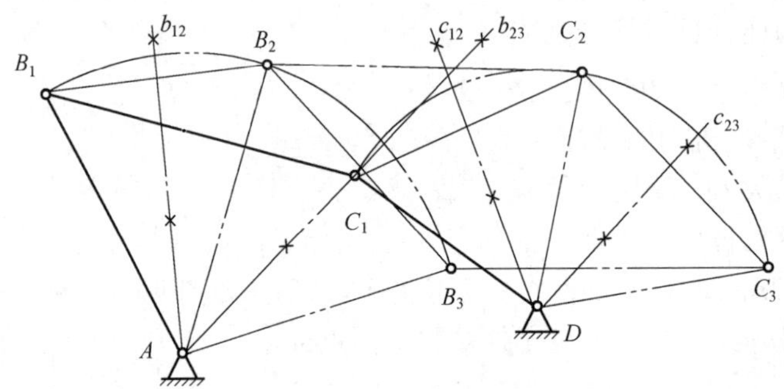

图 3-47　按给定的连杆位置设计四杆机构

（2）给定连杆三个位置。

若给定连杆的长度 l_{BC} 及三个位置 B_1C_1、B_2C_2、B_3C_3，则其设计过程与上述基本一样。如图 3-47 所示，由于 B_1、B_2、B_3 三点位于以 A 为圆心的同一圆弧上，即线段 B_1B_2 和 B_2B_3 的垂直平分线的交点即为固定铰链中心 A，同样，C_1、C_2、C_3 三点位于以 D 为圆心的同一圆弧上，线段 C_1C_2、C_2C_3 的垂直平分线的交点即为固定铰链中心 D。AB_1C_1D（或 AB_2C_2D、AB_3C_3D）即为所求的四杆机构。

三、解析法设计四杆机构

如图 3-48a 所示铰链四杆机构中，已知连架杆 AB 和 CD 的三组对应位置 φ_1、φ_2、φ_3 和 ψ_1、ψ_2、ψ_3，要求确定各杆长度 a、b、c、d。

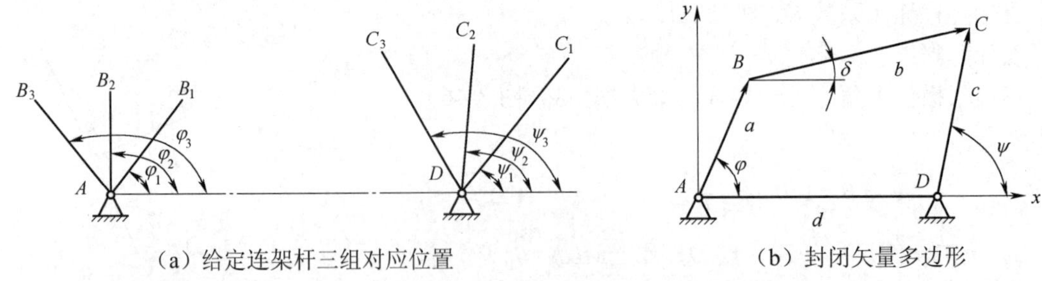

（a）给定连架杆三组对应位置　　（b）封闭矢量多边形

图 3-48　按给定连架杆对应位置设计四杆机构

解： 根据图 3-48b 所示的坐标系和各杆矢量方向，将各杆分别在 x 和 y 轴上投影，得

$$\left.\begin{aligned} a\cos\varphi + b\cos\delta &= d + c\cos\psi \\ a\sin\varphi + b\sin\delta &= c\sin\psi \end{aligned}\right\} \tag{3-7}$$

将$\cos\varphi$和$\sin\varphi$移到等式右边，再把等式两边平方相加，消去中间变量δ，得

$$b^2 = a^2 + c^2 + d^2 + 2cd\cos\psi - 2ad\cos\varphi - 2ac\cos(\varphi - \psi) \tag{3-8}$$

令

$$\left.\begin{aligned} m &= (a^2 + c^2 + d^2 - b^2)/2ac \\ n &= d/c \\ l &= d/a \end{aligned}\right\} \tag{3-9}$$

将式（3-9）代入式（3-8）中，得

$$\cos(\varphi - \psi) = m - n\cos\varphi + l\cos\psi \tag{3-10}$$

将已知的三组对应位置角φ_1、φ_2、φ_3和ψ_1、ψ_2、ψ_3分别代入（3-10）式，即可求出机构的三个未知参数m、n、l，再根据实际的结构情况设定机架长度d或曲柄长度a，即可求得机构的尺寸。

若给定的连架杆对应角位置超出三组，则不可能有精确解，只能采用别的方法求解。

四、实验法设计四杆机构

平面四杆机构运动时，连杆作平面复杂运动，连杆上任一点的轨迹常为封闭曲线，这些曲线称为连杆曲线。

平面连杆曲线是高阶、复杂的曲线，所以根据预期的运动轨迹来设计四杆机构，是一个比较复杂的问题。为设计方便，工程上常常利用“连杆曲线图谱”，从图谱中查找与设计曲线吻合的曲线，便可直接求出四杆机构的尺寸参数，这种设计方法称为连杆曲线图谱法。

如果图谱中没有所需曲线，也可利用连杆曲线仪自行设计机构尺寸。

如图 3-49 所示为绘制连杆曲线的仪器模型。设原动件 AB 的长度为单位长度，而其余各杆相对 AB 的长度可调。在连杆上固定一块多孔薄板，板上钻有一定数量的小孔，代表连杆平面上不同点的位置。当机构运动时，板上每个孔的运动轨迹可绘制在纸上，这样就得到一组连杆曲线。依次改变各杆相对 AB 的长度，即可得出许多组连杆曲线，将它们按一定顺序汇编成册，即为连杆曲线图谱。图 3-50 为平面四杆机构分析图谱中的一张，图中曲柄 AB 的长度为 1，其余各杆长度以相对于曲柄的比值来表示。

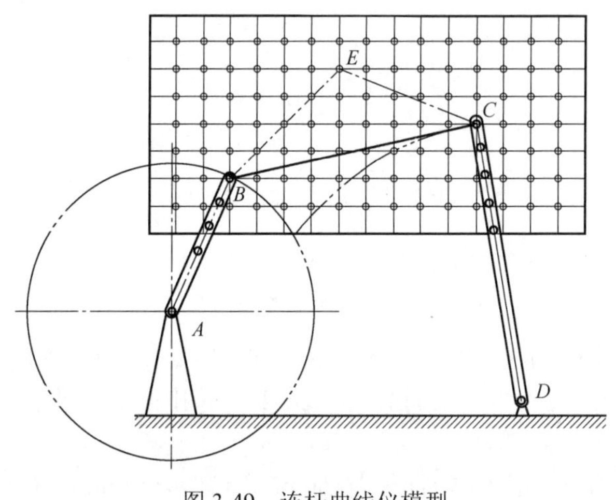

图 3-49　连杆曲线仪模型

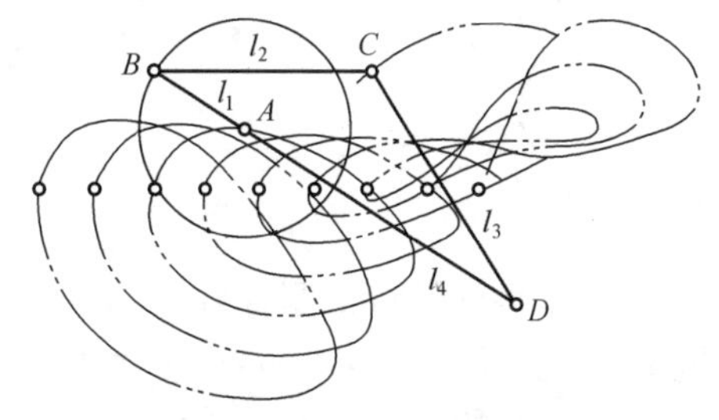

图 3-50　连杆曲线图谱

手工查阅连杆曲线图谱的方法效率低、精度差。近年来，利用计算机的海量存储能力建

立电子图谱库，利用计算机的快速检索能力实现曲线匹配查询，是实现预定轨迹机构设计较理想的方法。

习　题

3-1　平面四杆机构的基本形式是什么？它有哪些演化形式？演化的方式有哪些？

3-2　什么是曲柄？平面四杆机构中曲柄存在的条件是什么？曲柄是否就是最短杆？

3-3　什么是行程速比系数、极位夹角、急回特性？

3-4　什么是机构的死点位置，用什么方法可以使机构通过死点位置？

3-5　判断图中各铰链四杆机构的类型，并说明判断依据。

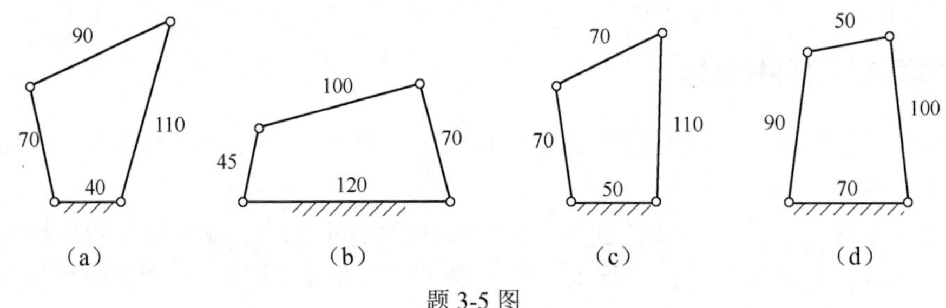

题 3-5 图

3-6　已知四杆机构，各杆长度分别为：a=150mm，b=500mm，c=300mm，d=400mm。试问：

（1）当取杆件 d 为机架时，是否存在曲柄？如果存在，哪一杆为曲柄？

（2）如分别选取构件 a、b、c 为机架，分别得到什么类型的机构？

3-7　如图所示，杆 1 为主动件，判断机构有无急回，并说明原因，画出极位夹角。

3-8　图示为偏置曲柄滑块机构。已知 a=150mm，b=400mm，e=50mm，试求滑块行程 H、机构的行程速度变化系数 K。

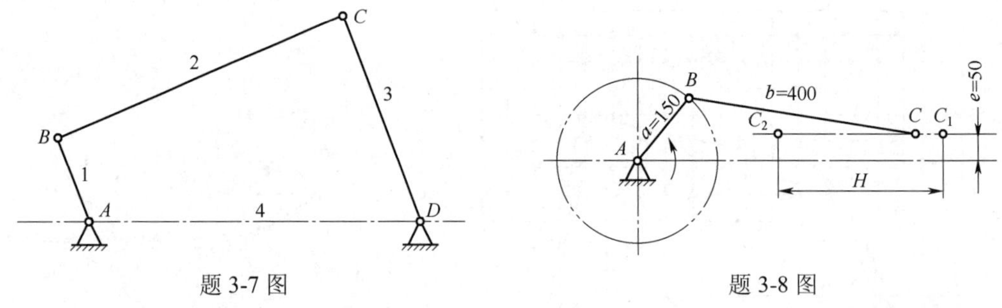

题 3-7 图　　题 3-8 图

3-9　设计一铰链四杆机构，已知其摇杆 CD 的长度 l_{CD}=75mm，行程速度变化系数 K=1.5，机架 AD 的长度 l_{AD}=100mm，摇杆的一个极限位置与机架间的夹角 ψ=45°，如图所示。求曲柄（长 l_{AB}）相连杆的长度 l_{BC}。

3-10　设计一曲柄滑块机构。如图所示，已知滑块的行程 H=50mm，偏距 e=20mm，行程速度变化系 K=1.5，试用图解法确定曲柄和连杆的长度。

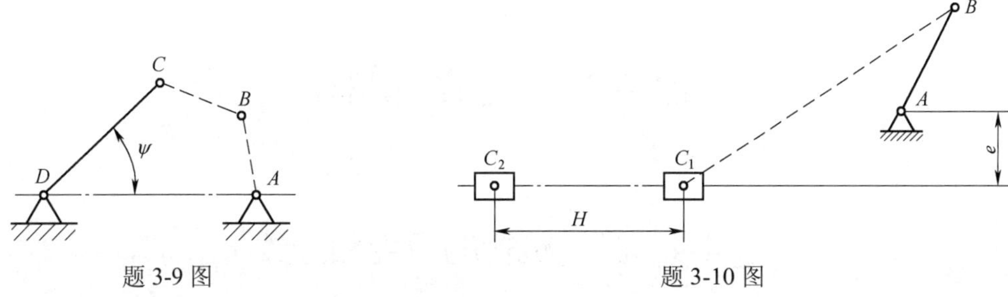

题 3-9 图　　　　　　　　　　　题 3-10 图

3-11　试设计一摆动导杆机构。已知机架长度 l_{AD}=100mm，行程速度变化系数 K=1.4，试求曲柄 l_{AB} 的长度。

3-12　已知一翻料机构，连杆 BC 的长度为 400mm，连杆两个位置关系如图所示，要求机架 AD 与 B_1C_1 平行且在其下方相距 350mm。试设计此机构。

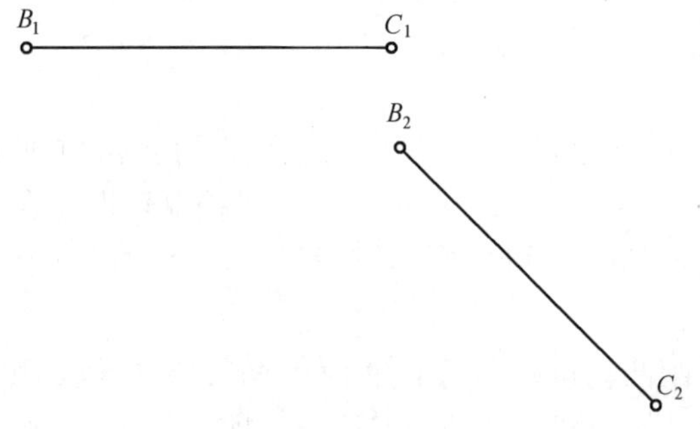

题 3-12 图

第 4 章　凸轮机构

§4-1　凸轮机构的应用和分类

在设计机构时，为了完成某一特定的工作，必须选择适当的机构使从动件能按照预定的规律运动。低副机构一般只能近似地实现给定的运动规律，且设计较为复杂。而当从动件的位移、速度和加速度必须严格按照预定规律变化时，尤其当原动件连续运动而从动件需作间歇运动时，采用凸轮机构最为简便。

凸轮机构是机械中的一种常用机构，在自动机械和自动控制装置中得到广泛应用。

一、凸轮机构的应用

图 4-1 所示为内燃机的配气机构，凸轮 1 等速回转，其轮廓迫使从动件 2 绕定点摆动，从而使气阀 3 开启或关闭（关闭时靠弹簧 4 的作用），以控制可燃混合气体在适当的时间进入汽缸或排出废气。至于气阀开启和关闭时间的长短及其速度和加速度的变化规律，则取决于凸轮轮廓曲线的形状。

图 4-2 所示为靠模车削凸轮机构。当工件 1 转动时，靠模板 3 和工件 1 一起向右移动，借助靠模板曲线轮廓的变化，使刀架 2 带动车刀按一定规律移动，从而车削出与靠模表面轮廓相同的手柄。

图 4-3 所示为自动机床的进刀机构，当具有凹槽的圆柱凸轮 1 等速回转时，其曲线凹槽的侧面通过嵌入凹槽中的滚子 3 迫使从动件 2 绕轴 O 作往复摆动，从而驱动刀架 4 的进刀和退刀运动。刀架的运动规律，由凹槽的形状决定。

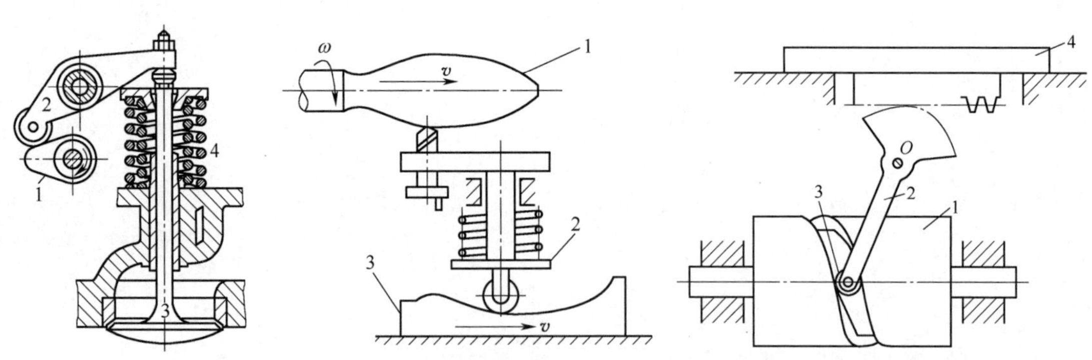

图 4-1　内燃机配气机构　　图 4-2　靠模车削凸轮机构　　图 4-3　自动机床进刀机构

由以上实例可以看出，凸轮是一种具有曲线轮廓或凹槽的构件，多为主动件；与凸轮保持接触的构件，称为从动件。凸轮通常作连续等速转动，而从动件作连续或间歇移动、往复摆动或平面复杂运动。从动件的运动规律完全取决于凸轮轮廓或沟槽的形状。

凸轮机构是含有凸轮的一种高副机构，是由凸轮、从动件和机架三个构件、两个低副、一个高副组成的单自由度机构。

二、凸轮机构的分类

凸轮机构的类型很多，常根据凸轮和从动件的形状及其运动形式的不同对凸轮机构进行分类。

1. 按凸轮的形状分

（1）盘形凸轮。

如图 4-4a 所示，盘形凸轮是一个具有变化向径的盘形构件。当它绕固定轴回转时，可推动从动件在垂直于凸轮转轴的平面内运动（见图 4-1）。盘形凸轮结构简单，应用最广，但其从动件的行程不能太大，否则将使凸轮的尺寸过大。

（2）移动凸轮。

当盘形凸轮的回转中心趋于无穷远时，则凸轮相对于机架作往复直线运动，就演化成了如图 4-4b 所示的移动凸轮。当移动凸轮作直线往复运动时，可推动从动件在同一运动平面内运动（见图 4-2）。

盘形凸轮与移动凸轮与从动件的运动均在同一平面内，且凸轮轮廓为平面曲线，属于平面凸轮机构。

（3）圆柱凸轮。

将移动凸轮卷成圆柱体，则所形成的凸轮称为圆柱凸轮，曲线轮廓可以开在圆柱体端面上（图 4-4c），也可以在圆柱面上开曲线凹槽（图 4-3）。由于凸轮与从动件之间的相对运动是空间运动，且凸轮轮廓曲线为空间曲线，属于空间凸轮机构。

2. 按从动件的形状分

（1）尖顶从动件。

图 4-5a 所示的从动件与凸轮轮廓曲线接触的部分为尖顶形状，它能与任意复杂凸轮轮廓保持接触，因而能实现任意预期的运动规律。这种从动件的构造最简单，但由于尖顶与凸轮呈点接触，接触应力大、易磨损，故只适于受力不大、速度较低的场合，如用于仪器仪表等机构中。

（2）滚子从动件。

图 4-5b 所示的从动件端部安装有滚子，改善了从动件与凸轮轮廓间的接触条件，滚子与凸轮轮廓之间为滚动摩擦，所以磨损较小，故可承受较大载荷，在工程实际中应用最为广泛。

（3）平底从动件。

图 4-5c 所示的从动件端部为平底形状，与凸轮轮廓之间为线接触。这种从动件所受凸轮的作用力方向始终垂直于从动件的底边（不计摩擦时），故受力比较平稳，而且接触面易形成油膜，利于润滑，因此常用于高速传动中。但它只能与全部外凸的凸轮轮廓相接触。

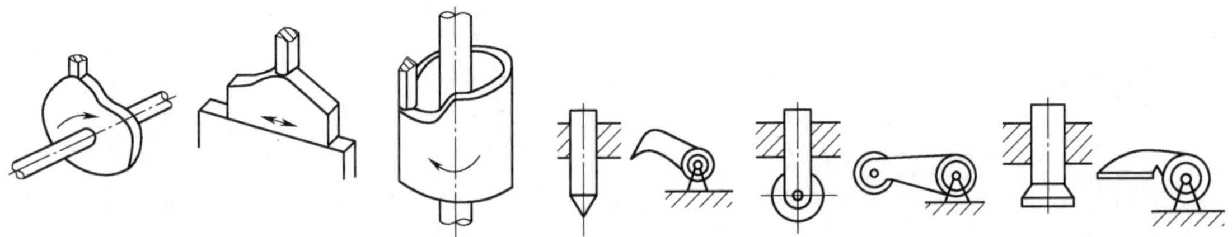

（a）盘形凸轮（b）移动凸轮（c）圆柱凸轮

图 4-4　凸轮形状

（a）尖顶从动件　（b）滚子从动件　（c）平底从动件

图 4-5　从动件的形状

3. 按从动件运动形式分

（1）直动从动件。

如图 4-6 所示，从动件与机架构成移动副，从动件作往复直线运动。按照直动从动件的移动导路是否通过凸轮的回转轴心，又可分为对心直动从动件（图 4-6a）和偏置直动从动件（图 4-6b）两种，e 为偏距。

（2）摆动从动件。

如图 4-1、4-7 所示，从动件与机架构成转动副，从动件绕机架作往复摆动。

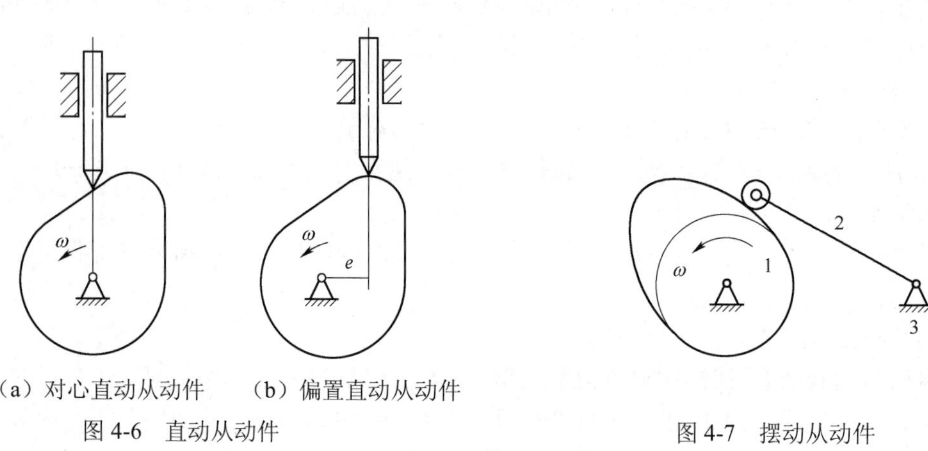

（a）对心直动从动件　（b）偏置直动从动件

图 4-6　直动从动件

图 4-7　摆动从动件

4. 根据凸轮与从动件保持接触的方式分

凸轮机构在运动过程中，应使从动件与凸轮轮廓始终保持接触。根据两者保持接触方式的不同，分为以下两种类型。

（1）力锁合。

利用重力、弹簧力或其他外力使从动件始终与凸轮轮廓保持接触。如图 4-1 所示内燃机的配气凸轮机构就是利用压缩弹簧力来保持高副接触的一个实例。

（2）形锁合。

利用高副元素本身的几何形状使从动件与凸轮轮廓始终保持接触。如图 4-3 所示的自动机床进刀机构中，凸轮轮廓曲线为一凹槽，从动件的滚子置于凹槽中，利用凹槽的几何形状使凸轮与滚子从动件始终保持接触。常用的形锁合机构如图 4-8 所示。

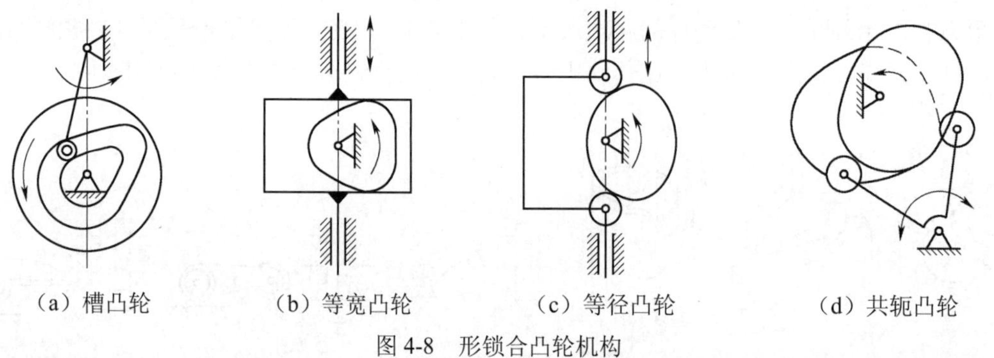

（a）槽凸轮　（b）等宽凸轮　（c）等径凸轮　（d）共轭凸轮

图 4-8　形锁合凸轮机构

三、凸轮机构的特点

凸轮机构的优点和缺点分别介绍如下：

优点：只需设计适当的凸轮轮廓，便可使从动件得到任意的预期运动，并且结构简单、紧凑、设计方便，因此它被广泛应用于各种自动化机械中，例如自动机床进刀机构、内燃机配气机构、自行车的涨闸、闹钟的司闹机构以及各种电器开关中。

缺点：由于凸轮轮廓与从动件之间为点或线接触，因而较易磨损，所以多用在传动力不大的场合；凸轮轮廓的加工较为复杂和困难。

§4-2　从动件的常用运动规律

一、凸轮机构的运动循环及基本名词术语

图 4-9 所示为一对心尖顶直动从动件盘形凸轮机构及从动件位移线图。图中凸轮的轮廓由 *AB*、*BC*、*CD*、*DA* 四段曲线组成，而且 *BC*、*DA* 两段为以凸轮回转中心 *O* 为圆心的圆弧。

下面通过分析该凸轮机构一个运动循环中凸轮与从动件之间的相对运动情况，介绍凸轮机构的一些基本名词术语。

（1）基圆。

如图 4-9 所示，以凸轮的回转轴心 *O* 为圆心，凸轮轮廓的最小向径 r_0 为半径所作的圆称为凸轮的基圆，r_0 为基圆半径。当从动件与基圆圆弧部分接触时，从动件处于位移的最低位置（或起始位置）。

（2）偏距圆。

在偏置直动从动件盘形凸轮机构中，凸轮回转中心至过接触点的从动件导路之间的偏置距离为 e，以回转中心为圆心、e 为半径所作的圆称为偏距圆。

（3）推程与推程运动角。

如图 4-9 所示，凸轮与从动件的尖顶在 *A* 点接触时，从动件处于最低位置（距离凸轮回转中心最近），称为初始位置。当凸轮以等角速度 ω 逆时针转动时，从动件与凸轮轮廓线 *AB* 段接触，从动件沿导路由最低位置 *A* 按一定运动规律上升到最高位置 B'（距离凸轮回转中心最远），从动件的这一运动过程称为推程，而凸轮相应的转角 δ_0 称为推程运动角。

（4）远休程与远休止角。

如图 4-9 所示，凸轮继续转动，从动件尖顶与凸轮轮廓线 *BC* 段接触，由于 *BC* 段是以凸轮轴心 *O* 为圆心的圆弧，所以从动件在最远位置静止不动，这一过程称为远休程，凸轮相应的转角 δ_{01} 称为远休止角。

（5）回程与回程运动角。

当从动件尖顶与凸轮轮廓线 *CD* 线段接触时，它又由最远位置按一定的运动规律降回到初始位置，从动件的这一运动过程称为回程，凸轮相应的转角 δ_0' 称为回程运动角。

（6）近休程与近休止角。

如图 4-9 所示，从动件尖顶与凸轮轮廓线 *DA* 段接触时，由于 *DA* 段是以凸轮轴心 *O* 为圆心的圆弧，所以从动件将在最低位置静止不动，这一过程称为近休程，凸轮相应的转角 δ_{02} 称为近休止角。当凸轮继续转动时，从动件又重复上述过程，完成升-停-降-停的运动循环。

（7）行程。

如图 4-9 所示，从动件在推程（或回程）中沿导路移动的最大距离 h 称为从动件的行程。

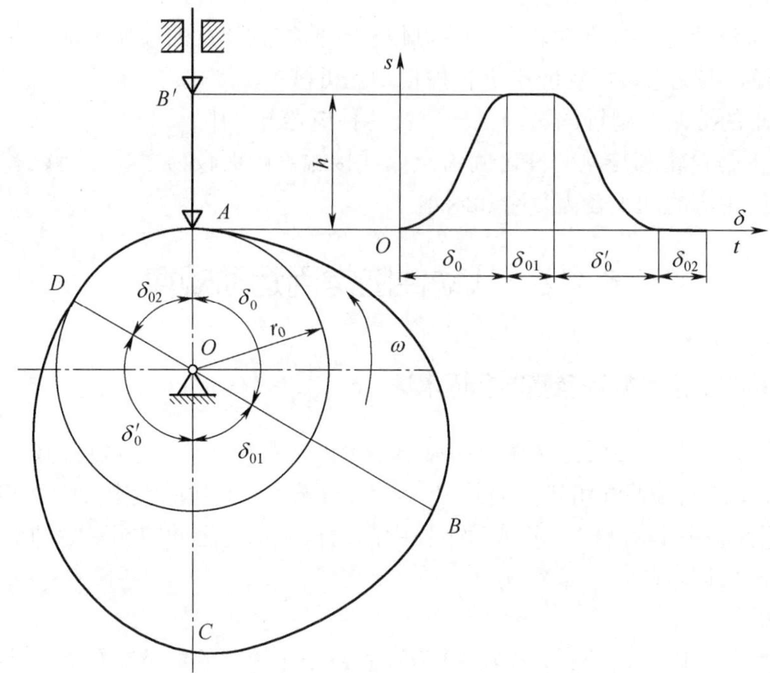

图 4-9　对心尖顶直动从动件盘形凸轮机构及从动件位移线图

为了直观地表示出从动件的位移变化规律，将从动件的位移 s 与凸轮转角 δ 之间的对应关系用图 4-9 所示的曲线表示，横坐标表示凸轮的转角 δ（或时间 t），纵坐标表示从动件的位移 s，这一曲线图称为从动件的位移线图。根据位移变化规律，还可以求出从动件的速度线图、加速度线图。把从动件的位移 s、速度 v、加速度 a 随时间 t 或凸轮转角 δ 的变化规律称为从动件的运动规律。

二、从动件常用的运动规律

生产中对工作构件的运动要求是多种多样的。例如自动机床中用来控制刀具进给运动的凸轮机构，要求刀具（从动件）在工作行程时作等速运动（速度要求）；内燃机配气凸轮机构，则要求凸轮具有良好的动力学性能（主要是加速度要求）；而在某些控制机构中则只有简单的升距要求。

从动件的不同运动规律要求凸轮具有不同的轮廓曲线，即要想实现从动件某种运动规律，就要设计出与之对应的凸轮轮廓曲线。因此，设计凸轮时，必须首先确定从动件的运动规律，然后根据这一要求来设计凸轮轮廓曲线，使它准确地或近似地实现给定的运动要求。

人们经过长期的理论研究和生产实践，已经积累了能适应多种工作要求的从动件典型运动特性的运动曲线，即所谓“常用运动规律”。下面介绍的几种常用运动规律均为推程段。

1. 等速运动规律

当凸轮等速回转时，从动件在运动过程中的速度为常数，其运动线图如图 4-10 所示。位移线图为一斜直线，速度线图为一水平直线，其加速度始终为零，但在运动开始和终止处，速度产生突变，其瞬时加速度为无穷大，因而产生无穷大的惯性力，对机构产生极大冲击，称为刚性冲击。

实际上，由于构件材料有弹性，加速度和惯性力不至于达到无穷大，但仍将造成强烈冲击。当加速度为正时，它将增大凸轮压力，使凸轮轮廓严重磨损；加速度为负时，可能会造成用力封闭的从动件与凸轮轮廓瞬时脱离接触，并加大力封闭弹簧的负荷。因此这种运动规律只适用于低速、轻载的场合，且不宜单独使用，通常在运动开始和终止段用其他运动规律过渡，以减轻刚性冲击。

2. 等加速等减速运动规律（抛物线运动规律）

从动件在推程段的前半段（$h/2$）作等加速运动，后半段作等减速运动，通常加速度和减速度的绝对值相等，其运动线图如图 4-11 所示，位移曲线为两段光滑连接的抛物线，速度线图由两段斜直线组成，加速度线图为两段平行于横坐标的直线。由图可见，其速度线图是连续的，但是在运动的起始、终止处和前后半程的交接处，加速度存在有限值的突变，其惯性力也随之突变而产生冲击，这种由有限惯性力引起的冲击比刚性冲击轻微得多，故称为柔性冲击。这种运动规律也不适于高速运动。

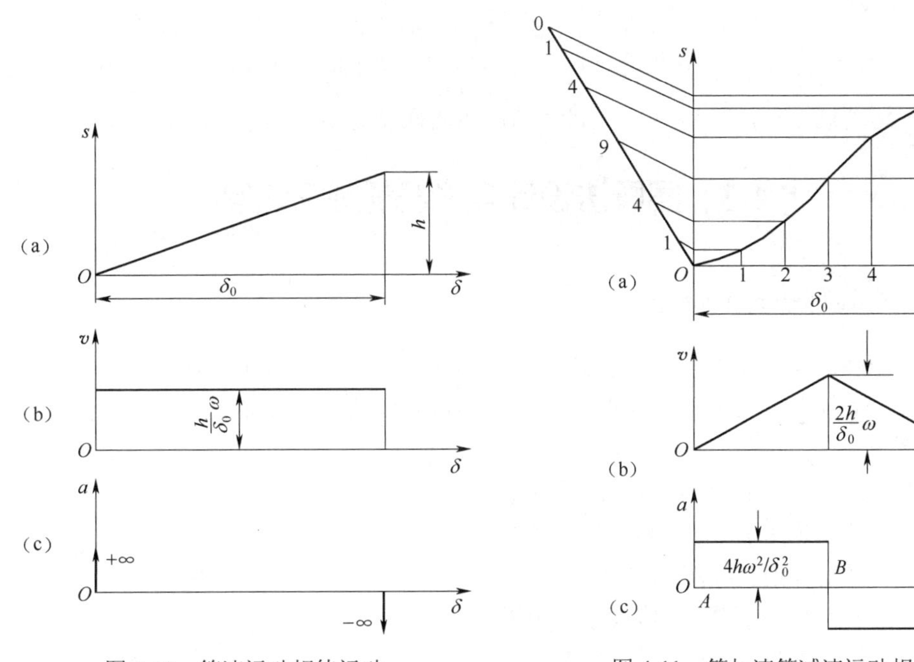

图 4-10　等速运动规律运动　　图 4-11　等加速等减速运动规律

3. 余弦加速度运动规律（简谐运动规律）

从动件的加速度按余弦规律变化，如图 4-12 所示。从动件在整个运动过程中速度连续，但在运动的起始、终止处加速度存在有限值的突变，因而产生柔性冲击，只适用于中速运动的场合。

4. 正弦加速度运动规律（摆线运动规律）

从动件的加速度按正弦规律变化，如图 4-13 所示。从动件在整个运动过程中速度和加速度都是连续的，没有任何突变，因而理论上既无刚性冲击，也无柔性冲击，适用于高速运动。

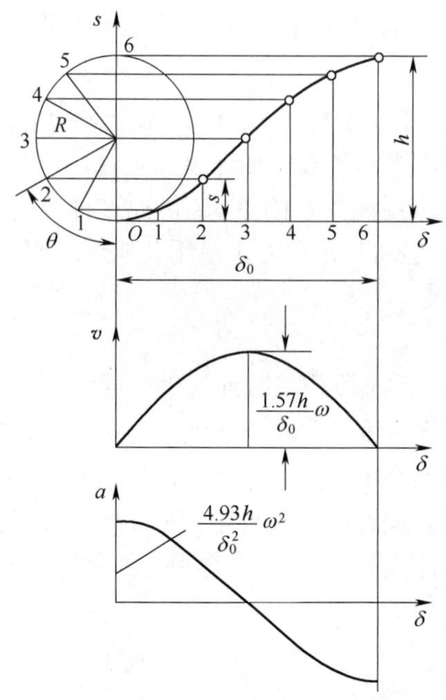

图 4-12 余弦加速度运动规律

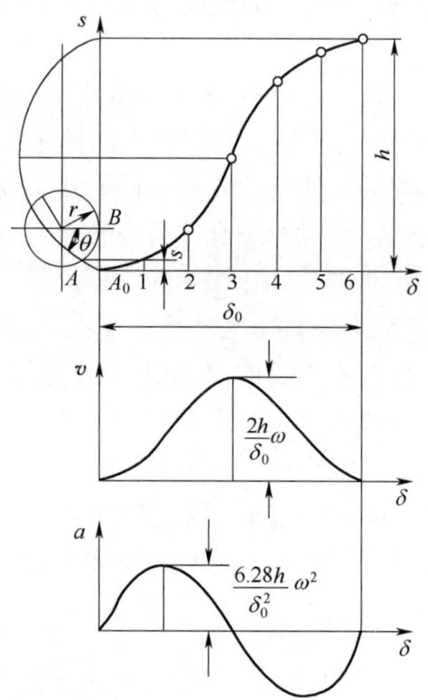

图 4-13 正弦加速度运动规律

除了摆线运动规律外，3-4-5 次多项式运动规律同样没有柔性和刚性冲击，适合高速工作。

§4-3 图解法设计盘形凸轮轮廓曲线

一、凸轮轮廓曲线的设计原理

无论是采用作图法还是解析法设计凸轮轮廓曲线，所依据的基本原理都是反转法原理。对于一般机械，作图法的精度已能满足使用要求，而且比较简便。下面介绍凸轮轮廓曲线的图解法。

如图 4-14 所示为一对心尖顶直动从动件盘形凸轮机构，当凸轮以等角速度 ω_1绕轴心 O 顺时针转动时，将推动从动件沿其导路作往复移动。

为了便于绘制凸轮轮廓曲线，假设给整个机构（含机架、凸轮及从动件）加上一个公共的角速度“$-\omega_1$”，使其绕凸轮轴心 O 作反向转动。根据相对运动原理，凸轮与从动件之间的相对运动不变，结果，凸轮静止不动，而从动件一方面随其导路以角速度“$-\omega_1$”绕 O 转动，另一方面还在其导路内按原有的运动规律作预期的往复运动。由于从动件在这种复合运动中，其尖顶始终与凸轮轮廓保持接触，因此，在此运动过程中，尖顶的运动轨迹即为凸轮轮廓曲线。

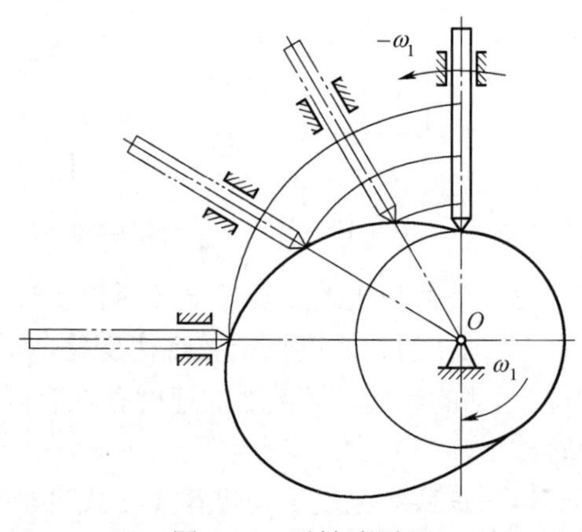

图 4-14 反转法原理

在设计凸轮轮廓曲线时，可假设凸轮静止不动，而使从动件相对于凸轮作反转运动，同时又在其导路内作预期运动，作出从动件在这种复合运动中的一系列位置，将其尖顶所占据的一系列位置连成光滑曲线即为所求凸轮轮廓曲线，这就是凸轮轮廓曲线设计的反转法原理。

二、直动从动件盘形凸轮轮廓线的绘制

1. 尖顶直动从动件盘形凸轮轮廓线绘制

图 4-15a 所示为一对心尖顶直动从动件盘形凸轮机构。已知凸轮的基圆半径为 r_0，凸轮以等角速度 ω 沿逆时针回转，从动件的位移线图如图 4-15b 所示，从动件推程作等速运动，推程角 $\delta_0=120^\circ$，远休止角 $\delta_{01}=60^\circ$，从动件回程作等加速等减速运动，回程角 $\delta_0'=90^\circ$，近休止角 $\delta_{02}=90^\circ$。试设计该凸轮的轮廓曲线。

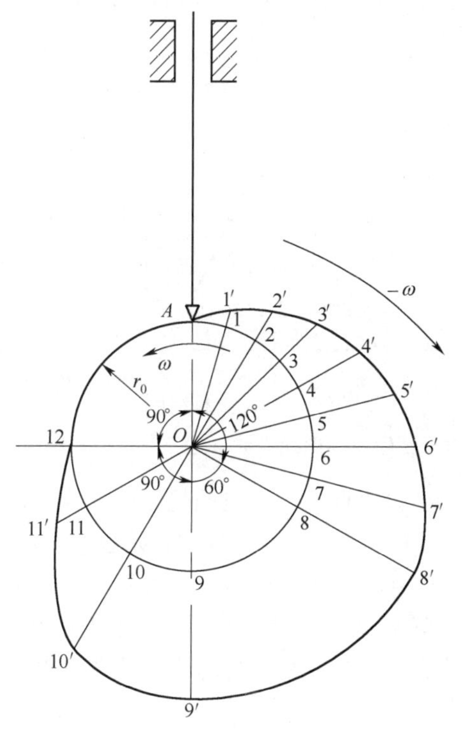

（a）对心尖顶直动从动件盘形凸轮机构

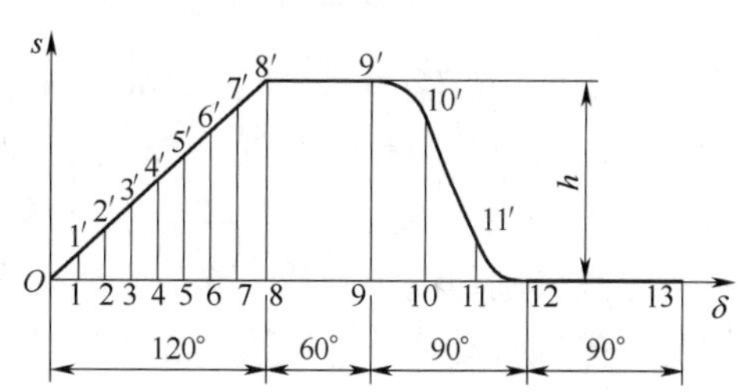

（b）从动件位移线图

图 4-15　对心尖顶直动从动件盘形凸轮轮廓曲线设计

运用反转法绘制该凸轮轮廓的方法和步骤如下：

（1）将图 4-15b 所示从动件位移线图的推程和回程所对应的横坐标轴各分成若干等份。

（2）选取适当的比例尺，根据已知的基圆半径 r_0 作出基圆，导路与基圆的交点 A 即为从动件尖顶的初始位置。

（3）自 OA 开始，按照反转法沿顺时针（$-\omega$）方向量取推程运动角 δ_0、远休止角 δ_{01}、回程运动角 δ_0' 和近休止角 δ_{02}，并将 δ_0、δ_0' 分成与位移线图横轴对应的等份，在基圆上得点 1、2、3、4、5、6、7、8 和 9、10、11、12。连接 O 点与 1、2、3…各点，并延长，它们便代表机构反转时从动件导路的一系列位置。

（4）自基圆开始依次截取位移线图中从动件相应的位移量，即量取图 4-15a 上的 1-1′、2-2′…等于图 4-15b 上的 1-1′、2-2′…，得反转后从动件尖顶的一系列位置 1′、2′、3′…等点。

（5）将 1′、2′、3′…等点连成光滑曲线（点 8′和点 9′之间以及点 12 和点 A 之间均为以点 O 为圆心的圆弧），便得到所求对心尖顶直动从动件盘形凸轮轮廓曲线。

偏置尖顶直动从动件盘形凸轮轮廓曲线的绘制方法如图 4-16 所示。

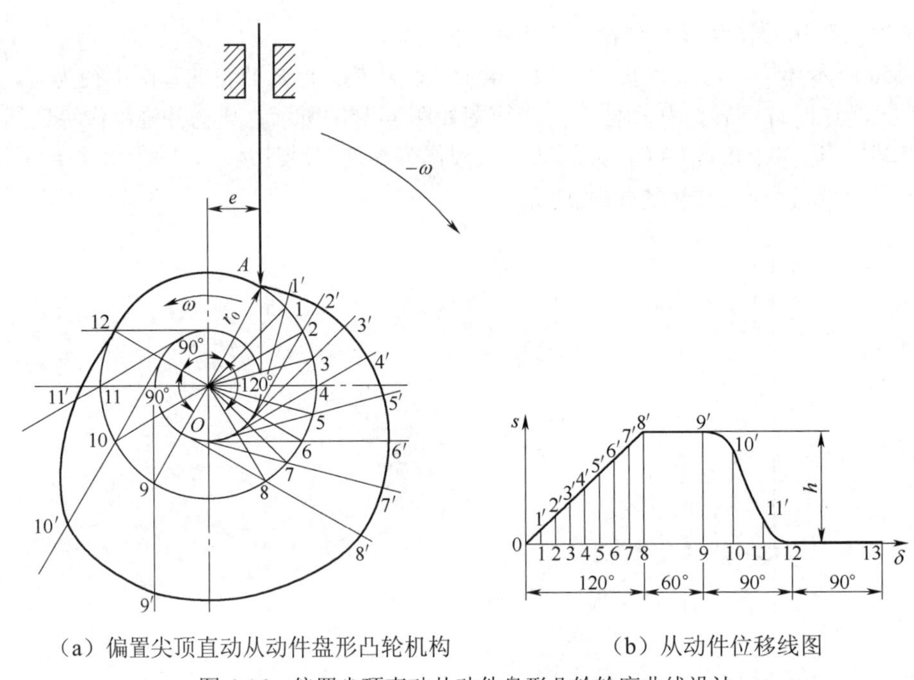

（a）偏置尖顶直动从动件盘形凸轮机构（b）从动件位移线图

图 4-16 偏置尖顶直动从动件盘形凸轮轮廓曲线设计

由于从动件的导路与凸轮回转中心之间存在偏距 e，因此，在绘制凸轮轮廓曲线时，应以 O 点为圆心，画出基圆和偏距圆，基圆与导路的交点 A 即为从动件尖顶的初始位置，沿-ω 方向将基圆分成与位移线图对应的等分点，得 1、2、3、4、5、6、7、8 和 9、10、11、12，再过这些等分点分别作偏距圆的一系列切线，这就是反转后从动件导路的一系列位置，其余的步骤参照对心尖顶直动从动件盘形凸轮轮廓曲线的绘制方法中的第（4）、（5）步，即可得到偏置尖顶直动从动件盘形凸轮轮廓曲线。

2. 滚子直动从动件盘形凸轮轮廓线绘制

直动滚子从动件盘形凸轮轮廓曲线的设计方法如图 4-17 所示。首先将滚子中心看成尖顶从动件的尖顶，按上述作图方法画出一条凸轮轮廓曲线，此曲线称为凸轮的理论轮廓曲线；然后以理论轮廓线上各点为圆心，以滚子半径为半径画一系列滚子圆，再作这些滚子圆的内包络线（对于槽凸轮还应作外包络线），即为滚子从动件盘形凸轮的实际轮廓曲线，又称工作轮廓曲线。

注意：①理论轮廓与实际轮廓互为等距曲线；②凸轮的基圆半径在理论轮廓曲线上度量。

3. 平底从动件盘形凸轮轮廓线绘制

平底从动件盘形凸轮轮廓曲线的绘制与滚子从动件相仿，如图 4-18 所示。首先将从动件的平底与导路中心线的交点 A 看作尖顶从动件的尖顶，按照尖底从动件盘形凸轮的设计方法，求出该点反转后的一系列位置 1′、2′、3′…；然后过 1′、2′、3′…各点，作出一系列表示平底的直线，这些直线即为反转过程中从动件平底依次占据的位置，最后作这些直线族的包络线，即得到平底从动件盘形凸轮的实际轮廓曲线。

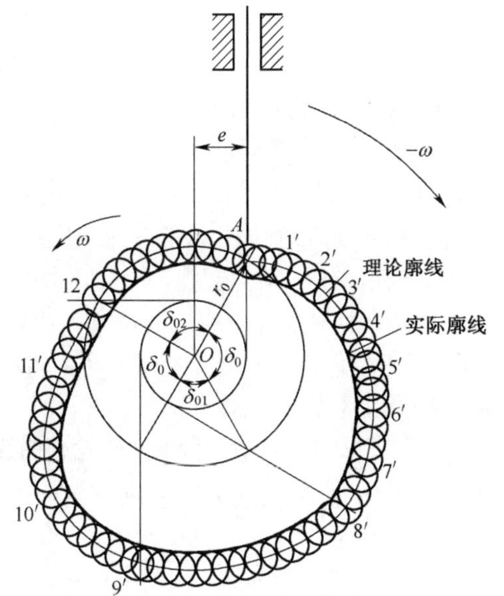

图 4-17　滚子直动从动件盘形凸轮轮廓曲线设计

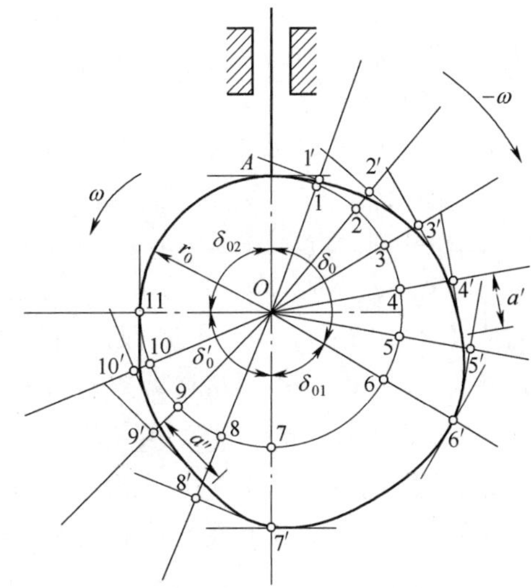

图 4-18　平底直动从动件盘形凸轮轮廓曲线设计

对于平底从动件盘形凸轮机构来说，为保证平底在所有位置都能与凸轮轮廓曲线相切，凸轮轮廓曲线必须是外凸的。

三、摆动从动件盘形凸轮轮廓线的绘制

图 4-19a 所示为尖顶摆动从动件（或摆杆）盘形凸轮机构。已知凸轮以等角速度 ω 逆时针方向转动，凸轮轴心 O 与摆杆轴 A_0 的中心距为 a，凸轮基圆半径为 r_0，摆杆长度为 l，摆杆的运动规律如图 4-19b 所示，其纵坐标的高度表示从动件的摆角 φ。试设计该凸轮的轮廓曲线。

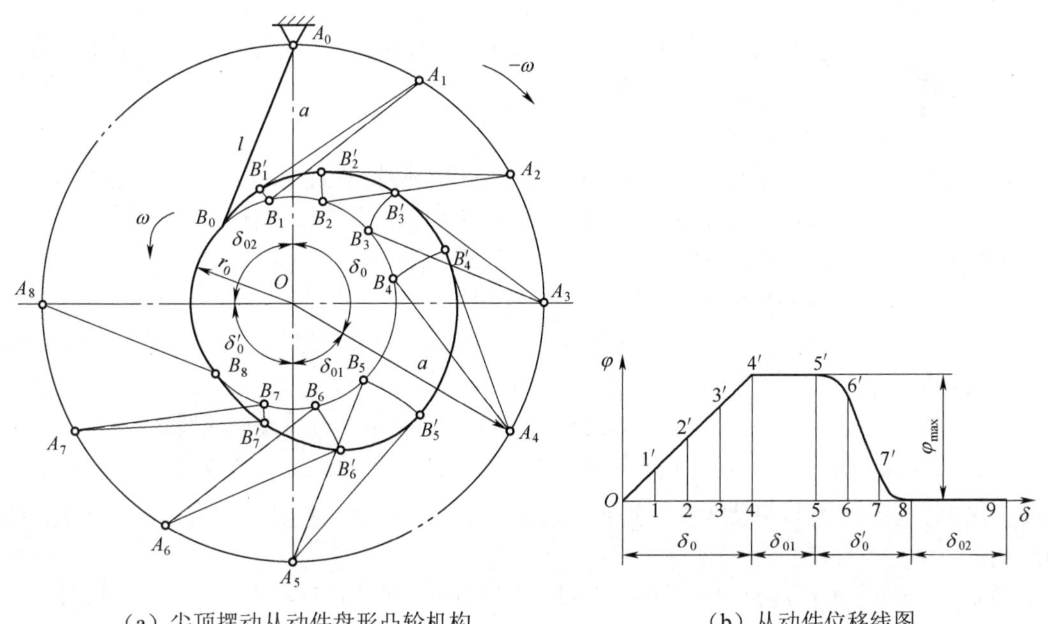

（a）尖顶摆动从动件盘形凸轮机构　　（b）从动件位移线图

图 4-19　尖顶摆动从动件盘形凸轮轮廓曲线设计

（1）将图 4-19b 所示摆杆的角位移线图的推程和回程所对应的横坐标轴各分成若干等份。

（2）选定合适的比例尺，根据给定的 a 定出 O、A_0 的位置。以 O 为圆心，以 r_0 为半径画出基圆，以 A_0 为圆心，l 为半径画圆弧，两者交于 B_0 点，A_0B_0 即为摆杆的初始位置。

（3）以 O 为圆心 a 为半径作圆，根据反转法原理，将此圆的圆周沿（$-\omega$）方向自 OA_0 开始依次量取推程运动角 δ_0、远休止角 δ_{01}、回程运动角 δ_0' 和近休止角 δ_{02}，并将 δ_0、δ_0' 分成与位移线图横轴对应的等分，得点 A_1、A_2、A_3…，它们就是摆杆反转时转轴 A_0 的各个对应位置。

（4）分别以点 A_1、A_2、A_3…为圆心，以摆杆长 l 为半径，作一系列圆弧，分别与基圆交于点 B_1、B_2、B_3…则 A_1B_1、A_2B_2、A_3B_3…即为摆杆在反转运动中各个对应的最低位置。然后再分别从 A_1B_1、A_2B_2、A_3B_3…开始，向外量取与图 4-19b 对应的摆角 φ_1、φ_2、φ_3…得 A_1B_1'、A_2B_2'、A_3B_3'…，则点 B_1'、B_2'、B_3'…即摆杆的尖顶在复合运动中各个对应的位置。

（5）将点 B_0、B_1'、B_2'、B_3'…连接成光滑的曲线，即为所求摆动从动件盘形凸轮轮廓曲线。

如采用滚子从动件，则以上所求为理论轮廓曲线，以理论轮廓各点为圆心画一系列滚子圆，然后作包络线，即可得到凸轮的实际轮廓。

*§4-4 设计凸轮机构应注意的问题

在凸轮机构的设计过程中，首先应满足对机器工作的要求，保证从动件实现预期的运动规律，除此之外还应使设计的凸轮机构结构紧凑、运转灵活。因此，在凸轮机构的设计过程中还应注意下面两个问题。

一、合理选择滚子的半径

从减小凸轮与滚子间接触应力的观点来说，滚子半径越大越好，但滚子半径增大后对凸轮的实际轮廓曲线有很大影响，滚子半径过大，有可能无法准确实现预期的运动规律，所以滚子半径的增大受到限制。

如图 4-20 所示，设凸轮理论廓线外凸或内凹部分的最小曲率半径为 ρ，滚子半径为 r_r，对应位置的凸轮实际廓线的曲率半径为 ρ_a。

1. 凸轮理论轮廓的内凹部分

如图 4-20a 所示为内凹的凸轮轮廓曲线，其中 a 为实际轮廓曲线，b 为理论轮廓曲线。实际轮廓曲线 a 的曲率半径 ρ_a 等于理论轮廓曲线 b 的曲率半径 ρ 与滚子半径 r_r 之和，即 $\rho_a=\rho+r_r$，当理论轮廓作出后，不论滚子半径多大，凸轮的实际轮廓曲线总可以平滑地作出来。

2. 凸轮理论轮廓的外凸部分

如图 4-20b 所示为外凸的凸轮轮廓曲线，实际轮廓曲线 a 的曲率半径 ρ_a 等于理论轮廓曲线 b 的曲率半径 ρ 与滚子半径 r_r 之差，即 $\rho_a=\rho-r_r$。

当 $\rho>r_r$ 时，$\rho_a=\rho-r_r>0$（图 4-20b），实际轮廓存在，为一光滑曲线。

当 $\rho=r_r$ 时，$\rho_a=\rho-r_r=0$（图 4-20c），则实际轮廓线的曲率半径为零，于是在实际轮廓线上出现尖点，这种现象称为变尖现象。凸轮轮廓在尖点处的接触应力大，极易磨损，故应当避免。

当 $\rho<r_r$ 时，$\rho_a=\rho-r_r<0$（图 4-20d），则实际轮廓线的曲率半径为负值。这时实际轮廓线出现交叉，图中阴影的相交部分的轮廓线将在加工时被切掉，致使从动件不能按预期的运动规律运动，这种现象称为失真现象，这是不允许的。

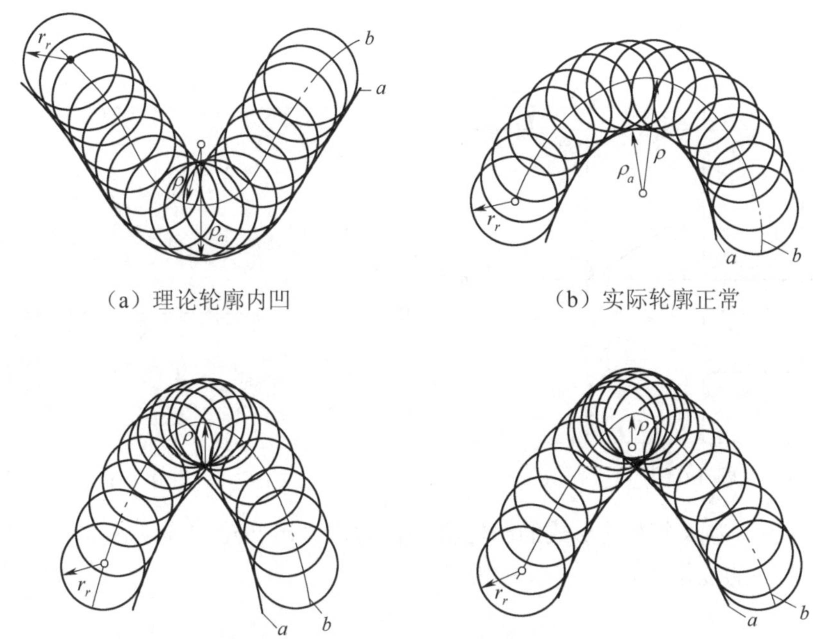

图 4-20　滚子半径和凸轮实际轮廓的关系

因此，对于外凸的凸轮轮廓曲线，欲保证各处都不发生实际轮廓变尖或交叉，滚子半径 r_r 必须小于理论轮廓的最小曲率半径 $\rho_{\min}$。通常 $r_r \leqslant \rho_{\min}$。

凸轮实际轮廓的最小曲率半径 $\rho_{a\min}$ 一般不应小于 1～5mm。

二、基圆对凸轮机构的影响

在凸轮机构设计过程中，凸轮的基圆半径越小，机构越紧凑，但是，基圆愈小，凸轮推程轮廓曲线愈陡峭，轮廓过分陡峭将导致接触部分严重磨损，甚至引起机构自锁，使从动件卡死而不能运动。因此，在结构允许范围内，基圆半径不宜过小，并且在实际设计工作中，基圆半径的确定必须从凸轮机构的尺寸、受力、安装、强度等方面予以综合考虑。

习　题

4-1　凸轮和从动件有哪些形式？应如何选用？

4-2　通常采用什么方法使凸轮与从动件之间保持接触？

4-3　什么是凸轮机构的刚性冲击和柔性冲击？用什么方法可以避免刚性冲击？

4-4　什么是凸轮机构从动件运动失真现象？它们对凸轮机构的工作有何影响？应如何避免？

4-5　什么是凸轮设计的反转法原理？

4-6　图示为从动件在推程的部分运动线图，已知近休角和远休角均不等于零，试根据 s、v、a 之间的关系定性地补全该运动线图；并指出该凸轮机构工作时，何处有刚性冲击？何处有柔性冲击？

4-7　凸轮机构的从动件运动规律如图所示。要求绘制对心尖顶直动从动件盘形凸轮轮廓曲线，基圆半径 r_0=22mm，凸轮转向为逆时针。

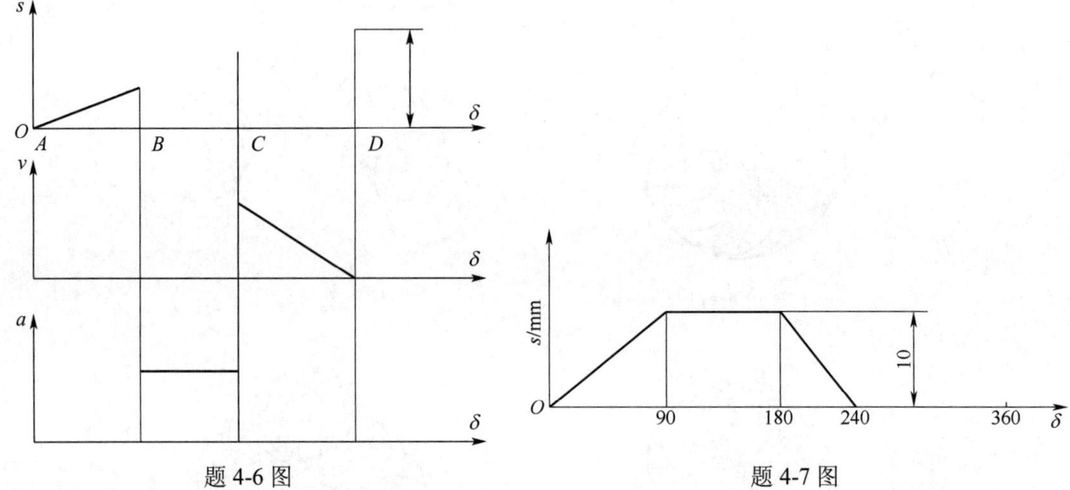

题 4-6 图　　题 4-7 图

4-8　如图所示为两个不同形式的凸轮机构，要求画出凸轮的理论轮廓曲线、基圆及凸轮转过 90º 时从动件的位移 s。

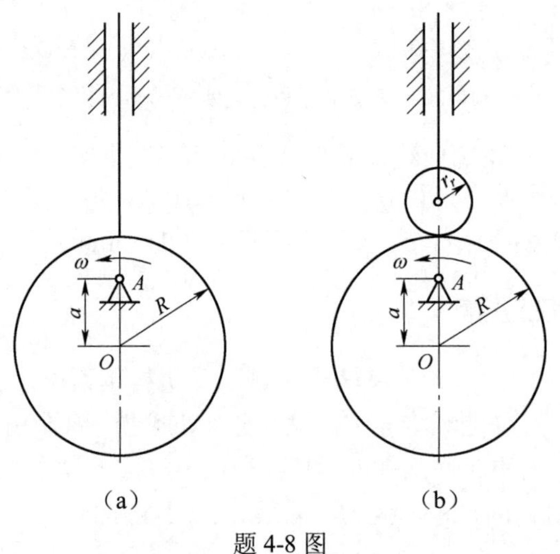

题 4-8 图

第 5 章　齿轮机构和轮系

§5-1　齿轮机构的特点及类型

一、齿轮机构的特点

齿轮机构是现代机械中应用最广泛的一种传动机构，它由主动齿轮、从动齿轮和机架等构件组成。齿轮机构是一种高副机构，属于啮合传动，它的主要优点是：瞬时传动比恒定；传递的功率和速度范围广（功率可从 1W～10^5kW，速度可达 300m/s）；结构紧凑；传动效率高（可达 0.99）；工作可靠、寿命长；可以传递空间任意两轴间的运动与动力。但是齿轮制造及安装精度要求较高；需要专用设备，成本高；精度低时振动、噪声大；不宜用于远距离轴之间的传动。

二、齿轮机构的类型

齿轮机构的类型很多，按照一对齿轮在啮合过程中瞬时传动比是否恒定，齿轮机构可分为圆形齿轮机构和非圆齿轮机构。工程上应用最广的是圆形齿轮机构，非圆齿轮机构只在一些有特殊用途的机械中使用，本章只研究圆形齿轮机构。

对于圆形齿轮机构，按照一对齿轮传递的相对运动是平面运动还是空间运动，可分为平面齿轮机构和空间齿轮机构两类。

1．平面齿轮机构

作平面相对运动的齿轮机构称为平面齿轮机构，它用于传递两平行轴之间的运动和动力。轮齿分布在圆柱体表面上的齿轮称为圆柱齿轮，圆柱齿轮根据轮齿的齿向又分为直齿、斜齿和人字齿。

图 5-1 所示为常用的平面齿轮机构。其中，图 5-1a 为外啮合直齿圆柱齿轮机构，两齿轮转向相反；图 5-1b 为内啮合直齿圆柱齿轮机构，两齿轮转向相同；图 5-1c 为直齿轮齿条机构，齿条作直线移动；图 5-1d 为平行轴外啮合斜齿圆柱齿轮机构；图 5-1e 为人字齿轮机构。

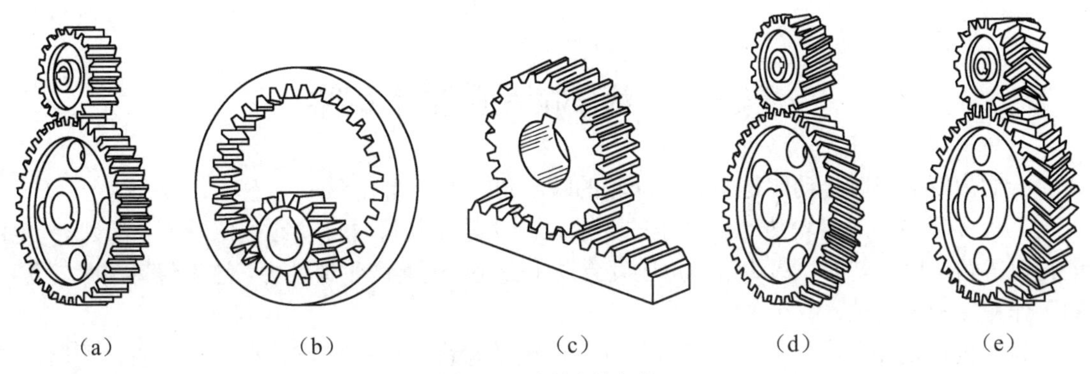

图 5-1　平面齿轮机构

2. 空间齿轮机构

作空间相对运动的齿轮机构称为空间齿轮机构，它用于传递两相交轴或空间交错轴之间的运动和动力。

（1）用于相交轴传动的齿轮机构。

图 5-2 所示为用于传递相交轴间运动和动力的锥齿轮机构。常见的有直齿（图 5-2a）和曲线齿（图 5-2b）。直齿锥齿轮由于设计、制造和安装均较方便，应用广泛；而曲线齿锥齿轮机构由于其传动平稳、承载能力强等优点，常用于高速重载的传动中，如汽车、拖拉机、飞机等。

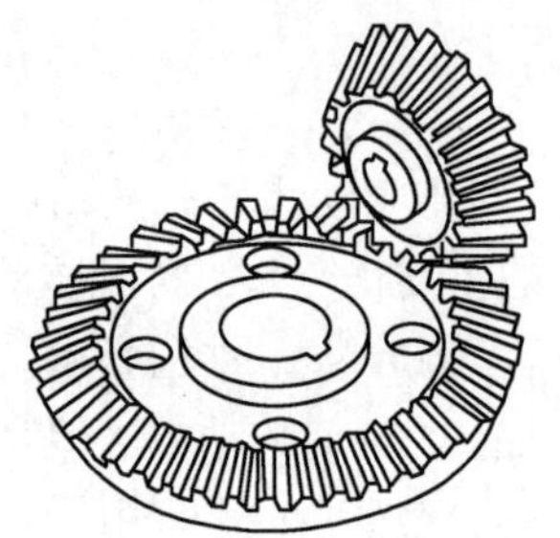

（a）直齿圆锥齿轮传动

（b）曲线齿圆锥齿轮传动

图 5-2 相交轴空间齿轮机构

（2）用于交错轴传动的齿轮机构。

图 5-3 所示为用于传递交错轴间运动和动力的齿轮机构。图 5-3a 为交错轴斜齿轮机构，图 5-3b 为蜗杆蜗轮机构。

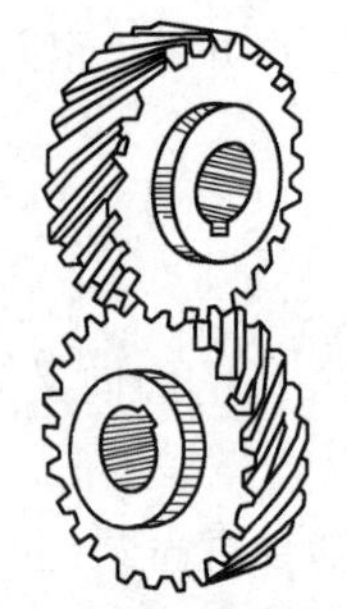

（a）交错轴斜齿轮传动

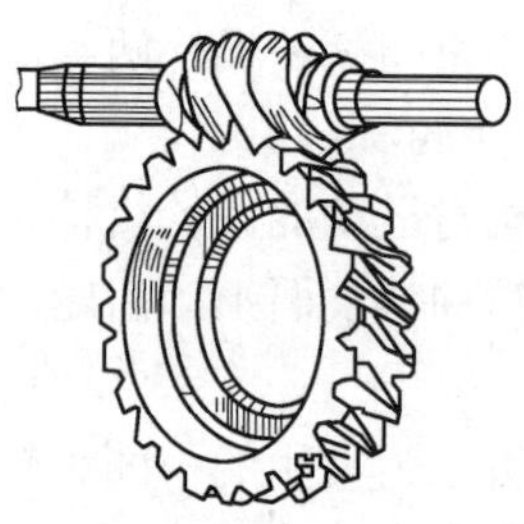

（b）蜗杆蜗轮传动

图 5-3 交错轴空间齿轮机构

*§5-2 齿廓啮合的基本定律

一对齿轮的瞬时传动比是主、从动轮的瞬时角速度之比 $i_{12}=\omega_1/\omega_2$。

工程实际中，对齿轮传动最基本的要求之一就是使其瞬时传动比恒定不变，否则，当主动轮以等角速度回转时，从动轮的角速度会发生变化，因而产生惯性力，这不仅影响齿轮传动的工作精度和平稳性，甚至使其过早破坏。

齿轮机构是靠主动轮的轮齿齿廓推动从动轮的轮齿齿廓来传递运动和动力的，所以齿轮机构的瞬时传动比与齿轮的齿廓形状有关。那么，齿轮的齿廓形状满足什么条件，才能保证齿轮传动的瞬时传动比恒定？

如图 5-4 所示，设主动轮 1 和从动轮 2 分别绕 O_1、O_2 轴转动，两轮的角速度分别为 ω_1 和 ω_2，转向相反，两齿廓 C_1 和 C_2 在 K 点接触，两齿廓在 K 点的速度分别为 v_{K1}、v_{K2}，$v_{K1}=\omega_1\overline{O_1K}$、$v_{K2}=\omega_2\overline{O_2K}$。

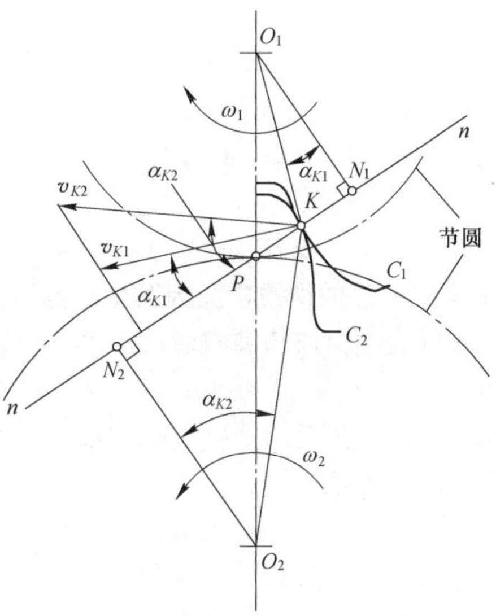

为保证两齿廓既不分离也不相互嵌入地连续转动，要求沿齿廓接触点 K 的公法线 n-n 方向上齿廓间不能有相对运动，即两齿廓接触点公法线方向上的分速度要相等，$v_{K1}\cos\alpha_{K1}=v_{K2}\cos\alpha_{K2}$，即 $\omega_1\overline{O_1K}\cos\alpha_{K1}=\omega_2\overline{O_2K}\cos\alpha_{K2}$。从而得两齿轮的传动比 $i=\dfrac{\omega_1}{\omega_2}=\dfrac{\overline{O_2K}\cos\alpha_{K2}}{\overline{O_1K}\cos\alpha_{K1}}$。

图 5-4　齿廓啮合基本定律

过 K 点作两齿廓的公法线 n-n 与两轮连心线 O_1O_2 交于 P 点，过 O_1、O_2 分别作公法线 n-n 的垂线，垂足为 N_1、N_2，则有 $\angle KO_1N_1=\alpha_{K1}$，$\angle KO_2N_2=\alpha_{K2}$，由 $\triangle PO_1N_1 \backsim \triangle PO_2N_2$，因而

$$\frac{\overline{O_2K}\cos\alpha_{K2}}{\overline{O_1K}\cos\alpha_{K1}}=\frac{\overline{O_2N_2}}{\overline{O_1N_1}}=\frac{\overline{O_2P}}{\overline{O_1P}}$$

故

$$i=\frac{\omega_1}{\omega_2}=\frac{\overline{O_2P}}{\overline{O_1P}} \tag{5-1}$$

式（5-1）表明，一对齿轮的传动比与其连心线 O_1O_2 被齿廓接触点的公法线所分割的两线段长度成反比。由此可见，要使两轮的瞬时传动比恒定不变，则应使 $\overline{O_2P}/\overline{O_1P}$ 恒为常数。

在两齿轮连心线 O_1O_2 为定值的情况下，要满足上述要求，必须使 P 点成为连心线上的一个固定点，此点 P 称为节点。分别以 O_1、O_2 为圆心，过节点 P 作两个圆，节点处两圆具有相同的圆周速度，它们之间作纯滚动，这两个圆称为齿轮的节圆，其半径用 r_1' 和 r_2' 表示。

不论齿廓在任何位置接触，过接触点所作齿廓的公法线必通过节点 P，这就是齿廓啮合的基本定律。

理论上，满足齿廓啮合基本定律的齿廓曲线有无穷多种，但是在生产实践中，选择齿廓不仅要满足传动比的要求，还必须从设计、制造、安装和使用等多方面予以综合考虑。对于定传动比传动的齿轮来说，工程上通用的齿廓曲线多为渐开线、摆线和圆弧齿。由于渐开线齿廓具有良好的传动性能、便于制造，因此应用最为广泛，故本章着重介绍渐开线齿廓的齿轮。

§5-3　渐开线及渐开线齿轮

一、渐开线的形成及其特性

1. 渐开线的形成

当一直线 BK 沿一圆周作纯滚动时，直线上任一点 K 的轨迹 AK 即称为该圆的渐开线（图 5-5），该圆称为渐开线的基圆，基圆的半径用 r_b 表示，该直线 BK 则称为渐开线的发生线。

2. 渐开线的特性

根据渐开线的形成过程可知渐开线具有下列特性：

（1）发生线在基圆上滚过的线段长度，等于基圆上被滚过的圆弧长度，即 $\overline{BK} = \widehat{AB}$。

（2）渐开线上任意点的法线恒与其基圆相切。

由于发生线 BK 在基圆上作纯滚动，所以发生线 BK 为渐开线在 K 点的法线，又因发生线恒切于基圆，故渐开线上任意点的法线恒与基圆相切。发生线与基圆的切点 B 也是渐开线在 K 点处的曲率中心，线段 BK 就是渐开线在 K 点处的曲率半径。故渐开线愈接近基圆部分的曲率半径愈小，在基圆上其曲率半径为零。

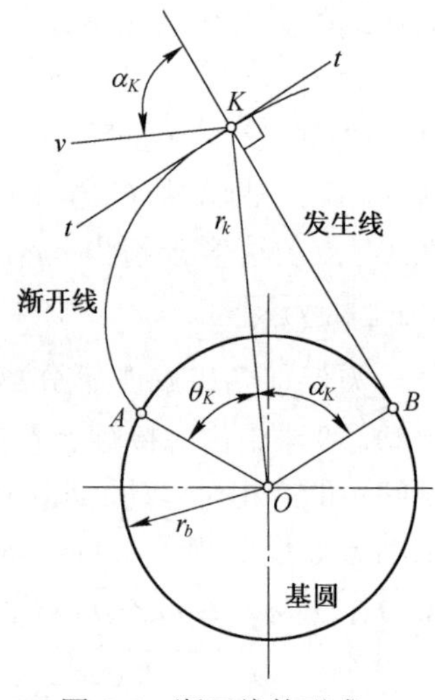

图 5-5 渐开线的形成

（3）渐开线的形状取决于基圆的大小。基圆大小相同时，所形成的渐开线相同，基圆愈大渐开线愈平直，当基圆半径为无穷大时，渐开线就变成一条与发生线垂直的直线（齿条的齿廓就是直线）。

（4）基圆以内无渐开线。渐开线是由基圆向外展开的，所以基圆内无渐开线。

3. 渐开线齿廓的压力角

渐开线上任一点法向压力的方向线（即渐开线在该点的法线）与该点速度方向之间所夹锐角称为该点的压力角。图 5-5 中的 α_K 即为渐开线上 K 点的压力角，其中

$$\cos\alpha_K = \frac{\overline{OB}}{\overline{OK}} = \frac{r_b}{r_K} \tag{5-2}$$

压力角 α_K 的大小随 K 点的位置而异，K 点距圆心 O 越远，其压力角越大。

二、渐开线齿轮的啮合特点

1. 渐开线齿轮能保持瞬时传动比恒定

用同一基圆上两条反向渐开线作为齿廓的齿轮称为渐开线齿轮，渐开线齿轮能保证恒定的传动比。

如图 5-6 所示，一对渐开线齿廓在任一点 K 接触，过 K 点作这对齿廓的公法线 n-n，根据渐开线的性质可知，此公法线必同时与两轮的基圆相切，是两基圆的内公切线 N_1N_2。

对于每一个具体的齿轮来说，其基圆为定圆，所以无论此两齿廓在何处接触，过其接触点所作两齿廓的公法线（同一方向的内公切线仅有一条）都与 N_1N_2 线重合，即 N_1N_2 为一定线，它与两轮连心线 O_1O_2 的交点 P 必为定点，即节点。这就证明渐开线齿轮能保证定传动比传动。其传动比为

$$i = \frac{\omega_1}{\omega_2} = \frac{\overline{O_2P}}{\overline{O_1P}} = \frac{r_2'}{r_1'} = \frac{r_{b2}}{r_{b1}} = \text{const} \tag{5-3}$$

2. 渐开线齿廓间的正压力方向不变

由上述可知，一对渐开线齿廓在任何位置啮合时，过接触点的公法线都是同一条直线 N_1N_2，所以，一对渐开线齿廓从开始啮合到脱离啮合，所有的啮合点均在该直线上。因此，直线 N_1N_2 是渐开线齿廓接触点在固定平面中的轨迹，称为啮合线，它与两齿轮的基圆内公切

线相重合，是一条方向不变的直线。

啮合线与过节点 P 的两节圆公切线 t-t 的夹角 α' 称为啮合角（图 5-6），其值等于渐开线齿廓在节点处的压力角。由于啮合线始终不变，啮合角 α' 也恒定不变。因而渐开线齿轮在传动过程中，两啮合齿廓间的正压力方向始终沿啮合线方向，故只要齿轮传递的力矩不变，则其传力方向不变，传动就平稳。

3. 渐开线齿轮传动的可分性

由式（5-3）可以看出，两渐开线齿轮啮合时，其传动比与两基圆半径成反比，所以，渐开线齿轮的传动比取决于两轮基圆半径的大小。

当渐开线齿轮制成后，基圆半径不会因齿轮位置的移动而改变，而且，即使由于制造和安装误差以及轴承的磨损使得两轮的实际中心距与设计中心距稍有偏差，仍可保持其瞬时传动比恒定不变，这一特性称为渐开线齿轮传动的可分性（见图5-7），它给齿轮的制造、安装和使用带来了很大的方便。

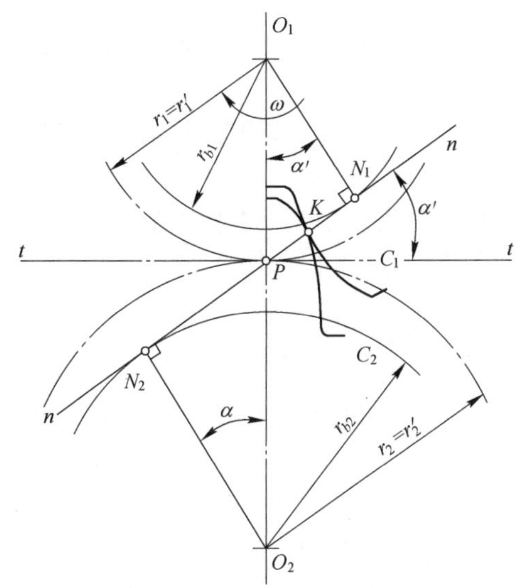

图 5-6　渐开线齿廓的啮合

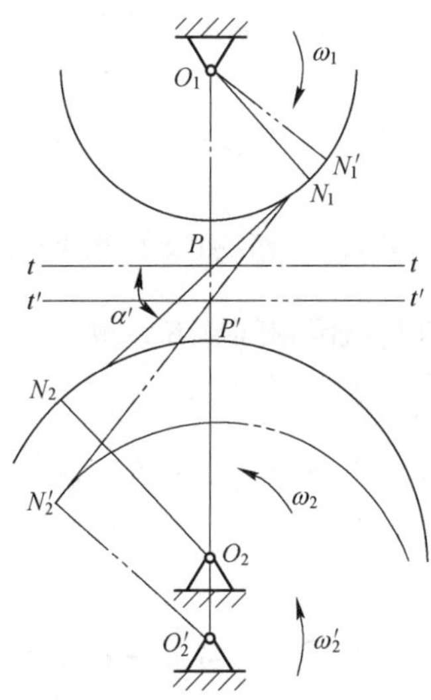

图 5-7　渐开线齿轮传动的可分性

§5-4　渐开线标准齿轮的基本参数及几何尺寸

一、齿轮各部分的名称和符号

图 5-8 所示为一标准直齿圆柱外齿轮的一部分，其各部分的名称和符号如下：

（1）齿顶圆。过齿轮各齿的顶端所作的圆，称为齿顶圆，其直径用 d_a 表示，半径用 r_a 表示。

（2）齿根圆。过齿轮各齿的齿槽底部所作的圆，称为齿根圆，其直径用 d_f 表示，半径用 r_f 表示。

（3）齿厚。任意圆周上一个轮齿的两侧齿廓间的弧线长度称为该圆上的齿厚，用 s_k 表示。

（4）齿槽宽。相邻两齿间的空间称为齿槽，任意圆周上齿槽两侧齿廓间的弧线长度称为该圆上的齿槽宽，用 e_k 表示。

（5）齿距。任意圆周上相邻两齿同侧齿廓间的弧线长度称为齿距，用 p_k 表示。在同一圆周上，齿距等于齿厚与齿槽宽之和，即 $p_k = s_k + e_k$。

（6）法向齿距。相邻两齿同侧齿廓之间在法线上所截线段的长度称为法向齿距，用 p_n 表示。由渐开线性质可知，法向齿距等于基圆齿距，即 $p_n = p_b$。

（7）分度圆。为设计和制造的方便而规定的一个基准圆，其直径用 d、半径用 r 表示。规定标准齿轮分度圆上的齿厚 s 与齿槽宽 e 相等，即 s=e。

（8）齿顶高。分度圆与齿顶圆之间的部分称为齿顶，其径向高度称为齿顶高，以 h_a 表示。

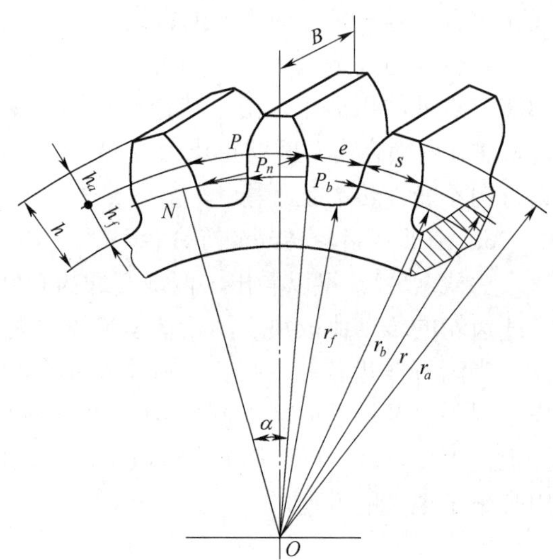

图 5-8 齿轮各部分名称

（9）齿根高。分度圆与齿根圆之间的部分称为齿根，其径向高度，称为齿根高，以 h_f 表示。

（10）全齿高。齿顶圆至齿根圆的径向高度，称为全齿高，以 h 表示，$h = h_a + h_f$。

二、渐开线齿轮的基本参数

1. 齿数

齿轮在整个圆周上轮齿的总数，用 z 表示，为整数。齿轮的大小、渐开线齿廓的形状均与齿数有关。

2. 模数

齿轮的分度圆周长为 $\pi d = zp$，由此得到分度圆的直径为 $d = \dfrac{p}{\pi} z$。

由于 π 是无理数，分度圆直径也是无理数，用一个无理数的尺寸作为设计基准，对设计、加工和检验均不方便。因此，人为地把 p/π 的比值规定为一个有理数列，称为模数，用 m 表示，单位为 mm，即

$$m = p / \pi \qquad (5\text{-}4)$$

故齿轮的分度圆直径为

$$d = mz \qquad (5\text{-}5)$$

由上式可看出，模数是用来表示轮齿大小的参数。

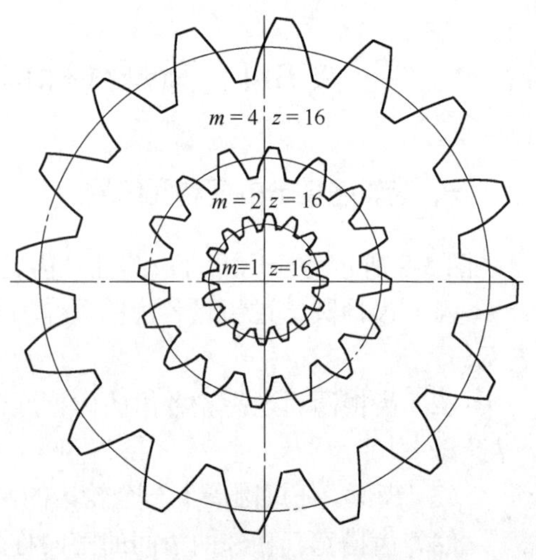

图 5-9 齿轮尺寸与模数的关系

图 5-9 显示齿数相同的齿轮，模数越大，齿距越大，轮齿的各部分尺寸就越大。所以，模数 m 是决定齿轮各部分尺寸的一个重要参数。

为了便于齿轮设计和减少刀具数量，我国已

颁布了模数的标准系列值（见表 5-1）。在设计齿轮时，若无特殊需要，应选用标准模数。

表 5-1　标准模数系列（GB/T 1357-2008）　mm

第一系列	1，1.25，1.5，2，2.5，3，4，5，6，8，10，12，16，20，25，32，40，50
第二系列	1.125，1.375，1.75，2.25，2.75，3.5，4.5，5.5，7，9，11，14，18，22，28，35，45

注：①本表适用于渐开线圆柱齿轮，对斜齿轮是指法面模数；②优先选用第一系列。

3. 分度圆压力角（简称压力角）

同一渐开线上，齿廓各圆周上压力角不同，通常所说的齿轮压力角是指在其分度圆上的压力角，以α表示。由式（5-2）得

$$\alpha = \arccos r_b / r \tag{5-6}$$

或

$$r_b = r\cos\alpha = \frac{mz}{2}\cos\alpha \tag{5-7}$$

当模数和齿数一定时，齿轮分度圆的大小一定，若分度圆压力角α不同，其基圆大小就不同，渐开线齿廓的形状也就不同，因此分度圆压力角α是决定渐开线齿廓形状的一个重要参数。

为设计、制造和检验的方便，国家标准中规定：分度圆上的压力角为标准值，α=20º。在一些其他场合，α也采用其他的值。

重新定义分度圆：分度圆是指齿轮上具有标准模数和标准压力角的圆。

4. 齿顶高系数h_a^*和顶隙系数c^*

齿顶高

$$h_a = h_a^* m \tag{5-8}$$

齿根高

$$h_f = (h_a^* + c^*)m \tag{5-9}$$

式中：h_a^*为齿顶高系数；c^*为顶隙系数。$c = c^* m$，称 c 为顶隙。保留顶隙是为了避免传动时一齿轮齿顶与另一齿轮齿槽底部碰撞，同时也为了贮存润滑油。

国家标准 GB/T 1356-2001 中规定：正常齿制$h_a^* = 1$，c^*=0.25；短齿$h_a^* = 0.8$，$c^* = 0.3$。

三、标准直齿圆柱齿轮的几何尺寸

标准齿轮是指模数、压力角、齿顶高系数、顶隙系数均为标准值，且分度圆齿厚等于齿槽宽的齿轮。

对于一对模数、压力角相等的标准齿轮，由于其分度圆上的齿厚与齿槽宽相等，因此安装时，使分度圆与节圆重合（称为标准安装）的一对标准齿轮的中心距称为标准中心距，用 a 表示，其中

$$a = \frac{d_2' \pm d_1'}{2} = \frac{d_2 \pm d_1}{2} = \frac{m}{2}(z_2 \pm z_1) \tag{5-10}$$

外啮合取“+”号，内啮合取“-”号。

对于单独一个齿轮而言，只有分度圆而无节圆。当一对齿轮互相啮合时，才有节圆。节圆可能与分度圆重合，也可能不重合，这需视两齿轮是否为标准安装而定。由于加工、装配的误差，严格地讲标准安装是很难做到的。

同样，对于单独一个齿轮，只有压力角而无啮合角。一对齿轮互相啮合时才有啮合角。对于标准安装的一对标准齿轮，其啮合角等于分度圆上的压力角。

为了便于设计计算，将渐开线标准直齿圆柱齿轮的几何尺寸计算公式列于表 5-2 中。

表 5-2 标准直齿圆柱齿轮的几何尺寸

名称	计算公式	
分度圆直径	$d_1 = mz_1$	$d_2 = mz_2$
齿顶高	$h_a = h_a^* m$	
齿根高	$h_f = (h_a^* + c^*)m$	
全齿高	$h = h_a + h_f = (2h_a^* + c^*)m$	
齿顶圆直径	$d_{a1} = d_1 + 2h_a = m(z_1 + 2h_a^*)$	$d_{a2} = d_2 + 2h_a = m(z_2 + 2h_a^*)$
齿根圆直径	$d_{f1} = d_1 - 2h_f = m(z_1 - 2h_a^* - 2c^*)$	$d_{f2} = d_2 - 2h_f = m(z_2 - 2h_a^* - 2c^*)$
基圆直径	$d_{b1} = d_1 \cos\alpha$	$d_{b2} = d_2 \cos\alpha$
齿距	$p = \pi m$	
齿厚	$s = \pi m / 2$	
槽宽	$e = \pi m / 2$	
标准中心距	$a = \dfrac{d_2 \pm d_1}{2} = \dfrac{m}{2}(z_2 \pm z_1)$	
基圆齿距	$p_b = p_n = p\cos\alpha = \pi m\cos\alpha$	
法向齿距		

注：标准中心距计算式中的“-”表示内啮合传动

§5-5 渐开线直齿圆柱齿轮的啮合传动

一、渐开线齿轮的正确啮合条件

一对渐开线齿廓是能够满足定传动比传动的，但是并不表明任意两个渐开线齿轮都能正确啮合传动。要能够正确啮合传动，必须满足正确啮合条件。

如图 5-10 所示，一对渐开线齿轮在传动时，齿廓啮合点都应在啮合线 N_1N_2 上，如有两对齿同时参与啮合，则啮合点必同时在啮合线 N_1N_2 上，并且为使每对轮齿都能正确地进入啮合，即在交替啮合时，轮齿既不脱开又不相互嵌入，则要求前一对轮齿在啮合线上的 B_1 点尚未脱离啮合时，后一对轮齿就应在另一点 K 进入啮合。

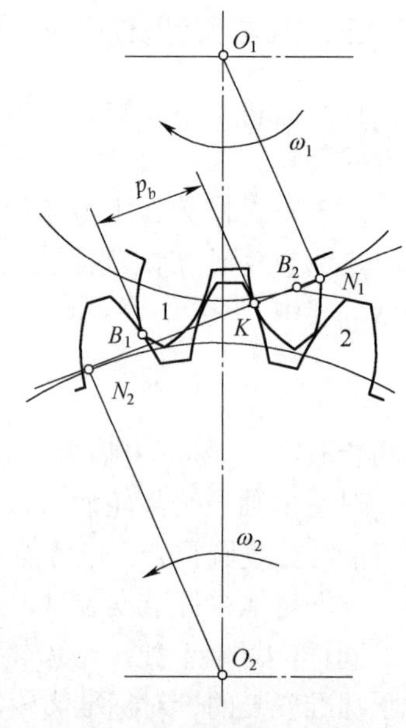

图 5-10 渐开线齿轮正确啮合

B_1K 的长度即为齿轮的法向齿距 p_n，也为基圆齿距 p_b。

若能正确啮合，必须有：$p_{b1} = p_{b2}$。由于 $p_b = \pi m\cos\alpha$，所以要齿轮正确啮合需满足：

$$\pi m_1 \cos\alpha_1 = \pi m_2 \cos\alpha_2$$

由于模数、压力角已经标准化，一对渐开线标准齿轮的正确啮合条件应为

$$\begin{cases} m_1 = m_2 = m \\ \alpha_1 = \alpha_2 = \alpha \end{cases} \tag{5-11}$$

即一对渐开线标准齿轮的正确啮合条件为：两轮的模数和压力角应分别相等，等于标准值。

式（5-11）中，m_1、m_2 及 α_1、α_2 分别为两轮的模数和压力角。

从而得出一对齿轮的传动比为

$$i = \frac{\omega_1}{\omega_2} = \frac{n_1}{n_2} = \frac{d_2'}{d_1'} = \frac{d_{b2}}{d_{b1}} = \frac{d_2}{d_1} = \frac{z_2}{z_1} \tag{5-12}$$

二、齿轮连续传动的条件及重合度

1. 轮齿的啮合过程

图 5-11 所示为一对互相啮合的渐开线齿轮。设齿轮 1 为主动轮，沿顺时针方向回转，推动从动齿轮 2 逆时针回转。当相互作用的两齿廓开始啮合时，主动的齿根部分与从动轮的齿顶部分在 B_2 点（从动轮 2 的齿顶圆与啮合线的交点）开始进入啮合，当两轮继续转动时，啮合点的位置沿着啮合线 N_1N_2 向左下方移动，齿轮 2 齿廓上的接触点由齿顶向齿根移动，当两齿廓的啮合点移至 B_1 点（主动轮 1 的齿顶圆与啮合线的交点）时，两齿廓啮合终止。

由此可见，一对轮齿啮合过程中，实际所走过的轨迹只是啮合线 N_1N_2 上的 B_1B_2 段，故 B_1B_2 称为实际啮合线。因基圆内没有渐开线，故 N_1N_2 为理论上可能达到的最长啮合线，所以被称为理论啮合线，B_1B_2 为啮合极限点。

2. 齿轮连续传动的条件及重合度

由以上分析可见，一对轮齿啮合传动的区间是有限的。所以，为了两齿轮能够连续传动，必须保证当前一对轮齿在 B_1 点即将脱离啮合时，后一对轮齿已经进入啮合。为此要求实际啮合线段 B_1B_2 大于等于齿轮的法向齿距 p_n（基圆齿距 p_b），如图 5-12 所示。把 B_1B_2 与 p_b 的比值定义为齿轮传动的重合度，用 ε_α 表示。因此，为确保齿轮传动的连续性，应使 ε_α 值大于等于 1，即

$$\varepsilon_\alpha = \frac{\overline{B_1B_2}}{P_b} \geqslant 1 \tag{5-13}$$

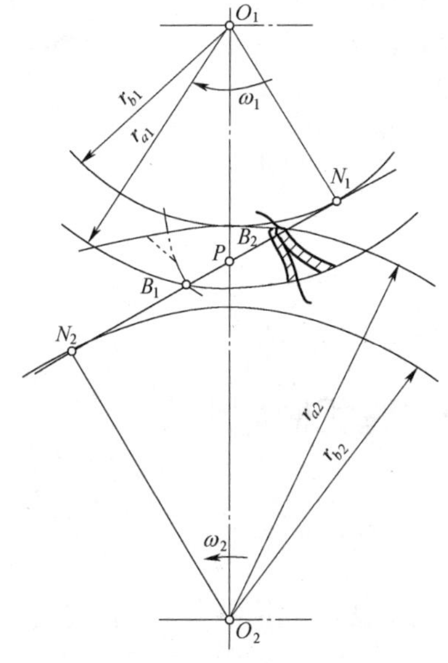

图 5-11　一对轮齿的啮合过程

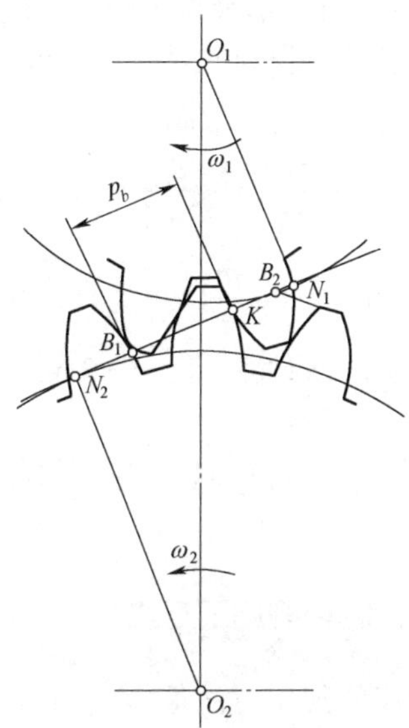

图 5-12　齿轮连续传动的条件

重合度的大小表示同时参与啮合的轮齿对数的平均值：

$\varepsilon_\alpha = 1$，表示始终只有一对轮齿相互啮合。

$\varepsilon_\alpha < 1$，表示传动中将产生啮合中断现象。

$\varepsilon_\alpha > 1$，表示在传动中的某一时间段为一对齿啮合，而在其余时间段为两对齿啮合，传动连续。

例如$\varepsilon_\alpha = 1.4$，表示在节点附近一对齿啮合占 $0.6p_b$ 倍啮合线长度，在主从动齿轮齿根部分两对齿啮合占 $0.8p_b$ 倍啮合线长度。

由于制造齿轮时齿廓必然有少量的误差，故设计齿轮时必须使重合度$\varepsilon_\alpha > 1$。显然，重合度ε_α越大，同时参加啮合的齿轮就愈多，传动就越平稳，每对齿轮承担的载荷也越小。

标准直齿圆柱齿轮的重合度可按下式近似计算

$$\varepsilon_\alpha = 1.88 - 3.2\left(\frac{1}{z_1} + \frac{1}{z_2}\right) \tag{5-14}$$

一般的机械制造业，$\varepsilon_\alpha \geqslant 1.4$；汽车拖拉机工业，$\varepsilon_\alpha \geqslant 1.1 \sim 1.2$；金属切削机床制造业，$\varepsilon_\alpha \geqslant 1.3$。

例题 5-1 已知一正常齿制的标准直齿圆柱齿轮，齿数 z_1=17，模数 m=4mm，拟将该齿轮用作某外啮合传动的主动轮，现需配一从动轮，要求传动比 i=3，试计算从动轮的几何尺寸及两轮的中心距。

解：从动轮齿数：$z_2 = iz_1 = 3 \times 17 = 51$。

从动轮分度圆直径：$d_2 = mz_2 = 4 \times 51 = 204\text{mm}$。

从动齿轮齿顶圆直径：$d_{a2} = d_2 + 2h_a = m(z_2 + 2h_a^*) = 4 \times 53 = 212\text{mm}$。

从动齿轮齿根圆直径：$d_{f2} = d_2 - 2h_f = m(z_2 - 2h_a^* - 2c^*) = 4 \times 48.5 = 194\text{mm}$。

全齿高：$h = h_a + h_f = m(2h_a^* + c^*) = 9\text{mm}$。

中心距：$a = \dfrac{m}{2}(z_2 + z_1) = \dfrac{4}{2}(51 + 17) = 136\text{mm}$。

例题 5-2 有一单级直齿圆柱齿轮传动，已知使用α=20°的正常齿标准齿轮，齿数 z_1=20，z_2=80，并量得齿顶圆直径$d_{a1} = 66\text{ mm}$，$d_{a2} = 246\text{ mm}$，两齿轮的中心距$a = 150\text{ mm}$。由于该齿轮磨损严重，需重新配制一对，试确定该齿轮的模数。

解：$m = \dfrac{d_{a1}}{z_1 + 2h_a^*} = \dfrac{66}{20 + 2} = 3\text{mm}$，$m = \dfrac{d_{a2}}{z_2 + 2h_a^*} = \dfrac{246}{80 + 2} = 3\text{mm}$。

验算中心距：$a = \dfrac{m}{2}(z_2 + z_1) = \dfrac{3}{2}(80 + 20) = 150\text{mm}$。

计算结果表明，该对齿轮为$m = 3\text{ mm}$、$\alpha = 20°$的正常齿标准齿轮。

§5-6 渐开线齿廓的切制原理和根切现象

一、轮齿的切削加工方法

齿轮轮齿的加工方法很多，如铸造法、热轧法、切削法等。其中最常用的是切削法。切削法可分为仿形法和范成法两种。

1. 仿形法

仿形法是利用切削刃形状与被切齿轮的齿槽两侧齿廓形状相同的圆盘铣刀或指状铣刀在普通铣床上将所有齿槽逐个铣出来的方法。图 5-13a 所示为圆盘铣刀加工齿轮齿廓的情况，齿轮毛坯安装在机床的工作台上，铣刀绕自身轴线回转，齿轮毛坯沿其轴线方向移动，当铣完一个齿槽后，轮坯退回原处，借助分度头将轮坯转过 360°/z。用同样方法铣第二个齿槽，重复进行，直至铣出全部齿槽。

图 5-13b 所示为用指状铣刀加工齿轮齿廓的情况，加工方法与用盘形铣刀时相似，不同之处在于指状铣刀绕自身轴线回转并沿齿轮轴线方向移动。指状铣刀常用于加工模数大于 20mm 的齿轮，并可用于铣制人字齿轮。

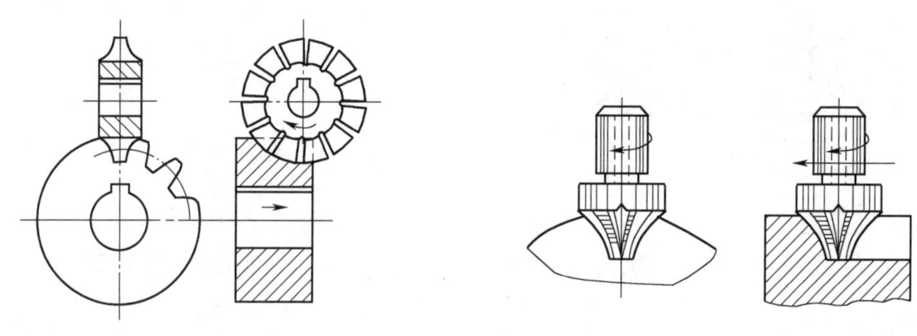

（a）盘铣刀加工齿轮　　（b）指状铣刀加工齿轮

图 5-13　仿形法齿轮加工

渐开线的形状取决于基圆半径的大小，由 $d_b = mz\cos\alpha$ 可知，在加工 m、α 相同而 z 不同的齿轮时，渐开线齿廓的形状随齿数的变化而变化。要想获得精确的齿廓，每一种齿数的齿轮就需要一把铣刀，这样，所需刀具数量很多，这在工程上是无法实现的。为减少刀具的数量和便于刀具标准化，工程实际中对同一模数和压力角的齿轮，一般只备有 8 把一套或 15 把一套的铣刀，每把刀切制一定齿数范围的齿轮。各号铣刀的齿形是按该组内齿数最少的齿轮的齿形制作的，以便加工出的齿轮啮合时不至于卡住。表 5-3 为 8 把一套的各号铣刀切制齿数的范围。

表 5-3　8 把一套的各号铣刀切制齿数的范围

刀号	1	2	3	4	5	6	7	8
齿数	12～13	14～16	17～20	21～25	26～34	35～54	55～134	≥134

由于铣刀的号数有限，造成加工出的齿轮齿形有误差，另外仿形法还存在分度误差、对中误差，所以加工的齿轮精度较低，常用于修配、单件及大模数的齿轮加工。

2. 范成法

范成法是目前齿轮加工中最常用的方法，如插齿、滚齿、磨齿等都属于这种方法。范成法是利用齿廓啮合基本定律来切制齿廓的。假想将一对相啮合的齿轮（或齿轮与齿条）之一作为刀具，而另一个作为轮坯，并使两者按原传动比传动，同时刀具作切削运动，在轮坯上便可加工出与刀具共轭的齿轮齿廓。范成法亦称展成法、共扼法或包络法。常用的刀具有齿轮插刀、齿条插刀和齿轮滚刀等。

齿轮插刀插齿时，刀具的节圆与齿坯节圆相切并作纯滚动；齿条插刀插齿时，刀具的节线与齿坯的节圆相切并作纯滚动，该运动称为范成运动。

（1）插齿。

图 5-14a 所示为用齿轮插刀加工齿轮的情况。齿轮插刀可以看成是一个模数和压力角均与被切齿轮相同的、具有刀刃的外齿轮。插齿时，插刀沿轮坯轴线方向作往复切削运动，同时插刀与轮坯按恒定的传动比 $i=\omega_{刀}/\omega_{坯}=z_{坯}/z_{刀}$ 作范成运动，犹如一对齿轮的啮合。加工时，插刀还需向轮坯中心作径向进给运动，以便切出全部齿高；此外，为防止插刀向上退刀时擦伤已切好的齿面，轮坯还需作小距离的让刀运动。这样，插刀齿廓的一系列位置的包络线就是被切齿轮的渐开线齿廓，如图 5-14b 所示。加工内齿轮可用齿轮插刀。

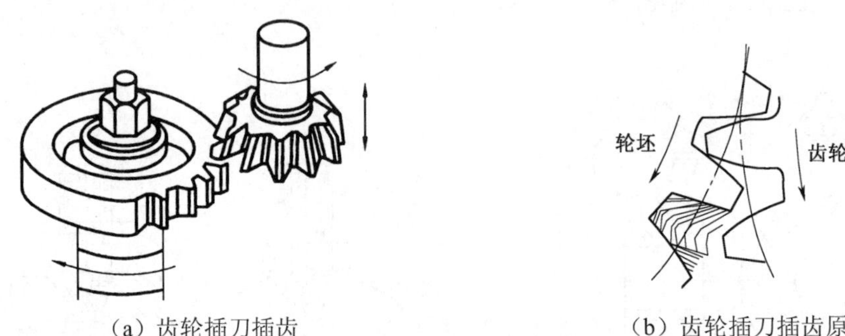

（a）齿轮插刀插齿　　（b）齿轮插刀插齿原理

图 5-14　齿轮插刀加工齿轮

当齿轮插刀的齿数增至无穷多时，渐开线齿廓线变为直线齿廓，齿轮插刀变为齿条插刀。图 5-15a 所示为齿条插刀加工齿轮时的情况。加工时，轮坯以角速度 ω 转动，齿条插刀以速度 $v=r\omega$ 移动（即范成运动），式中 r 为被加工齿轮的分度圆半径。其切齿原理与用齿轮插刀切齿相似，齿条插刀齿廓的一系列位置的包络线就是被切齿轮的齿廓，如图 5-15b 所示。

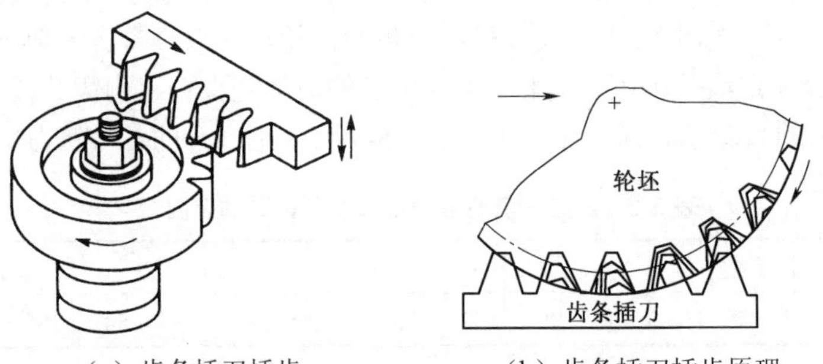

（a）齿条插刀插齿　　（b）齿条插刀插齿原理

图 5-15　齿条插刀加工齿轮

齿条插刀插齿时，由于刀具的长度有限，在加工几个齿廓之后必须退回到原来位置，切削不连续，生产率较低。为了提高生产率，在加工外齿轮时，生产上更广泛采用齿轮滚刀来加工齿轮（图 5-16）。

（2）滚齿。

齿轮滚刀的外形像一个螺杆，沿螺纹方向间断布置一排排刀刃（图 5-16a）。图 5-16b 所示为滚刀加工齿轮时的情况。用滚刀加工齿轮时，其原理与齿条插刀插齿相似，只不过是滚刀的螺旋运动代替了插刀的切削运动和范成运动，相当于直线齿廓的齿条沿其轴线方向连续不断地移动（图 5-16c），同时，滚刀还需沿着轮坯的轴向进刀，这样，滚齿加工实现了连续切削。

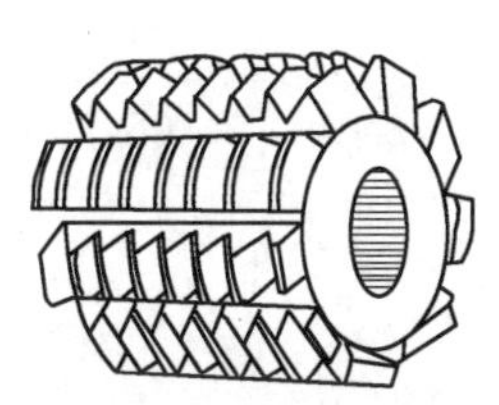

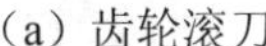

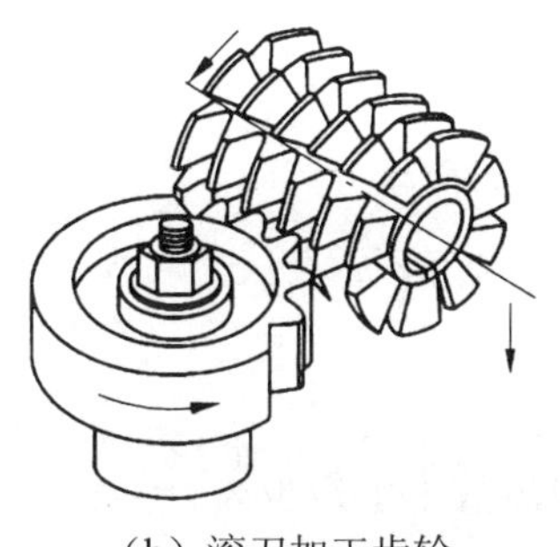

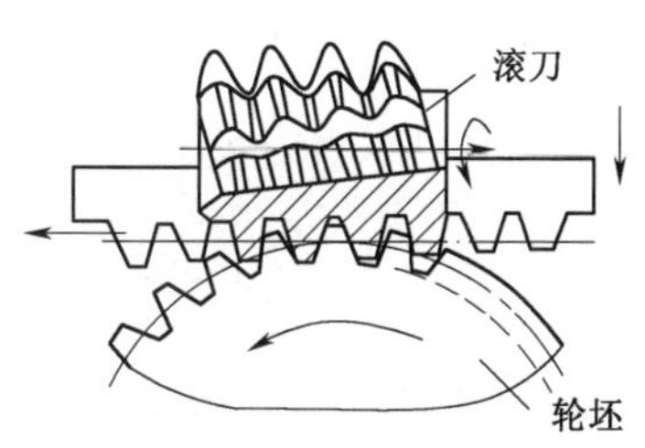

（a）齿轮滚刀　（b）滚刀加工齿轮　（c）滚齿原理

图 5-16　齿轮滚刀加工齿轮

根据齿轮的啮合原理，范成法加工齿轮时，若改变刀具与毛坯的传动比，用一把刀具可以加工出 m、α 相同而齿数不同的各种齿轮。因此，只要刀具的模数、压力角与被切齿轮的模数、压力角相等，则无论被加工齿轮的齿数多少，都可用同一把刀具来加工。范成法加工精度高，生产效率高，适用于大批量生产。

滚齿法既可以加工直齿轮，又能很方便地加工出斜齿轮，它是齿轮加工中普遍应用的方法。

二、根切现象及避免根切的方法

1. 根切现象及产生的原因

用范成法加工齿轮时，如果齿轮的齿数太少，刀具的齿顶就会将轮齿根部的渐开线齿廓切去一部分，这种现象称为轮齿的根切，如图 5-17 所示。轮齿发生根切后，齿根厚度减薄，轮齿的抗弯曲能力降低，重合度下降，对传动不利，应设法避免。

如图 5-18 所示，刀刃由位置Ⅰ开始进入切削，当刀刃移至位置Ⅱ时，渐开线齿廓部分已全部切出。若齿条刀的齿顶线刚好通过极限啮合点 N_1 时，则齿条刀和被切齿轮继续运动，刀刃与切好的渐开线齿廓相分离，因而不会产生根切。然而当刀具齿顶线超过了极限啮合点 N_1，刀具由位置Ⅱ继续移动到位置Ⅲ时，刀具便将根部已切制好的渐开线齿廓再切去一部分，造成轮齿的根切现象。所以，轮齿根切的原因是刀具齿顶线（齿条插刀）或齿顶圆（齿轮插刀）超过了极限啮合点 N_1 而产生的。

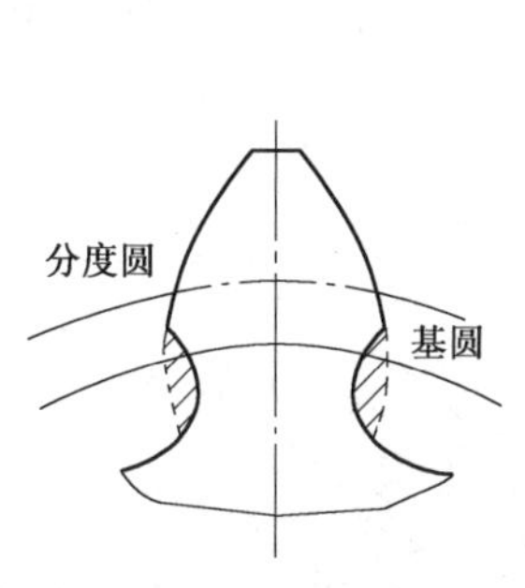

图 5-17　根切现象

图 5-18　根切的原因

2. 避免根切的方法

（1）限制小齿轮的最少齿数。

为了避免产生根切现象，则极限啮合点 N_1 必须位于刀具齿顶线之上，即应使

$\overline{PN_1}\sin\alpha \geqslant h_a^* m$（见图 5-19），即：$r\sin^2\alpha \geqslant h_a^* m$，$\dfrac{mz}{2}\sin^2\alpha \geqslant h_a^* m$。

由此可求得齿轮不产生根切的最少齿数为

$$z_{\min} = 2h_a^* / \sin^2\alpha \tag{5-15}$$

当 $\alpha = 20°$，$h_a^* = 1$ 时，$z_{\min} = 17$。

（2）采用变位齿轮。

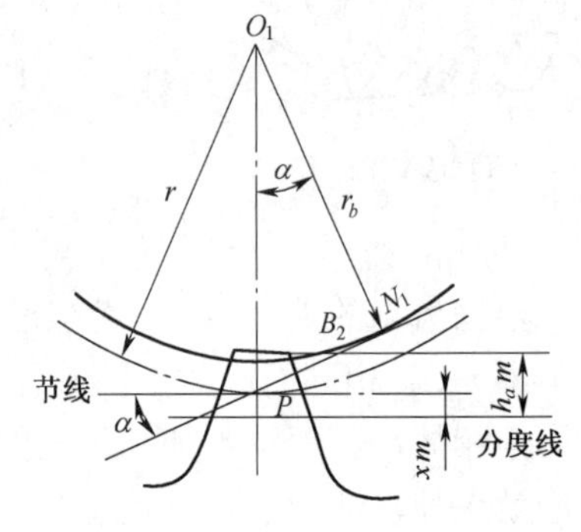

图 5-19 齿轮的变位

由以上分析可知，若被加工齿轮的齿数小于最少齿数，则加工时必然会产生根切。为了避免根切，应使齿条刀的齿顶线不超过极限啮合点 N_1。要达到这一目的，可利用渐开线齿轮啮合的可分性，将齿条刀向远离齿坯回转中心的方向移动一个距离 xm（见图 5-19），即采用齿轮变位的方法。

移动的距离 xm 称为变位量，x 称为变位系数。当刀具远离轮坯中心时 x 为正，称为正变位；反之 x 为负，称为负变位。正变位齿轮的齿厚增大，齿槽宽减小，因此不但可以使齿数 $z < z_{\min}$ 而不发生根切，还可以提高齿轮的强度和传动的平稳性。负变位齿轮的齿厚减小，而齿槽宽增大，因此，负变位齿轮只有在配凑中心距时才使用。变位齿轮的设计计算可查相关资料。

§5-7 斜齿圆柱齿轮机构

一、斜齿圆柱齿轮齿廓的形成及啮合特点

前面在讨论直齿圆柱齿轮时，是在垂直于齿轮轴线的一个平面内加以研究的。实际上齿轮是有一定宽度的。考虑到齿轮的宽度，现把基圆扩展成基圆柱，发生线扩展成发生面，发生面在基圆柱上作纯滚动时，发生面上任意一条与基圆柱母线 NN' 平行的直线 KK' 所展出的渐开曲面即为直齿圆柱齿轮的齿廓曲面，如图 5-20a 所示。

当一对直齿圆柱齿轮相啮合时，两轮齿面的接触线是平行于轴线的直线（图 5-20b），因而直齿轮齿廓是沿整个齿宽同时进入或退出啮合的，即突然加载或突然卸载，容易引起冲击和噪声，传动的平稳性较差，不适宜于高速传动。

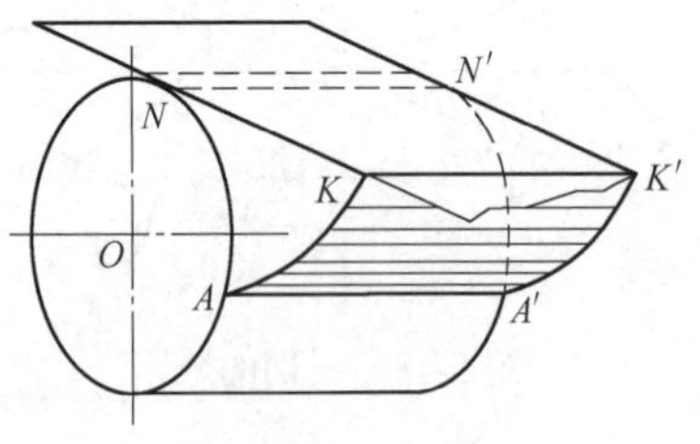

（a）直齿轮齿廓曲面形成原理

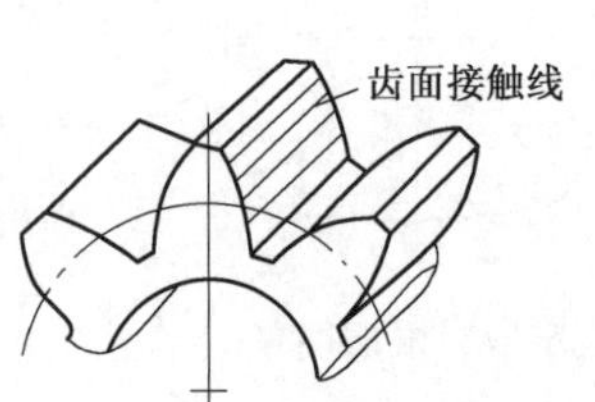

（b）齿面接触线

图 5-20 渐开线直齿圆柱齿轮齿廓的形成

斜齿圆柱齿轮齿廓曲面的形成原理与直齿圆柱齿轮相似，如图 5-21a 所示。当发生面在基圆柱上作纯滚动时，其上与基圆柱母线 NN' 成 β_b 角的直线 KK' 在空间展成的渐开线螺旋面，即为斜齿圆柱齿轮的齿廓曲面。该曲面与基圆柱的交线 AA' 是一条螺旋线，螺旋角为 β_b，称为斜齿圆柱齿轮基圆柱上的螺旋角。从端面看，其端面齿廓曲线仍为一渐开线，所以，斜齿圆柱齿轮传动仍满足齿廓啮合基本定律。

一对斜齿圆柱齿轮啮合时，齿廓齿面的接触线是与齿轮轴线倾斜的直线，且接触线长度是变化的，当轮齿的一端进入啮合时，另一端要滞后一个角度才能进入啮合，即轮齿是先由一端进入啮合逐渐过渡到轮齿的另一端而最终退出啮合，其齿面上的接触线先是由短变长，再由长变短，如图 5-21b 所示。因此，斜齿轮的轮齿齿廓是逐渐进入和退出啮合的，加载和卸载是逐渐进行的，故传动较平稳，冲击、振动和噪声较小，适宜于高速、重载传动。

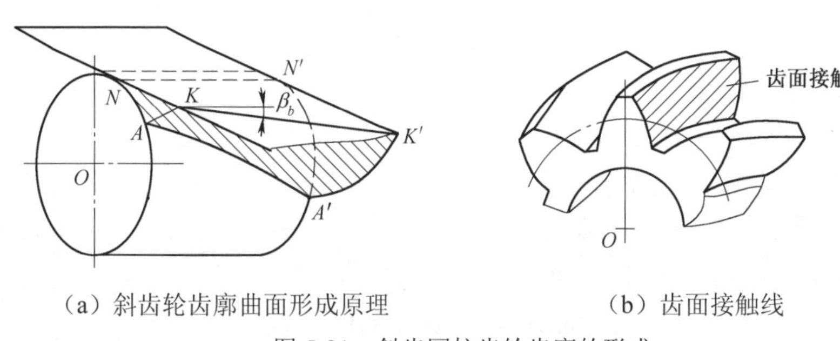

（a）斜齿轮齿廓曲面形成原理　　（b）齿面接触线

图 5-21　斜齿圆柱齿轮齿廓的形成

二、斜齿圆柱齿轮的基本参数和几何尺寸计算

1. 基本参数

由于斜齿圆柱齿轮的齿面为渐开螺旋面，因而在不同方向的截面上其轮齿的齿形各不相同，故斜齿轮有两组基本参数，即：在垂直于齿轮回转轴线的截面内定义为端面参数（参数下标用 t 表示）；在垂直于轮齿方向的截面内定义为法面参数（参数下标用 n 表示）。

由于加工斜齿轮时，刀具沿螺旋线方向进刀，故斜齿轮的法面参数与刀具的参数相同，所以规定斜齿轮的法面参数为标准值（m_n、α_n、h_{an}^*、c_n^*）。而计算斜齿轮的几何尺寸时却需按端面参数（m_t、α_t）进行，因此必须建立法面参数与端面参数之间的换算关系，它们与螺旋角有关。

（1）螺旋角 β。

分度圆柱上螺旋线的切线与齿轮轴线之间所夹锐角，称为分度圆柱螺旋角 β，简称螺旋角（图 5-22）。螺旋角越大，传动越平稳。

轮齿的旋向有左旋（图 5-23a）和右旋（图 5-23b）两种。旋向的判断方法是：将齿轮轴线垂直放置，从齿轮前面看齿向，左高右低为左旋；右高左低为右旋。此方法不仅可以判断斜齿轮的旋向，也可以判断螺杆、蜗杆、蜗轮的旋向。

（2）法面模数 m_n 和端面模数 m_t。

如图 5-22 所示，p_n 为法面齿距，p_t 为端面齿距。由图中的几何关系可得

$$p_n = p_t \cos\beta \tag{5-16}$$

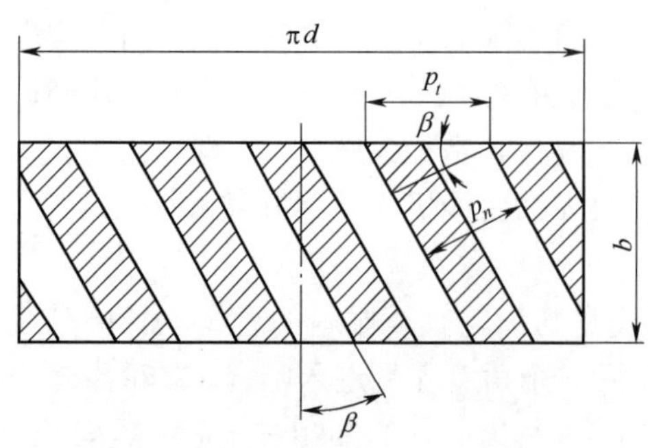

图 5-22　斜齿轮沿分度圆柱面展开

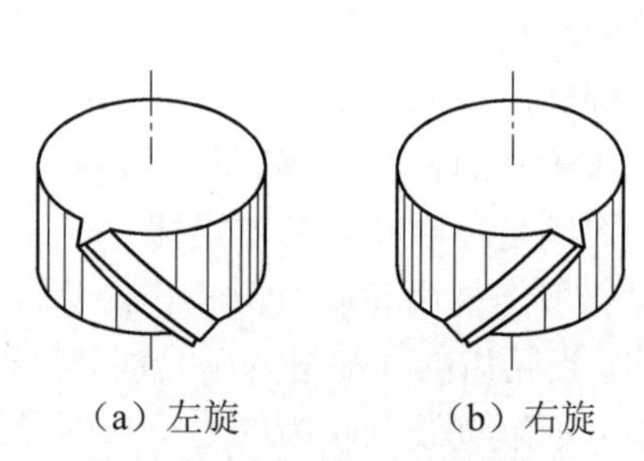

图 5-23　斜齿圆柱齿轮的旋向

因法向模数 $m_n = p_n / \pi$，端面模数 $m_t = p_t / \pi$，故得法面模数 m_n 和端面模数 m_t 之间的关系为

$$m_n = m_t \cos\beta \tag{5-17}$$

式中：法向模数 m_n 为标准值，见表 5-1。

（3）法面压力角 α_n 和端面压力角 α_t 。

图 5-24 所示为斜齿条。$\triangle abc$ 在端面内，$\triangle a'b'c'$ 在法面内，不论在端面还是在法面内其全齿高应相等，即 $\overline{ab} = \overline{a'b'}$ 。由图可得 $\tan\alpha_n = \overline{a'c} / \overline{a'b'}$ ，$\tan\alpha_t = \overline{ac} / \overline{ab}$ ，$\overline{a'c} = \overline{ac}\cos\beta$ 。

故法面压力角 α_n 与端面压力角 α_t 之间的关系为

$$\tan\alpha_n = \tan\alpha_t \cos\beta \tag{5-18}$$

式中：法向压力角 α_n 为标准值，通常规定 $\alpha_n = 20°$ 。

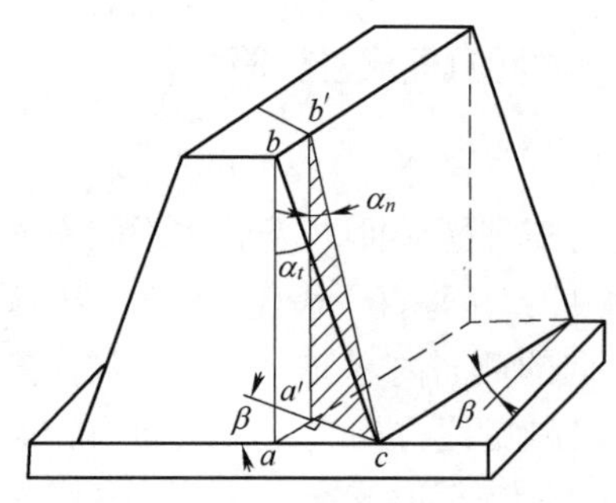

图 5-24　斜齿条

2. 几何尺寸计算

斜齿圆柱齿轮几何尺寸的计算在端面内进行。从端面看斜齿轮与直齿轮完全相同，只要将端面参数代入直齿圆柱齿轮的计算公式即可。为了计算方便，将正常齿制（$h_{an}^* = 1$、$c_n^* = 0.25$）外啮合斜齿圆柱齿轮几何尺寸计算公式列于表 5-4 中。

表 5-4　正常齿制外啮合斜齿圆柱齿轮几何尺寸

名称	计算公式	
分度圆直径	$d_1 = m_t z_1 = m_n z_1 / \cos\beta$	$d_2 = m_t z_2 = m_n z_2 / \cos\beta$
齿顶高	$h_a = h_{an}^* m_n = m_n$	
齿根高	$h_f = (h_{an}^* + c_n^*) m_n = 1.25 m_n$	

续表

名称	计算公式	
全齿高	$h = h_a + h_f = (2h_{an}^* + c_n^*)m_n = 2.25m_n$	
齿顶圆直径	$d_{a1} = d_1 + 2h_a = d_1 + 2m_n$	$d_{a2} = d_2 + 2h_a = d_2 + 2m_n$
齿根圆直径	$d_{f1} = d_1 - 2h_f = d_1 - 2.5m_n$	$d_{f2} = d_2 - 2h_f = d_2 - 2.5m_n$
基圆直径	$d_{b1} = d_1 \cos\alpha_t$	$d_{b2} = d_2 \cos\alpha_t$
中心距	$a = \dfrac{d_2 + d_1}{2} = \dfrac{m_n(z_2 + z_1)}{2\cos\beta}$	
传动比	$i = \dfrac{\omega_1}{\omega_2} = \dfrac{d_2}{d_1} = \dfrac{z_2}{z_1}$	

三、斜齿圆柱齿轮的啮合传动

1. 正确啮合条件

由于一对斜齿圆柱齿轮啮合时其端面同直齿轮，所以端面模数和端面压力角分别相等；又由于螺旋角 β 相同，所以法面模数和法向压力角也相同。

所以，一对斜齿圆柱齿轮的正确啮合条件为：两轮的模数和压力角相等，螺旋角的大小相等，外啮合旋向相反、内啮合旋向相同，即：

$$\left.\begin{aligned} m_{n1} = m_{n2} = m_n \\ \alpha_{n1} = \alpha_{n2} = \alpha_n \\ \beta_1 = \pm\beta_2 \end{aligned}\right\} \tag{5-19}$$

式中："−" 用于外啮合，"+" 用于内啮合。

2. 斜齿轮传动的重合度

图 5-25 为两个端面参数完全相同的直齿和斜齿圆柱齿轮传动的基圆柱展开图。对于直齿圆柱齿轮传动，B_2B_2 为轮齿沿整个齿宽进入啮合的位置，B_1B_1 为轮齿脱离啮合的位置。

对于斜齿圆柱齿轮传动，轮齿在 B_2B_2 开始进入啮合时，不是整个齿宽同时进入啮合，而是由轮齿的前端先进入啮合，随着齿轮的转动，才逐渐达到全齿宽接触。同样，当轮齿在 B_1B_1 处终止啮合时，也是轮齿的前端先脱离接触，轮齿后端还继续啮合，直至轮齿后端到达终止点 $B'_1B'_1$ 后，轮齿才完全脱离啮合。

由图 5-25 可知，斜齿圆柱齿轮传动的实际啮合区比直齿圆柱齿轮增大了 $b\tan\beta_b$。故斜齿圆柱齿轮传动的重合度比直齿圆柱齿轮的大，其增大量为 $\varepsilon_\beta = b\tan\beta / p_t$。

因此，斜齿圆柱齿轮传动的重合度为

$$\varepsilon_\gamma = \varepsilon_\alpha + \varepsilon_\beta = \varepsilon_\alpha + b\tan\beta / p_t = \varepsilon_\alpha + b\sin\beta / p_n \tag{5-20}$$

式中：ε_α 为端面重合度，其值等于与斜齿圆柱齿轮端面齿廓相同的直齿圆柱齿轮的重合度；ε_β 为轴面重合度，是由于轮齿齿向的倾斜而增加的重合度。由此可知，斜齿圆柱齿轮传动的重合度随齿轮宽度和螺旋角的增大而增大，因而 ε_γ 可以大于 2，这是斜齿圆柱齿轮传动较平稳、承载能力较大的原因之一。

四、斜齿圆柱齿轮的当量齿轮和当量齿数

在进行强度计算和用仿形法加工斜齿轮选择铣刀号时，必须知道斜齿轮法面上的齿形。由于斜齿轮的端面齿形为渐开线，而法面齿形复杂，一般用近似的方法求法面齿形。

如图 5-26 所示，过斜齿圆柱齿轮分度圆柱螺旋线上的 C 点作某一轮齿的法面，该法面将分度圆柱剖开，剖面为一椭圆，C 点附近的齿形可看作斜齿轮的法面齿形。椭圆长轴半径 $a = d/(2\cos\beta)$，短轴半径为 $b = d/2$，椭圆在 C 点的曲率半径为 $\rho = a^2/b = d/(2\cos^2\beta)$。

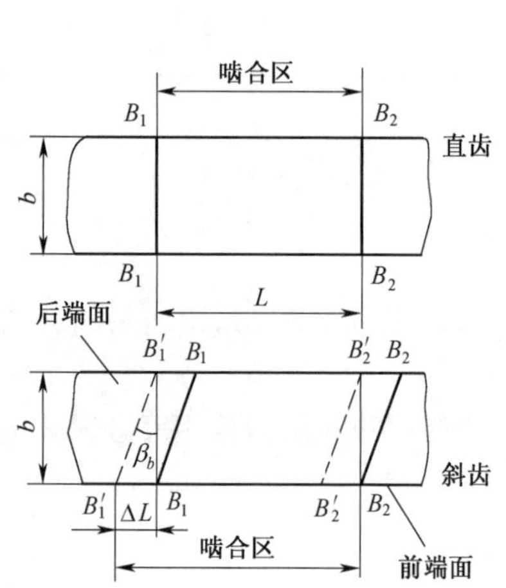

图 5-25 直齿和斜齿圆柱齿轮传动的啮合区

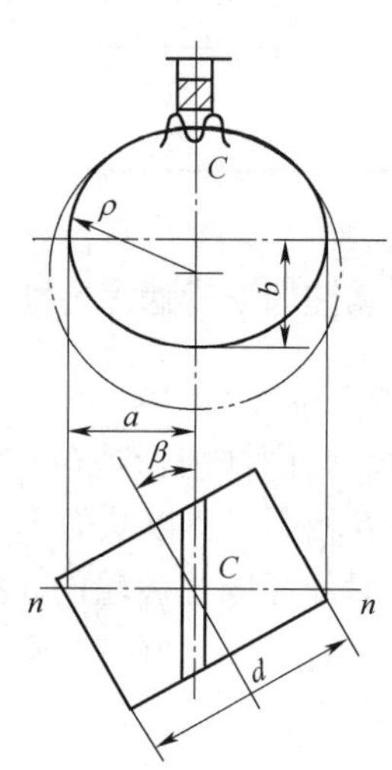

图 5-26 斜齿轮的当量齿轮

现以 ρ 为半径、以斜齿轮的法面模数 m_n 为模数，以法面压力角 α_n 为压力角，作一个假想的直齿圆柱齿轮，该直齿轮的齿形与斜齿轮的法面齿形非常接近，称此直齿轮为该斜齿轮的当量齿轮，其齿数称为当量齿数，用 z_v 表示，其值为

$$z_v = \frac{2\pi\rho}{p_n} = \frac{\pi d}{p_n \cos^2\beta} = \frac{\pi z m_t}{p_n \cos^2\beta} = \frac{z}{\cos^3\beta} \tag{5-21}$$

斜齿圆柱齿轮不产生根切的最少齿数可由直齿圆柱齿轮最少齿数来确定，即

$$z_{\min} = z_{v\min}\cos^3\beta \tag{5-22}$$

五、斜齿轮传动的优缺点

与直齿圆柱齿轮传动相比较，斜齿轮传动具有以下主要优点：

（1）啮合性能好。斜齿轮的轮齿是逐渐进入啮合和退出啮合的，故传动平稳，噪声小；

（2）重合度大，承载能力高；

（3）不产生根切的最少齿数比直齿轮少，可以获得更为紧凑的机构。

斜齿轮传动的主要缺点是工作时会产生轴向力 F_a，如图 5-27a 所示，这对轴和轴承的受力不利。为了减小轴向力而又充分发挥斜齿轮的优点，通常取 $\beta = 8^{\circ} \sim 20^{\circ}$，也可以采用人字齿轮（图 5-27b），使其所产生的轴向力互相抵消。人字齿轮的强度高，传动平稳，但是制造较困难，主要用于传递大功率的重型机械（如轧钢机、矿山机械等）中。

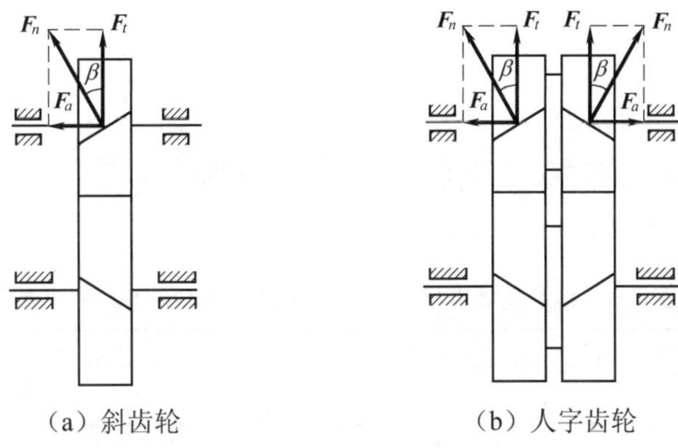

（a）斜齿轮　　（b）人字齿轮

图 5-27　斜齿轮和人字齿轮受力情况

例题 5-3　为改装某设备，需配置一对标准斜齿圆柱齿轮传动。已知传动比 $i=3.5$，法向模数 $m_n=2\,\text{mm}$，中心距 $a=92\,\text{mm}$。试计算该对齿轮的几何尺寸。

解：（1）先选定小齿轮的齿数 $z_1=20$，则大齿轮齿数为 $z_2=iz_1=70$。

（2）由

$$a=\frac{d_1+d_2}{2}=\frac{m_n(z_2+z_1)}{2\cos\beta}$$

$$\cos\beta=\frac{m_n(z_2+z_1)}{2a}=0.978260$$

$$\beta=11^\circ58'7''\text{（旋向：一为右旋，一为左旋）}$$

（3）按表 5-4 计算其他几何尺寸如下：

分度圆直径：$d_1=\dfrac{m_n z_1}{\cos\beta}=40.89\,\text{mm}$，$d_2=\dfrac{m_n z_2}{\cos\beta}=143.11\,\text{mm}$。

齿顶圆直径：$d_{a1}=d_1+2m_n=44.89\,\text{mm}$，$d_{a2}=d_2+2m_n=147.11\,\text{mm}$。

齿根圆直径：$d_{f1}=d_1-2.5m_n=35.89\,\text{mm}$，$d_{f2}=d_2-2.5m_n=138.11\,\text{mm}$。

§ 5-8　直齿锥齿轮机构

锥齿轮用来传递任意两相交轴之间的运动和动力（见图 5-28），两轴之间的交角 Σ 虽然可以根据传动系统的需要确定，但在一般机械中，锥齿轮的轴交角 Σ=90º。因为当 Σ 不等于 90º 时，箱体加工和齿轮安装、调整都很困难，所以很少应用。

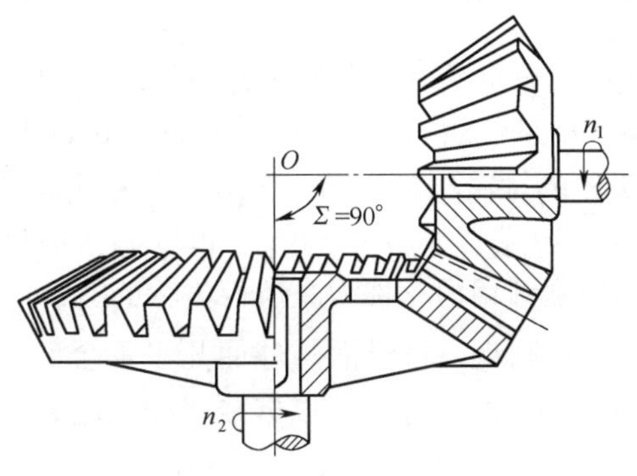

图 5-28　直齿圆锥齿轮

锥齿轮的轮齿分布在圆锥面上，故对应于圆柱齿轮传动中的各圆柱，变成了锥齿轮传动中的圆锥：节圆锥、分度圆锥、齿顶圆锥、齿根圆锥和基圆锥，一对锥齿轮的传动相当于一对节圆锥作纯滚动。显然，锥齿轮的齿形从大端到小端逐渐变小，所以，大端和小端的参数不同。为了计算和测量的方便，通常取圆锥齿轮大端参数为标准值，即锥齿轮大端模数按表 5-5 选取，压力角为 20°，齿顶高系数 $h_a^*=1$，顶隙系数 $c^*=0.2$。

表 5-5 锥齿轮标准模数系列（GB/T 12368-1990） mm

… 1，1.125，1.25，1.375，1.5，1.75，2，2.25，2.5，2.75，3，3.25，3.5，3.75，4，4.5，5，6，6.5，7，8，9，10 …

锥齿轮有直齿、曲齿等形式。直齿锥齿轮设计、制造、安装方便，但传动时振动和噪声大，用于低速传动；曲齿锥齿轮传动平稳、承载能力强，用于高速、重载传动。下面只讨论直齿锥齿轮机构。

一、直齿锥齿轮齿廓的形成

直齿锥齿轮齿面的形成与直齿圆柱齿轮齿面的形成相似。如图 5-29a 所示，扇形平面与基圆锥相切于 *NO′*，扇形平面的半径 *R* 与基圆锥的锥距相等。当扇形平面沿基圆锥作相切纯滚动时，该平面上一点 *K* 在空间形成一条球面渐开线，半径逐渐减小的一系列球面渐开线的集合，就组成了球面渐开曲面（图 5-29b）。

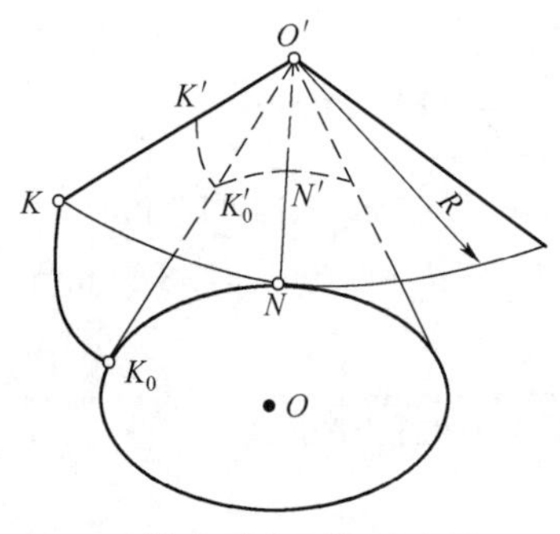

（a）锥齿轮齿面的形成原理

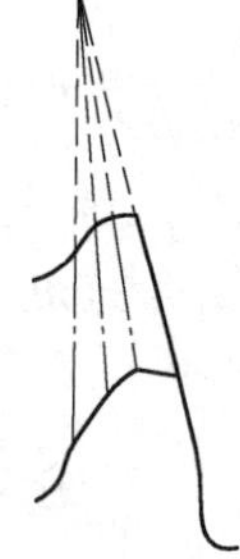
（b）锥齿轮齿廓曲面

图 5-29 直齿锥齿轮齿廓曲面的形成

二、直齿锥齿轮的背锥和当量齿数

直齿锥齿轮的齿廓曲线在理论上是球面曲线（见图 5-30），由于球面无法展成平面，给设计和制造带来困难，常采用一种近似的方法来研究锥齿轮的齿廓曲面。

如图 5-31 所示为一锥齿轮的轴向半剖视图。*OAB* 为圆锥齿轮的分度圆锥，过 *A* 点作分度圆锥母线 *OA* 的垂线 *O′A*，与锥齿轮轴线交于 *O′*点。再以 *O′A* 为母线以 *O′O* 为轴线作一圆锥 *O′AB*，该圆锥与锥齿轮大端分度圆相切，称为直齿锥齿轮的背锥，锥距 $r_v = r/\cos\delta$。

由图 5-31 可知，在 *A*、*B* 点附近，背锥面与球面几乎重合，故可以用背锥面上的齿形近似地代替直齿锥齿轮大端的齿形。由于背锥可以展成平面，这为锥齿轮的设计和制造带来了方便。

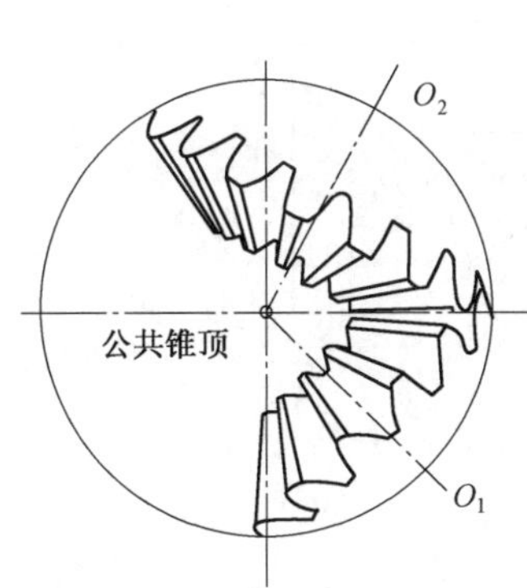

图 5-30　直齿锥齿轮的球面渐开线

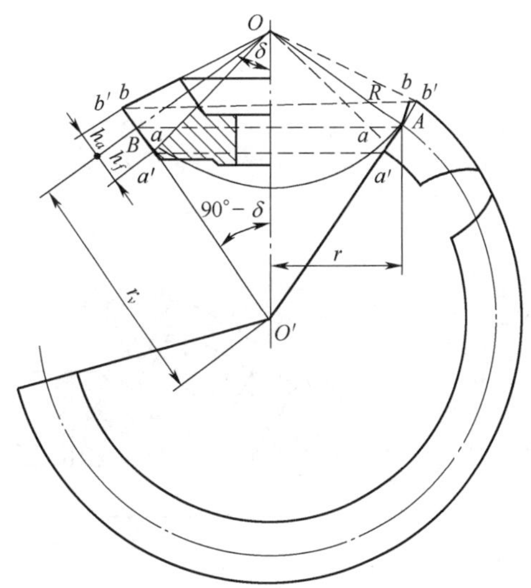

图 5-31　背锥与扇形齿轮

将脊锥展成平面，得到一个扇形齿轮，其齿数等于锥齿轮的实际齿数 z，其模数为锥齿轮大端模数 m，压力角为锥齿轮大端压力角 α，齿顶高、齿根高分别与锥齿轮大端相同。

以背锥的锥距 r_v 为分度圆半径，将扇形齿轮的缺口补满，得到一个圆柱齿轮，其齿数将增加到 z_v，该假想的圆柱齿轮称为锥齿轮的当量齿轮，其齿数 z_v 就是锥齿轮的当量齿数。

由于

$$r_v = \frac{r}{\cos\delta} = \frac{mz}{2\cos\delta} = \frac{1}{2}mz_v$$

故

$$z_v = \frac{z}{\cos\delta} \tag{5-23}$$

式中：δ 为齿轮的分度圆锥角。

因一对锥齿轮的啮合等价于一对当量圆柱齿轮的啮合，所以可以把直齿圆柱齿轮机构的一些结论直接应用于锥齿轮机构。

一对锥齿轮的正确啮合条件：两锥齿轮大端的模数和压力角应分别相等。

一对锥齿轮传动的重合度：按其当量圆柱齿轮传动的重合度计算。

锥齿轮不产生根切的最少齿数 $z_{\min}$ 可由当量齿轮的最少数 $z_{v\min}$ 来确定，即

$$z_{\min} = z_{v\min}\cos\delta \tag{5-24}$$

三、直齿锥齿轮的几何尺寸计算

为便于度量，锥齿轮的尺寸以大端为准。如图 5-32 所示，两锥齿轮的分度圆直径分别为

$$d_1 = 2R\sin\delta_1,\ d_2 = 2R\sin\delta_2 \tag{5-25}$$

式中：δ_1 和 δ_2 分别为两锥齿轮的分度圆锥角。

当轴交角 Σ=90° 时，其传动比为

$$i = \frac{n_1}{n_2} = \frac{z_2}{z_1} = \cot\delta_1 = \tan\delta_2 \tag{5-26}$$

Σ=90° 的直齿锥齿轮的几何尺寸计算公式列于表 5-6 中。

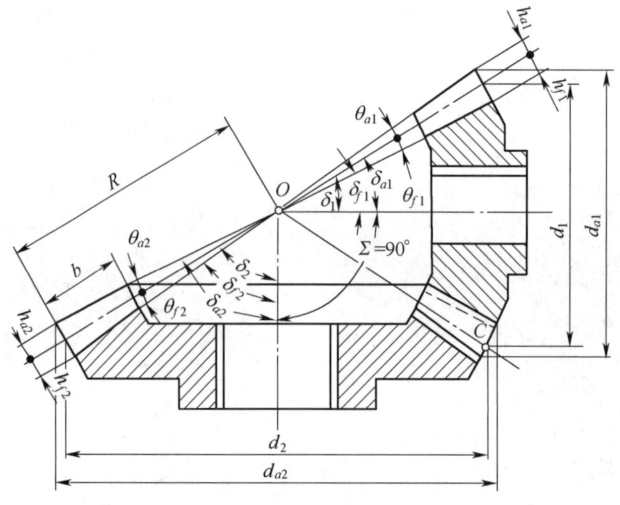

图 5-32 直齿锥齿轮的几何尺寸

表 5-6 Σ=90° 的直齿锥齿轮各部分几何尺寸的计算公式

名称	计算公式	
分度圆直径	$d_1 = mz_1$	$d_2 = mz_2$
齿顶高	$h_a = h_a^* m = m$	
齿根高	$h_f = (h_a^* + c^*)m = 1.2m$	
全齿高	$h = h_a + h_f = (2h_a^* + c^*)m = 2.2m$	
齿顶圆直径	$d_{a1} = d_1 + 2h_a \cos\delta_1 = m(z_1 + 2\cos\delta_1)$	$d_{a2} = d_2 + 2h_a \cos\delta_2 = m(z_2 + 2\cos\delta_2)$
齿根圆直径	$d_{f1} = d_1 - 2h_f \cos\delta_1 = m(z_1 - 2.4\cos\delta_1)$	$d_{f2} = d_2 - 2h_f \cos\delta_2 = m(z_2 - 2.4\cos\delta_2)$
锥距	$R = \sqrt{\left(\frac{d_1}{2}\right)^2 + \left(\frac{d_2}{2}\right)^2}$	

§5-9 蜗杆蜗轮机构

一、蜗杆传动的特点及其类型

蜗杆蜗轮机构用于传递空间交错轴间的运动和动力，一般两轴交错角 Σ=90°。

如图 5-33 所示，具有完整螺旋齿的构件称为蜗杆，而与蜗杆相啮合的称为蜗轮。通常蜗杆为主动件，蜗轮为从动件。

蜗杆与螺杆相似，有右旋、左旋蜗杆，最常用的是右旋蜗杆。

根据螺旋线头数的多少，蜗杆又可分为单头、双头和多头蜗杆，并且蜗杆的齿数就是蜗杆的头数。

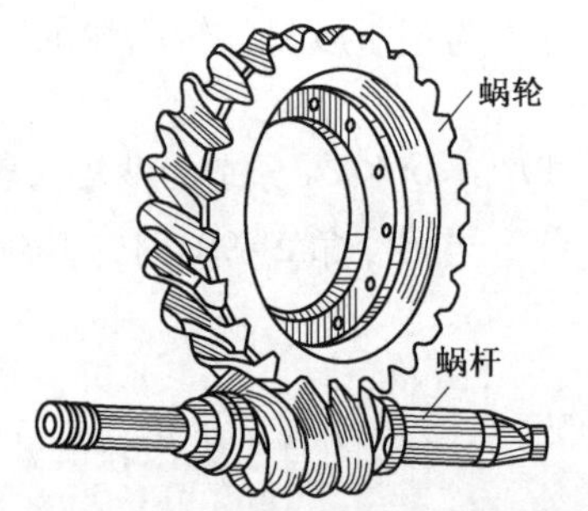

图 5-33 蜗杆蜗轮机构

蜗杆的类型很多，其中应用最广的是阿基米德圆柱蜗杆，本节主要讨论阿基米德蜗杆传动。

蜗杆蜗轮传动的主要优点为：

（1）由于蜗杆的齿数（头数）少，故单级传动可获得较大的传动比，且结构紧凑，在作减速动力传动时，传动比为 8～100，在分度机构中传动比可达 300～1000；

（2）由于蜗杆的轮齿是连续不断的螺旋齿，故传动平稳，啮合冲击小、噪声小；

（3）当蜗杆的导程角小于啮合面的当量摩擦角时，可实现反行程自锁。

蜗杆传动的主要缺点为：

（1）由于蜗杆传动齿面间相对滑动速度较大，摩擦磨损大，发热大，传动效率低；

（2）常需要比较贵重的青铜来制造蜗轮齿圈，材料成本高。

二、蜗杆蜗轮的正确啮合条件

图 5-34 为阿基米德蜗杆蜗轮的啮合情况。过蜗杆轴线并垂直于蜗轮轴线的平面称为中间平面（主平面），中间平面对于蜗杆是轴面，对于蜗轮是端面。在中间平面上，蜗杆具有齿条形直线齿廓，其两侧边夹角 $2\alpha = 40°$，蜗轮齿廓为渐开线，因此，蜗杆蜗轮的啮合就相当于齿条与齿轮的啮合。

蜗杆蜗轮的正确啮合条件是：蜗杆的轴面模数 m_{x1} 和轴面压力角 α_{x1} 分别与蜗轮的端面模数 m_{t2} 和端面压力角 α_{t2} 相等，且均取标准值。当蜗杆与蜗轮轴交错角为 90°时，蜗轮螺旋角 β 还应等于蜗杆的导程角 γ，且两者螺旋线的旋向相同（图 5-35），即

$$\left.\begin{aligned} m_{x1} = m_{t2} = m \\ \alpha_{x1} = \alpha_{t2} = \alpha \\ \beta = \gamma \end{aligned}\right\} \tag{5-27}$$

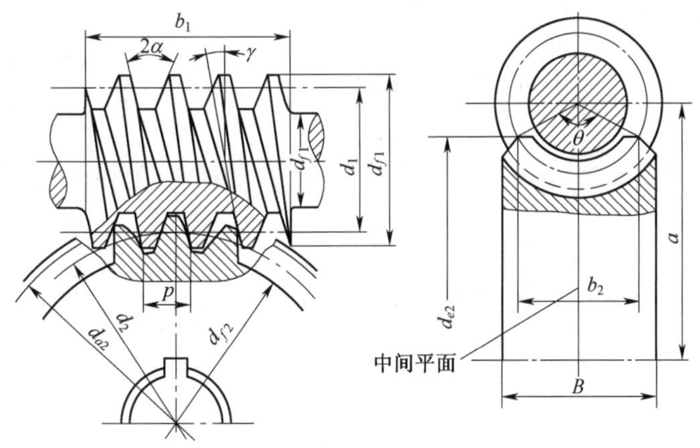

图 5-34　阿基米德蜗杆蜗轮传动

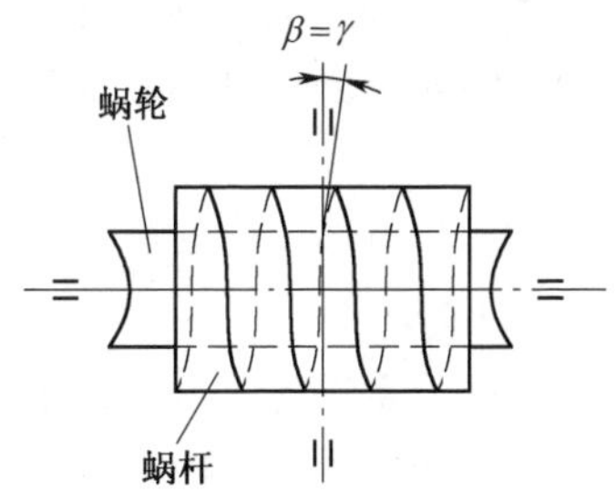

图 5-35　蜗杆 γ 与蜗轮 β 的关系

三、蜗杆传动的主要参数及几何尺寸

1. 齿数 z

蜗杆的齿数亦为蜗杆的头数，用 z_1 表示。当要求反行程自锁时，常取 $z_1 = 1$，即单头蜗杆；当要求具有较高传动效率时，则 z_1 取大值。但蜗杆头数过多，会给加工带来困难。所以，通常推荐取 $z_1 = 1$、2、4、6。

蜗轮齿数 z_2 可根据传动比计算而得。一般蜗轮的齿数推荐取 28～82。

2. 模数 m 和压力角 α

按正确啮合条件，中间平面上的模数、压力角为标准值。国家标准 GB/T 10088-1988 规定，阿基米德蜗杆的压力角 $\alpha = 20^\circ$，标准模数见表 5-7。

表 5-7 模数 m 与分度圆直径 d_1 的搭配及 m^2d_1 值（摘自 GB/T 10088-1988）

m/mm	1	1.25	1.6	2	2.5	3.15	4	5	6.3
d_1/mm	18	20 22.4	20 28	（18） 22.4 （28） 35.5	22.4 28 （35.5） 45	（28） 35.5 （45） 56	（31.5） 40 （50） 71	（40） 50 （63） 90	（50） 63 （80） 112
m^2d_1/mm³	18	31.5 35	51.2 71.68	72 89.6 112 142	140 175 221.9 281	277.8 352.2 446.5 556	504 640 800 1136	1000 1250 1575 2250	1985 2500 3175 4445

m/mm	8	10	12.5	16	20
d_1/mm	（63） 80 （100） 140	71 90 （112） 160	（90） 112 （140） 200	（112） 140 （180） 250	（140） 160 （224） 315
m^2d_1/mm³	4.32 5376 6400 8960	7100 9000 11200 16000	14062 17500 21875 31250	28672 35840 46080 64000	56000 64000 89600 126000

3. 蜗杆分度圆直径 d_1 和直径系数 q

为了保证蜗杆与蜗轮正确啮合，蜗轮常用与配对蜗杆形状相似的滚刀来加工，滚刀的分度圆直径必须与工作蜗杆的分度圆直径相同，只是滚刀的外径略大于蜗杆的顶圆直径，以便加工出二者啮合时的顶隙。为了限制蜗轮滚刀的数量，并便于滚刀的标准化，国家标准中规定将蜗杆分度圆直径 d_1 标准化，且与模数 m 匹配，见表 5-7。通常将蜗杆分度圆直径 d_1 与模数 m 的比值称为蜗杆直径系数，用 q 表示，即

$$q = \frac{d_1}{m} \tag{5-28}$$

4. 导程角 γ

将蜗杆分度圆柱螺旋线展开成为如图 5-36 中的直角三角形的斜边，图中 z_1p 为导程，p 为蜗杆的轴向齿距。则蜗杆的导程角为

$$\tan\gamma = \frac{z_1 p}{\pi d_1} = \frac{z_1 m}{d_1} = \frac{z_1}{q} \tag{5-29}$$

5. 传动比 i

蜗杆为主动时，其传动比 i 为

$$i = \frac{n_1}{n_2} = \frac{z_2}{z_1} \neq \frac{d_2}{d_1} \tag{5-30}$$

式中：n_1、n_2 分别为蜗杆和蜗轮的转速，r/min。

蜗轮的转向取决于旋向和蜗杆的转向。对交错角 $\Sigma = 90^\circ$ 的蜗杆蜗轮机构，蜗轮的转向可以用左、右手定则来判断，即蜗杆为右旋时用右手（左旋用左手），四指顺着蜗杆的转动方向握住蜗杆，大拇指伸直方向的相反方向表示蜗轮在啮合点圆周速度 v_2 的方向，由此便可确定蜗轮的转向，如图 5-37 所示。

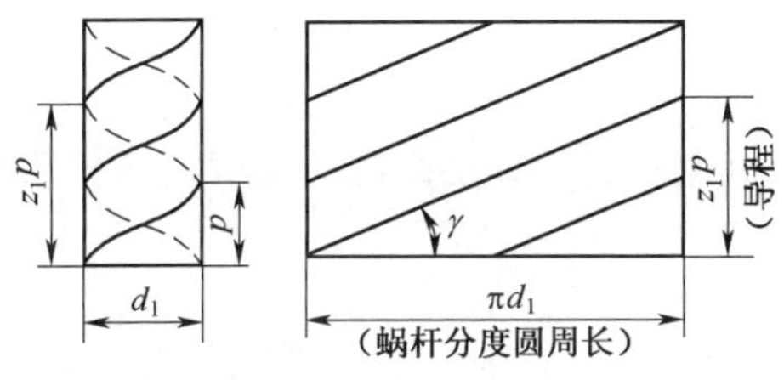

图 5-36　导程角与导程的关系

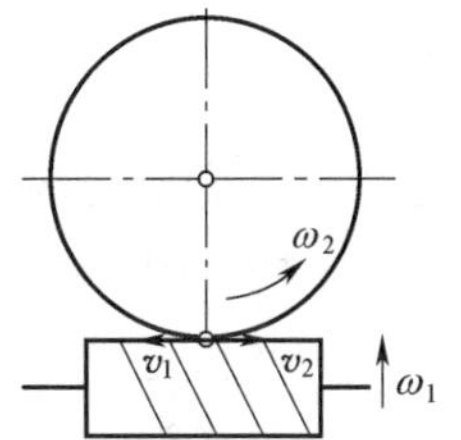

图 5-37　蜗杆蜗轮的转向判定

四、蜗杆传动的几何尺寸计算

设计蜗杆传动时，一般是先根据传动的功用和传动比的要求，选择蜗杆头数、蜗轮齿数，然后再按蜗杆传动承载能力确定模数 m 和蜗杆分度圆直径 d_1，上述参数确定后，即可根据表 5-8 普通圆柱蜗杆传动的几何尺寸计算公式计算出蜗杆、蜗轮的几何尺寸（两轴交错角为 90°、标准传动）。

表 5-8　普通圆柱蜗杆传动的几何尺寸计算公式

名称	计算公式	
	蜗杆	蜗轮
分度圆直径	$d_1 = mq$	$d_2 = mz_2$
齿顶高	$h_a = m$	
齿根高	$h_f = 1.2m$	
齿顶圆直径	$d_{a1} = m(q+2)$	$d_{a2} = m(z_2+2)$
齿根圆直径	$d_{f1} = m(q-2.4)$	$d_{f2} = m(z_2-2.4)$
蜗杆导程角	$\gamma = \arctan z_1/q$	
蜗轮螺旋角	$\beta = \gamma$	
齿距	$p_{x1} = p_{t2} = p = \pi m$	
标准中心距	$a = \frac{1}{2}(d_1+d_2) = \frac{1}{2}m(q+z_2)$	

§5-10　轮系的分类

前面所讲的由两个齿轮组成的齿轮机构是齿轮传动中最简单的形式，但只采用一对齿轮的传动往往不能满足传动要求，通常需要采用一系列互相啮合的齿轮才能满足不同的工作需要，如机床要求将电动机的一种转速通过变速箱变成主轴的多种转速；汽车需要通过差速器将发动机传来的运动分解为左右两后轮的运动等。这种由一系列齿轮组成的齿轮传动系统称为齿轮系，简称轮系。

在轮系运转过程中，根据各个齿轮几何轴线相对于机架的位置是否固定，可以将轮系分为定轴轮系、周转轮系和复合轮系三种类型。

一、定轴轮系

当轮系运转时，若所有齿轮的轴线相对于机架的位置都是固定不动的，这种轮系称为定轴轮系（图 5-38、图 5-39）。

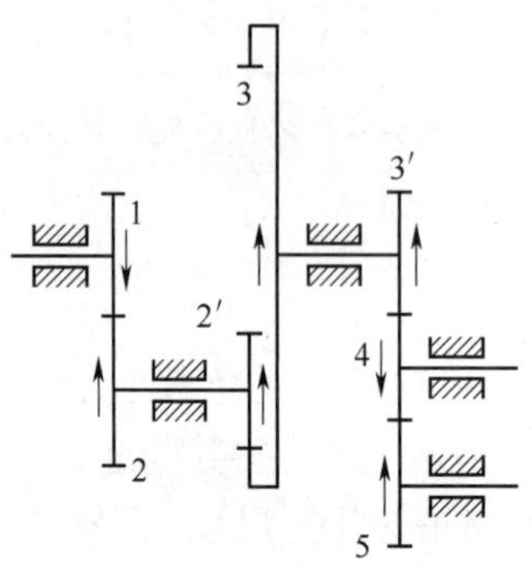

图 5-38 平面定轴轮系

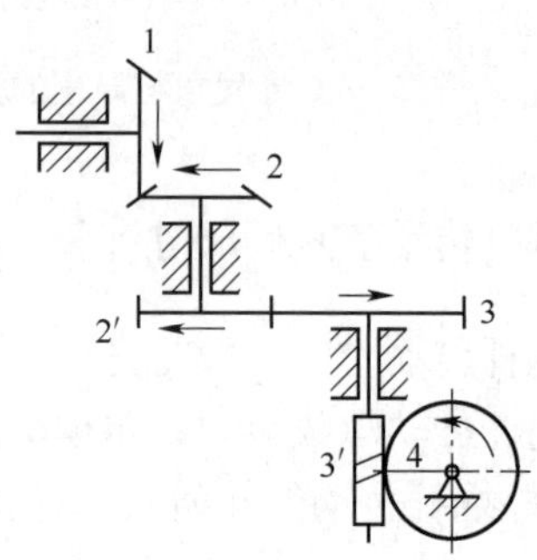

图 5-39 空间定轴轮系

在图 5-38 所示的轮系中，所有齿轮都在相互平行的平面内运动，即轮系中所有齿轮轴线均相互平行（均为圆柱齿轮），称为平面定轴轮系。图 5-39 所示的轮系中，齿轮不全在相互平行的平面内运动，即包含非平行轴传动的齿轮（圆锥齿轮、蜗杆蜗轮），称为空间定轴轮系。

二、周转轮系

如果在轮系运转过程中，至少有一个齿轮的轴线不固定，而是绕着其他齿轮的固定轴线回转，这样的轮系称为周转轮系，如图 5-40 所示。在此轮系中，齿轮 2 的轴线不固定，一方面绕自身的轴线自转，同时又绕 H 的轴线作公转，就像行星绕太阳的运动一样，故称为行星轮；支持并带动行星轮转动的构件 H 称为系杆（或行星架、转臂）；与行星轮直接啮合且轴线位置固定的齿轮 1、3 称为中心轮（或太阳轮）。太阳轮、行星轮和行星架是构成周转轮系的基本构件。行星架和太阳轮的几何轴线必须相互重合，否则便不能传动。

如图 5-40a 所示，两个太阳轮均为活动构件，则自由度 $F=3n-2P_L-P_H=3\times4-2\times4-2=2$，该轮系称为差动轮系；图 5-40b 所示一个太阳轮 3 固定，自由度 $F=3n-2P_L-P_H=3\times3-2\times3-2=1$，该轮系称为行星轮系。

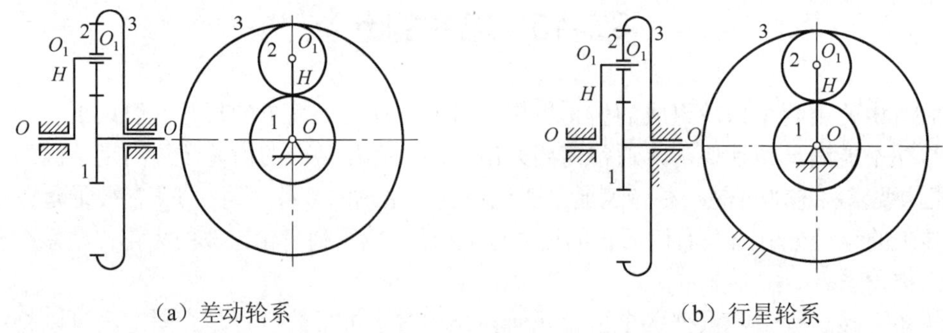

（a）差动轮系　　（b）行星轮系

图 5-40 周转轮系

三、复合轮系

实际机械中，除了上述两种基本轮系外，还大量用到由定轴轮系和周转轮系组成的或者由两个以上的周转轮系组成的复杂轮系，称为复合轮系，如图 5-41 所示。图 5-41a 是由定轴轮系 4、5 和周转轮系 1、2、3、H 组成的复合轮系；图 5-41b 是由周转轮系 1、2、3、H_1 和 4、5、6、H_2 组成的复合轮系。

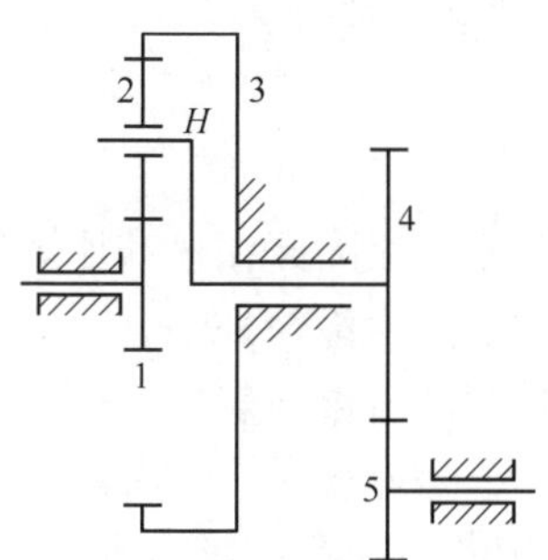

（a）由定轴轮系和周转轮系组成

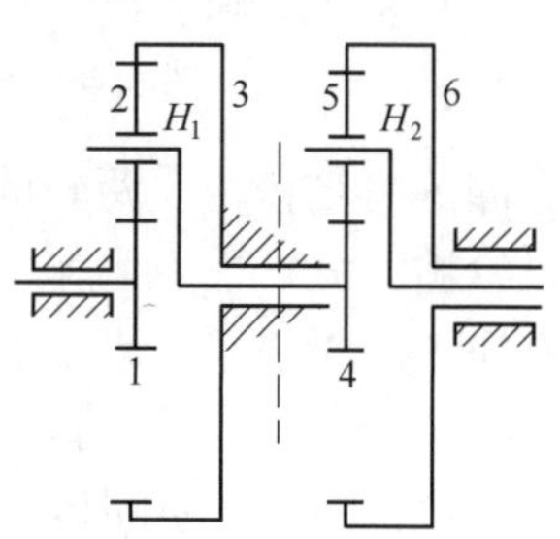

（b）由两个周转轮系组成

图 5-41　复合轮系

§5-11　轮系传动比的计算

轮系运动时，其输入轴与输出轴的角速度（转速）之比，称为轮系的传动比。计算传动比时，不仅要计算其大小，还要确定输入轴与输出轴的转向关系，这样才能完整表达输入轴与输出轴间的关系。

一、定轴轮系的传动比

相互啮合的一对齿轮的传动比大小为 $i_{12} = \omega_1 / \omega_2 = z_2 / z_1$，两轮的转向关系可在图上画箭头表示，如图 5-42 所示。

一对平行轴外啮合齿轮（图 5-42a），其两轮转向相反，用方向相反的箭头表示。

一对平行轴内啮合齿轮（图 5-42b），其两轮转向相同，用方向相同的箭头表示。

一对圆锥齿轮传动时，在节点具有相同的速度，故表示转向的箭头同时指向节点（图 5-42c），或同时背离节点。

蜗轮的转向可用左右手定则来判断（图 5-42d）。

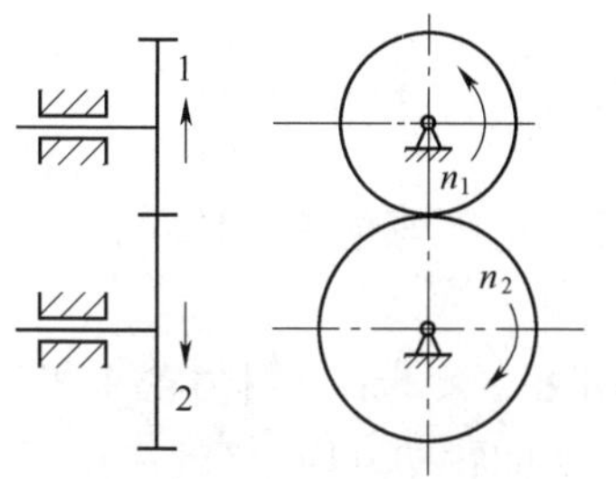

（a）一对平行轴外啮合齿轮

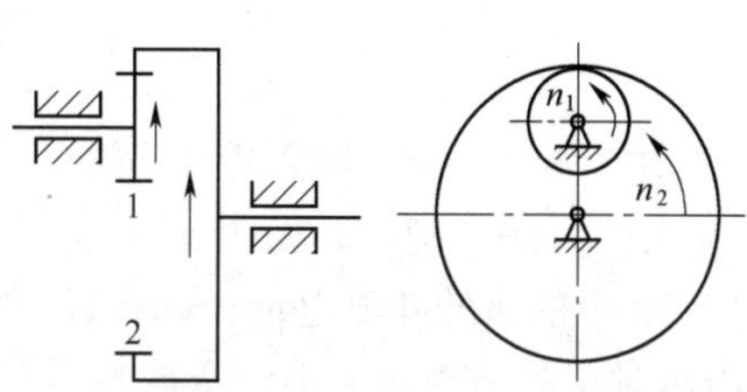

（b）一对平行轴内啮合齿轮

图 5-42　一对啮合齿轮的转向关系

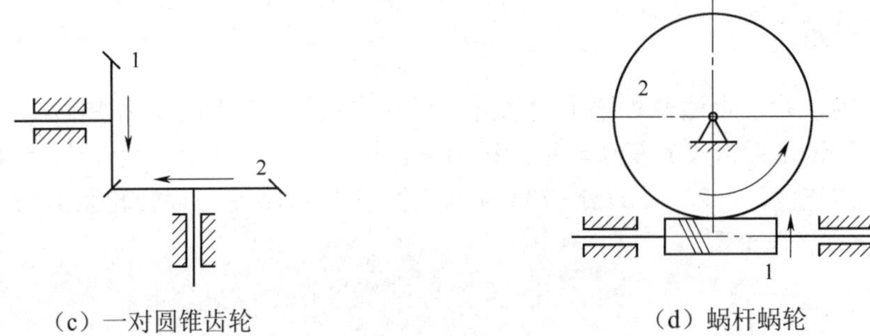

（c）一对圆锥齿轮　　（d）蜗杆蜗轮

图 5-42　一对啮合齿轮的转向关系（续图）

平行轴之间的齿轮传动，两轮的转向要么相同，要么相反，因此在传动比计算公式中的齿数比前可以给出“+”、“-”号来表达它们的转向关系。若两个齿轮外啮合，它们的转向相反，齿数比前加“-”号；两个齿轮内啮合，它们的转向相同，齿数比前加“+”号。

在图 5-38 所示的平面定轴轮系中，设 $z_1, z_2, z_{2'}, z_3, z_{3'}, z_4, z_5$ 为各齿轮的齿数，轮 1 为输入轮，轮 5 为输出轮，则该轮系的传动比 $i_{15} = \omega_1 / \omega_5$。轮系中各对啮合齿轮的传动比分别为

$i_{12} = \dfrac{\omega_1}{\omega_2} = -\dfrac{z_2}{z_1}$（负号表示外啮合），$i_{2'3} = \dfrac{\omega_{2'}}{\omega_3} = \dfrac{z_3}{z_{2'}}$，$i_{3'4} = \dfrac{\omega_{3'}}{\omega_4} = -\dfrac{z_4}{z_{3'}}$，$i_{45} = \dfrac{\omega_4}{\omega_5} = -\dfrac{z_5}{z_4}$

将以上各式连乘积，得

$$i_{12} i_{2'3} i_{3'4} i_{45} = \frac{\omega_1 \omega_{2'} \omega_{3'} \omega_4}{\omega_2 \omega_3 \omega_4 \omega_5} = \frac{\omega_1}{\omega_5} = (-1)^3 \frac{z_2 z_3 z_4 z_5}{z_1 z_{2'} z_{3'} z_4}$$

即

$$i_{15} = \frac{\omega_1}{\omega_5} = i_{12} i_{2'3} i_{3'4} i_{45} = (-1)^3 \frac{z_2 z_3 z_5}{z_1 z_{2'} z_{3'}} = -\frac{z_2 z_3 z_5}{z_1 z_{2'} z_{3'}}$$

上式表明：平面定轴轮系的传动比大小等于组成该轮系的各对啮合齿轮传动比的连乘积，也等于各对啮合齿轮中所有从动齿轮齿数连乘积与所有主动齿轮齿数连乘积的比值。

依次类推，若定轴轮系由相互啮合的 1，2，…，k 个齿轮构成，则轮系的传动比为

$$i_{1k} = \frac{\omega_1}{\omega_k} = i_{12} i_{2'3} \cdots i_{(k-1)'k} = (-1)^m \frac{z_2 z_3 \cdots z_k}{z_1 z_{2'} \cdots z_{(k-1)'}} \tag{5-31}$$

式中：m 为外啮合的齿轮对数。

若计算结果为正，表示输入轮与输出轮的转向相同；为负，表示输入轮与输出轮的转向相反。

例题 5-4　图 5-38 所示的平面定轴轮系中，若已知 $z_1 = 18$，$z_2 = 22$，$z_{2'} = 14$，$z_3 = 36$，$z_{3'} = 17$，$z_5 = 20$，求输入轮 1 与输出轮 5 的总传动比 i_{15}。

解：根据式（5-31），得

$$i_{15} = \frac{\omega_1}{\omega_5} = (-1)^3 \frac{z_2 z_3 z_5}{z_1 z_{2'} z_{3'}} = -\frac{22 \times 36 \times 20}{18 \times 14 \times 17} = -3.697$$

总传动比为负，表示输入轮 1 与输出轮 5 转向相反，轮 1 与轮 5 的转向关系也可以在图上用画箭头的方法来确定，如图 5-38 所示。

图 5-38 中的齿轮 4 既是前一对齿轮 3′和 4 中的从动轮，又是后一对齿轮 4 和 5 中的主动轮，其齿数对总的传动比大小没有影响，而是改变了输出轮的转动方向，这种齿轮称为惰轮（过轮或过桥齿轮）。

若首末两轮轴线不平行，齿轮的转向不存在相同或相反，不能在传动比计算公式的齿数

比前给出“+”、“-”号，只能用画箭头的方法表示，如图 5-42c、d。

例题 5-5　在图 5-43 所示的空间定轴轮系中，已知 $z_1=18$，$z_2=54$，$z_{2'}=16$，$z_3=32$，$z_{3'}=2$（右旋），$z_4=40$，若 n_1=3000r/min，转向如图所示，箭头向下。求蜗轮的转速 n_4，并判断其转向。

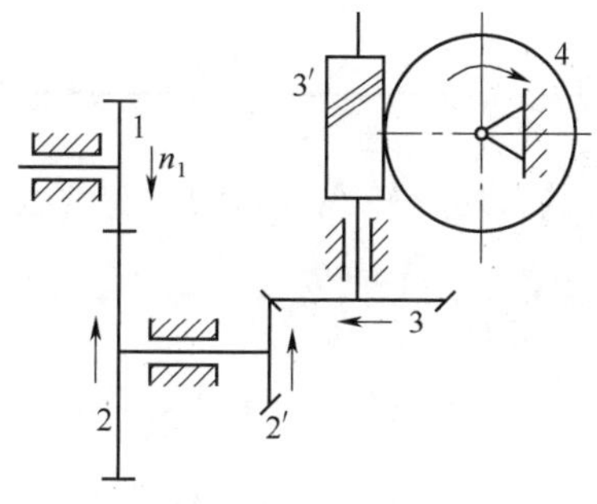

图 5-43　例 5-5 图

解：轮系传动比为

$$i_{14}=\frac{n_1}{n_4}=\frac{z_2z_3z_4}{z_1z_{2'}z_{3'}}=-\frac{54\times32\times40}{18\times16\times2}=120$$

则

$$n_4=\frac{n_1}{i_{14}}=\frac{3000}{120}\text{r/min}=25\text{r/min}$$

蜗轮转向见图中箭头，为顺时针。

*二、周转轮系的传动比

比较周转轮系与定轴轮系，二者的本质区别在于周转轮系中有一个转动的行星架，使得行星轮既自转又公转，故周转轮系的传动比不能直接用定轴轮系传动比公式进行计算。如果能够在保持周转轮系中各构件之间的相对运动不变的条件下，使行星架固定不动，则该周转轮系即被转化为一个假想的定轴轮系，就可以按定轴轮系的传动比公式进行周转轮系传动比的计算，这种方法称为转化机构法（反转法）。

图 5-44a 所示的周转轮系中行星架 H 以角速度 ω_H 转动，空套在行星架 H 上的齿轮 2 为行星轮。假想使行星架 H“静止不动”，即给整个机构加一个绕固定轴线转动的公共角速度-ω_H，机构各构件间原来的相对运动关系并不改变，这样行星架 H 就静止不动了。于是，原周转轮系就转化为一个假想的定轴轮系，这个定轴轮系称为原周转轮系的转化轮系，如图 5-44b 所示。

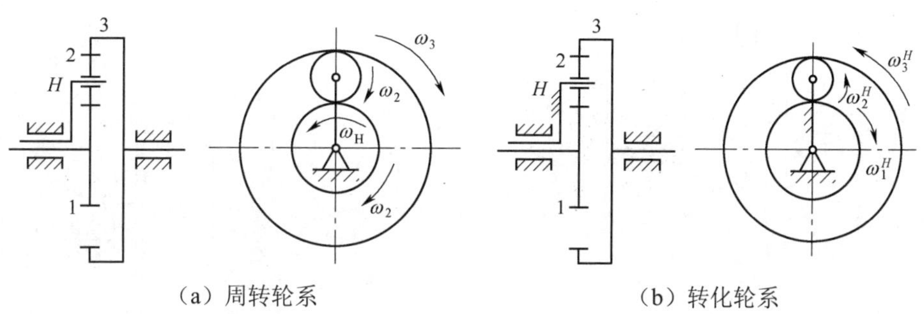

（a）周转轮系　　（b）转化轮系

图 5-44　周转轮的转化

转化轮系中各构件的相对角速度见表 5-9。

表 5-9 各构件转化前后的角速度

构件	绝对角速度	转化机构中的相对转速	构件	绝对角速度	转化机构中的相对转速
太阳轮 1	ω_1	$\omega_1^H=\omega_1-\omega_H$	行星轮 2	ω_2	$\omega_2^H=\omega_2-\omega_H$
太阳轮 3	ω_3	$\omega_3^H=\omega_3-\omega_H$	行星架 H	ω_H	$\omega_H^H=\omega_H-\omega_H=0$

根据定轴轮系传动比计算公式，转化轮系的传动比计算公式为

$$i_{13}^H=\frac{\omega_1^H}{\omega_3^H}=\frac{\omega_1-\omega_H}{\omega_3-\omega_H}=(-1)\frac{z_2z_3}{z_1z_2}=-\frac{z_3}{z_1} \quad (5\text{-}32)$$

上式中若齿轮 3 固定，即 $\omega_3=0$，则轮系转化为行星轮系，其传动比计算公式为

$$i_{13}^H=\frac{\omega_1^H}{\omega_3^H}=\frac{\omega_1-\omega_H}{0-\omega_H}=(-1)\frac{z_2z_3}{z_1z_2}=-\frac{z_3}{z_1} \quad (5\text{-}33)$$

若周转轮系中有 k 个齿轮，两个太阳轮分别为 1 和 k。可得出其转化轮系的传动比为

$$i_{1k}^H=\frac{\omega_1^H}{\omega_k^H}=\frac{\omega_1-\omega_H}{\omega_k-\omega_H}=(-1)^m\frac{z_2\cdots z_k}{z_1\cdots z_{(k-1)}} \quad (5\text{-}34)$$

对于差动轮系，若已知的两个构件转向相反，则代入公式时一个用正值而另一个用负值。上式也适用于输入输出为平行轴的锥齿轮机构，其转向正负号通过画箭头方式确定。

例题 5-6 如图 5-45 所示的周转轮系中，各齿轮齿数 $z_1=80$，$z_2=25$，$z_{2'}=35$，$z_3=20$，若已知 n_3=200r/min，n_1=50r/min，方向相反，求 n_H 的大小和方向。

解：设太阳轮 1 转向为正，则太阳轮 3 转向为负，则

$$i_{13}^H=\frac{n_1^H}{n_3^H}=\frac{n_1-n_H}{n_3-n_H}=-\frac{z_2z_3}{z_1z_{2'}}$$

代入数据

$$\frac{50-n_H}{(-200)-n_H}=-\frac{25\times20}{80\times35}=-\frac{5}{28}$$

得

$$n_H=12.12\ \text{r/min}$$

n_H 为正，说明行星架 H 与太阳轮 1 转向相同，与太阳轮 3 转向相反。

例题 5-7 在图 5-46 所示的复合轮系中，已知 z_1=20，z_2=30，z_3=80，z_4=40，z_5=20，求传动比 i_{15}。

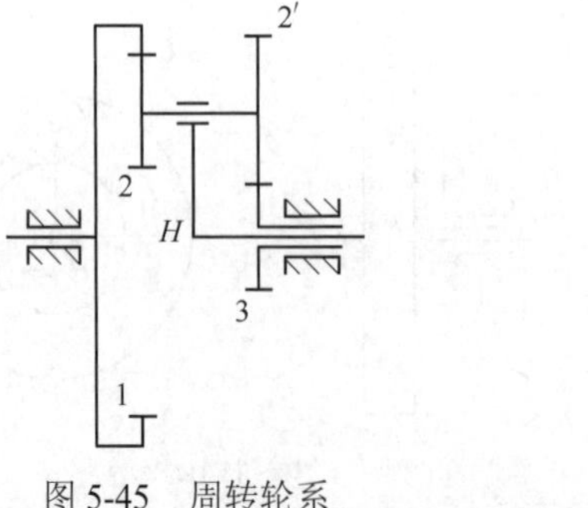

图 5-45 周转轮系

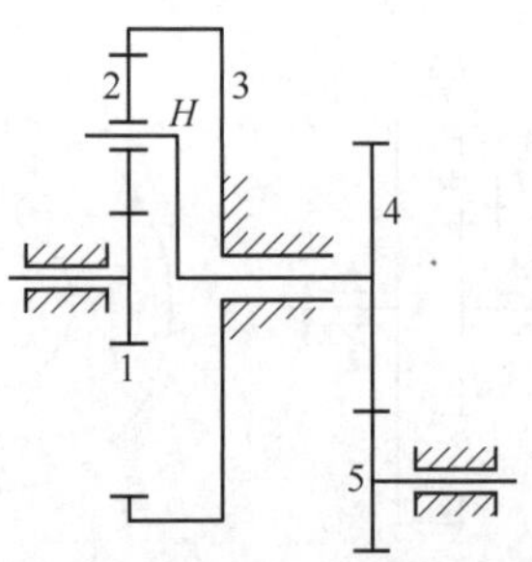

图 5-46 复合轮系

解：从图中看出齿轮 1、2、3、H 组成行星轮系，其传动比为

$$i_{13}^{H}=\frac{n_1^H}{n_3^H}=\frac{n_1-n_H}{n_3-n_H}=-\frac{z_3}{z_1}$$

$$\frac{n_1-n_H}{0-n_H}=-\frac{80}{20}=-4$$

得

$$i_{1H}=5$$

齿轮 4、5 组成定轴轮系，其传动比为

$$i_{45}=\frac{n_4}{n_5}=-\frac{z_5}{z_4}=-\frac{20}{40}=-\frac{1}{2}$$

由于

$$n_H=n_4$$

求得

$$i_{15}=\frac{n_1}{n_5}=i_{14}i_{45}=-2.5$$

“-”号说明齿轮 5 与齿轮 1 转向相反。

§5-12　轮系的功用

轮系被广泛应用在各种机械中，其主要功用可以归纳为以下几个方面。

一、获得大的传动比

在齿轮传动中，一对齿轮的传动比一般不超过 5。当两轴之间需要很大的传动比时，固然可以用多级齿轮组成的定轴轮系来实现，但由于轴和齿轮的增多，会导致结构复杂。若采用行星轮系，则只需很少的几个齿轮，就可获得很大的传动比。例如图 5-47 所示的行星轮系，当 $z_1=100$、$z_2=101$、$z_{2'}=100$、$z_3=99$，其传动比可达 10000。其具体计算如下

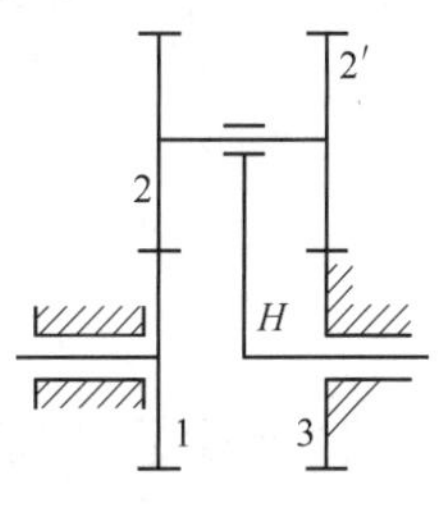

图 5-47　行星轮系

$$i_{13}^{H}=\frac{\omega_1^H}{\omega_3^H}=\frac{\omega_1-\omega_H}{\omega_3-\omega_H}=\frac{z_2z_3}{z_1z_{2'}}$$

$$\frac{\omega_1-\omega_H}{0-\omega_H}=\frac{101\times99}{100\times100}$$

解得

$$i_{H1}=10000$$

二、实现远距离传动

当两轴相距较远时，如果仅用一对齿轮传动，则两轮尺寸过大（如图 5-48 中齿轮 1、2），使得齿轮的制造、安装均不方便，同时又费材料，占用空间大。如果采用轮系（如图 5-48 中的齿轮 a、b、c、d），就可以克服上述缺点。

三、实现变速换向传动

在输入轴的转速、转向不变的情况下，轮系可使输出轴得到不同的转速和转向，这种传动称为变速换向传动。如汽车在行驶中经常变速，倒车时要变向等。如图 5-49 所示是利用滑

移齿轮实现变速，齿轮 1、2 为联动齿轮，用导向键与轴 I 相连，可在轴 I 上滑动，当分别使 1 与 1′或 2 与 2′啮合时，可得两种速比。图 5-50 是车床上走刀丝杠的三星轮换向机构，其中构件 *a* 可绕轮 4 的轴线回转。图 5-50a 所示位置，从动轮 4 与主动轮 1 转向相反；当转动构件 *a* 使其处于图 5-50b 所示位置时，因轮 2 不参与传动，轮 4 与主动轮 1 的转向相同。

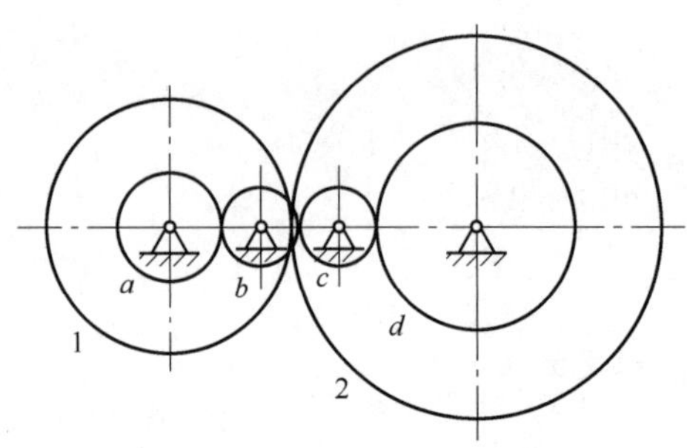

图 5-48 实现远距离传动

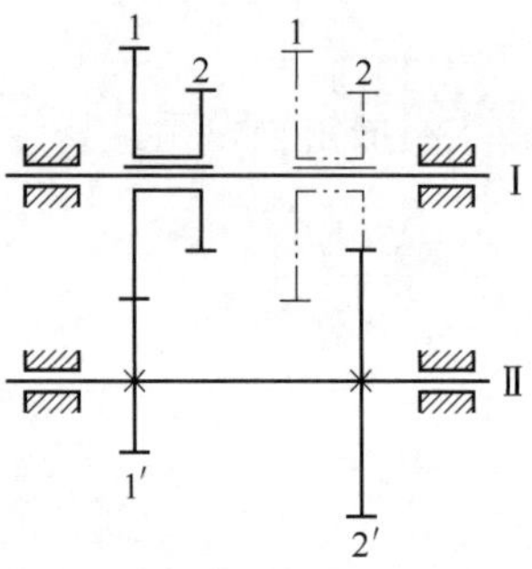

图 5-49 滑移齿轮实现变速

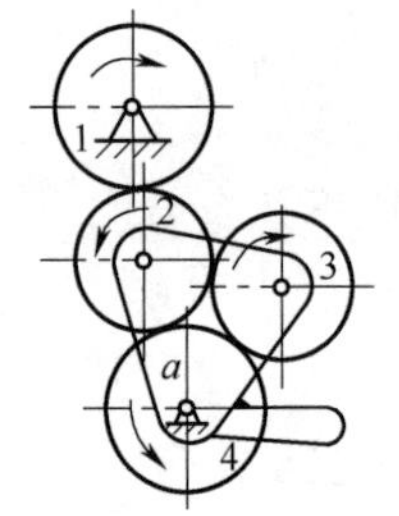

（a）轮 4 与轮 1 转向相反

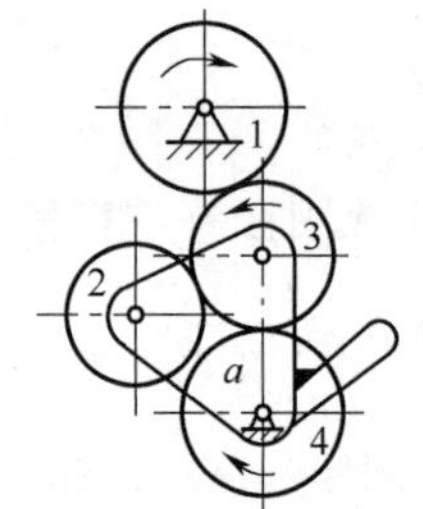

（b）轮 4 与轮 1 转向相同

图 5-50 三星轮换向机构

四、实现运动的合成与分解

由于差动轮系的自由度为 2，即必须给定轮系中两个基本构件的运动，第三个基本构件才能获得确定的相对运动。也就是说，差动轮系可以把两个原动件的运动合成为一个从动件的输出运动，即运动的合成。

差动轮系也可以把一个原动件的运动按需要分解成两个从动件的输出运动，即运动的分解。图 5-51a 所示的汽车后桥差速器就是运动分解的典型实例。

锥齿轮 5 由发动机驱动，带动锥齿轮 4 转动，锥齿轮 4 上固连着行星架 *H*，其上装有行星轮 2、2′，与左右车轮固连的锥齿轮 1 和 3 为太阳轮，且锥齿轮 1、2、2′、3 齿数相等。齿轮 1、2、2′、3 及行星架架 *H*（4）组成一差动轮系，因此有

$$i_{13}^{H}=\frac{n_1-n_H}{n_3-n_H}=\frac{n_1-n_4}{n_3-n_4}=-\frac{z_3}{z_1}=-1$$

则

$$n_1+n_3=2n_4 \tag{a}$$

当汽车直线行驶时，因左右两轮驶过的路程相等，所以 $n_1=n_3=n_4$，此时齿轮 1、3 和行星架 *H* 之间没有相对运动，它们成为一个整体在转动，两后轮转速相同。

当汽车转弯时，两后轮所驶过的路程不等，因此两后轮应以不同的速比转动。如图 5-51b

所示为汽车左转弯的情况，汽车两前轮的轴线与两后轮的轴线汇交于 P 点，整个汽车可看成是绕 P 点回转，左后轮驶过一个小圆弧，右后轮则驶过一个大圆弧，此时，假设两后轮之间的中心距为 $2L$，弯道平均半径为 r，为使车轮和地面间不发生滑动以减小轮胎磨损，两后轮的转速应与弯道半径成正比，即

$$\frac{n_1}{n_3}=\frac{r-L}{r+L} \tag{b}$$

联立式（a）和式（b）得

$$n_1=\frac{r-L}{r}n_4,\quad n_3=\frac{r+L}{r}n_4$$

上述表明，汽车转弯时，该差动轮系将输入轴的转速 n_4 分解为两个后轮的不同转速 n_1 和 n_3，即利用汽车后桥差速器，自动将主轴的转动分解为两个后轮所需的不同转速。

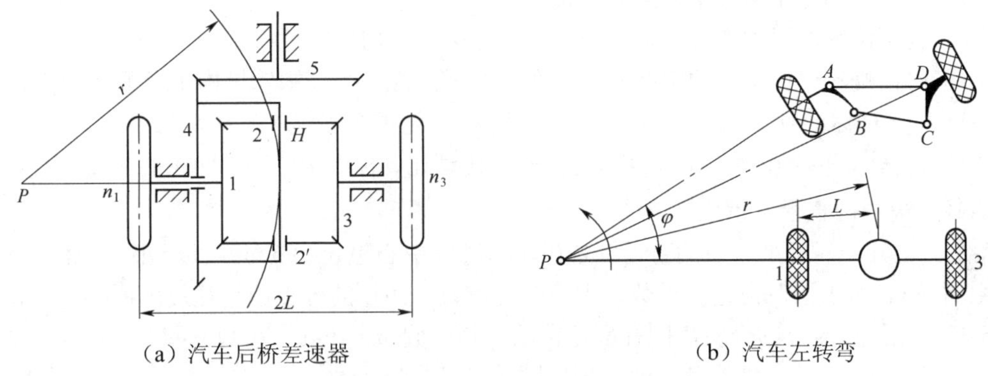

（a）汽车后桥差速器　　（b）汽车左转弯

图 5-51　汽车后桥差速器及汽车转向机构

五、实现分路传动

当输入轴的转速一定时，利用轮系可将输入轴的一种转速同时传动到几根输出轴上，即把一根轴的运动分成多路。例如机械式手表，将原动件发条盘的运动分成 3 路，分别带动时针、分针和秒针，三个指针共同完成走时的动作。再如图 5-52 所示滚齿机工作台中的传动机构，主轴输入的运动通过分路传动，分别带动滚刀 A 和轮坯 B 按规定的速度旋转，完成轮齿加工。

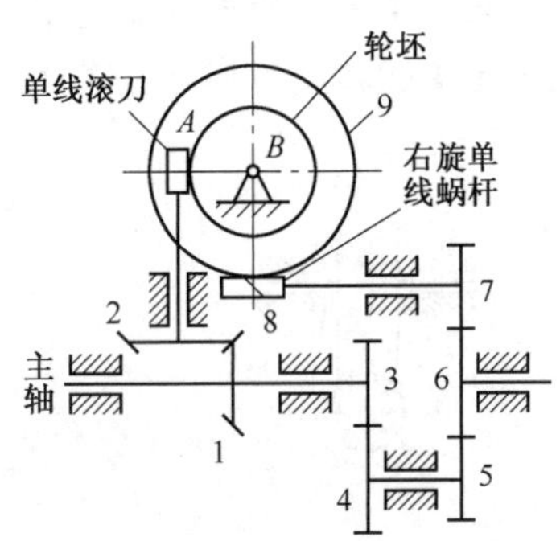

图 5-52　滚齿机工作台中的传动机构

习　题

5-1　齿轮传动的最基本要求是什么？齿廓的形状符合什么条件才能满足上述要求？

5-2　分度圆和节圆、啮合角和压力角有何区别？

5-3　试述一对直齿圆柱齿轮，一对斜齿圆柱齿轮，一对直齿锥齿轮，一对蜗杆蜗轮的正确啮合条件。

5-4　为什么要限制齿轮的最少齿数？对于$\alpha=20^\circ$、正常齿制的标准直齿圆柱齿轮，最少齿数$z_{\min}$是多少？

5-5　斜齿圆柱齿轮和直齿锥齿轮的当量齿数的含义是什么？它们与实际齿数有何关系？

5-6　斜齿圆柱齿轮、直齿锥齿轮和蜗杆蜗轮上，何处的模数为标准值？

5-7　简述差动轮系与行星轮系的区别。

5-8　何谓齿廓的根切现象？根切的原因是什么？根切有何危害？如何避免根切？

5-9　何谓蜗轮蜗杆机构的中间平面？在中间平面内，蜗杆蜗轮机构相当于什么传动？

5-10　一对标准安装的外啮合标准直齿圆柱齿轮的参数为：z_1=18，z_2=54，m=4mm，$\alpha=20^\circ$，$h_a^*=1$，$c^*=0.25$。试计算这对齿轮的传动比、标准中心距、两轮的分度圆直径、齿顶圆直径、齿根圆直径、齿距。

5-11　已知一对标准安装的直齿圆柱齿轮传动的中心距a=196mm，传动比i=3.5，小齿轮的齿数z_1=25。试求该对齿轮的模数，大齿轮的齿数，两轮的分度圆直径及齿顶圆直径。

5-12　已知一对外啮合斜齿圆柱齿轮传动，其模数m_n=4mm，齿数z_1=24、z_2=91，要求中心距a=240 mm，试确定螺旋角、两轮分度圆直径及当量齿数。

5-13　已知一对外啮合斜齿圆柱齿轮传动，齿数z_1=27、z_2=60，法向模数m_n=3mm，螺旋角$\beta=15^\circ$，试求两轮的分度圆直径、中心距。若将中心距圆整为整数，螺旋角β将如何变化？

5-14　已知一对直齿锥齿轮（$\Sigma=90^\circ$）的参数；大端模数m =4mm，齿数z_1=32、z_2=70，试计算分锥角δ_1、δ_2，分度圆直径d_1、d_2，锥距R。

5-15　测得一直齿锥齿轮（$\Sigma=90^\circ$）传动的z_1=18、z_2=54，$d_{a1}\approx$59.7 mm，试计算分锥角δ_1、δ_2，大端模数m，分度圆直径d_1、d_2，锥距R。

5-16　以蜗轮的齿数z_2=40，d_2=200mm，与一单头蜗杆啮合，试求：（1）蜗轮的端面模数m_{t2}及蜗杆的轴面模数m_{x1}；（2）传动比和标准中心距；（3）蜗杆的导程角、蜗轮的螺旋角。

5-17　试确定图 a 中蜗轮的转向，图 b 中蜗杆和蜗轮的旋向。

5-18　在图示轮系中，根据齿轮 1 的转动方向，在图上标出蜗轮 4 的转动方向。

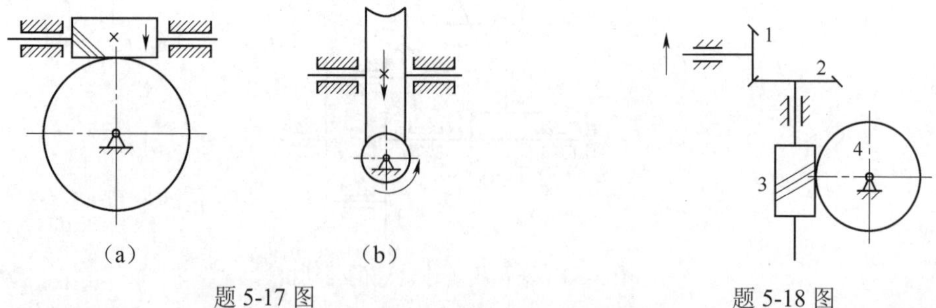

题 5-17 图　　题 5-18 图

5-19 图示为手动提升机构，已知 z_1=20，z_2=50，z_3=15，z_4=40，z_5=1，z_6=80，试求 i_{16}，并指出提升重物时手柄的转向。

5-20 如图所示轮系中，已知各齿轮的齿数 z_1=15，z_2=25，$z_{2'}=20$，z_3=60，轮 1 的角速度 ω_1=20.9rad/s，轮 3 的角速度 ω_3=5.2rad/s。试求系杆 H 的角速度 ω_H 的大小和方向。

5-21 在图示轮系中，已知 $z_1=20$，$z_2=40$，$z_{2'}=20$，$z_3=20$，$z_4=80$，齿轮 1 的转速 n_1=300r/min，求行星架 H 的转速，并确定其转向。

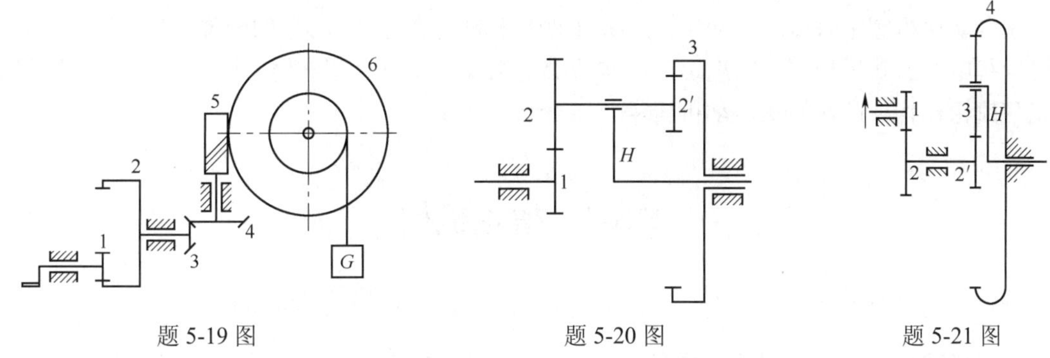

题 5-19 图 题 5-20 图 题 5-21 图

第 6 章　间歇运动机构

在各种机械中，除了广泛采用前面介绍的一些常用机构外，还常用到间歇运动机构。

当主动件连续运动时，从动件出现周期性停歇状态的机构称为间歇运动机构。间歇运动机构在自动化机械中获得广泛应用，例如自动机床的进给机构、刀架的转位机构、包装机的送进机构和电影放映机构等。间歇运动机构的类型很多，本章介绍常用的槽轮机构、棘轮机构、不完全齿轮机构、凸轮间歇运动机构等。

§6-1　槽轮机构

槽轮机构是分度、转位等步进机构中应用最普遍的一种间歇运动机构。

一、槽轮机构的结构和工作原理

如图 6-1 所示，槽轮机构由具有径向槽的槽轮 2、带有圆柱销的拨盘 1 和机架组成。主动件拨盘作匀速运动时，驱使槽轮作时转时停的间歇转动。

当拨盘 1 沿顺时针方向作匀速连续转动时，在拨盘 1 的圆柱销尚未进入到槽轮的径向槽时，由于槽轮的内凹锁止弧被拨盘 1 的外凸圆弧卡住，所以槽轮静止不动；当拨盘 1 的圆柱销开始进入槽轮 2 的径向槽时，推动槽轮作变速回转。

如图 6-1a 所示，圆柱销从 A 点开始进入槽轮 2 的径向槽并转过角 2α 离开径向槽后，槽轮 2 的内凹锁止弧便被拨盘 1 的外凸锁止弧锁住，此时槽轮 2 静止不动，直到圆柱销进入槽轮的下一个径向槽时，再驱动槽轮转动。如此重复循环，使槽轮实现单向间歇转动。图 6-1 所示的是具有四个径向槽的槽轮机构，当拨盘回转一周时，槽轮只转 1/4 周。同理，六槽槽轮机构，当拨盘回转一周时，槽轮转过 1/6 周，依此类推。

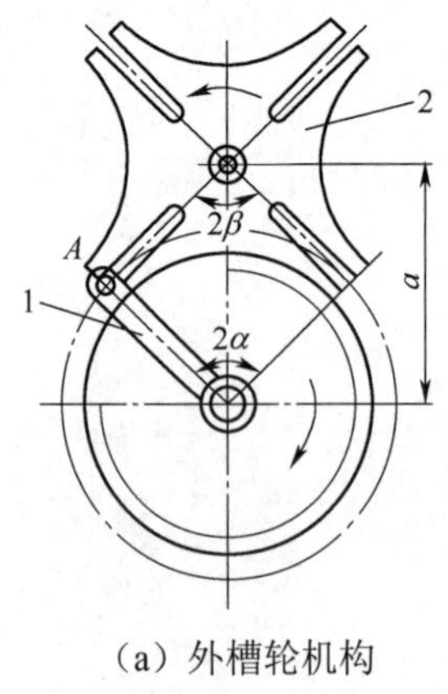

（a）外槽轮机构

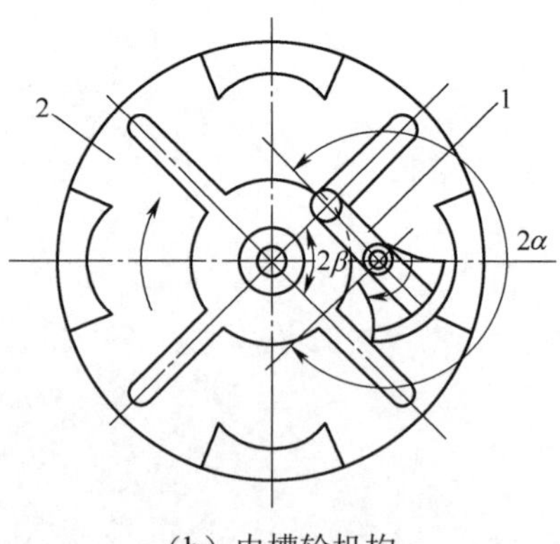

（b）内槽轮机构

图 6-1　槽轮机构

二、槽轮机构的类型、特点及应用

（1）外槽轮机构。如图 6-1a 所示，外槽轮机构中的槽轮上径向槽的开口是自圆心向外，主动拨盘与槽轮转向相反。

（2）内槽轮机构。如图 6-1b 所示，外槽轮机构中的槽轮上径向槽的开口是向着圆心的，主动拨盘与槽轮转向相同。通常外槽轮机构应用最广。

槽轮机构结构简单，外形尺寸小，工作可靠，机械效率高，运转较平稳，能准确控制转动的角度，但槽轮的转角不可调节，故只能用于定转角的间歇运动机构中，如自动车床的转位机构、电影放映机、包装机械等。

图 6-2a 所示为六角车床的刀架转位机构，刀架上按照零件加工工艺要求的顺序安装有六把刀具，与刀架相连的槽轮上有六个径向槽，拨盘 1 上有一个圆柱销 *A*。每当拨盘转动一周，圆柱销 *A* 便进入槽轮一次，带动槽轮 2 转过 60º 角，即转过一个工位，将下一道工序所需要的工具转换到工作位置上来。图 6-2b 为槽轮机构在电影放映机卷片机构中的应用。

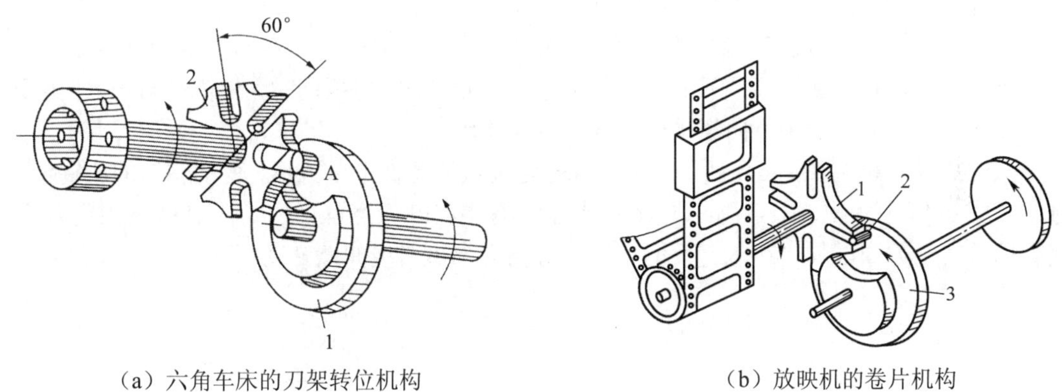

（a）六角车床的刀架转位机构　（b）放映机的卷片机构

图 6-2　槽轮机构的应用

§6-2　棘轮机构

一、棘轮机构的结构和工作原理

图 6-3a 所示为机械中最常用的外棘轮机构。该机构主要由摇杆 1、棘轮 2、主动棘爪 3、轴 4 和止动棘爪 5 等组成。

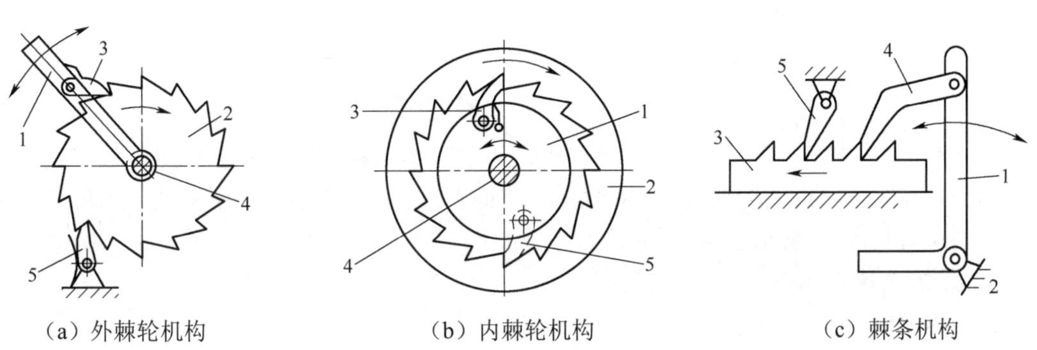

（a）外棘轮机构　（b）内棘轮机构　（c）棘条机构

图 6-3　齿式棘轮机构

摇杆1为主动件，空套在与棘轮2固连的传动轴4上，棘爪3与摇杆1用转动副相连，当摇杆1顺时针方向摆动时，主动棘爪3插入棘轮2的齿槽中，使棘轮2跟着转过一定的角度，此时止动棘爪5在棘轮2的齿背上滑过。当摇杆1逆时针方向摆动时，主动棘爪3在棘轮2的齿背上滑过，止动爪5插入棘轮2的齿槽中，阻止棘轮作逆时针方向反转，棘轮2静止不动。这样，当摇杆1作连续的往复摆动时，棘轮2只作单向的间歇转动。

二、棘轮机构的类型、特点

棘轮机构按照棘轮和棘爪相互作用的原理分为齿式棘轮机构和摩擦式棘轮机构。

1. 齿式棘轮机构

齿式棘轮机构是通过棘爪与棘轮轮齿之间的啮合来传递运动和动力的。

按棘轮轮齿的分布，齿式棘轮机构可分为外啮合棘轮机构（见图6-3a）、内啮合棘轮机构（见图6-3b）和棘条机构（见图6-3c）。外啮合棘轮机构的棘爪或楔块均安装在棘轮的外部，内啮合棘轮机构的棘爪或楔块安装在棘轮的内部。当棘轮直径为无穷大时，则成为棘条，此时可将摇杆1的往复摆动转变为棘条的单向移动。

按棘轮转向是否可调，齿式棘轮机构可分为单向式棘轮机构和双向式棘轮机构。

单向式棘轮机构如图6-3所示，其特点是摇杆向一个方向摆动时，棘轮沿同一方向转过某一角度；而摇杆向另一个方向摆动时，棘轮静止不动。

双向式棘轮机构如图6-4所示，若将棘轮轮齿做成短梯形或方形，变动棘爪的放置位置或方向（图6-4a中实线、双点画线位置，或图6-4b中将棘爪绕自身轴线转180º后固定），可改变棘轮的转动方向。棘轮在正、反两个转动方向上都可实现间歇转动。

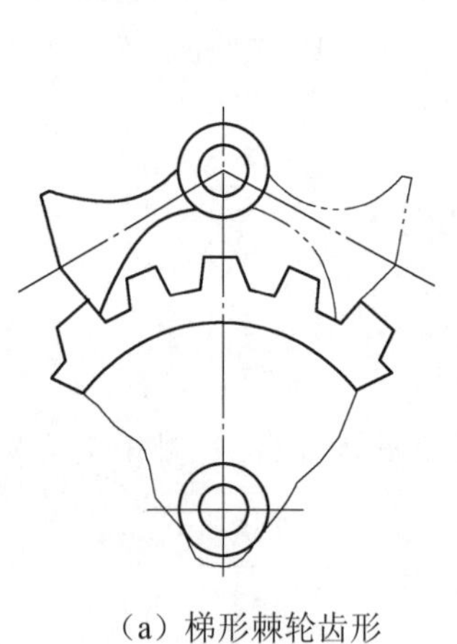

（a）梯形棘轮齿形

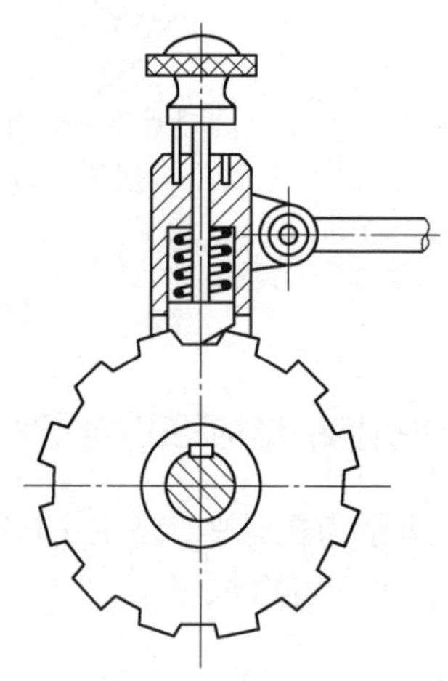

（b）矩形棘轮齿形

图6-4 双向式棘轮机构

齿式棘轮机构结构简单，制造方便，运动可靠，但这种有齿的棘轮其进程的变化最少是一个齿距，棘轮转角只能作有级调节；棘爪在齿面滑过会引起噪声和冲击，高速时噪声和冲击更大，故不宜用于高速运动场合。

2. 摩擦式棘轮机构

图6-5a所示为偏心楔块式棘轮机构，它的工作原理与齿式棘轮机构相同，只是用偏心扇形楔块1、3代替齿式棘轮机构中的棘爪，以无齿摩擦轮2代替棘轮。利用楔块与摩擦轮间的

摩擦力与楔块偏心的几何条件来实现摩擦轮的单向间歇转动。

图 6-5b 所示为常用的滚子楔紧式棘轮机构，当主动件 1（外套筒）逆时针方向转动时，在摩擦力作用下使滚子 3 楔紧在棘轮 2 的支承面和外套筒 1 的内圆柱面形成的收敛狭隙处，1、2 成一体，一起转动。当主动件 1 顺时针方向转动时，滚子 3 松开，棘轮 2 静止不动。

摩擦式棘轮机构传动平稳、无噪音，棘轮转角可无级调节。但该机构靠摩擦力传动，会发生打滑现象，虽然可起到安全保护作用，但是传动精度不高，适用于低速轻载的场合。

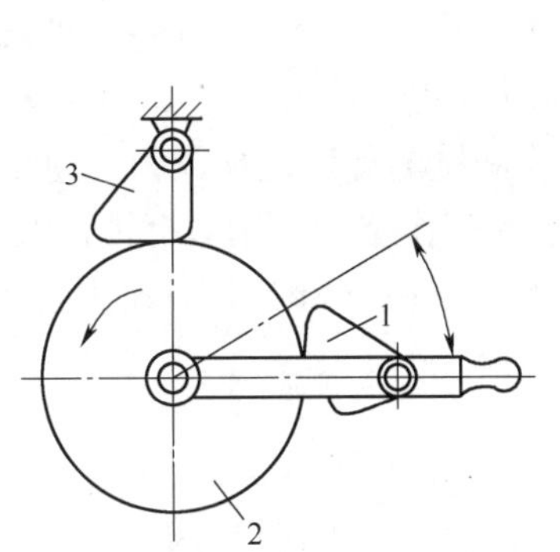

（a）偏心楔块式棘轮机构　　（b）滚子楔紧式棘轮机构

图 6-5　摩擦式棘轮机构

三、棘轮机构的应用

棘轮机构除可实现间歇送进和转位分度等运动外，还可作为制动器及超越机构使用。

图 6-6 所示，棘轮 2 与卷筒 1 为一体，卷筒逆时针方向转动时提升重物，当发生事故时，止动棘爪 3 可阻止卷筒反转。

图 6-7 所示自行车后轴上的棘轮机构便是一种超越机构，利用其超越作用而使后轮轴 5 在滑坡时可以超越链轮 3 而转动，即从动件可以超越主动件而转动。

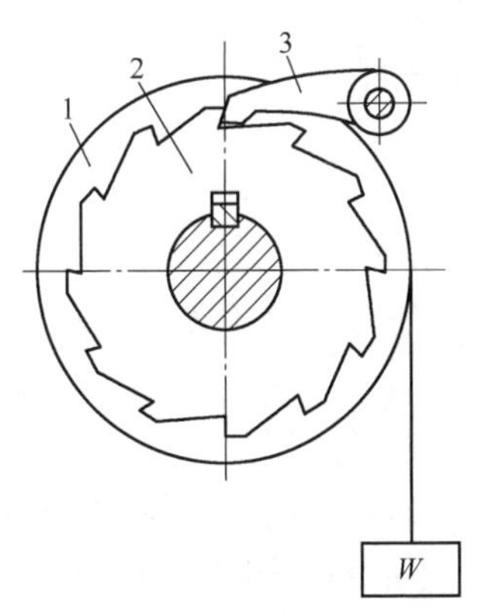

图 6-6　棘轮停止器

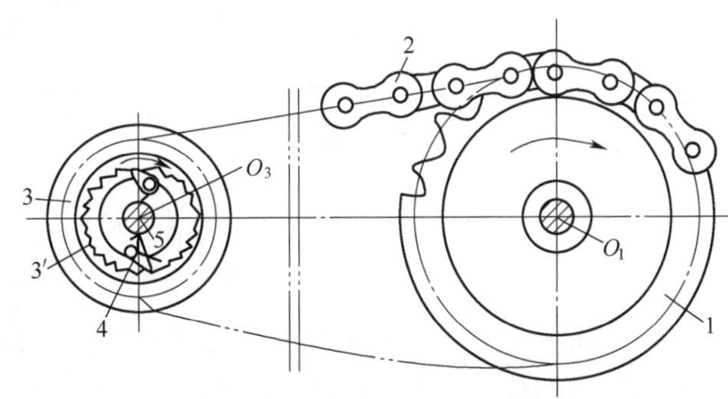

图 6-7　自行车后轴上的棘轮机构

棘轮机构的结构简单，转角大小可调，故广泛应用于各种自动机床的进给机构、钟表机构以及电器设备中。但传递的动力不大，平稳性较差，一般用于低速和转角不大的场合。

§6-3 不完全齿轮机构

不完全齿轮机构可以看成是由普通渐开线齿轮机构演变而得到的一种间歇运动机构。它与普通齿轮机构的区别是轮齿没有布满整个圆周，即主动轮上只有一个或一部分齿，根据运动时间与停歇时间的要求，从动轮上可以是普通的完整齿轮，也可以由正常齿和带锁止弧的厚齿彼此相间组成，故当主动轮作连续回转运动时，从动轮作间歇回转运动。

图 6-8a 所示的不完全齿轮机构中，主动轮 1 上有 3 个齿，从动轮 2 的圆周上具有 6 个运动段和 6 个停歇段，每段上有 3 个齿与主动轮轮齿啮合。主动轮转 1 周，从动轮转 1/6 周。

当主动轮 1 作连续回转运动时，从动轮 2 作间歇的旋转运功。为了使轮 2 在停歇时间内不能随意乱动，并保证下一次再啮合时处于正确的工作位置，轮 1 有锁止弧将它锁住。

不完全齿轮机构有外啮合（图 6-8ab//)、内啮合（图 6-8b）和齿轮齿条（图 6-8c）不完全齿轮机构。

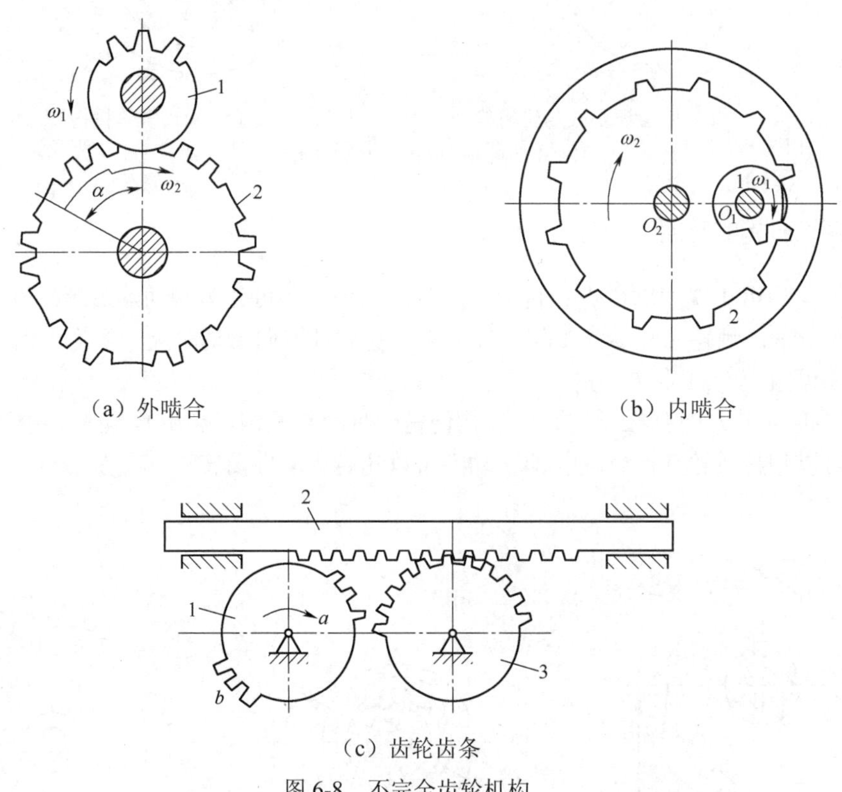

图 6-8 不完全齿轮机构

不完全齿轮机构广泛应用于各种计数器以及多工位自动机和半自动机中。与其他间歇运动机构相比，它结构简单，制造方便；缺点是从动轮在进入啮合与脱离啮合时速度有突变，冲击较大，故一船只用于低速、轻载的场合。

§6-4 凸轮间歇运动机构

棘轮机构和槽轮机构是目前应用较为广泛的间歇运动机构。但由于其结构、运动和动力性能的限制，它们的运动转速不能太高，否则将会产生过大的动载荷，引起较强烈的冲击和振动，难以保证机构的工作精度。随着科学技术的发展，高速自动化机械日益增多，要求机构动作频率越来越高。为了适应这种需要，凸轮式间歇运动机构的应用逐渐增多。

目前在工艺装备上应用较多的有两种凸轮式间歇运动机构。

一、圆柱凸轮式间歇运动机构

如图 6-9 所示为圆柱凸轮式间歇运动机构，主动凸轮 1 的圆柱面上开有一条两端开口、不闭合的曲线沟槽，从动转盘 2 的端面上有均匀分布的圆柱销 3。当主动凸轮转过曲线槽所对应的角度时，凸轮曲线沟槽拨动从动转盘 2 上的圆柱销 3，使转盘 2 转过相邻两滚子所夹的中心角 $2\pi/z$，其中 z 为滚子数；当凸轮继续转过其余角度时，转盘 2 静止不动。这样，当凸轮连续转动时，从动转盘做间歇分度运动。由于从动转盘的运动完全取决于主动凸轮的轮廓曲线形状，因此，只要设计出合适的凸轮轮廓，就可使从动转盘获得预期的运动规律。

通常凸轮的槽数为 1，转盘上的滚子数 $z_2 \geqslant 6$。

二、蜗杆凸轮式间歇运动机构

如图 6-10 所示为蜗杆凸轮式间歇运动机构，主动凸轮 1 的圆柱面上有一条不闭合的曲线凸脊，如同圆弧面蜗杆，滚子 3 均匀分布在从动转盘 2 的圆柱面上，犹如蜗轮的齿。

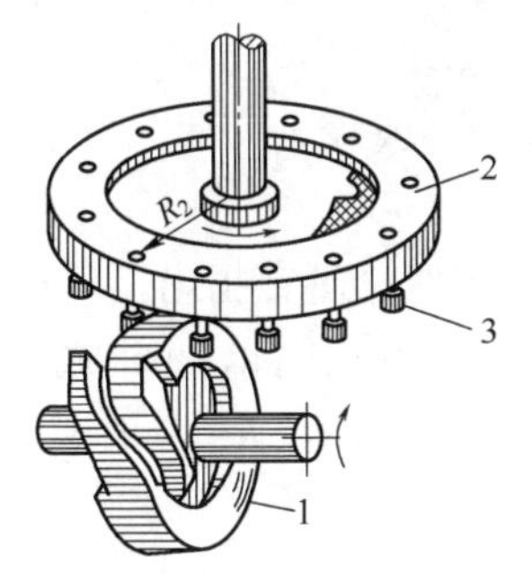

图 6-9　圆柱凸轮式间歇运动机构

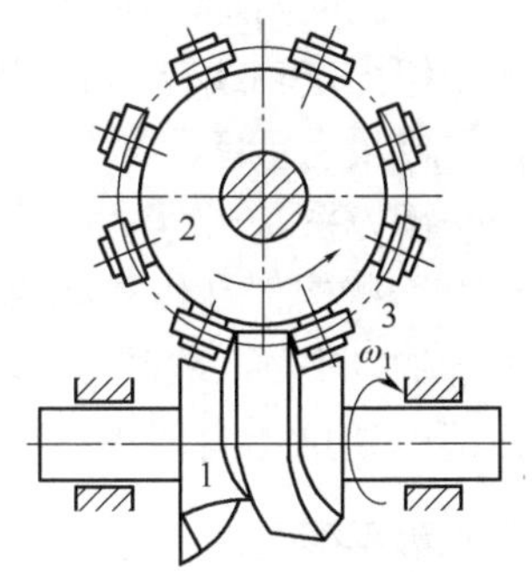

图 6-10　蜗杆凸轮式间歇运动机构

对于单头蜗杆凸轮，转盘上滚子数一般也为 $z_2 \geqslant 6$。

凸轮式间歇运动机构运转可靠，工作平稳，噪声和振动小，在轻工机械、冲压机械等高速机械中用作高速、高精度的步进进给、分度转位等机构，如高速冲床、灯泡封气机、糖果包装机、多色印刷机等。

习　题

6-1　槽轮机构是如何实现间歇运动的？

6-2　棘轮机构有几种类型，各有什么特点，适用于什么场合？

6-3　比较槽轮机构、棘轮机构、不完全齿轮机构和凸轮间歇运动机构各有何运动特点？

第 7 章　机械的平衡与调速

§7-1　机械的平衡

一、机械平衡的目的

机械运转时，由于构件的质心与回转中心不重合，将产生离心惯性力，惯性力的大小会随其运转速度的增加而急剧增加，因而，机械的平衡问题在设计高速机械时具有特别重要的意义。

构件运动时产生的惯性力会在运动副中产生附加的动压力，这不仅会增加构件中的内应力和运动副中的摩擦、降低机械的效率和使用寿命，而且随着惯性力的不断变化，会使机械及其基础产生有害振动，从而降低机械的工作可靠性和安全性，降低机械的精度、增大噪声，严重时会造成机械的破坏。因此，全面或部分地消除不平衡惯性力的不良影响十分重要。

机械平衡的目的是设法将构件的不平衡惯性力加以平衡，以消除或减小其不利影响，从而减小或消除所产生的附加动压力、减轻振动、改善机械的工作性能、提高使用寿命。

对于机械中绕固定轴线转动的回转构件（转子），例如凸轮、齿轮、电动机转子等，如果出现不平衡，可以采用重新分布其质量的方法（如加平衡质量或除去一部分质量），使其所有惯性力组成一平衡力系，从而消除其运动副中的动压力。

机械上还有一些构件是作移动或复合运动的，根据平衡理论研究指出，其惯性力不可能在构件本身内部加以平衡，故其运动副中的动压力是无法消除的。因此，在机械运转日趋高速的情况下，应尽量采用回转运动的机构，以利于解决平衡问题。本节所讨论的仅限于转子的平衡。

二、转子的静平衡

1. 转子的静平衡原理

对于轴向尺寸较小的转子（轴向宽度 b 与直径 D 之比 $b/D<0.2$），如齿轮、盘形凸轮、飞轮、带轮、螺旋桨等，其质量可近似地认为分布在垂直于其回转轴线的同一回转平面内。在此情况下，若其质心不在回转轴线上，则当其转动时，其偏心质量就会产生惯性力，因为这种不平衡现象在转子静态时即可表现出来，故其称为静不平衡。

对这类转子进行静平衡时，可利用在转子上增加或除去一部分质量的方法，使其质心与回转轴线重合，此时转子质量对回转轴线的静力矩为零，该转子可以在转动时的任何位置保持静止，这种平衡称为静平衡。

如图 7-1 所示为一单缸发动机曲轴，当已知其不平衡质量 m 的大小和质心 C 的位置时，可在其质心平衡位置即离回转中心 e'处加一平衡质量 m'，使其产生的离心惯性力 F'与不平衡质量产生的离心惯性力 F 平衡，即

$$m'e'\omega^2 + me\omega^2 = 0 \text{ 或 } m'e' + me = 0 \tag{7-1}$$

式中：e'和 e 分别是质心和平衡质量到转动轴线的距离（偏距），单位为 m；ω 为曲轴的等角速度，单位为 rad/s；质量与偏距的乘积称为质径积。

式（7-1）表明，要平衡沿轴向宽度很小的转子的离心惯性力，只要使所加平衡重量的质径积与原不平衡质量的质径积之和等于零即可。

虽然这类转子可以根据质量的分布情况进行平衡计算，但由于制造和装配的不精确，以及材质不均匀等原因，仍会产生新的不平衡。这时已无法用计算来进行平衡，而只能借助于平衡实验，用试验的方法来确定出其不平衡量的大小和方位，然后利用增加或除去平衡质量的方法予以平衡。

2. 转子的静平衡试验

转子静平衡试验通常在静平衡架上进行。图 7-2 所示为刀口式静平衡架，其主要部分为水平安装的两条互相平行的用淬硬的钢料制成的摩擦很小的刀口形导轨。试验时，把转子支承在导轨上，当存在偏心质量时，转子就会在支承上来回摆动，直至质心处于最低位置时才能停止。这时可在质心相反的方向上加上校正平衡质量（如橡皮泥之类的物体），并逐步调整其大小和径向位置，经过反复试验，直至转子在支承上的任意位置都保持静止为止，说明转子已达到静平衡。按试验所得的质径积，可以在结构允许的转子径向位置上焊上、铆上一块金属，或者在其相反方向去掉一块材料，以使该转子达到完全静平衡。

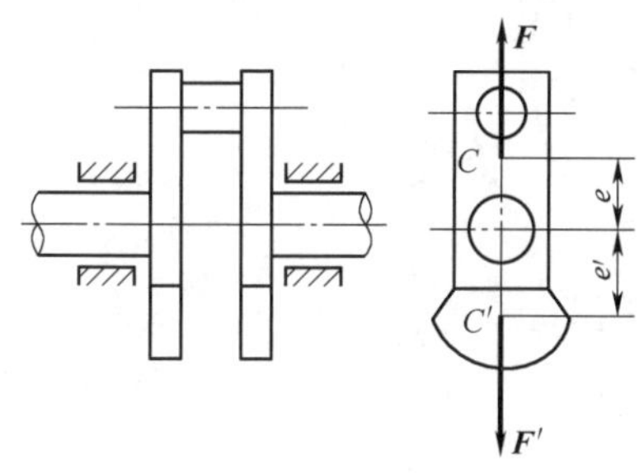

图 7-1　静平衡模型

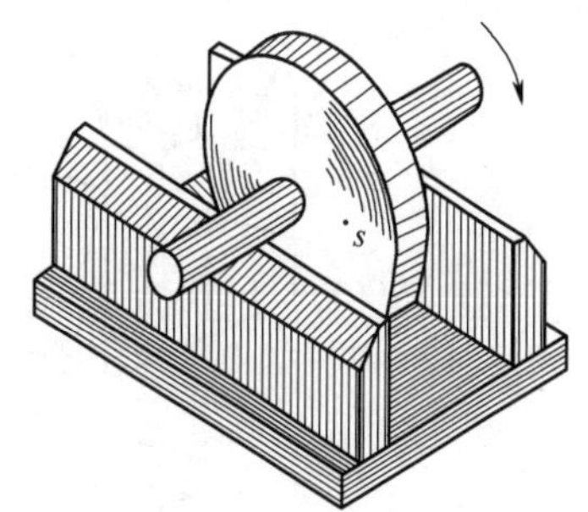

图 7-2　静平衡试验

三、转子的动平衡

1. 转子的动平衡原理

对于轴向尺寸很大（$b/D>0.2$）的转子，如内燃机曲轴、电动机转子和机床主轴等，其质量分布不能再近似地认为在同一平面内，而应该看作偏心质量是分布在若干个不同的回转平面内。如图 7-3 所示的回转件，它们的不平衡质量分布于两个相距为 l 的回转面内，分别以 m_1、m_2 和 r_1、r_2 表示其质量和回转半径。如果 $m_1=m_2$，$r_1=r_2$，这一回转件的质心应该在回转轴线上，（离心惯性力 $F_1+F_2=0$），满足了静平衡条件。但由于 m_1、m_2 并不在同一回转面内，离心惯性力 F_1、F_2 仍然可以形成不平衡的惯性力偶，所以仍然是不平衡的。而且该力偶的作用方位是随转子的回转而变化的，故不但会在支承中引起附加的动压力，也会引起机械设备的振动。这种不平衡现象只有在转子运转的情况下才能显示出来，故称其为动不平衡。

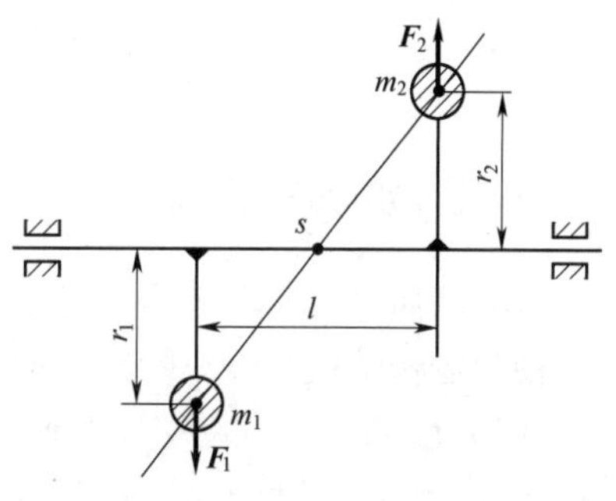

图 7-3　转子的动不平衡

所以对于这种类型的转子欲得到平衡，则要求转子

在运转时其各偏心质量产生的惯性力和惯性力偶矩同时得以平衡，即

$$\begin{cases}\sum F=0\\ \sum M=0\end{cases} \quad (7\text{-}2)$$

能够同时满足上述两条件所得到的平衡称为动平衡。

如上所述，这类转子的质量应该看作分布于沿轴向的若干互相平行的回转面内，因此它们产生的惯性力构成一空间力系。这个空间力系可简化为两个平面的汇交力系，即将各力向任意选定的两个垂直于转动轴线的基面分解。例如图 7-4 所示的转子在三个相互平行的回转面内各有一个不平衡质量（m_1、m_2、m_3），它们所产生的离心惯性力 F_1、F_2、F_3 可分解到两个任意选定的基面Ⅰ、Ⅱ上，这样就把空间力系的平衡问题转化为两个平面汇交力系的平衡问题了。只要在Ⅰ、Ⅱ平面内适当地各加上（或在相反方向去掉）一适当的平衡质量 $m_{b\mathrm{I}}$、$m_{b\mathrm{II}}$，使两平衡基面内的惯性力之和均为零，这样转子便达到理论上的动平衡，即满足了式（7-2）的要求。

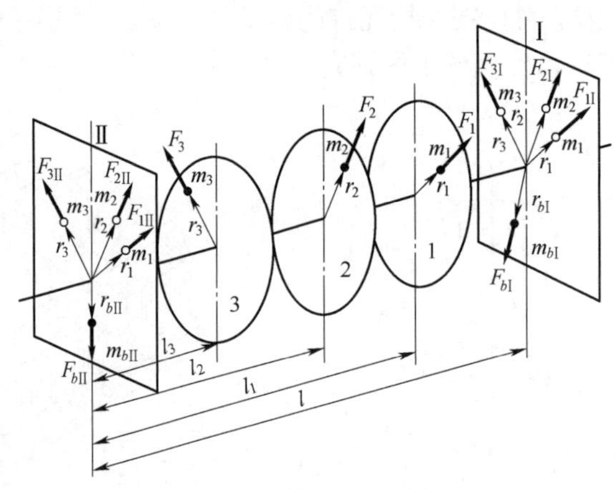

图 7-4 转子的动平衡

2. 转子的动平衡试验

转子的动平衡试验是在动平衡机上进行的。转子在进行动平衡试验以前，应先通过静平衡试验。经过动平衡实验的转子，其离心惯性力和离心惯性力矩都已经平衡。动平衡其目的在于测定转子不平衡质量的大小和方位，用以改善被平衡转子的质量分布，具体测量方法请参阅有关资料。

§7-2 机械的运转及速度波动

一、机械的运转过程

机械从启动到停车需要经过三个阶段，即启动阶段、稳定运转阶段和停车阶段，如图 7-5 所示。

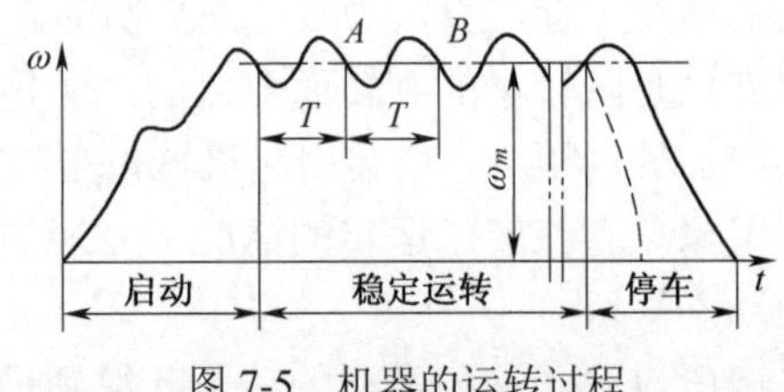

图 7-5 机器的运转过程

（1）启动阶段：主动件的速度由零上升到正常工作速度 ω_m，驱动力做的功 W_d 大于阻力消耗的功 W_r。其动能关系为 $W_d-W_r=E$。

（2）稳定运转阶段：主动件保持常速（如电动机驱动的鼓风机）或以周期性波动在平均速度上下工作（如内燃机、压缩机等）。系统在一个周期内，驱动力和生产阻力所做的功相等（$W_d = W_r$），动能相等（$E_A = E_B$，图 7-5 中 A、B 两点）。

（3）停车阶段：主动件的速度从工作速度 ω_m 下降到零，机械的动能全部被阻力功消耗，$W_d = 0$，$W_r = E$。

二、调节机械速度波动的目的与方法

机械是在驱动力和阻力作用下运转的。如果驱动力所作的功 W_d 在每一段时间内等于阻力所作的功 W_r，则机械的主轴将保持匀速运转。但是，大多数机械在工作时，并不能保证驱动功 W_d 与阻力功 W_r 时时相等。如果机械在工作时 $W_d > W_r$，驱动力做功有盈余，出现盈功，使机械的动能增加，系统会增速运转；反之会出现亏功，机械的动能减少，系统减速运转。动能的变化必将引起机械运转速度的波动，机械速度的波动将带来一系列不利的影响，如在运动副中产生附加的动压力，引起机械振动，传动效率降低，工作质量下降等。因此，为减小这些不良影响，必须对机械的速度波动进行调节。

机械的速度波动的类型分为周期性速度波动和非周期性速度波动两种。

1. 周期性速度波动及其调节方法

机械在运转中，当外力周期性变化时，其动能的增减周期性变化，其主轴的角速度也作周期性的波动，如图 7-6 所示。主轴的角速度 ω 由某一初始值经过一个运动周期 T 后又回到初始值，其动能没有增减。这说明在整个运动周期中 $W_d = W_r$；但是，在周期中的某段时间内却是不等的，即 $W_d \neq W_r$，因此，会出现速度的波动。这种运动周期有规律的波动称为周期性速度波动。

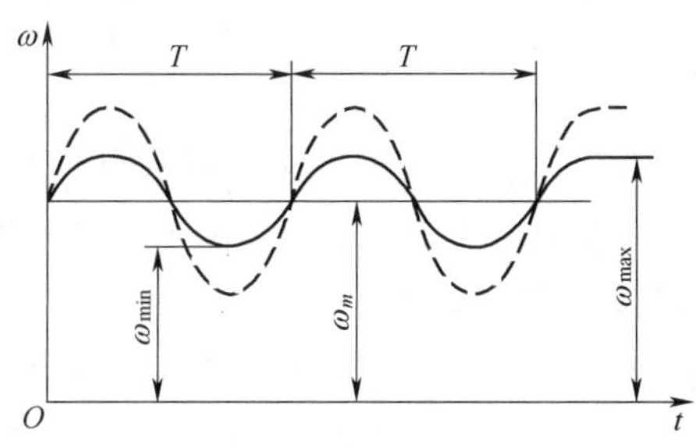

图 7-6　周期性速度波动

调节机器周期性速度波动的方法，通常是在机械的转动构件上加装一个转动惯量较大的回转件——飞轮。加装飞轮后，当 $W_d > W_r$ 出现盈功时，飞轮的转速略增，能将这些多余的能量储藏起来；反之，当 $W_d < W_r$ 出现亏功时，飞轮的转速略降，又能将这些能量释放出来，补偿亏功，使机器速度的波动减小，达到调速的目的。图 7-6 中的虚线是没有装飞轮时机器主轴的速度波动；实线是装上飞轮后机器主轴的速度波动，其幅值变化已大大减小。

2. 非周期性速度波动及其调节方法

机械在运转过程中，如果驱动力不断增加或工作阻力不断减小，在很长一段时间内出现 $W_d > W_r$，将使机械运转的速度不断升高，直至超过强度所允许的极限转速而导致机械损坏；反之，若在很长一段时间内出现 $W_d < W_r$，则机械运转的速度不断下降，直至停车。这种速度波动是不规则的，没有一定的周期，因此，称为非周期性速度波动。例如，汽轮发电机组，当

供气量不变而用电量无规律地增、减时就会出现这种情况。

非周期性速度波动的产生原因是 W_d 一直大于或小于 W_r，所以不能依靠飞轮进行调节，必须采用专门的机构——调速器来调节，使其驱动力所做的功与阻力所做的功保持平衡，以达到新的稳定运转状态。

图 7-7 所示为机械式离心调速器，方框 1 为原动机部分，方框 2 为工作机，工作机与原动机相联，方框 5 内是由两个对称的摇杆滑块机构组成的调速器本体，原动机通过一对锥齿轮驱动调速器轴转动。当载荷突然减小时，调速器轴加速转动，两重球 K 因离心力的增大而张开，带动套筒 M 向上滑动，通过连杆机构关小节流阀 6，进入原动机的工作介质减少，从而降低速度，使驱动功与阻力功平衡。反之，如果载荷突然增加时，调速器轴转速降低，重球 K 收回，套筒 M 下滑，通过连杆机构使节流阀 6 开大，增加进气量，从而增加速度，使驱动功与阻力功平衡，保持速度稳定，使机械达到新的稳定运转状态。机械式调速器结构复杂，灵敏度低，现代机器上已改用电子器件实现自动控制。

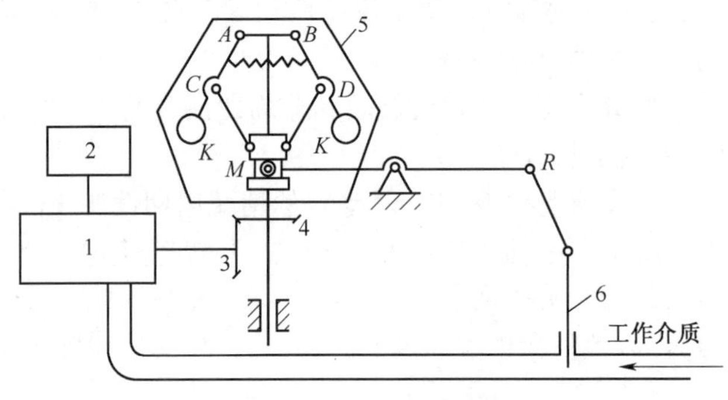

图 7-7　离心式调速器

三、飞轮设计的基本原理

由于飞轮具有较大转动惯量，所以能利用它的惯性来存储和释放能量。飞轮设计的基本问题是确定飞轮的转动惯量，使机械运转速度不均匀的相对程度控制在许用范围内。

1. 机械运转的平均角速度和不均匀系数

图 7-6 所示为周期性运转的机械在一个周期内主轴的角速度变化曲线。其平均角速度 ω_m 为

$$\omega_m = \frac{\omega_{\max} + \omega_{\min}}{2} \tag{7-3}$$

式中：$\omega_{\max}$、$\omega_{\min}$ 分别为一个周期内主轴的最大角速度和最小角速度。工程上常用角速度波动幅值与平均角速度的比值来衡量机械运转的不均匀程度，这个比值称为机械运转速度不均匀系数 δ，即

$$\delta = \frac{\omega_{\max} - \omega_{\min}}{\omega_m} \tag{7-4}$$

由上式可知，当 ω_m 一定时，若 δ 越小，则 $\omega_{\max}$ 与 $\omega_{\min}$ 的差值就越小，机械运转越平稳。当已知机械的 ω_m 和 δ 值，可由式（7-3）和式（7-4）得最大角速度 $\omega_{\max}$ 和最小角速度 $\omega_{\min}$，即

$$\omega_{\max} = \omega_m\left(1+\frac{\delta}{2}\right),\quad \omega_{\min} = \omega_m\left(1-\frac{\delta}{2}\right)$$

$$\omega_{\max}^2 - \omega_{\min}^2 = 2\delta\omega_m^2 \tag{7-5}$$

不同的机械对其运转平稳性的要求不同，也就有不同的许用不均匀系数[δ]。例如驱动发电机的活塞式内燃机，如果主轴的速度波动太大，势必影响输出电压的稳定性，所以对于这类机械，δ值应当取得小一些；反之，如冲床和破碎机等机械，速度波动大也不影响其工艺性能，则δ的数值可取大些。表 7-1 列出了几种常见机械的许用不均匀系数[δ]的值。

表 7-1　几种常见机械不均匀系数的许用值

机械名称	[δ]	机械名称	[δ]
破碎机	0.10～0.20	织布、印刷、制粉机金属切削机床	0.02～0.025
冲、剪、锻床	0.05～0.15	直流发电机	0.025～0.05
压缩机、水泵	0.03～0.05	交流发电机	0.005～0.10
减速器	0.015～0.02		0.002～0.003

2. 飞轮转动惯量的近似计算

飞轮设计的基本问题是根据机械主轴实际的平均角速度 ω_m 和许用不均匀系数[δ]，按动能原理确定飞轮的转动惯量 J_F。在一般机械中，其他构件的转动惯量与飞轮相比都非常小，因此，在近似设计中，可以认为飞轮的动能即是整个机械的动能。当飞轮处在最大角速度 $\omega_{\max}$ 时，具有最大动能 $E_{\max}$；当其处在最小角速度 $\omega_{\min}$ 时，具有最小动能 $E_{\min}$。$E_{\max}$ 与 $E_{\min}$ 之差表示在一个周期内动能的最大变化量，它也是飞轮在一个周期内动能的最大变化量，称为最大盈亏功，以 $W_{\max}$ 表示，即

$$W_{\max}=E_{\max}-E_{\min}=\frac{1}{2}J_F(\omega_{\max}^2-\omega_{\min}^2)=J_F\omega_{\rm m}^2\delta$$

式中：J_F 为飞轮的转动惯量。将式（7-5）代入上式可得

$$J_F=\frac{W_{\max}}{\omega_m^2\delta}=\frac{900W_{\max}}{\pi^2n^2\delta} \tag{7-6}$$

式中：n 为飞轮转速（r/min）。

由上式可知：

（1）当 $W_{\max}$ 一与 ω_m 一定时，不均匀系数δ越小，飞轮转动惯量 J_F 越大。因此，不应过分地追求机械运转的均匀性，否则会使飞轮过于笨重，增加成本。

（2）当 J_F 与 ω_m 一定时，$W_{\max}$ 与δ成正比，即最大盈亏功越大，机械运转越不均匀。

（3）当 $W_{\max}$ 与δ一定时，J_F 与 ω_m 的平方成反比，所以为了减小飞轮的转动惯量，最好将飞轮安装在转速较高的轴上。

3. 最大盈亏功的确定

确定飞轮转动惯量必须首先求出最大盈亏功 $W_{\max}$。若给出作用在主轴上的驱动力矩 M_{ed} 和阻力矩 M_{er} 的变化规律，$W_{\max}$ 便可确定如下。

如图 7-8 所示，$M_{\rm ed}(\varphi)$和 $M_{\rm er}(\varphi)$所包围面积的大小反映了相应转角区段上驱动功和阻力功差值的大小。如在区段（φ_b、φ_c）中驱动功大于阻力功，即 $W_d>W_r$，称为盈功。反之，在区段（φ_c、φ_d）中驱动功小于阻力功，$W_d<W_r$，称为亏功。最大盈亏功 $W_{\max}$ 的大小应等于一个周期内全部盈亏功的代数和。

以上动能变化也可以用能量指示图表示。如图 7-9 所示，用垂直矢量代表各段的盈亏功，盈功取正值，箭头向上，亏功取负值，箭头向下，由于机械经历一个周期回到初始状态，其动能增减为零，所以矢量各段依次首尾相连，从而得到一个封闭的矢量图。任选一基点 a 表示运

动循环开始时机械的动能，依次作矢量$\overrightarrow{ab}$、$\overrightarrow{bc}$、$\overrightarrow{cd}$、$\overrightarrow{de}$、$\overrightarrow{ea'}$分别代表盈亏功 W_{ab}、W_{bc}、W_{cd}、W_{de}、W_{ea}。

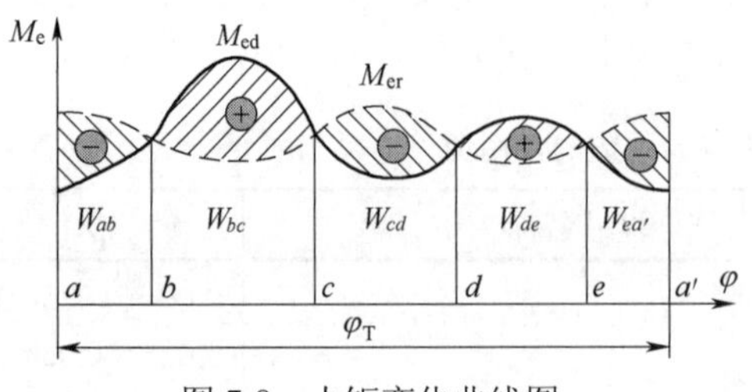

图 7-8 力矩变化曲线图

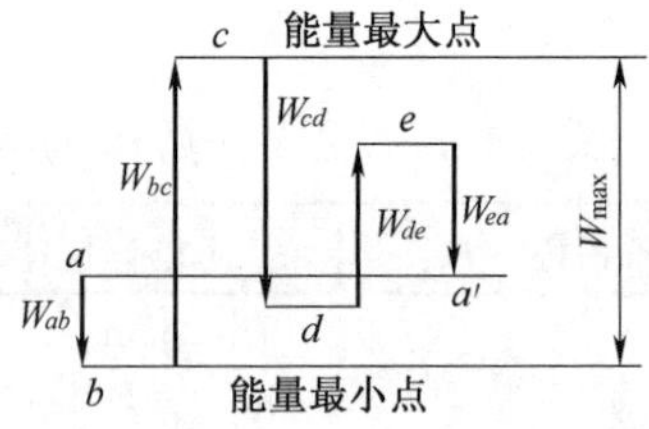

图 7-9 能量指示图

从图 7-9 中可以看出，点 b 处动能最小，此时的角速度最小，点 c 处动能最大，此时的角速度最大。b、c 两位置动能之差即是最大盈亏功 W_{max}。

求得最大盈亏功后，可按式（7-6）得出所设计飞轮的转动惯量，然后可按照不同截面形状的转动惯量计算公式设计出飞轮的主要尺寸。

习　题

7-1 机械平衡的目的是什么？在什么情况下转动构件可以只进行静平衡？

7-2 在什么情况下应该进行动平衡？转动构件达到动平衡的条件是什么？

7-3 什么是速度波动？为什么机械运转时会产生速度波动？

7-4 机械速度波动的类型有哪几种？分别用什么方法来调节？

7-5 飞轮的作用有哪些？能否用飞轮来调节非周期性速度波动？为什么飞轮应尽量安装在机器的高速轴上？

7-6 如图所示的盘形回转构件中，圆盘的半径 $r=200$ mm，宽度 $B=40$ mm，质量 $m=500$ kg。圆盘上存在两偏心质量块，$m_1=10$ kg，$m_2=10$ kg，方位如图所示。若两支承 A、B 间的距离 $l=120$ mm，支承 B 至圆盘的距离 $l_1=80$ mm，转轴的工作转速 $n=3000$ r/min。试确定：

（1）该回转构件的质量偏心离其中心多少？

（2）如何确定应加平衡质量的直径积的大小和方位角。

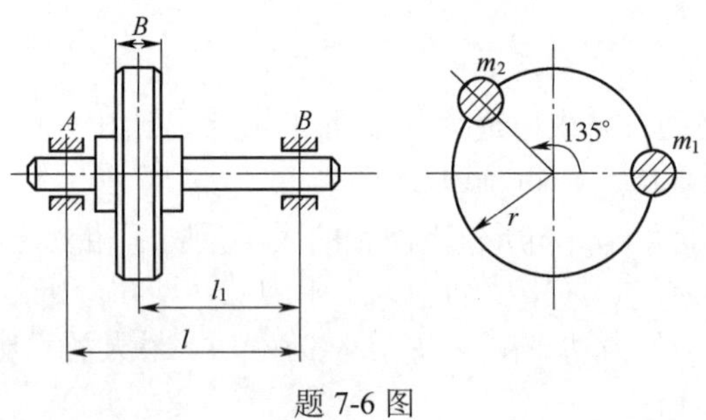

题 7-6 图

第三篇　机械传动

第 8 章　带传动和链传动

§8-1　带传动的特点及应用

一、带的工作原理和特点

带传动是由主动带轮 1、从动带轮 3 和张紧在两轮上的环形带（挠性件）组成（图 8-1），来传递动力和运动的。由于带工作前受张紧力 F_0 的作用，在带与带轮接触面间产生了压力。当主动轮转动时，靠接触面间的摩擦力拖动传动带，而带又同样地靠摩擦力拖动从动轮转动。这样就把主动轴上的动力传递给了从动轴。因此，带传动是靠摩擦力来工作的。

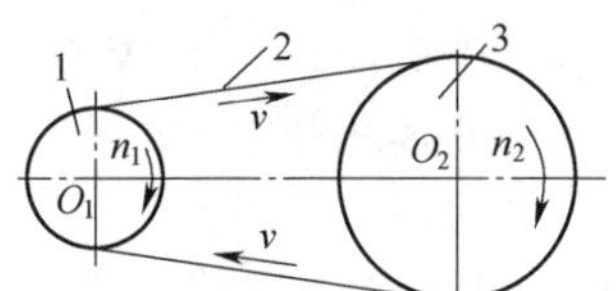

图 8-1　带传动的组成

除齿轮传动外，带传动是应用最广泛的一种传动。与齿轮传动相比较，它具有下列优点：①可用于两轴中心距较大的传动；②具有弹性，可缓和冲击和振动载荷，运转平稳，无噪声；③当过载时，带即在轮上打滑，可防止其他零件损坏；④传动结构简单，设备费用低，维护方便。

带传动的缺点是：①传动的外廓尺寸较大；②由于带的弹性滑动，不能保证固定不变的传动比；③轴及轴承上受力较大；④效率较低；⑤带的寿命较短，约为 3000～5000h；⑥不宜用于易燃易爆的场合。

带传动常用于 75kW 以下的功率传动。带传动的速度范围为 5～25m/s。使用特种平带（如编织带、高速环形胶带及薄型锦纶片复合平带等）的带传动，其带速可达到 50m/s 或更高。平带传动的传动比一般不大于 3，个别情况下可达到 5。V 带传动和具有张紧轮的平带传动的传动比可达到 7（个别情况下可达到 10）。平带传动的效率 $\eta = 0.92 \sim 0.98$ ，平均可取 $\eta = 0.95$ ；V 带传动的效率 $\eta = 0.90 \sim 0.94$ ，平均可取 $\eta = 0.92$ 。

带可分为传动带（拖拉机、汽车发动机上的 V 带）和输送带（带式输送机、安检机上的皮带）。传动带除了摩擦传动外，还有啮合传动形式（齿形带传动），由于传动精密，通用机械上应用较少，故本章主要讨论传动带中的 V 带传动。

二、带传动的主要形式

根据带传动布置情况，带传动主要分为开口传动、半交叉传动和交叉传动三种形式。

开口传动是最常见的一种传动形式，两轴平行而且都向同一方向回转。交叉传动用来改变两平行轴的回转方向，两轴转向相反，由于带在交叉处相互摩擦，使带很快地磨损，因此，采用这种传动时，应选取较大的中心距和较低的转速。半交叉传动用来传递空间两交叉轴间的回转运动，通常两轴交叉角为90°。该传动只适用于单向传动。

交叉传动和半交叉传动只用于平带传动中。

三、带的类型和结构

按带的截面形状（如图 8-2）分为平带（长方形）、圆带（圆形）、V 带（梯形）和多楔带等。

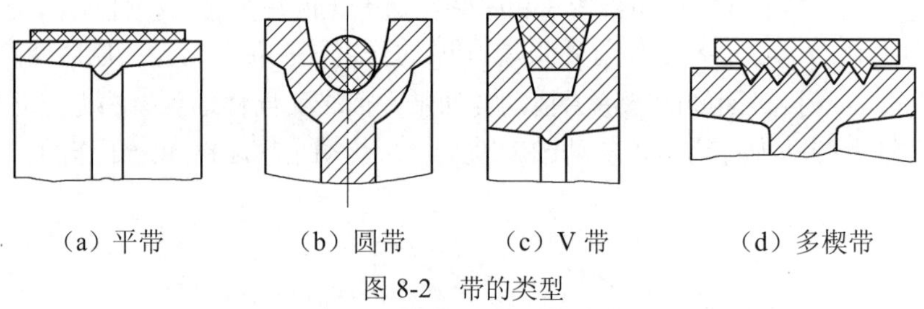

（a）平带　（b）圆带　（c）V 带　（d）多楔带

图 8-2　带的类型

普通 V 带是在一般机械传动中应用最为广泛的一种传动带，其传动功率大，结构简单，价格便宜。由于带与带轮间是 V 形槽面摩擦，靠两侧面产生的摩擦力工作，可产生比平带更大的摩擦力（约为 3 倍），故具有较大的拉拽能力。

普通 V 带是标准件，无接头的环形带。截面形状为楔角 40° 的梯形。V 带由顶胶、强力层（抗拉体）、底胶（填充物）、外包布组成。根据抗拉体结构的不同，普通 V 带分为绳芯 V 带（图 8-3a）和帘布芯 V 带（8-3b）两种。帘布芯 V 带，制造较方便；绳芯 V 带柔韧性好，抗弯强度高，适用于转速较高，载荷不大和带轮直径较小的场合。

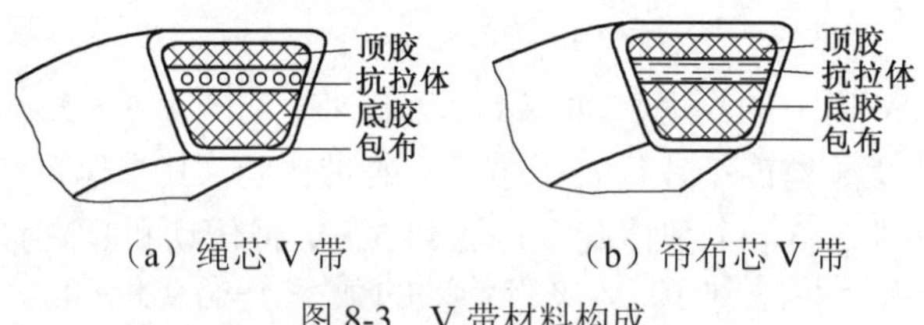

（a）绳芯 V 带　（b）帘布芯 V 带

图 8-3　V 带材料构成

普通 V 带根据截面尺寸大小分为 Y、Z、A、B、C、D、E 七种型号，其中 Y 型截面尺寸最小，承受的载荷小，功率小。其截面尺寸列于表 8-1 中。

表 8-1　V 带的截面尺寸

带型	节宽 b_p/mm	顶宽 b/mm	高度 h/mm	横截面积 A/mm^2	楔角 φ
Y	5.3	6.0	4.0	18	40°
Z	8.5	10.0	6.0	47	
A	11.0	13.0	8.0	81	
B	14.0	17.0	11.0	143	
C	19.0	22.0	14.0	237	
D	27.0	32.0	19.0	476	
E	32.0	38.0	25.0	722	

V 带采用基准宽度制，即用带的基准线的位置和基准宽度来确定带在轮槽中的位置和轮槽的尺寸。V 带受到垂直于其底面的弯曲时，顶胶伸长而变窄，底胶缩短而变宽，带的长度及宽度尺寸与自由状态时相比保持不变的那个面（类似于梁的中性层）称为带的节面，节面的宽度称为节宽 b_p。V 带轮在轮槽节宽处的直径称为基准直径 d_d。带在节面上的环形长度称为基准带长 L_d。其 V 带的基准长度系列列于表 8-2 中。

表 8-2　V 带的基准长度系列及长度系数 K_L

基准长度 L_d/mm	长度系数 K_L				
	Y	Z	A	B	C
400	0.96	0.87			
450	1.00	0.89			
500	1.02	0.91			
560		0.94			
630		0.96	0.81		
710		0.99	0.83		
800		1.00	0.85		
900		1.03	0.87	0.82	
1000		1.06	0.89	0.84	
1120		1.08	0.91	0.86	
1250		1.11	0.93	0.88	
1400		1.14	0.96	0.90	
1600		1.16	0.99	0.92	0.83
1800		1.18	1.01	0.95	0.86

基准长度 L_d/mm	长度系数 K_L				
	A	B	C	D	E
2000	1.03	0.98	0.88		
2240	1.06	1.00	0.91		
2500	1.09	1.03	0.93		
2800	1.11	1.05	0.95	0.83	
3150	1.13	1.07	0.97	0.86	
3550	1.17	1.09	0.99	0.89	
4000	1.19	1.13	1.02	0.91	
4500		1.15	1.04	0.93	0.90
5000		1.18	1.07	0.96	0.92

带传动中，带和带轮接触弧段所对应的圆心角 α_1、α_2 称为带轮的包角（如图 8-4）所示，设带轮的基准直径为 d_{d1}、d_{d2}，两带轮轴线间的距离称为中心距 a，则包角和基准带长的近似计算公式为

$$\alpha_1 \approx 180° - \frac{d_{d2} - d_{d1}}{a} \times 57.5° \tag{8-1}$$

$$L_d \approx 2a + \frac{\pi}{2}(d_{d2} + d_{d1}) + \frac{(d_{d2} - d_{d1})^2}{4a} \tag{8-2}$$

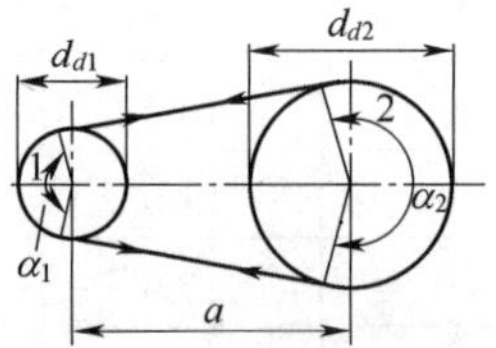

图 8-4　带传动的包角

两带轮直径不相等时，两轮上的包角也不相等，其中小带轮上的包角较小。当其他条件相同时，小轮上的包角愈大，摩擦力就愈大，则传递的转矩也愈大。

§8-2　带传动工作情况分析

带传动的工作情况分析是指带传动的受力分析、应力分析、运动分析。带传动是一种挠性传动，其工作情况具有一定的特点。

一、带传动的受力分析

图 8-5 所示，带传动尚未工作时，传动带中的预紧力为 F_0。带传动工作时，一边拉紧，一边放松，记紧边拉力为 F_1 和松边拉力为 F_2。设带的总长度不变，根据线弹性假设（环形带的总长度不变，则可推出紧边拉力的增量应该等于松边拉力的减量）：

$$F_1 + F_2 = 2F_0 \tag{8-3}$$

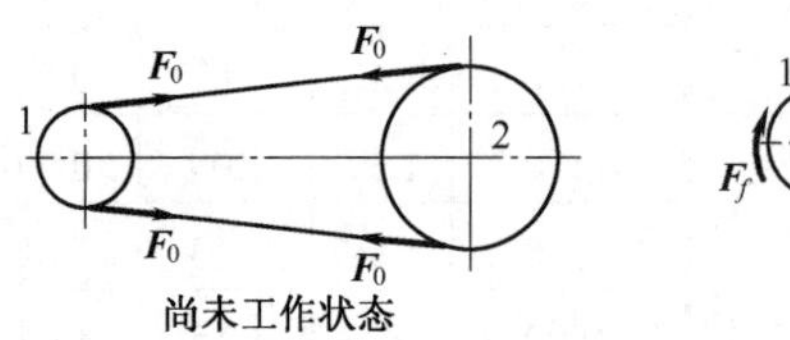

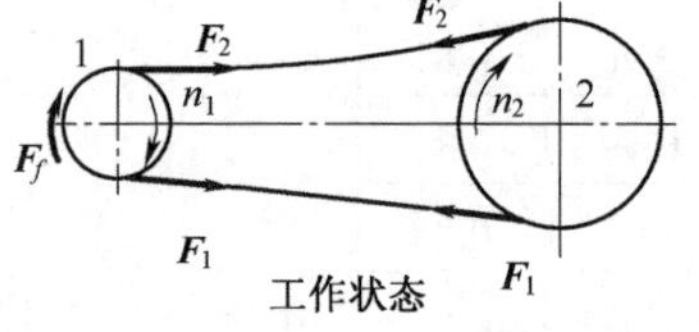

图 8-5　带的工作过程

记传动带与小带轮或大带轮间总摩擦力为 F_f，其值由带传动的功率 P 和带速 v 决定。定义由负载所决定的传动带的有效拉力为 $F_e = P/v$，则显然有 $F_e = F_f$。取绕在主动轮或从动轮上的传动带为研究对象，有

$$F_e = F_f = F_1 - F_2 \tag{8-4}$$

由式（8-3）和（8-4）有

$$\begin{cases} F_1 = F_0 + \dfrac{F_e}{2} \\ F_2 = F_0 - \dfrac{F_e}{2} \end{cases} \tag{8-5}$$

工作中有效拉力的大小取决于所传递功率的大小，即 $P = \dfrac{F_e v}{1000}$（kW）。

显然，当F_0、P 及 v 一定时，带所能传递的有效圆周力 F_e 有其极限值。如果由于某种原因机器出现过载，则有效圆周力 F_e 不能克服从动轮上的阻力矩，带将沿轮面发生全面滑动，从动轮转速急剧降低甚至停止转动，这种现象称为打滑。打滑不仅使带丧失工作能力，而且使带急剧磨损发热。打滑是带传动的主要失效形式之一，因此设计带传动时，应保证带传动不发生打滑。

当带沿带轮有打滑趋势时，摩擦力达到最大值。根据力学推导，带临界打滑时 F_1 和 F_2 满足柔韧体摩擦欧拉公式

$$F_1=F_2e^{f\alpha} \tag{8-6}$$

式中：f 为摩擦系数（对 V 带，用当量摩擦系数 f_V 代替 f）；α 为带轮上的包角，单位为 rad。

将式（8-6）带入式（8-4）和式（8-5），并整理后，可得带能传递的最大圆周力为

$$F_{ec}=2F_0\frac{1-e^{-f\alpha}}{1+e^{-f\alpha}} \tag{8-7}$$

从式（8-7）可知，带所能传递的最大有效圆周力 F_{ec} 与初拉力 F_0 成正比，也随包角 α 和摩擦系数 f 的增大而增大。F_0 过小，带的传动能力下降，F_0 过大，虽可提高传动能力，但易引起带的松弛使寿命降低。保证正常工作时不发生打滑且带又具有最佳的初拉力 F_0 可按式（8-23）计算。此外，为了保证所需的圆周力 F_e，必须对带传动的包角 α_1 加以限制，α_1 值一般不应小于 120°。再由式（8-1）可知，为了保证所需的 α_1 值，必须对带传动的传动比 i 加以限制，一般传动比 $i\leqslant 5\sim 7$。由于 V 带外层的包布均用胶帆布，而带轮材料一般为铸铁或钢，因此摩擦系数 f 的变化范围很小，对圆周力 F_e 的影响不明显。带传动工作时，由于带沿带轮的转动，还将产生离心力 F_c。

二、带的应力分析

带工作时，其截面上的应力有紧边拉力 F_1 和松边拉力 F_2 产生的拉应力 σ_1、σ_2；离心力 F_c 产生的离心应力 σ_c；带与带轮接触部分由于带的弯曲变形而产生的弯曲应力 σ_{b1}、σ_{b2}。图 8-6 表示为带截面的应力分布情况。在图中用垂直于带中心线的线段长短表示相应截面中应力的大小。由图可知，带工作时，其任一截面上的应力随其位置的不同而变化。因此，带是在周期性变应力作用下工作的。最大应力发生在紧边刚进入小带轮接触处，此处最大应力为

$$\sigma_{max}=\sigma_1+\sigma_{b1}+\sigma_c \tag{8-8}$$

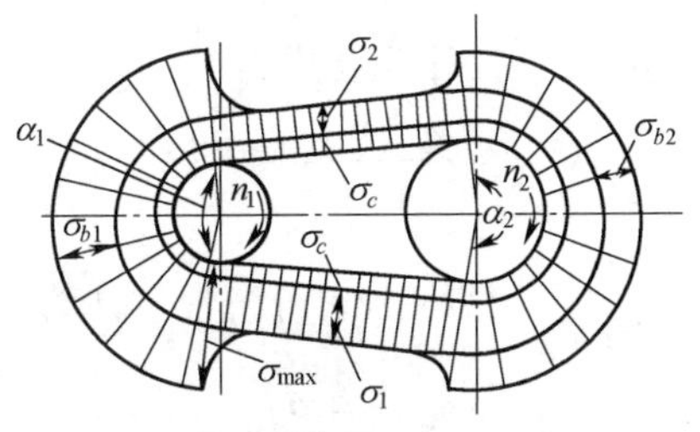

图 8-6　带传动应力分布图

由于带是在变应力状态下工作的，因此，带的耐久性取决于最大应力循环的总次数。当传递的功率一定时，应力循环次数达到一定值后，带由于疲劳损坏，即将分层脱开或断裂。σ_{max} 越大，则允许的应力循环总次数就越少。为保证带有足够的寿命，必须使

$$\sigma_{\max}=\sigma_1+\sigma_{b1}+\sigma_c \leqslant [\sigma] \text{ 或 } \sigma_1 \leqslant [\sigma]-\sigma_{b1}-\sigma_c \quad (8\text{-}9)$$

式中：$[\sigma]$为带在一定寿命下的许用应力，MPa。

一般情况下，弯曲应力所占的比例较大，它对带的寿命有明显的影响。带轮直径越小，带的弯曲应力越大。以 B 型带为例，实验结果表明：$d_{d1}=200\,\text{mm}$ 时，带的相对寿命为 1，而 $d_{d1}=160\,\text{mm}$ 时，其相对寿命为 0.3。因此在确定小轮直径时，应使$d_{d1}\geqslant d_{d\min}$。

三、带的弹性滑动

带传动工作时，由于带的紧边和松边拉力不相等，使带的两边伸长量也不相等，从而导致带与带轮接触面之间的微量相对滑动。如图 8-7 所示，在主动带轮上，带由 A_1 点运动到 B_1 点的过程中，带所受拉力由 F_1 逐渐减少为 F_2，带的弹性伸长量相应地逐渐减少。因此，带相对于主动轮向后退缩，使得带的速度低于主动轮的圆周速度。在从动轮上，带由 A_2 点运动到 B_2 点的过程中，带所受拉力由 F_2 逐渐增加为 F_1，带的弹性伸长量相应地逐渐增大，因此带相对于从动带轮微微地向前被拉长，使带的速度大于从动轮的圆周速度。轮缘上的箭头表示主、从动轮相对于带的滑动方向。这种由于带的弹性变形而引起的带与带轮间的微量滑动，称为带的弹性滑动。

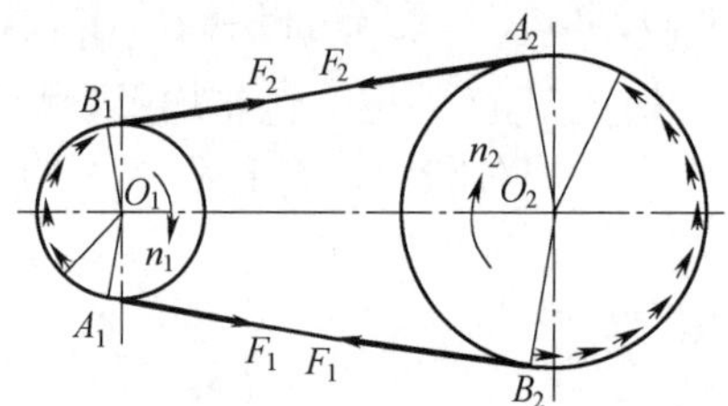

图 8-7　带传动的弹性滑动

弹性滑动的大小与带的松、紧边拉力差有关。带的型号一定时，带传递的圆周力愈大，弹性滑动也愈大。当外载荷所产生的圆周力大于带与小带轮接触弧上的全部摩擦力时，弹性滑动就转变为前面提到的打滑。显然，打滑是由过载引起的一种失效形式，应尽量避免。

由于弹性滑动是不可避免的，因此从动轮圆周速度 v_2 总是小于主动轮圆周速度 v_1。即从动轮的实际转速 n_2 总是低于理论转速 $n_2'=\dfrac{n_1 d_{d1}}{d_{d2}}$，故传动比不准确。由弹性滑动引起的从动轮圆周速度的相对降低率称为滑动率 ε，其计算公式为

$$\varepsilon=\frac{v_1-v_2}{v_1}\times 100\% \quad (8\text{-}10)$$

因 $v_1=\dfrac{\pi d_{d1}n_1}{60\times 1000}$，$v_2=\dfrac{\pi d_{d2}n_2}{60\times 1000}$，代入上式可得带传动的实际传动比为

$$i=\frac{n_1}{n_2}=\frac{d_{d2}}{(1-\varepsilon)d_{d1}} \quad (8\text{-}11)$$

即从动轮实际转速 $n_2=\dfrac{(1-\varepsilon)d_{d1}n_1}{d_{d2}}$。对于 V 带传动，$\varepsilon=0.01\sim0.02$。在一般的带传动计算中可以不考虑。

§8-3　普通 V 带传动的设计计算

一、设计准则和单根 V 带的基本额定功率

由运动分析可知，带传动的主要失效形式是打滑和传动带的疲劳破坏。所以，带传动的设计准则是在不打滑的条件下，具有一定的疲劳强度和寿命。带传动的承载能力取决于传动带的材质、结构、长度、带传动的转速、包角和载荷特性等因素。单根 V 带的基本额定功率 P_0 是根据特定的实验和分析确定的。实验条件：传动比 $i=1$、包角 $\alpha=180^\circ$、特定长度、平稳的工作载荷。即不打滑也不疲劳前提下，单根 V 带所能传递的功率为

$$P_0=\frac{F_eV}{1000} \tag{8-12}$$

由带传动应力分析得，满足疲劳强度的条件式（8-9），则保证不打滑的条件是

$$F_e=F_1-F_2=\sigma_1A(1-\mathrm{e}^{-f_V\alpha})\leqslant([\sigma]-\sigma_c-\sigma_{b1})A(1-\mathrm{e}^{-f_V\alpha}) \tag{8-13}$$

联立上面两式得到满足不打滑又有足够疲劳强度的功率 P_0

$$P_0\leqslant([\sigma]-\sigma_c-\sigma_{b1})(1-\mathrm{e}^{-f_V\alpha})\frac{AV}{1000} \tag{8-14}$$

带的许用应力 $[\sigma]$ 与带的基准长度 L_d、带的速度 v 及传动比 i（考虑带在大、小带轮上弯曲程度的不同）有关，可由实验确定。根据式（8-14）可求出单根 V 带所能传递的功率。表 8-3a 列出包角 $\alpha=180^\circ$、载荷平稳、特定基准长度的单根 V 带所能传递的功率 P_0 的数值。由表 8-3a 可知，一定型号的单根 V 带所能传递的功率值，随小带轮直径 d_{d1} 和带速 v 的增大而增加。当实际传动传动比大于 1 时，其传动比引起的功率增量查表 8-3b。

表 8-3a　单根普通 V 带的基本额定功率 P_0

（包角 $\alpha=180^\circ$，特定带长，工作平稳）kW

带型	小带轮基准直径 d_{d1}/mm	小带轮转速 n_1/（r/min）						
		400	730	800	980	1200	1460	2800
Z	50	0.06	0.09	0.10	0.12	0.14	0.16	0.26
	56	0.06	0.11	0.12	0.14	0.17	0.19	0.33
	63	0.08	0.13	0.15	0.18	0.22	0.25	0.41
	71	0.09	0.17	0.20	0.23	0.27	0.31	0.50
	80	0.14	0.20	0.22	0.26	0.63	0.36	0.56
	90	0.14	0.22	0.24	0.28	0.30	0.37	0.60
A	75	0.27	0.42	0.45	0.52	0.60	0.68	1.00
	90	0.39	0.63	0.68	0.79	0.93	1.07	1.64
	100	0.47	0.77	0.83	0.97	1.14	1.32	2.05
	112	0.56	0.93	1.00	1.18	1.39	1.62	2.51
	125	0.67	1.11	1.19	1.40	1.66	1.93	2.98
	140	0.78	1.31	1.41	1.66	1.96	2.29	3.48

续表

带型	小带轮基准直径 d_{d1}/mm	小带轮转速 n_1/（r/min）						
		400	730	800	980	1200	1460	2800
B	125	0.84	1.34	1.44	1.67	1.93	2.20	2.96
	140	1.05	1.69	1.82	2.13	2.47	2.83	3.85
	160	1.32	2.16	2.32	2.72	3.17	3.64	4.89
	180	1.59	2.61	2.81	3.30	3.85	4.41	5.76
	200	1.85	3.05	3.30	3.86	4.50	5.15	6.43
C	200	2.41	3.80	4.07	4.66	5.29	5.86	5.01
	224	2.99	4.78	5.12	5.89	6.71	7.47	6.08
	250	3.62	5.82	6.23	7.18	8.21	9.06	6.56
	280	4.32	6.99	7.52	8.65	9.81	10.74	6.13
	315	5.14	8.34	8.92	10.23	11.53	12.48	4.16
	400	7.06	11.52	12.10	13.67	15.04	15.51	—
D	355	9.24	13.70	16.15	17.25	16.77	15.63	—
	400	11.45	17.07	20.06	21.20	20.15	18.31	—
	450	13.85	20.63	24.01	24.84	22.02	19.59	—
	500	16.20	23.99	27.50	26.71	23.59	18.88	—
	560	18.95	27.73	31.04	29.67	22.58	15.13	—
	630	22.05	61.68	34.19	30.15	18.06	6.25	—
	710	24.45	35.59	36.35	27.88	7.99	—	—

表 8-3b　单根普通 V 带额定功率的增量 ΔP_0

带型	小带轮转速 n_1/（r/min）	传动比 i								
		1.02～1.04	1.05～1.08	1.09～1.12	1.13～1.18	1.19～1.24	1.25～1.34	1.35～1.51	1.52～1.99	≥2
Z	400	0.00	0.00	0.00	0.00	0.00	0.00	0.01	0.01	0.01
	730	0.00	0.00	0.00	0.00	0.01	0.01	0.01	0.01	0.02
	800	0.00	0.00	0.00	0.01	0.01	0.01	0.02	0.02	0.02
	980	0.00	0.00	0.01	0.01	0.01	0.02	0.02	0.02	0.02
	1200	0.00	0.01	0.01	0.01	0.02	0.02	0.02	0.02	0.03
	1460	0.00	0.01	0.01	0.01	0.02	0.02	0.02	0.02	0.03
	2800	0.01	0.02	0.02	0.03	0.04	0.04	0.04	0.04	0.04
A	400	0.01	0.01	0.02	0.02	0.03	0.03	0.04	0.04	0.05
	730	0.01	0.02	0.03	0.04	0.05	0.06	0.07	0.08	0.09
	800	0.01	0.02	0.03	0.04	0.05	0.06	0.08	0.09	0.10
	980	0.01	0.03	0.04	0.05	0.06	0.07	0.08	0.10	0.11
	1200	0.02	0.03	0.05	0.07	0.08	0.10	0.11	0.13	0.15
	1460	0.02	0.04	0.06	0.08	0.09	0.11	0.13	0.15	0.17
	2800	0.04	0.04	0.11	0.15	0.19	0.23	0.26	0.30	0.34

续表

带型	小带轮转速 n_1/（r/min）	传动比 i								
		1.02～1.04	1.05～1.08	1.09～1.12	1.13～1.18	1.19～1.24	1.25～1.34	1.35～1.51	1.52～1.99	≥2
B	400	0.01	0.03	0.04	0.06	0.07	0.08	0.10	0.11	0.13
	730	0.02	0.05	0.07	0.10	0.12	0.15	0.17	0.20	0.22
	800	0.03	0.06	0.08	0.11	0.14	0.17	0.20	0.23	0.25
	980	0.03	0.07	0.10	0.13	0.17	0.20	0.23	0.26	0.30
	1200	0.01	0.08	0.13	0.17	0.21	0.25	0.30	0.34	0.38
	1460	0.05	0.10	0.15	0.20	0.25	0.31	0.36	0.40	0.46
	2800	0.10	0.20	0.29	0.39	0.49	0.59	0.69	0.79	0.89
C	400	0.04	0.08	0.12	0.16	0.20	0.23	0.27	0.31	0.35
	730	0.07	0.14	0.21	0.27	0.34	0.41	0.48	0.55	0.62
	800	0.08	0.16	0.23	0.31	0.39	0.47	0.55	0.63	0.71
	980	0.09	0.19	0.27	0.37	0.47	0.56	0.65	0.74	0.83
	1200	0.12	0.24	0.35	0.47	0.59	0.70	0.82	0.94	1.06
	1460	0.14	0.28	0.42	0.58	0.71	0.85	0.99	1.14	1.27
	2800	0.27	0.55	0.82	1.10	1.37	1.64	1.92	2.19	2.47

二、V 带传动的设计步骤及方法

已知带传动的功率 P，转速 n_1、n_2（或传动比 i），传动位置要求及工作条件等设计带传动。设计内容包括确定带的类型和截型、长度 L_d、根数 z、传动中心距 a、带轮基准直径 d_d 及其他结构尺寸等。其计算步骤如下：

1. 确定计算功率，选择 V 带的型号

计算功率 P_{ca} 由传递的功率 P 并考虑载荷性质和每天运转的时间来确定，即

$$P_{ca} = K_A P \tag{8-15}$$

式中：P 为传递的名义功率（kW）；K_A 为工况系数，见表 8-4。

表 8-4　工况系数 K_A

工况		原动机每天工作小时数/h					
		空、轻载启动			重载启动		
		<10	10～16	>16	<10	10～16	>16
载荷变动很小	液体搅拌机、通风机和鼓风机（≤ 7.5kW）、离心式水泵和压缩机、轻负载荷输送机	1.0	1.1	1.2	1.1	1.2	1.3
载荷变动小	带式输送机（不均匀负荷）、通风机(>7.5kW)、旋转式水泵和压缩机（非离心式）、发电机、金属切削机床、印刷机、旋转筛、锯木机和木工机械	1.1	1.2	1.3	1.2	1.3	1.4
载荷变动较大	制砖机、斗式提升机、往复式水泵和压缩机、起重机、磨粉机、冲剪机床、橡胶机械、振动筛、纺织机械、重载输送机	1.2	1.3	1.4	1.4	1.5	1.6
载荷变动很大	磨碎机（旋转式、颚式等）、破碎机（球磨、棒磨、管磨）	1.3	1.4	1.5	1.5	1.6	1.8

根据计算功率 P_{ca} 和小带轮转速 n_1（r/min），由图 8-8 选取 V 带的型号。

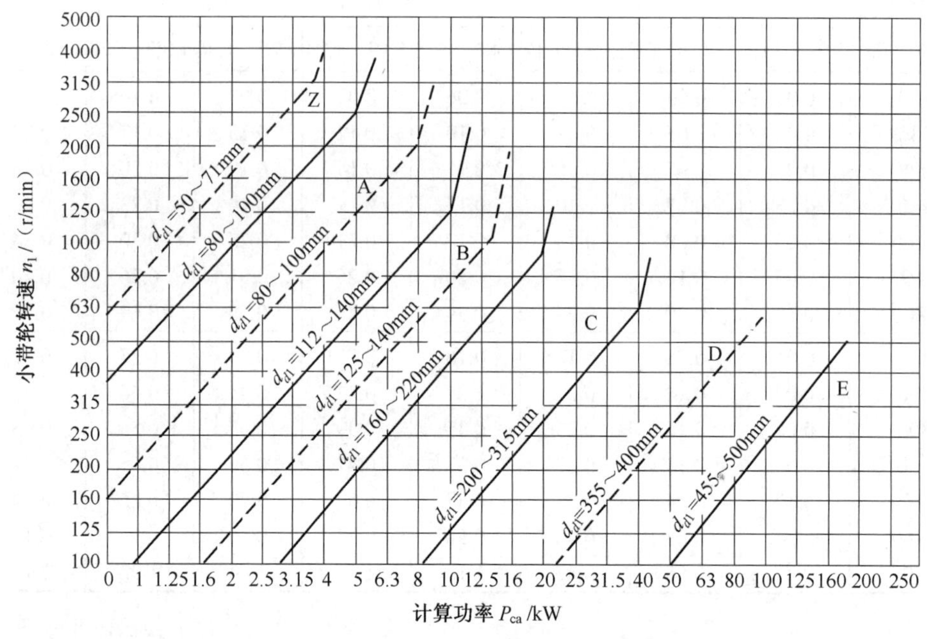

图 8-8　V 带型号的选择

2. 确定带轮的基准直径 d_{d1} 和 d_{d2}

小带轮的基准直径 d_{d1} 可按表 8-5 选取，对外廓尺寸无特殊要求时带轮直径应取较大的值，以降低带的弯曲应力，一般不应小于表中的最小基准直径 $d_{d\min}$。如不计带在带轮上的滑动，则大带轮的计算直径为 $d_{d2}=\frac{n_1}{n_2}d_{d1}$，算出 d_{d2} 的数值后，可按表 8-5 圆整。带的一般工程计算式允许传动比有 ±5% 的误差。

表 8-5　V 带轮最小基准直径及基准直径系列（mm）

型号	Y	Z	A	B	C	D	E
$d_{d\min}$	20	50	75	125	200	355	500
基准直径 d_d 系列							
20，22.4，25，28，31.5，35.5，40，45，50，56，63，71，75，80，85，90，95，100，106，112，118，125，132，140，150，160，170，180，200，212，236，250，265，280，315，355，375，400，425，450，475，500，530，560，630，710，800，900，1000，1120，1250，1600，2000，2500							

3. 验算带速

V 带的速度为 $v=\frac{\pi d_{d1}n_1}{60\times1000}$ m/s，兼顾离心应力和带传动的承载能力，一般应使 $v=5\sim25$m/s 为宜，不能满足时，可重新调整小带轮直径 d_{d1}。若考虑到弹性滑动的影响，从动轮的实际转速为

$$n_2=\frac{(1-\varepsilon)d_{d1}n_1}{d_{d2}} \tag{8-16}$$

式中：滑动率 $\varepsilon=0.02$。

4. 计算传动的中心距 a 和带的基准长度 L_d

带传动的中心距过大时，带容易因剧烈颤抖而疲劳；中心距过小时，带传动的循环次数增加而导致过早疲劳破坏，故一般推荐按下式初步确定中心距 a_0，即

$$0.7(d_{d1}+d_{d2}) \leqslant a_0 \leqslant 2(d_{d1}+d_{d2}) \tag{8-17}$$

初选 a_0 后，可根据下式计算 V 的初选带长 L_0

$$L_0 \approx 2a_0 + \frac{\pi}{2}(d_{d1}+d_{d2}) + \frac{(d_{d2}-d_{d1})^2}{4a_0} \tag{8-18}$$

根据初选带长 L_0，由表 8-2 选取相近的基准带长 L_d，作为所选带的长度，然后计算实际中心距 a，即

$$a = a_0 + \frac{L_d - L_0}{2} \tag{8-19}$$

考虑到安装调整和带松弛后张紧的需要，应给中心距留出一定的调整余量。中心距的变化范围为

$$\begin{cases} a_{\min} = a - 0.015L_d \\ a_{\max} = a + 0.03L_d \end{cases} \tag{8-20}$$

5. 验算小带轮的包角 α_1

按式（8-1）求出的 α_1 值一般不应小于 120°（极限值为 90°），否则应适当增大中心距或减小传动比，也可以加张紧轮来调整。

6. 确定 V 带的根数 z

$$z \geqslant \frac{P_{ca}}{(P_0+\Delta P_0)K_\alpha K_L} \tag{8-21}$$

式中：P_0 的意义同前，查表 8-3a；ΔP_0 是考虑带传动比不等于 1 时，单根 V 带所能传递功率的增量。当传动比大于 1 时，大带轮直径增大，带的弯曲应力减小，故缓解了带的疲劳，延长了带的寿命，于是引入了功率增量 ΔP_0，可由表 8-3b 查得。K_α 是包角系数，考虑小轮上的包角 α_1 减小时对传动能力的影响，查表 8-6。

表 8-6　包角系数 K_α

α/°	180	170	160	150	140	130	120	110	100	90
K_α	1.00	0.98	0.95	0.92	0.89	0.86	0.82	0.78	0.73	0.68

K_L 是长度系数，考虑实际带长与特定带长不同时，对 V 带寿命的影响，查表 8-2。当实际带长大于特定带长时，单位时间内的应力循环次数将减少，故寿命可提高。若从与特定带长等寿命出发，则可以增大单根 V 带传递的功率，故 $K_L>1$；反之 $K_L<1$。为了使各根 V 带受力均匀，带的根数不宜过多，一般不多于 10 根。

7. 计算作用在轴上的压轴力

为了设计轴和轴承，必须计算出作用在轴上的力。作用在轴上的压轴力 F_Σ 可近似地由下式求出（图 8-9）

$$F_\Sigma = 2zF_0\cos\frac{\beta}{2} = 2zF_0\cos\left(\frac{\pi}{2}-\frac{\alpha_1}{2}\right) = 2zF_0\sin\frac{\alpha_1}{2} \tag{8-22}$$

式中：z 为 V 带的根数；F_0 为单根 V 带的张紧力（N）；α_1 为小带轮上的包角。

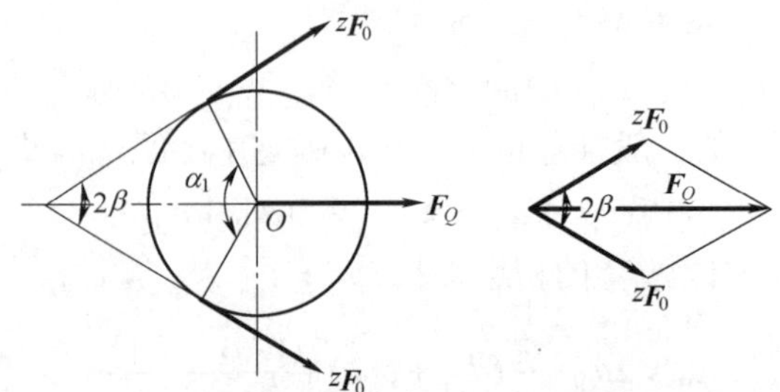

图 8-9 带传动压轴力计算方式

§8-4 V带轮设计

一、V带轮设计的要求和材料

各轮槽的尺寸和角度应保持一定的精度，以便带的载荷分布较为均匀。槽轮设计要求结构工艺性好，无过大的铸造内应力、缩孔、砂眼，质量分布均匀。轮槽工作面要有一定的表面粗糙度，以减少带的磨损。

带轮通常采用铸铁，常用材料的牌号为 HT150 和 HT200。转速较高时宜采用铸钢或钢板冲压后焊接而成。小功率时可用铸铝或塑料。

二、带轮结构与尺寸

带轮一般按铸造经验设计。常见的带轮分为实心式、腹板式、轮辐式（图 8-10）。各轮槽的尺寸和角度应保持一定的精度，以使带的载荷分布较为均匀。轮缘的槽形剖面尺寸，可查表 8-7。轮槽的楔角小于带截面的楔角，这样带装在轮槽上时，外层受拉，宽度减小；内层受压，宽度增加，则楔角变小，所以轮槽的角度应小些。

表 8-7 轮槽截面尺寸（GB/T 11356.1-2008 节选）

槽型	b_d	$h_{a\min}$	$h_{f\min}$	e	$f_{\min}$	d_d 与 d_d 相对应的 φ			
						32°	34°	36°	38°
Y	5.3	1.6	4.7	8±0.3	6	≤60	—	>60	—
Z	8.5	2.00	7.0	12±0.3	7	—	≤80	—	>80
A	11.0	2.75	8.7	15±0.3	9	—	≤118	—	>118
B	14.0	3.50	10.8	19±0.4	11.5	—	≤190	—	>190
C	19.0	4.80	14.3	25.5±0.5	16	—	≤315	—	>315
D	27.0	8.10	19.9	37±0.6	23	—	—	≤475	>475
E	32.0	9.60	23.4	44.5±0.7	28	—	—	≤600	>600

带轮的结构设计，主要是根据带轮的基准直径选择结构形式。根据带的截面形状确定轮槽尺寸。带轮的其他结构尺寸通常按经验公式计算确定。

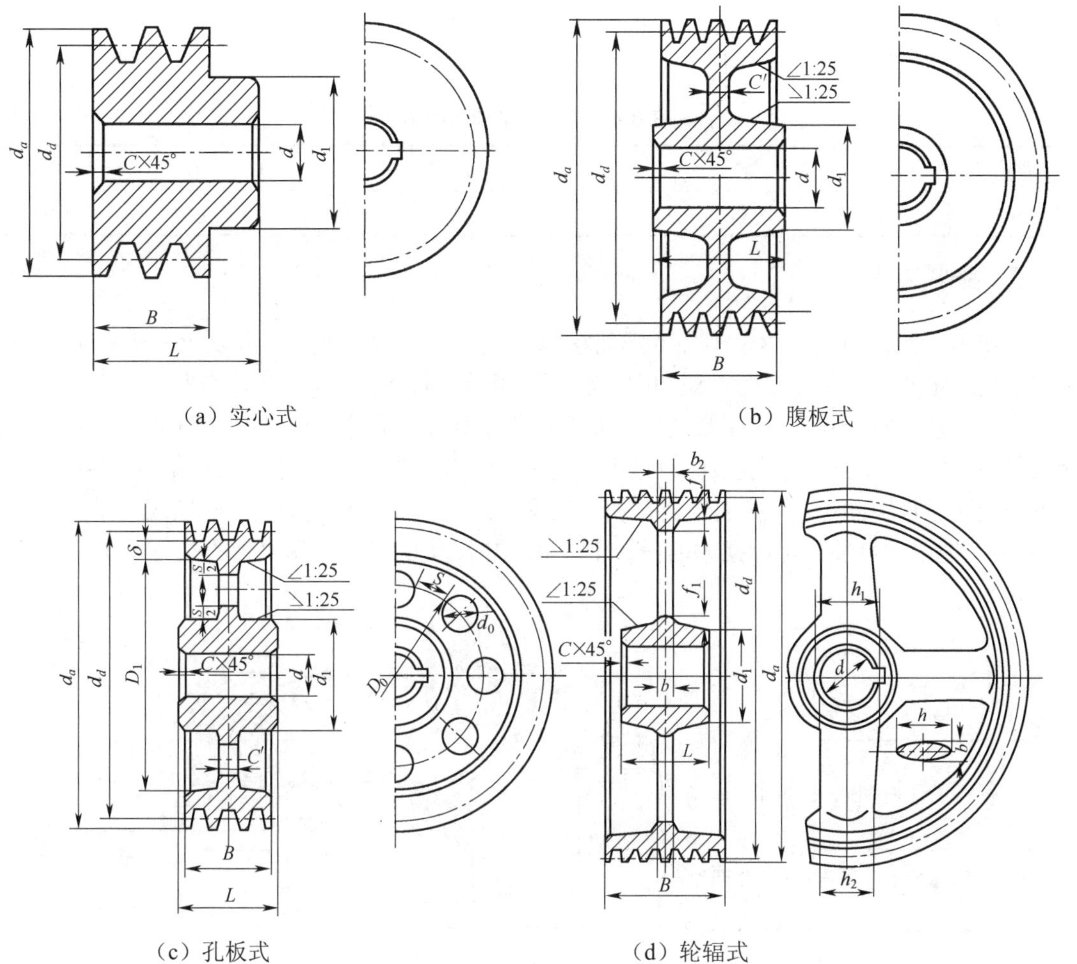

（a）实心式　（b）腹板式

（c）孔板式　（d）轮辐式

$d_1=(1.8\sim2)d$，d 为轴的直径；$h_2=0.8h_1$；$D_0=(D_1+d_1)/2$；$b_1=0.4h_1$；$b_2=0.8b_1$；$d_0=(0.2\sim0.3)(D_1-d_1)$；

$C'=\left(\dfrac{1}{7}\sim\dfrac{1}{4}\right)B$；$h_1=290\sqrt[3]{\dfrac{P}{nz_n}}$；$S=C'$；$L=(1.5\sim2)d$，当 $B<1.5d$ 时，$L=B$，$f_1=0.2h_1$，$f_2=0.2h_2$

式中，P 为传递的功率，kW；n 为带轮的转速，r/min；z_n 为轮辐数

图 8-10　带轮的结构

§8-5　V 带传动的张紧装置

一、张紧力

根据带的摩擦传动原理，要保证带传动正常工作，必须把带张紧。张紧产生的张紧力不足，将使带传动能力下降，甚至发生打滑；张紧力过大，虽然能提高传动能力，但将使带的寿命下降，并使作用在轴和轴承上的力增大。所以必须在保证带有足够寿命和不发生打滑的条件下确定合适的张紧力。

张紧力 F_0 可按下式确定

$$F_0=\frac{500P_d}{zv}\left(\frac{2.5}{K_\alpha}-1\right)+qv^2 \tag{8-23}$$

式中：P_d为计算功率（kW）；z为V带根数；v为带速（m/s）；K_α为包角系数，见表8-6；q为单位长度质量，其值查表8-8。

表8-8　V带每米长的质量

型号	Y	Z	A	B	C	D	E
q	0.02	0.06	0.10	0.17	0.30	0.62	0.90

二、张紧装置

带使用一段时间后会由于塑性变形而松弛，使带的张紧力下降，所以应设法重新把带张紧。常见的张紧装置有中心距可调和中心距不可调等几种形式。

（1）调节两轴中心距的张紧装置。有定期张紧和自动张紧装置两类。图8-11a所示的定期张紧装置中，电动机装在机架的轨道上，用螺钉来调整中心距实现定期张紧。图8-11b中电动机一端通过铰链固定，一端通过调整螺栓位置而改变电动机铰链的转角来实现自动张紧。图8-11c中，把电动机装在可以摆动的托板上，利用电动机的自重来调整带的拉力，属于自动张紧形式。

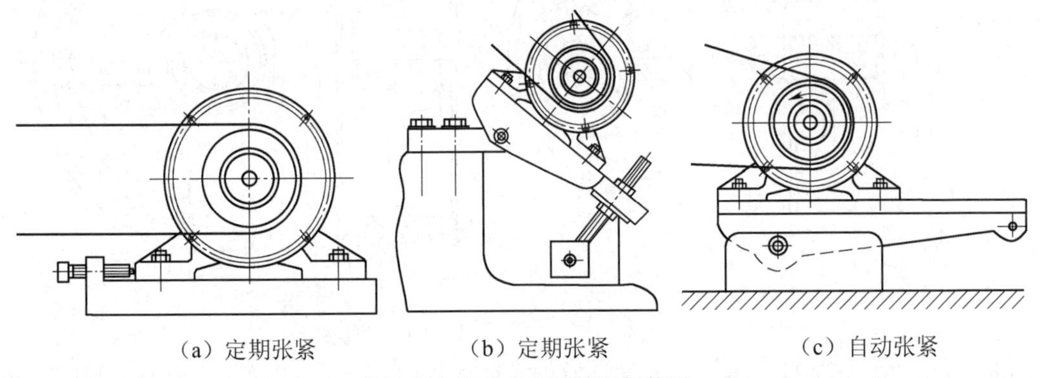

（a）定期张紧　（b）定期张紧　（c）自动张紧

图8-11　调节中心距的张紧装置

（2）具有张紧轮的装置。当中心距不能调节时，可采用张紧轮将带张紧（图8-12）。张紧轮一般应放在松边的内侧，使带只受单向弯曲。同时张紧轮应尽量靠近大轮，以免过分影响在小带轮上的包角。张紧轮的轮槽尺寸与带轮的相同，且直径小于小带轮的直径。

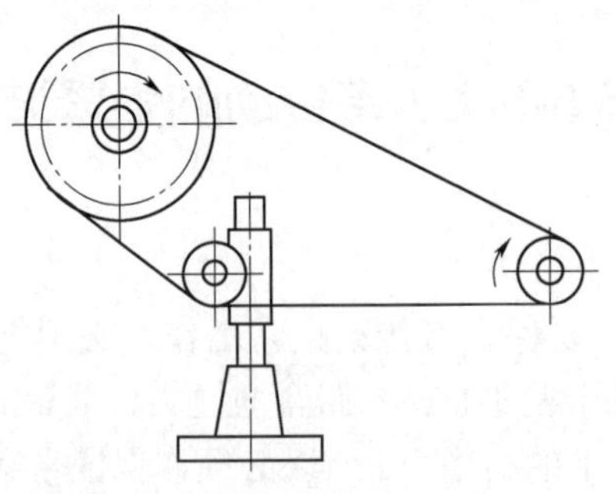

图8-12　张紧轮张紧装置

三、带传动的维护

安装时，两轴必须平行，两个带轮的轮槽尽量保持在同一平面内，否则会加速带的磨损，甚至使带从带轮上脱落；带传动一般应加防护罩，以保安全；在更换三角带时，同一带轮上的带必须同时更换，不能新旧带并用，以免长短不一而受力不均；胶带不宜与酸、碱或油等接触；工作温度不应超过 60℃。

例题 8-1　设计一带式运输机中的普通 V 带传动。电动机额定功率 $P=4\ \text{kW}$，满载转速 $n_1=1440\ \text{r/min}$，从动轮转速 $n_2=450\ \text{r/min}$，一班制工作，载荷变动较小，要求中心距 $a \leqslant 550\ \text{mm}$。

解：（1）确定计算功率 P_{ca}。

由式（8-15）和表 8-4查得 $K_A=1.1$，故 $P_{ca}=K_A P=1.1\times4=4.4\text{kW}$。

（2）选择带型。

根据 $P_{ca}=4.4\text{kW}$，$n_1=1440\ \text{r/min}$，由图 8-8初步选用 A 型普通 V 带。

（3）选取带轮基准直径 d_{d1} 和 d_{d2}。

由表 8-5 取 d_{d1}=100 mm，由式（8-16）得

$$d_{d2}=\frac{n_1}{n_2}d_{d1}(1-\varepsilon)=\frac{1440}{450}\times100\times(1-0.02)=313.6\ \text{mm}$$

由表 8-5 取直径系列值就近取整为 $d_{d2}=315\ \text{mm}$。

（4）验算带速 v。

$v=\dfrac{\pi d_{d1}n_1}{60\times1000}=\dfrac{\pi\times100\times1440}{60\times1000}=7.54\ \text{m/s}$，在 5～25m/s 范围内，带速合适。

（5）确定中心距 a 和带的基准长度 L_d。

初选中心距 $a_0=450\ \text{mm}$，符合式（8-17）要求 $a=(0.7\sim2)(d_{d1}+d_{d2})$，由式（8-18）得初选带长 L_0 为

$$L_0\approx2a_0+\frac{\pi}{2}(d_{d1}+d_{d2})+\frac{(d_{d2}-d_{d1})^2}{4a_0}=2\times450+\frac{\pi}{2}(100+315)+\frac{(315-100)^2}{4\times450}=1577.6\ \text{mm}$$

由表 8-2 对 A 型带选用基准长度 $L_d=1600\ \text{mm}$。然后由式（8-19）计算实际中心距 a

$$a=a_0+\frac{L_d-L_0}{2}=450+\frac{1600-1577.6}{2}=461.2\ \text{mm}$$

取 $a=460\ \text{mm}$，由式（8-20）可得

$$\begin{cases}a_{\min}=a-0.015L_d=460-0.015\times1600=436\ \text{mm}\\ a_{\max}=a+0.03L_d=460+0.03\times1600=508\ \text{mm}\end{cases}$$

即中心距的调整范围为 436～508mm。

（6）小带轮包角 α_1。

由式（8-1）得

$$\alpha_1=180^\circ-\frac{d_{d2}-d_{d1}}{a}\times57.3^\circ=180^\circ-\frac{315-100}{460}\times57.3^\circ=153.22^\circ>120^\circ$$

包角合适。

（7）确定带的根数 z。

由式（8-21）得

$$z\geqslant\frac{P_{ca}}{(P_0+\Delta P_0)K_\alpha K_L}$$

因 $d_{d1}=100\ \text{mm}$，$i=\dfrac{d_{d2}}{d_{d1}(1-\varepsilon)}=\dfrac{315}{100\times(1-0.02)}=3.21$，$v=7.54\ \text{m/s}$。

查表 8-3a 得 $P_0 = 1.31\text{kW}$，查 8-3b 得 $\Delta P_0 = 0.17\text{kW}$。

因 $\alpha_1 = 153.22°$，查表 8-6 得 $K_\alpha = 0.92966$。

因 $L_d = 1600\text{ mm}$，查表 8-2 得 $K_L = 0.99$。

$$z \geqslant \frac{P_{ca}}{(P_0 + \Delta P_0)K_\alpha K_L} = \frac{4.4}{(1.31 + 0.17) \times 0.92966 \times 0.99} = 3.23$$

取 $z = 4$ 根。

（8）确定初拉力 F_0。

A 型带，由表 8-8 查得 $q = 0.1\text{kg/m}$，由式（8-23）得单根普通 V 带的初拉力为

$$F_0 = 500 \times \frac{(2.5 - K_\alpha)P_{ca}}{K_\alpha zv} + qv^2 = 500 \times \frac{(2.5 - 0.92966) \times 4.4}{0.92966 \times 4 \times 7.54} + 0.1 \times 7.54^2 = 128.9\text{N}$$

（9）计算压轴力 F_Σ。

由式（8-22）得

$$F_\Sigma = 2zF_0 \sin\frac{\alpha_1}{2} = 2 \times 4 \times 128.9 \times \sin\frac{153.22°}{2} = 1003.2\text{N}$$

（10）带传动的结构设计（略）。

设计结果为 A 型 V 带，4 根，带长 1600mm，小带轮直径 100mm，大带轮直径 315mm，中心距为 460mm，初拉力为 128.9N，压轴力 1003.2N。

§8-6 链传动的特点及应用

链传动是在平行轴上的两链轮 1、2 之间，以封闭链条 3 作为挠性曳引元件来传递运动和动力的一种传动方式（图 8-13）。这种传动是以链条作中间挠性件，靠链轮轮齿连续不断地啮合来传递功率的，因此它是啮合传动。

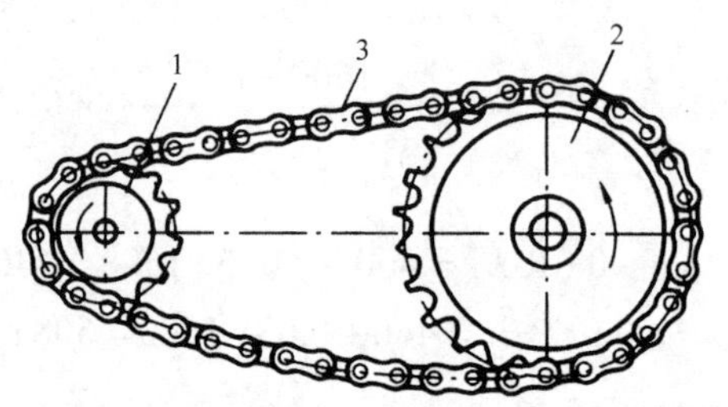

图 8-13 链传动组成

链传动的优点是：可用于两轴中心距较大的传动，最大中心距可达 8m；传动效率较高，可达 0.98；与带传动比较，它的平均传动比保持不变，作用在轴上的压轴力比带传动的小；结构紧凑。其缺点是：瞬时传动比不恒定，传动平稳性较差；无过载保护作用；安装精度要求较高等。

链传动可用在要求传动比准确，而两轴又相距较远，不宜采用齿轮的地方，或者有油不宜使用带传动的地方。链传动还可以用于恶劣的工作条件下，例如温度变化很大或有灰尘的地方。目前链传动已广泛用于各种机器中，例如农业机械、矿山机械，机床、起重运输机械以及摩托车等。

通常，链传动的传动比不大于 6，传动功率在 100kW 以下；链条速度在 15m/s 以下，在高速链传动中可达 20～40m/s。瞬时链速和瞬时传动比不为常数，工作中有冲击和噪声，磨损

后易发生跳齿，不宜在载荷变化大和急速反向的传动中应用。按用途不同，链可分为传动链、输送链（如斗式提升机）和曳引链（如手动拉链）。传动链主要用于传递运动和动力，应用很广泛。本章只介绍传动链。

§8-7　传动链的结构特点

一、链的种类和结构

传动链又可分为滚子链和齿形链。齿形链比套筒滚子链工作平稳、噪声小，承受冲击载荷能力强，但结构较复杂，成本较高。滚子链的应用最为广泛。

1. 滚子链

滚子链的构成如图 8-14 所示。由内链板 1、外链板 2、销轴 3、套筒 4 和滚子 5 组成。销轴 3 与外链板 2、套筒 4 与内链板 1 分别采用过盈配合。而销轴 3 与套筒 4、滚子 5 与套筒 4 之间则为间隙配合，当内、外链板相对转动时，套筒可绕销轴自由转动。滚子是活套在套筒上的，工作时，滚子沿链轮齿廓滚动，这样可减轻齿廓的磨损。链的磨损主要发生在销轴与套筒的接触面间。因此，内、外链板间应留少许间隙，以便润滑油渗入销轴和套筒的摩擦面间。为使内外链板各截面具有接近相等的抗拉强度，一般做成 8 字形，同时也减少了重量和运动时的惯性。相邻两滚子外圆中心之间的距离称为节距 p，它是链条的基本特性参数。

当传递大功率时，可采用双排链（图 8-15）或多排链。多排链的承载能力与排数成正比，但由于精度的影响，各排链承受的载荷不易均匀，故排数不宜过多。

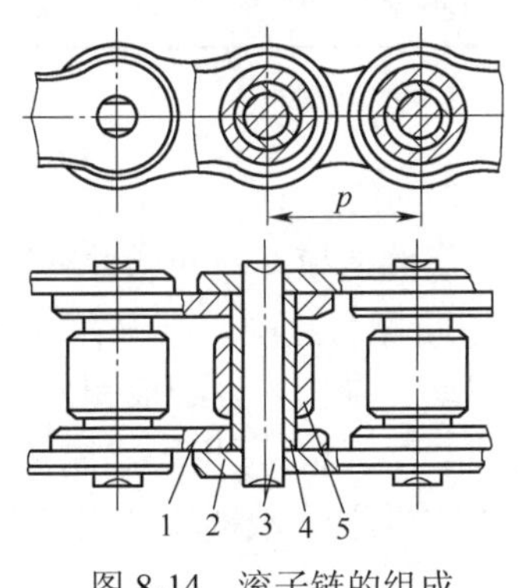

图 8-14　滚子链的组成

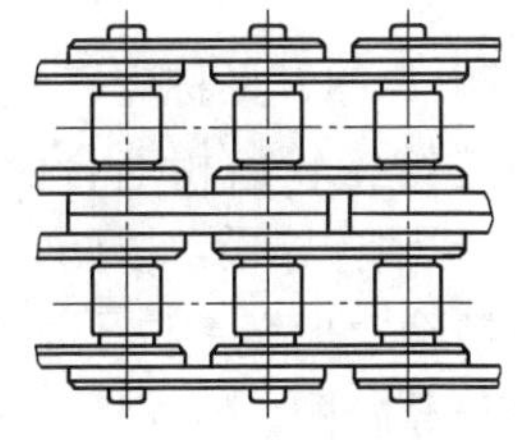
图 8-15　双排链

当链条的链节数为偶数时，链条的两端正好是外链板与内链板相连接，再用开口销（图 8-16a）或弹簧卡片（图 8-16b）的链节头锁住活动的销轴。当链条的链节数为奇数时，应采用图 8-17 所示的过渡链节。过渡链节的强度较差，应尽量避免采用。

滚子链已标准化，其基本参数见表 8-9（GB/T 1243.1-2006）。将表中的链号乘以 25.4/16mm 即为链条的节距值。链号中后缀 A 表示适用于以美国为中心的西半球地区。链号中后缀 B 表示适用于欧洲地区。

滚子链的标记方法为：链号-排数×链节数 标准编号，如：8A-1×120 GB/T 1243.1-2006，即按 GB/T 1243.1-2006 标准制造的 A 系列、节距 12.7mm、单排、120 节的滚子链。链条除了链接头外，各链节都是不可分离的。链的长度用链节数表示。

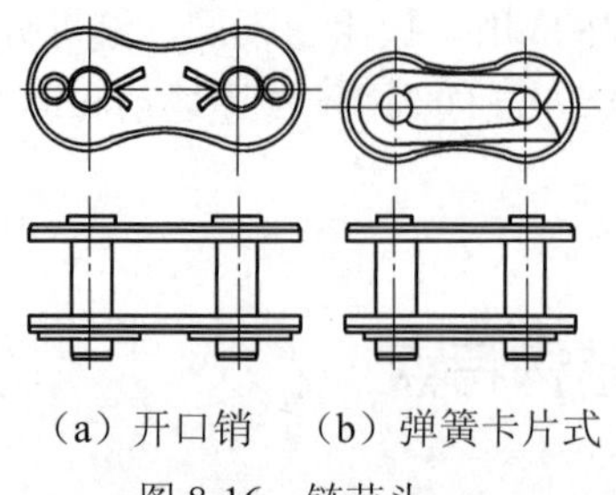

图 8-16 链节头

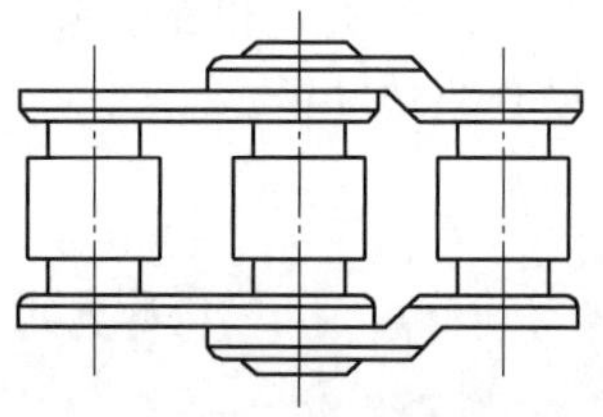

图 8-17 弯板链

表 8-9 短节距精密滚子链基本参数和尺寸

链号	节距 p/mm	滚子外径 $d_{r\,max}$ /mm	极限拉伸载荷 Q_{min} /kN	单排每米质量 q（kg/m）
05B	8.00	5.00	4.4	0.18
06B	9.525	6.35	8.9	0.40
08B	12.70	8.51	17.8	0.70
08A	12.70	7.95	13.8	0.60
10A	18.875	1016	21.8	1.00
12A	19.05	11.91	31.1	1.50
16A	25.40	15.88	55.6	2.60
20A	31.75	19.05	86.7	3.80
24A	38.10	22.23	124.6	5.60
28A	44.45	25.40	169.0	7.50
32A	50.80	28.58	222.0	10.00
40A	63.50	39.68	347.0	16.00

注：过渡链节的极限拉伸载荷按 0.8Q 计算。

2. 齿形链

齿形链（图 8-18）又称无声链，它是由一组带有两个齿的链板左右交错并列铰接而成。工作时链齿板与链轮轮齿相啮合而传递运动。齿形链板的两侧为直线，其夹角为 60°（图 8-19）。齿形链上设有导板，以防止链条工作时发生侧向窜动。导板有内导板和外导板之分。内导板可以较精确地把链定位于适当的位置，故导向性好，工作可靠，适用于高速及重载传动，但链轮轮齿需开导向槽。外导板齿形链，链轮轮齿不需开出导向槽，故链轮结构简单，但导向性差，外导板与销轴铆合处易松脱。

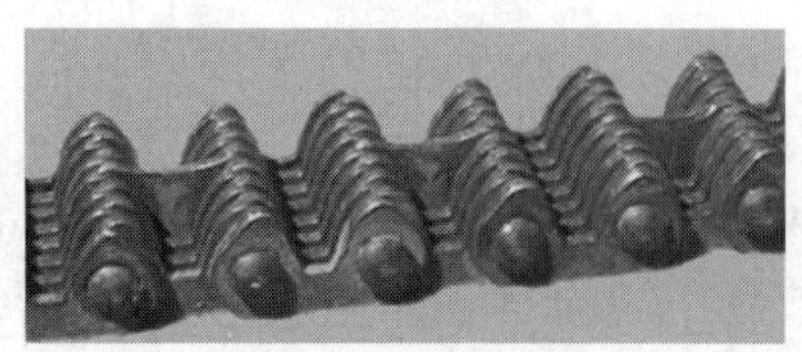

图 8-18 齿形链

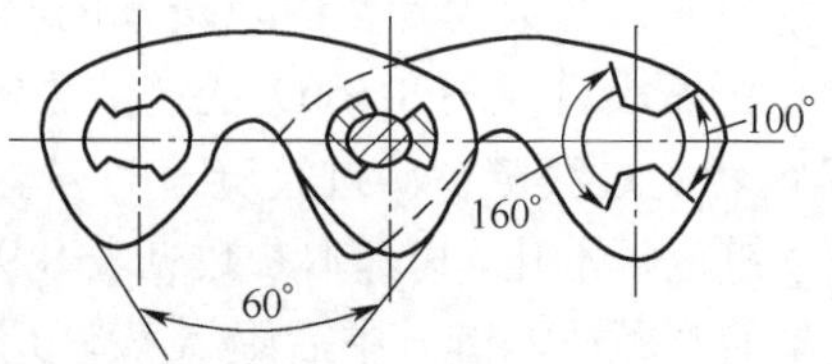

图 8-19 齿形链铰接方式

齿形链的链速可达 25～30m/s。链条的零件由碳素钢制成，通常要经过热处理以达到一定的硬度。当节距相同时，滚子链比齿形链的重量轻，价格较低廉，并可在齿数较少的链轮上工作。但由于铰链磨损而使链节伸长时，滚子链的啮合情况就比齿形链差些，易引起噪声和冲击载荷。因此在高速传动时不宜采用滚子链，通常滚子链仅用于链速 $v \leqslant 15$m/s 时。

目前，滚子链应用较广，本节只讨论滚子链传动。

二、链轮

链轮的齿形与齿轮的齿形相似，但其齿廓不是共轭齿廓，齿形具有很大的灵活性。图 8-20 所示为国标规定的滚子链链轮端面齿形，由 $\overset{\frown}{aa}$ 、$\overset{\frown}{ab}$ 、$\overset{\frown}{cd}$ 三段圆弧和一段直线 bc 构成，简称“三圆弧一直线”齿形。它具有接触应力小、磨损轻、冲击小、齿顶较高不易跳齿和脱链、切削同一节距而不同齿数的链轮时只需一把滚刀等优点。链轮上滚子中心经过的轨迹称为链轮的分度圆。由图可知，链轮的分度圆直径

$$d = \frac{p}{\sin(180° / z)}\ \text{mm} \tag{8-24}$$

式中：p 为链条的节距，mm；z 为链轮的齿数。

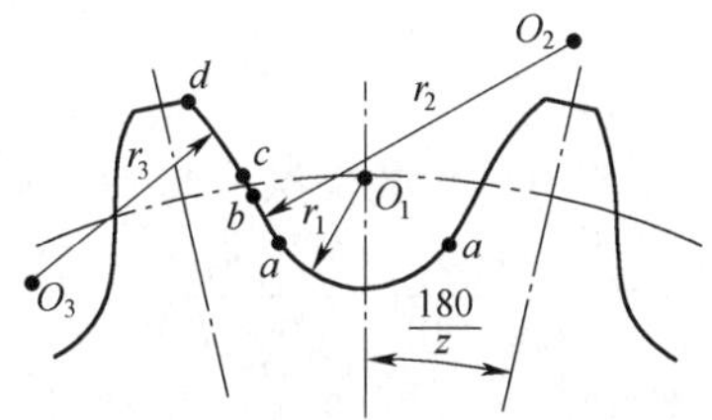

图 8-20　滚子链链轮端面标准齿形

链轮的齿形一般用标准刀具加工，因此在链轮工作图中不必画出，但应标注出链节距、齿数、分度圆直径等主要参数。

滚子链轮的结构如图 8-21 所示。直径小时常做成整体式（图 8-21a），中等直径做成孔板式（图 8-21b），大直径链轮可做成组合式，图 8-21c 为齿圈与轮芯焊接结构，图 8-21d 为螺栓连接结构，齿圈损坏后可更换。链轮与轴一般采用平键或花键连接。

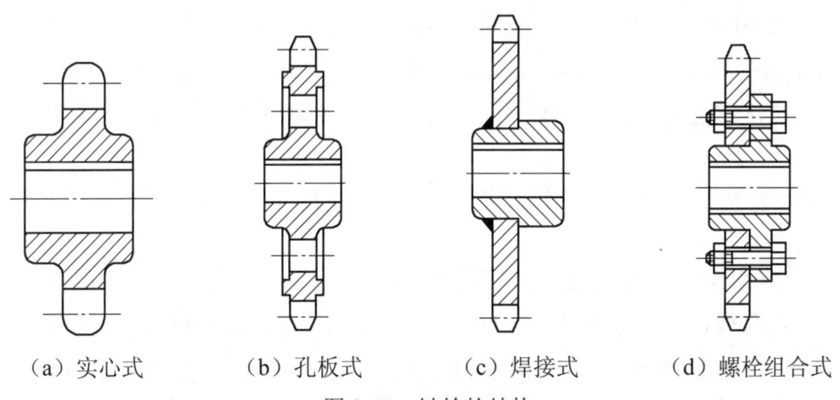

（a）实心式　（b）孔板式　（c）焊接式　（d）螺栓组合式

图 8-21　链轮的结构

链轮轮齿应具有足够的接触强度和耐磨性，故齿面多经表面热处理。由于小链轮轮齿的工作次数比大链轮轮齿多，所受冲击力也大，故所用材料常常优于大链轮。表 8-10 列出了链轮材料、热处理及齿面硬度。

表 8-10 链轮材料、热处理及齿面硬度

链轮材料	热处理	齿面硬度	应用范围
15、20	渗碳、淬火、回火	50～60HRC	$z \leqslant 25$ 有冲击载荷的链轮
35	正火	160～200HBS	$z>25$ 的链轮
45、50、ZG310-570	淬火、回火	40～45HRC	无剧烈冲击的链轮
15Cr、20Cr	渗碳、淬火、回火	50～60HRC	$z<25$ 的大功率传动链轮
40Cr、35SiMn、35CrMn	淬火、回火	40～50HRC	重要的、使用优质链条的链轮
Q235、Q255	焊接后退火	140HBS	中速、中等功率、较大的从动链轮
不低于 HT150 的灰铸铁	淬火、回火	260～280HBS	$z>50$ 的链轮
夹布胶木	—	—	功率 6kW 以下、速度较高、传动平稳噪声小处

§8-8 链传动的主要参数及其选择

1. 链条速度 v

设 p 为链条节距（mm），z、n 各为链轮的齿数和转速，则链条的平均速度为

$$v=\frac{z_1 n_1 p}{60\times 1000}=\frac{z_2 n_2 p}{60\times 1000}\ \text{m/s} \tag{8-25}$$

链条的速度愈大，链条与链轮间的冲击也愈大，使传动不平稳，加速了链条和链轮的失效。一般要求链速 $v \leqslant 15\text{m/s}$。

2. 传动比 i

链传动的传动比为

$$i=\frac{n_1}{n_2}\approx\frac{z_2}{z_1} \tag{8-26}$$

上式所求出的传动比是平均传动比。由于链节绕在链轮上形成一个正多边形，其多边形的外接圆为链轮的分度圆，即使主动链轮以等角速度 ω_1 回转时，链条牵引速度 v 以及从动链轮的角速度 ω_2 也将按三角函数周期性变化。因此，实际上链传动的瞬时传动比是不断变化的。链轮的齿数愈少（正多边形的边数愈少），从动轮的转速愈不均匀。这种不均匀性对传递的工作性能有着不良的影响，它能使链条和链轮受到附加的动载荷和冲击载荷。这种特性也称为链传动的多边形效应。

通常链传动的传动比 $i \leqslant 6$，推荐采用 $i=2\sim3.5$，低速时可达 10。

3. 链轮的齿数 z

小链轮的齿数 z_1 愈少，速度愈大，多边形效应愈显著，传动的工作情况愈差。在一般情况下，小链轮齿数可根据链速按表 8-11 选取。当必须采用较少的齿数时，也不应小于 $z_{\min}=9$。由于链条的链节数一般用偶数，故小链轮齿数选用奇数，大小链轮齿数互质便于磨损均匀。大链轮的齿数 $z_2=iz_1$，但齿数过多容易引起跳齿和脱链现象，故不应大于 $z_{\max}=120$。

表 8-11 小链轮齿数选择

链速 v（m/s）	0.6～3	>3～8	>8
小链轮齿数 z_1	≥17	≥19	≥23

4. 链节距 p

链节距是链传动最主要的参数。节距愈大，承载能力愈高，但传动的尺寸、速度不均匀性、附加动载荷、冲击和噪声亦增大。因此，设计链传动时，应在满足传递功率的前提下，尽量选取较小的节距。

5. 中心距 a 和链条长度 L

链传动的中心距过小，则小轮上的包角也小，同时受力的轮齿过少，当链轮转速不变时，单位时间内同一链节循环工作次数增多，从而加速了链条的失效。反之，如中心距过大，由于链条重量而产生的垂度增大，将使传动的工作情况变坏。在正常工作条件下，宜取中心距 $a=(30\sim50)p$。链条长度 L 的计算公式可按带传动中带长度计算公式导出为

$$L=2a+\frac{p}{2}(z_1+z_2)+\frac{p^2}{a}\left(\frac{z_2-z_1}{2\pi}\right)^2 \tag{8-27}$$

链条长度常以链节数表示。将上式除以节距 p，即得出链条的节数 L_p，即

$$L_p=\frac{2a}{p}+\frac{(z_1+z_2)}{2}+\frac{p}{a}\left(\frac{z_2-z_1}{2\pi}\right)^2 \tag{8-28}$$

算出的 L_p 应临近圆整为偶数，以避免采用过渡链节。

§8-9　滚子链传动的计算

链传动的计算通常是根据已知的链传动的工作条件、传动位置与总体尺寸限制、所需要传递的功率 P、主动链轮转速 n_1、从动链轮转速 n_2 或传动比 i 设计出链条型号、链节数 L_p 和排数、链轮齿数 z_1 和 z_2 以及链轮的结构、材料和几何尺寸，链传动的中心距 a、压轴力 F_Σ、润滑方式和张紧装置等。

一、链传动的失效形式

链传动的主要失效形式是疲劳破坏、铰链磨损、胶合、链轮轮齿的磨损和塑性变形等。

链在运动过程中，其上的各个元件都在变应力作用下工作。经过一定循环次数后，链板将会因疲劳而断裂；套筒、滚子表面将会因冲击而出现疲劳点蚀。因此，链条的疲劳强度就成为决定链传动承载能力的主要因素。

链条在工作过程中，铰链中的销轴与套筒间不仅承受较大的压力，而且还有相对转动，导致铰链磨损，其结果使链节距增大，链条总长度增加，从而使链的松边垂度发生变化，同时增大了运动的不均匀性和动载荷，引起跳齿。

当链速较高时，链节受到的冲击增大，铰链中的销轴和套筒在高压下直接接触，同时两者相对转动产生摩擦热，从而导致胶合。因此，胶合在一定程度上限制了链传动的极限转速。

二、链传动的额定功率和润滑方式

在链传动中，如果能按照推荐的润滑方式进行润滑，当速度较低时，多由于链板的疲劳断裂而失效；当速度较高时，则由于滚子、套筒的胶合而失效。通过特定的实验，在良好而充分润滑条件下，考虑各种失效形式而得出极限功率曲线，如图 8-22 所示。由这些极限功率曲线围成的封闭区表示一定条件下链传动允许传递功率的范围。制定额定功率曲线的条件是：两

轮轴线水平布置，两链轮处于同一平面；小链轮齿数 $z_1=19$；链节数 $L_p=100$；载荷平稳；按推荐的润滑方式润滑；工作寿命为 15000h；链条因磨损引起的相对伸长量不超过 3%。当链传动的工作条件与上述条件不同时，应加以修正。

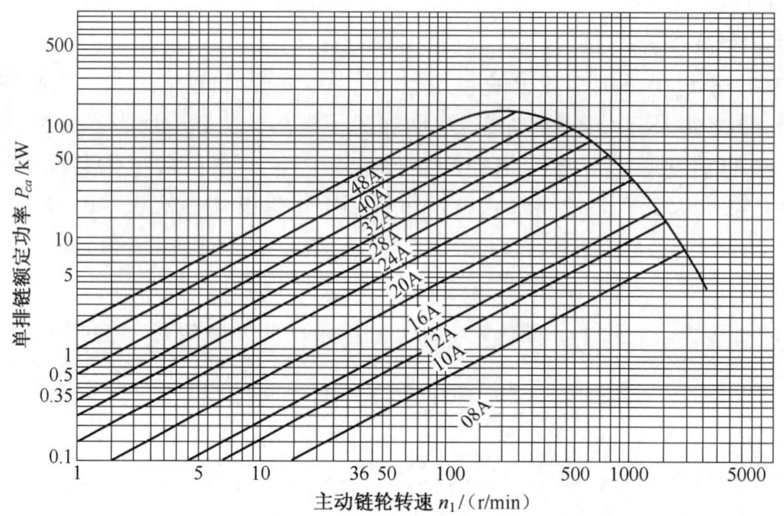

图 8-22 A 系列、单排滚子链额定功率曲线

根据链传动的工作条件，经过修正后，链条所需的额定功率为

$$P_{ca} \geqslant \frac{K_A P}{K_z K_m} \tag{8-29}$$

式中：P 为传递的功率，kW；K_A 为工作情况系数，其值按表 8-12 选取；K_z 为小链轮齿数系数，当链传动的工作区在额定功率曲线顶点的左侧时（链板疲劳），其值可查表 8-13 的 K_z，当工作区在额定功率曲线顶点的右侧时（滚子套筒冲击疲劳），其值可查表 8-13 的 K_z'；K_m 为排数系数，其值可查表 8-14。

表 8-12 工作情况系数 K_A

载荷种类	工作机械举例	原动机	
		电动机或汽轮机	内燃机
载荷平稳	离心泵、离心式鼓风机、纺织机械、负载变动少的带式输送机、链式运输机	1.0	1.2
中等冲击	一般机床、压力机、一般土建机械、粉碎机、一般制纸机械	1.3	1.4
较大冲击	压力机、破碎机、振动机械、石油钻探机、橡胶搅拌机	1.5	1.7

表 8-13 齿形系数 K_Z

z_1	9	11	13	15	17	19	21	23	25	27
K_z	0.446	0.554	0.664	0.775	0.887	1.00	1.11	1.23	1.34	1.46
K_z'	0.326	0.441	0.566	0.701	0.843	1.00	1.16	1.33	1.51	1.69

表 8-14 排数系数 K_m

排数	1	2	3	4	5	6
K_m	1.0	1.7	2.5	3.3	4.0	4.6

链传动的润滑方式应按节距 p 及链速选用。对于给定节距 p 的链条，不同链速下的润滑方式不同，常见有人工定期润滑、滴油润滑、油浴润滑、飞溅润滑和喷油润滑等几种形式，其方式选取由图 8-23 确定。

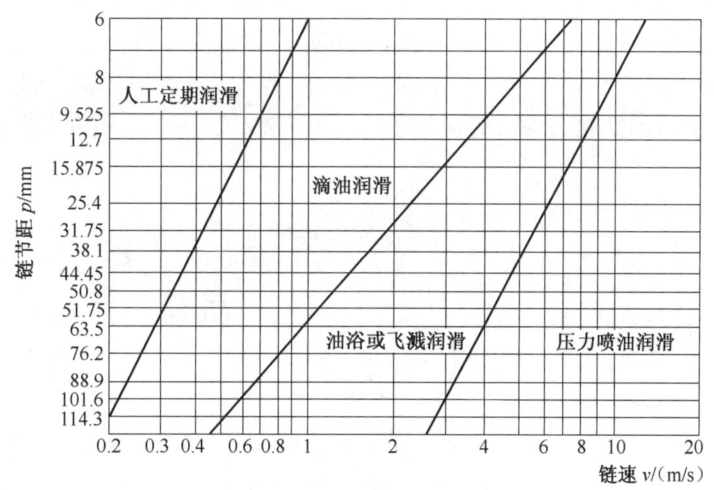

图 8-23　滚子链润滑方式的选择

三、链传动的设计过程

已知传动所需的额定功率 P_{ca} 和小链轮转速 n_1，就可选用合适的链条节距 p；如果已知链条的节距 p 和小链轮的转速 n_1，则可按图 8-22 查出链条的额定功率 P_{ca}，再由式（8-29）即可确定链条所能传递的功率 P。

如果链节数 L_P 大于 100 时，链条的预期寿命将大于 15000h；反之，预期寿命将小于 15000h。此外，当链节数 L_p 一定而且 z_1 及 n_1 不变时，链节的循环次数与传动比 i 无关，因此在链条的疲劳计算中不予考虑。

对于链速小于 0.6m/s 的低速传动，可按静强度进行计算而不用功率曲线，以便设计出更经济的链传动。

链条静安全系数的计算式为

$$S=\frac{Q_{\min}}{K_A F}\geqslant[S] \tag{8-30}$$

式中：$Q_{\min}$ 为链条的极限拉伸载荷，N，查表 8-9；K_A 为工作情况系数，查表 8-12；F 为有效圆周力，$F=\frac{1000P}{v}$，N；$[S]$ 为许用安全系数，一般情况下 $[S]\geqslant 4\sim 8$，平均取 $[S]=6$。

§8-10　链传动的布置、张紧和润滑

一、链传动的布置和张紧

链传动的布置是否合理，对传动的质量和使用寿命有较大的影响。链传动的两轴应平行，两链轮应处于同一平面；一般宜采用水平或接近水平布置，并使松边在下。两链轮中心的连线

与水平面的倾斜角应尽量避免超过 45°。

链条张紧的目的主要是为了避免链的悬垂度太大，啮合时链条产生横向振动，同时也是为了增加啮合包角。常用的张紧方法有调整中心距张紧和张紧装置张紧两类。中心距不可调时使用张紧轮，张紧轮一般压在松边靠近小轮处。张紧轮可以是链轮，也可以是无齿的辊轮。张紧轮的直径应与小链轮的直径相近。张紧轮的直径略小，宽度应比链约宽 5mm，并常用夹布胶木制造。张紧轮张紧装置有自动张紧式和定期张紧式两种。前者多用弹簧、配重等自动张紧装置（图 8-24a、b）；后者用螺栓、偏心等调整装置（图 8-24c）。另外，还有用托板、压板张紧。

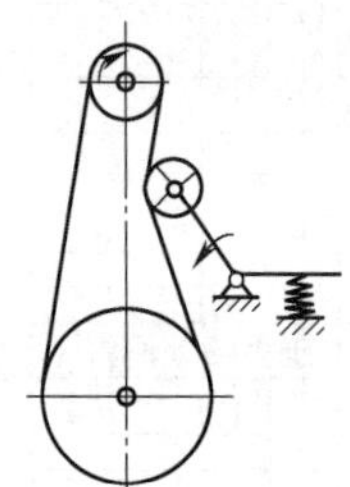

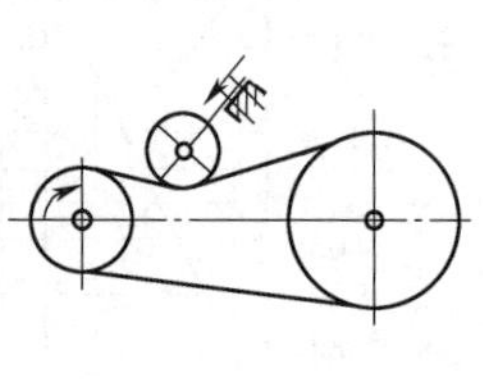

（a）弹簧自动张紧　（b）配重自动张紧　（c）偏心装置自动张紧

图 8-24　滚子链的张紧方式

二、链传动的润滑和维护

良好的润滑有利于减小磨损，降低摩擦损失，缓和冲击和延长链的使用寿命。根据链速和链节距选择润滑方式。对于开式传动和不易润滑的链传动，可定期拆下链条，先用煤油清洗干净，干燥后再浸入 70℃至 80℃润滑油中片刻（销轴垂直放入油中），尽量排尽铰链间隙中的空气，待吸满油后，取出冷却，擦去表面润滑油后，安装继续使用。润滑方式应该按照图 8-23 中推荐的方法进行润滑。一般可采用 L-AN46、L-AN68 及 L-AN100 号全损耗系统用油。

例题 8-2　设计一带式输送机用的滚子链传动。已知电动机的转速 $n_1 = 720\ \text{r/min}$，功率 $P = 7\ \text{kW}$，输送机的转速 $n_2 = 240\ \text{r/min}$，载荷平稳。

解：（1）选择链轮齿数。

假定链速 $v = 3 \sim 8\ \text{m/s}$，由表 8-11 取小链轮齿数 $z_1 = 21$。

因链传动速比 $i = \dfrac{n_1}{n_2} = \dfrac{720}{240} = 3$，故大链轮齿数 $z_2 = iz_1 = 3 \times 21 = 63$，$z_2 < 120$，故齿数选择合适。

（2）初定中心距 a_0，确定链节距 p。

初定中心距 $a_0 = (20 \sim 50)p$，取 $a_0 = 40p$。

计算额定功率 P_{ca}：

$P_{ca} \geqslant \dfrac{K_A P}{K_z K_m}$，由表 8-12 查得 $K_A = 1$；表 8-13 得 $K_z = 1.11$；采用单排链，由表 8-14 得 $K_m = 1$，代入上式得 $P_{ca} \geqslant \dfrac{K_A P}{K_z K_m} = \dfrac{1 \times 7}{1.11 \times 1}\text{kW} = 6.3\text{kW}$。

查图 8-22，选用 10A 号链条，节距 $p = 15.875\ \text{mm}$。

（3）计算链条节数。

由式（8-28）得

$$L_p=\frac{2a}{p}+\frac{(z_1+z_2)}{2}+\frac{p}{a}\left(\frac{z_2-z_1}{2\pi}\right)^2=\frac{2\times 40p}{p}+\frac{21+63}{2}+\frac{p}{40p}\left(\frac{63-21}{2\pi}\right)^2=123.12$$

取 $L_p=124$ 节（取偶数），$L_p>100$ 节，故链条的预期寿命大于 15000h。

（4）确定实际中心距 a。

现将中心距设计成可调整的，则 $a\approx a_0=40p=40\times 15.875\text{mm}=635\text{ mm}$。

（5）验算链速。

$v=\dfrac{n_1z_1p}{60000}=\dfrac{720\times 21\times 15.875}{60000}\text{m/s}\approx 4\text{m/s}$，符合原假设。由图 8-23 知，链条应采用油浴或飞溅润滑。

（6）求作用在轴上的力。

圆周力 $F=1000P/v=1000\times 7/4=1750\text{N}$，工作平稳，取轴上的压力 $F_\Sigma=1.2F=1.2\times 1750=2100\text{N}$。

（7）计算链轮的尺寸。

小链轮分度圆直径，$d_1=\dfrac{p}{\sin(180^\circ/z_1)}=\dfrac{15.875}{\sin(180^\circ/21)}\text{mm}=106.51\text{mm}$。

大链轮分度圆直径，$d_2=\dfrac{p}{\sin(180^\circ/z_2)}=\dfrac{15.875}{\sin(180^\circ/63)}\text{mm}=318.48\text{ mm}$。

链轮的其他尺寸及零件图从略。

设计结果：滚子链型号 10A-1×124 GB1243.1-2006，链轮齿数 $z_1=21$，$z_2=63$，链节数 124 节，中心距 $a=635\text{mm}$，润滑方式为油浴或飞溅润滑，压轴力 2100N。

习　题

8-1　在相同条件下，为什么 V 带比平带的传动能力大？

8-2　带在传动工作中受哪些应力，其最大应力发生在什么位置？

8-3　带传动能传递的最大有效圆周力的大小与哪些因素有关？

8-4　什么是滑动率？带传动的滑动率如何计算？一般情况下滑动率的数值变化范围如何？

8-5　V 带传动的主要失效形式是什么？

8-6　带传动打滑与弹性滑动有什么区别？

8-7　V 带传动设计中，为什么要限制小带轮直径的最小尺寸？

8-8　某 V 带能传递的最大功率 $P=6\text{ kW}$，主动轮直径 $d_1=100\text{mm}$，主动轮转速 $n_1=1460\text{ r/min}$，小带轮包角 $\alpha_1=150^\circ$，带与带轮之间的当量摩擦系数 $f_V=0.51$，求紧边拉力 F_1、松边拉力 F_2、有效拉力 F_e 及预紧力 F_0。

8-9　V 带能传递的最大功率 $P=7.5\text{kW}$，带速 $v=10\text{ m/s}$。现测得张紧力 $F_0=1125\text{N}$，求紧边拉力 F_1、松边拉力 F_2。

8-10　带传动为什么要张紧？常用的张紧方法有那几种？在什么情况下使用张紧轮？张紧轮应装在什么地方？

8-11　与带传动相比，链传动有哪些优缺点？

8-12　引起链传动速度不均匀的原因是什么？主要影响参数是什么？

8-13　为什么在一般情况下，链传动的瞬时传动比不是恒定的？在什么条件下是恒定的？

8-14　滚子链中滚子的作用是什么？为什么链板一般制成 8 字形？各元件之间的连接和配合关系怎样？

8-15　链传动为什么要适当张紧？常见有哪些张紧方法？如何控制松边的下垂度？

8-16　为什么链节数一般采用偶数而链轮齿数一般选用用奇数？

8-17　一带式输送机传动装置采用 3 根 B 型 V 带传动，已知主动轮转速 $n_1 = 1450\,\text{r/min}$，从动轮转速 $n_2 = 600\,\text{r/min}$，主动轮基准直径 $d_1 = 180\,\text{mm}$，中心距 $a \approx 900\,\text{mm}$，求带能传递的最大功率。为了使结构紧凑，将主动轮基准直径改为 $d_1 = 125$，$a \approx 40\,\text{mm}$，问带所能传递的功率比原设计降低多少？

8-18　试设计一立式铣床主传动中的 V 带传动。已知电动机功率 $P = 4.5\,\text{kW}$，转速 $n_1 = 1450\,\text{r/min}$，进入变速箱的转速 $n_2 = 480\,\text{r/min}$，由于结构限制，要求带传动的中心距在 480～500mm 之间，两班制工作。

8-19　已知一滚子链传动所传递的功率 $P = 20\,\text{kW}$，$n_1 = 200\,\text{r/min}$，传动比 $i = 3$，链轮中心距 $a = 3\text{m}$，水平安装，载荷平稳，试设计此链传动。

第 9 章　齿轮传动设计

§9-1　齿轮传动的失效形式及设计准则

一、齿轮传动的概述

齿轮传动是现代机械传动中最重要的传动之一，形式很多，应用广泛。

齿轮传动的主要优点是：能保证传动比恒定不变；结构紧凑；效率高，一般效率在 0.98 以上；适用的载荷与速度范围很广，传递的功率可由很小到几万千瓦，圆周速度 v 可达 150m/s 以上；工作可靠寿命长。其主要缺点是：对制造及安装精度要求较高；当两轴间距离较大时，采用齿轮传动较为笨重。近年来，由于齿轮制造技术的迅速发展，齿轮在机械制造业中的重要性越明显了。

按照齿轮传动的工作情况分为开式齿轮传动和闭式齿轮传动。开式齿轮传动中齿轮是外露的，灰尘等容易落入，只能定期添加润滑剂润滑，所以齿轮易磨损，多用于低速传动。闭式齿轮传动中齿轮全部装在润滑良好的密封刚性箱体内，所以润滑条件好，装配精确，多用于重要的传动。

按照齿轮的圆周速度可以分为：①低速传动，圆周速度 $v < 3\text{m/s}$；②中速传动 $v = 3 \sim 5\text{m/s}$；③高速传动 $v > 15\text{m/s}$。按使用情况分为：动力齿轮——以动力传输为主，常为高速重载或低速重载传动；传动齿轮——以运动准确为主，一般为轻载高精度传动。按齿面硬度分为：软齿面齿轮（齿面硬度≤350HBS）；硬齿面齿轮（齿面硬度>350HBS）。按传动比是否恒定分为：定传动比和变传动比齿轮机构。由于定传动比齿轮广泛使用，本章讨论定传动比齿轮的设计。

二、齿轮的主要失效形式

齿轮传动的失效主要是指轮齿的失效。常见的失效形式有轮齿折断和齿面损伤两种。齿面损伤包括齿面磨损、齿面胶合、齿面点蚀、齿面塑性变形。

1. 轮齿折断

轮齿折断（图 9-1a）有多种形式，在正常情况下，主要是齿根弯曲疲劳折断，因为在轮齿受载时，齿根处产生的弯曲应力最大，再加上齿根过渡部分的截面突变及加工刀痕等引起的应力集中作用，当轮齿重复受载后，齿根处就会产生疲劳裂纹，并逐步扩展，致使轮齿疲劳折断。

此外，在轮齿受到突然过载时，也可能出现过载折断或剪断；在轮齿受到严重磨损后齿厚过分减薄时，也会在正常载荷作用下发生折断。在斜齿圆柱齿轮传动中，轮齿工作面上的接触线为一斜线，轮齿受载后，如有载荷集中时，就会发生局部折断。若制造或安装不良使轴的弯曲变形过大、轮齿局部受载过大时，即使是直齿圆柱齿轮，也会发生局部折断。

2. 齿面磨粒磨损

当铁屑、粉尘等微粒进入轮齿的啮合部位时，将引起齿面的磨粒磨损。在齿轮传动中，齿面随着工作条件的不同会出现不同的磨损形式。例如，当啮合齿面间落入磨粒性物质（如砂粒、铁屑等）时，齿面即被逐渐磨损而至报废，这种磨损称为磨粒磨损（图 9-1b）。它是开式齿轮传动的主要失效形式之一，改用闭式齿轮传动是避免齿面磨粒磨损最有效的方法。

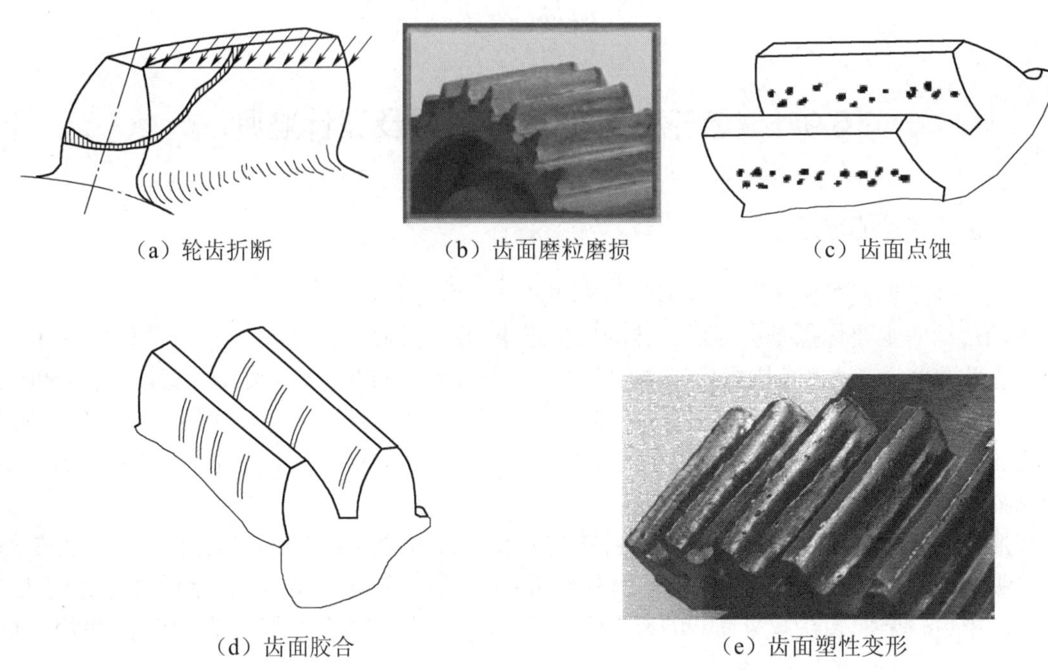

（a）轮齿折断　（b）齿面磨粒磨损　（c）齿面点蚀

（d）齿面胶合　（e）齿面塑性变形

图 9-1　齿轮各种失效形式

3. 齿面点蚀

轮齿工作时，其工作表面上的接触应力是随时间变化的脉动循环应力。在润滑良好的闭式齿轮传动中，常见的齿面失效形式多为点蚀。所谓点蚀就是齿面材料在变化着的接触应力作用下，由于疲劳而产生的麻点状损伤现象。齿面上最初出现的点蚀仅为针尖大小的麻点，如工作条件未加改善，麻点就会逐渐扩大，甚至数点连成一片，最后形成了明显的齿面损伤（图 9-1c）。当轮齿在靠近节线处啮合时，由于相对滑动速度低，形成油膜的条件差，润滑不良，摩擦力较大，特别是直齿轮传动，通常这时只有一对齿啮合，轮齿受力也最大，因此，点蚀也就首先出现在靠近节线的齿根面上，然后再向其他部位扩展。

提高齿轮材料的硬度，可以增强齿轮抗点蚀的能力。在啮合的轮齿间加注润滑油可以减小摩擦，减缓点蚀，延长齿轮的工作寿命。并且在合理的限度内，润滑油的黏度越高，上述效果也愈好。对速度不高的齿轮传动，用黏度高一点的油来润滑为宜；对速度较高的齿轮传动（如圆周速度 v>12m/s）要用喷油润滑（同时还起散热的作用），此时只宜用黏度低的油。开式齿轮传动，由于齿面磨损较快，很少出现点蚀。

4. 齿面胶合

按其形成的条件，可分为热胶合和冷胶合。对于高速重载的齿轮传动（如航空发动机减速器的主传动齿轮），齿面间的压力大，瞬间温度高，润滑效果差，当瞬时温度过高时，相啮合的两齿面就会发生粘在一起的现象，由于相粘结的部位即被撕破，在齿面上沿相对滑动的方向形成伤痕，称为胶合（图 9-1d）。传动时齿面瞬时温度愈高、相对滑动速度愈大的地方，愈易发生胶合。

5．齿面塑性变形

重载时在摩擦力的作用下，可能产生齿面的塑性流动，从而破坏原有的正确齿形，这种失效称为塑性变形（图 9-1e）。塑性变形属于轮齿永久变形的失效形式，它是由于在过大的应力作用下，轮齿材料处于屈服状态而产生的齿面塑性流动所形成的。塑性变形一般发生在硬度较低的齿轮上；但在重载作用下，硬度高的齿轮上也会出现。塑性变形引起金属沿摩擦力的方向流动，在主动齿轮节线附近形成凹坑，在从动齿轮节线附近形成凸脊。

由于齿轮其他部分（齿圈、轮辐、轮毂等）通常是经验设计的，其尺寸对于强度和刚度而言均较富裕，实践中也极少失效。

三、齿轮的设计准则

上面介绍了轮齿的几种失效形式，但在工程实践中，对于一般用途的齿轮传动，通常只做齿根弯曲疲劳强度和齿面接触疲劳强度计算。对于闭式齿轮传动，若一对齿轮或其中一齿轮的齿面硬度为软齿面时，其齿面接触疲劳强度较低，故按接触疲劳强度的设计公式确定齿轮的主要尺寸，然后再按齿根弯曲疲劳强度进行校核。若齿面为硬齿面，且齿面硬度很高时，其齿面接触疲劳强度很高，而齿根弯曲疲劳强度可能相对较低，则可按弯曲疲劳强度的设计公式确定齿轮的主要尺寸，再按齿面接触疲劳强度进行校核。

对开式齿轮传动，其主要失效形式是磨粒磨损和弯曲疲劳折断。因目前磨损还无成熟的计算方法，故按弯曲疲劳强度计算出模数。考虑到磨损后轮齿变薄，一般把计算的模数增大10%～15%，再取相近的标准值。因磨粒磨损速率远比齿面疲劳裂纹扩展速率快，即齿面疲劳裂纹还未扩展即被磨去。所以，一般开式传动不会出现点蚀，因而也无需验算接触疲劳强度。

§9-2　齿轮的材料和精度及其选择

齿轮的齿体应有较高的抗折断能力，齿面应有较强的抗点蚀、抗磨损和较高的抗胶合能力，即要求：齿面硬、芯部韧。

一、齿轮常用的材料

1．钢

钢材的韧性好、耐冲击，还可通过热处理或化学热处理改善其力学性能及提高齿面的硬度，故最适于用来制造齿轮。

（1）锻钢。

除尺寸过大或者是结构形状复杂只宜铸造者外，一般都用锻钢制造齿轮，常用的是含碳量在 0.15%～0.6%的碳钢或合金钢。制造齿轮的锻钢可分为以下两类。

1）经热处理后切齿的齿轮所用的锻钢。对于强度、速度及精度都要求不高的齿轮，应采用软齿面以便于切齿，并使刀具不致迅速磨损变钝。因此，应将齿轮毛坯经过常化（正火）或调质处理后切齿。切制后即为成品。其精度一般为 8 级，精切时可达 7 级。这类齿轮制造简便、经济、生产率高。

2）需进行精加工的齿轮所用的锻钢。高速、重载及精密机器（如精密机床、航空发动机）所用的主要齿轮传动，除要求材料性能优良，齿轮具有高强度及齿面具有高硬度（如 58～

65HRC）外，还应进行磨齿等精加工。需精加工的齿轮目前多是先切齿，再做表面硬化处理，最后进行精加工，精度可达 5 级或 4 级。这类齿轮精度高，价格较贵，所用热处理方法有表面淬火、渗透、氮化、软氮化及氰化等。所用材料视具体要求及热处理方法而定。

合金钢根据所含金属的成分及性能，可分别使材料的韧性、耐冲击、耐磨及抗胶合的性能获得提高，也可通过热处理或化学热处理改善材料的力学性能及提高齿面的硬度。所以对于既是高速、重载，又要求尺寸小、质量小的航空用齿轮，就都用性能优良的合金钢来制造。

由于硬齿面齿轮具有力学性能高、结构尺寸小等优点，因而一些工业发达的国家在一般机械中也普遍采用了中、硬齿面的齿轮传动。

（2）铸钢。

铸钢的耐磨性及强度均较好，但应经退火及常化处理，必要时也可进行调质。铸钢常用于尺寸较大的齿轮。

2. 铸铁

灰铸铁性质较脆，抗冲击及耐磨性都较差，但抗胶合及抗点蚀的能力较好。灰铸铁齿轮常用于工作平稳、速度较低、功率不大的场合。

3. 非金属材料

对高速、轻载及精度不高的齿轮传动，为了降低噪声，常用非金属材料（如夹布塑胶、尼龙等）做小齿轮，大齿轮仍用钢或铸铁制造。为使大齿轮具有足够的抗磨损及抗点蚀的能力，齿面硬度应为 250～350HBS。

二、齿轮材料的选择原则

齿轮材料的选择原则如下：必须满足工作条件的要求。应考虑齿轮尺寸的大小、毛坯成型方法及热处理和制造工艺。正火碳钢用于制造在载荷平稳或轻度冲击下工作的齿轮；调质钢可用于中等冲击下工作的齿轮；合金钢常用于制造高速、重载并在冲击载荷下工作的齿轮，飞行器中的齿轮传动，应采用表面硬化的高强度合金钢。表 9-1、表 9-2 分别列出了常用的齿轮材料和应用举例。

表 9-1 常用的齿轮材料

材料牌号	热处理	硬度 HBS 或 HRC	材料牌号	热处理	硬度 HBS 或 HRC
Q275		150～200HBS	35CrMo	调质	210～280HBS
45	正火	170～210HBS	35CrMo	表面淬火	40～50HRC
45	调质	210～280HBS	20Cr	表面淬火、回火	56～62HRC
45	表面淬火	40～50HRC	20CrMnTi	表面淬火、回火	56～62HRC
35SiMn、42SiMn	调质	210～280HBS	ZG310-570	正火	163～197HBS
35SiMn、42SiMn	表面淬火	45～55HRC	ZG340-640	正火	179～207HBS
40MnB	调质	240～280HBS	HT300		180～250HBS
40Cr	调质	230～280HBS	QT500-7		170～230HBS

表 9-2　齿轮工作齿面硬度及其组合的应用举例

齿面类型	齿轮种类	热处理		两轮工作齿面硬度差	工作齿面硬度举例		备注
		小齿轮	大齿轮		小齿轮	大齿轮	
软齿面（≤350HBS）	直齿	调质	正火 调质	≥20～50HBS	240～270HBS 260～290HBS 280～310HBS 300～330HBS	180～220HBS 220～240HBS 240～260HBS 260～280HBS	用于重载中低速固定式传动装置
	斜齿及人字齿	调质	正火 调质	40～50HBS	240～270HBS 260～290HBS 270～300HBS 300～330HBS	160～190HBS 180～210HBS 200～230HBS 230～260HBS	
软硬组合齿面（>350HBS$_1$、≤350HBS$_2$）	斜齿及人字齿	表面淬火	调质	齿面硬度差很大	40～50HRC	200～230HBS 230～260HBS	用于负荷冲击及过载都不大的重载中低速固定式传动装置
		渗碳	调质		56～62HRC	270～300HBS 200～330HBS	
硬齿面（>350HBS）	直齿、斜齿及人字齿	表面淬火	表面淬火	齿面硬度大致相同	45～50HRC		用在传动尺寸受结构条件限制的情形和运输机器上的传动装置
		渗碳	渗碳		56～62HRC		

三、齿轮传动精度的选择

根据 GB/T 13924-2008 标准，圆柱齿轮的加工精度分为 12 个等级（由 1 级到 12 级），其中 6 级、7 级、8 级和 9 级最常用。确定齿轮加工精度等级时，一般可根据传动的用途、工作要求及圆周速度等，参考表 9-3 选取。

表 9-3　齿轮传动精度等级及应用举例

精度等级	圆周速度 v(m/s)			表面粗糙度 Ra(μm)	应用举例
	直齿圆柱齿轮	斜齿圆柱齿轮	直齿锥齿轮		
6 级	≤15	≤30	≤9	0.8	在高速重载下工作的齿轮传动，如机床、汽车和飞机的重要齿轮；分度机构齿轮；高速减速器齿轮
7 级	≤10	≤20	≤6	1.6	在高速中载或中速重载下工作的齿轮传动，如中速减速器齿轮；机床进给齿轮；机床、汽车的变速箱齿轮
8 级	≤5	≤9	≤3	3.2～6.3	对精度没有特殊要求的一般机械的齿轮，如普通减速器齿轮机床、汽车和拖拉机的一般齿轮；起重及输送机械的齿轮、农业机械的重要齿轮
9 级	≤3	≤6	≤2.5	≤12.5	对精度要求不高及低速工作的齿轮、农业机械及手动机械的齿轮

§9-3 直齿圆柱齿轮传动的强度计算

一、齿轮受力分析

为了计算齿轮轮齿的强度，设计轴和轴承，需要知道作用在轮齿上的作用力的大小和方向。图 9-2 所示为直齿圆柱齿轮的受力情况。为简化分析，常以作用在齿宽中点处的集中力代替均布力。忽略摩擦力的影响，该集中力为沿啮合线指向齿面的法向力 F_n。法向力分解为圆周力和径向力为

$$\begin{cases}\text{圆周力（切向力）} & F_t = 2T_1/d_1 \\ \text{径向力} & F_r = F_t\tan\alpha \\ \text{法向力} & F_n = F_t/\cos\alpha\end{cases} \tag{9-1}$$

式中：T_1 为小齿轮传递的转矩，$\mathrm{N\cdot mm}$；d_1 为小齿轮节圆直径，mm；α 为啮合角。圆周力 F_t 的方向，在主动轮上和转动方向相反，在从动轮上和转动方向相同，径向力 F_r 的方向由作用点指向各自的轴线。

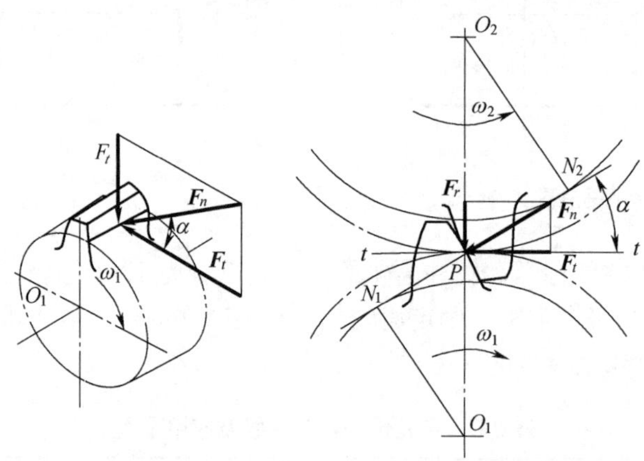

图 9-2 直齿圆柱轮齿的受力分析模型

二、计算载荷

上述受力分析是在载荷沿齿宽均匀分布的理想条件下进行的。但实际运转时，由于齿轮、轴、轴承支承等存在制造、安装误差，以及受载时产生弯曲和扭转变形等，使载荷沿齿宽不是均匀分布，造成载荷局部集中。轴和轴承的刚度较小，齿宽越宽，载荷集中越严重。此外，由于各种原动机和工作机的特性不同（例如机械的启动和制动、工作机构速度的突然变化和过载等），导致在齿轮传动中还将引起附加动载荷。因此在齿轮强度计算时，通常用计算载荷 F_{ca} 代替名义载荷 F_n，其计算式为

$$F_{ca} = KF_n \tag{9-2}$$

其中 K 为载荷系数，其值由表 9-4 查取。

表 9-4 载荷系数 K

原动机	工作机特性		
	工作平稳	中等冲击	较大冲击
电动机、透平机	1.0～1.2	1.2～1.5	1.5～1.8
多缸内燃机	1.2～1.5	1.5～1.8	1.8～2.1
单缸内燃机	1.6～1.8	1.8～2.0	2.1～2.4

三、齿根弯曲疲劳强度计算

为了防止齿轮在工作时发生轮齿折断，应限制在轮齿根部的弯曲应力。在计算轮齿弯曲强度时，可以把轮齿看作一个悬臂梁，其悬臂梁的宽度为 b。其危险截面可用 30° 切线法确定，即作与轮齿对称中线成 30° 夹角并与齿根圆相切的斜线，两切点的连线是危险截面位置。法向力 F_n 作用在齿顶上（图 9-3a）。F_n 分解为轮齿弯曲的分力 $F_H = F_n \cos\alpha_F$ 和使轮齿受压缩的分力 $F_V = F_n \sin\alpha_F$（图 9-3b）。由于 F_V 产生的压缩应力相对弯曲应力来说一般较小，故暂可略去不计，所以轮齿的计算应根据 F_H 所产生的弯曲应力来进行。

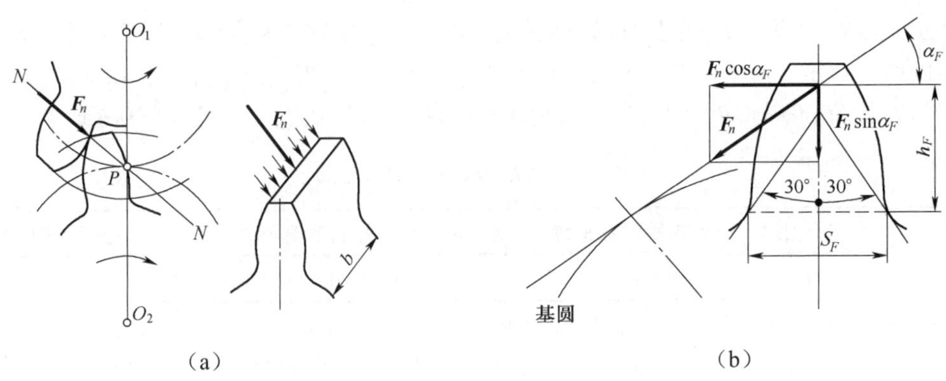

图 9-3 弯曲疲劳强度计算模型

设轮齿根部的危险截面的宽度为 S_F，它与力 F_H 的距离为 h_F。危险截面上的弯曲应力为

$$\sigma_F = \frac{M}{W} = \frac{F_H h_F}{bS_F^2/6} = \frac{F_{ca} h_F \cos\alpha_F}{bS_F^2/6} = \frac{KF_t}{bm} \cdot \frac{6(h_F/m)\cos\alpha_F}{b(S_F/m)^2\cos\alpha} \tag{9-3}$$

令 $Y_F = \dfrac{6(h_F/m)\cos\alpha_F}{b(S_F/m)^2\cos\alpha}$，$Y_F$ 是一个无因次量，只与轮齿的齿廓形状有关，而与齿的大小无关，称为齿形系数。

将 $F_t = \dfrac{2T_1}{d_1}$ 及 $d_1 = mz_1$ 代入式（9-3），考虑在齿根部由 F_V 产生的压应力的影响，引入应力校正系数 Y_S，则可得齿轮弯曲强度的验算公式为

$$\sigma_F = \frac{2KT_1Y_FY_S}{bmd_1} = \frac{2KT_1Y_FY_S}{bm^2z_1} \leqslant [\sigma_F]\,\text{MPa} \tag{9-4}$$

式中：$[\sigma_F]$ 为齿轮材料的许用弯曲应力，MPa；Y_F 为齿形系数，是仅与齿形有关而与模数 m 无关的系数，其值可根据齿数查表获得。齿形系数 Y_F 和应力校正系数 Y_S 的值列于表 9-5 中。

表 9-5 齿形系数 Y_F 和应力校正系数 Y_S

$Z(Z_V)$	17	18	19	20	21	22	23	24	25	26	27	28	29
Y_F	2.97	2.91	2.85	2.80	2.76	2.72	2.69	2.65	2.62	2.60	2.57	2.55	2.53
Y_S	1.52	1.53	1.54	1.55	1.56	1.57	1.575	1.58	1.59	1.595	1.60	1.61	1.61
$Z(Z_V)$	30	35	40	45	50	60	70	80	90	100	150	200	齿条
Y_F	2.52	2.45	2.40	2.35	2.32	2.28	2.24	2.22	2.20	2.18	2.14	2.12	2.06
Y_S	1.625	1.65	1.67	1.68	1.70	1.73	1.75	1.77	1.78	1.79	1.83	1.865	1.97

按弯曲强度计算齿轮时，往往要确定模数 m，定义齿宽系数 $\phi_d = b/d_1$，代入式（9-4），可得齿轮弯曲强度的校核公式为

$$\sigma_F = \frac{2KT_1Y_FY_S}{\phi_d m^3 z_1^2} \leqslant [\sigma_F]\,\text{MPa} \tag{9-5}$$

于是得齿根弯曲疲劳强度设计公式为

$$m \geqslant \sqrt[3]{\frac{2KT_1Y_FY_S}{\phi_d z_1^2[\sigma_F]}}\ \text{mm} \tag{9-6}$$

按上式求得的模数 m 应圆整成标准模数（表 5-1）。由式（9-6）可知，齿宽系数 ϕ_d 的数值愈大，则模数愈小，但增大了齿宽 b，降低了机体的刚度，齿轮制造和安装精度不高，则容易发生沿齿宽载荷分布不均匀的现象，易使轮齿折断。ϕ_d 的数值一般可按表 9-6 选取。

表 9-6 圆柱齿轮的齿宽系数 ϕ_d

装置状况	两支承相对于小齿轮做对称布置	两支承相对于小齿轮做不对称布置	小齿轮做悬臂布置
ϕ_d	0.9～1.4（1.2～1.9）	0.7～1.15（1.1～1.65）	0.4～0.6

注：①大小齿轮皆为硬齿面时，ϕ_d 应取表中偏下限值，若皆为软齿面或仅大齿轮为软齿面时，ϕ_d 可取表中偏上限的数值；②括号内的数值用于人字齿轮，此时 b 为人字齿轮的总宽度；③金属切削机床的齿轮传动，如传递功率不大时，ϕ_d 可小到 0.2；④非金属齿轮可取 $\phi_d = 0.5 \sim 1.2$。

在满足弯曲强度条件下，宜选取较大的齿数 z_1，因齿数增多，则齿轮的重合度大，传动平稳，摩擦损失小和制造费用低。对于齿轮硬度≤350HBS 的闭式传动，最好取 $z_1 = 20 \sim 40$；对于开式齿轮传动及齿面硬度>350HBS 的闭式传动，为了保证轮齿具有足够的弯曲强度和减小齿轮的尺寸，宜适当减少齿数，但一般不小于 17 个齿。

许用弯曲应力 $[\sigma_F]$ 值的选取。当齿轮单向传动时，其弯曲应力可认为是脉动循环变化的；当齿轮双向传动时，其弯曲应力是对称循环变化的，许用应力是脉动循环的 70%。许用弯曲应力和接触应力见表 9-7。

表 9-7 许用弯曲应力 $[\sigma_F]$ 和接触应力 $[\sigma_H]$ 值

材料	热处理方法	轮齿硬度	$[\sigma_F]$/MPa	$[\sigma_H]$/MPa
普通碳钢	正火	150～210HBS	153～162	360～408
碳素钢	调质、正火	170～270HBS	174～194	499～569
合金钢	调质	200～350HBS	215～260	580～730

续表

材料	热处理方法	轮齿硬度	$[\sigma_F]$/MPa	$[\sigma_H]$/MPa
铸钢		150～200HBS	123～130	300～340
碳素铸钢	调质、正火	170～230HBS	154～166	429～471
合金铸钢	调质	200～350HBS	175～213	540～690
碳素钢、合金钢	表面淬火	45～58HRC	273～305	995～1138
合金钢	表面淬火	54～63HRC	313～365	1265～1472
灰铸铁		150～250HBS	45～55	270～370
球墨铸铁		200～300HBS	170～190	450～590

注：①接触疲劳强度安全系数 $S_H=1\sim1.1$；②齿根弯曲疲劳强度安全系数 $S_F=1.1\sim1.25$。

应用式（9-6）计算模数时，应将 $Y_{F1}/[\sigma_F]_1$、$Y_{F2}/[\sigma_F]_2$ 中较大的数值代入计算，这样可使大小齿轮的弯曲强度均得到满足。

四、齿面接触疲劳强度计算

轮齿表面的点蚀现象与齿轮接触应力的大小有关。为了计算齿面的接触应力，首先要研究一对齿轮在节点啮合时的情况。图 9-4 表示一对齿轮在节点接触。通常，此时只有一对轮齿传递载荷。由图可知，轮齿在节点处的接触可以看作相当于曲率半径分别为 ρ_1、ρ_2 及宽度为齿宽 L 的两个圆柱体相互接触。根据弹性力学的赫兹公式可知，当两圆柱体为钢制时接触处的最大应力为

$$\sigma_H=0.418\sqrt{\frac{PE}{\rho_\Sigma}}\ \text{MPa} \tag{9-7}$$

式中：P 为接触线单位长度上的载荷，$P=F_n/L$，N/mm；L 为接触线长度，mm；F_n 为法向载荷，N；E 为综合弹性模量，$E=\dfrac{2E_1E_2}{E_1+E_2}$，MPa，它与两圆柱体的弹性模量 E_1、E_2 有关；ρ_Σ 为综合曲率半径，$\rho_\Sigma=\dfrac{\rho_1\rho_2}{\rho_1\pm\rho_2}$，mm，与两圆柱体的曲率半径 ρ_1、ρ_2 有关，正号用于外啮合，负号用于内啮合。

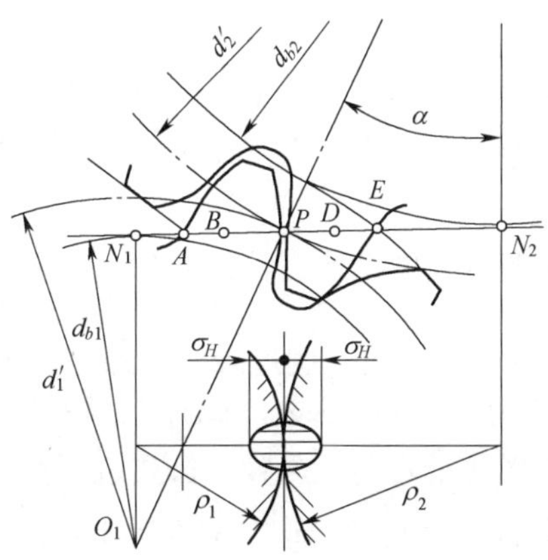

图 9-4　直齿圆柱齿轮的接触应力

由于在齿根部分靠近节线处最易出现疲劳点蚀，因此，轮齿齿面的接触疲劳强度计算近似地以节点处的为准。现以齿轮处节点处的相应参数代入式（9-7），便可得到轮齿接触强度的计算公式。由图 9-4 渐开线的几何关系可得 $\rho_1=\dfrac{d_1}{2}\sin\alpha$，$\rho_2=\dfrac{d_2}{2}\sin\alpha$。因 $d_2=id_1$，故综合曲率半径

$$\rho_\Sigma=\frac{\rho_1\rho_2}{\rho_1\pm\rho_2}=\frac{d_1\sin\alpha}{2(1/i\pm1)} \tag{a}$$

接触线上单位长度的计算载荷

$$P=\frac{KF_n}{b}=\frac{KF_t}{b\cos\alpha}=\frac{2KT_1}{\cos\alpha bd_1} \tag{b}$$

式中：b 为齿轮宽度。引入宽度系数 ϕ_d，将（a）和（b）代入式（9-7）得

$$\sigma_H=0.418\sqrt{\frac{PE}{\rho_\Sigma}}=1.182\sqrt{\frac{(i\pm1)ET_1K}{i\phi_d d_1^3\sin2\alpha}} \tag{9-8}$$

对于啮合角 $\alpha=20°$（$\sin2\alpha=0.643$）的一对钢齿轮（$E=E_1=E_2=20.6\times10^4\,\text{MPa}$），上式可化简为齿面接触疲劳强度的校核公式

$$\sigma_H=670\sqrt{\frac{(i\pm1)T_1K}{i\phi_d d_1^3}}\leqslant[\sigma_H]\,\text{MPa} \tag{9-9}$$

其中 $[\sigma_H]$ 为许用接触应力。齿轮齿面的许用接触应力主要与齿面硬度有关。对于钢或铸铁齿轮，其许用接触应力 $[\sigma_H]$ 见表 9-7。

当传动的条件及参数已知时，可以根据上式验算轮齿齿面的接触强度。也可用下式计算齿轮的最小直径为

$$d_1\geqslant76\sqrt[3]{\frac{(i\pm1)KT_1}{i\phi_d[\sigma_H]^2}}\,\text{mm} \tag{9-10}$$

式（9-9）及式（9-10）只适用于钢制齿轮传动。如配对齿轮的材料改变时，应将两式中的系数 670 和 76 做如下修改：钢对灰铸铁时改为 580 及 70；钢对球墨铸铁时改为 640 及 75；灰铸铁对灰铸铁时改为 516 及 63。

五、齿轮传动强度计算说明

齿轮传动强度计算的说明如下：

（1）式（9-4）在推导过程中并没有区分主、从动齿轮，故主从动齿轮都适用。由式（9-4）可得 $\dfrac{2KT_1}{bm^2z_1}\leqslant\dfrac{[\sigma_F]}{Y_FY_S}$，不等式左边对主、从动齿轮都是一样的，但右边却因两轮的齿形、材料不同而不同。因此按齿根弯曲疲劳强度设计齿轮传动时，应将 $\dfrac{[\sigma_F]_1}{Y_{F1}Y_{S1}}$ 或 $\dfrac{[\sigma_F]_2}{Y_{F2}Y_{S2}}$ 中较小的数值代入设计公式进行计算，这样才能满足抗弯强度较弱的那个齿轮的设计要求。

（2）因配对齿轮的接触应力皆一样，即 $\sigma_{H1}=\sigma_{H2}$。按齿面疲劳强度设计直齿轮传动时，同上理，应将 $[\sigma_H]_1$ 或 $[\sigma_H]_2$ 中较小的数值代入设计公式进行计算。

（3）在齿轮的齿宽系数、齿数及材料已选定的情况下，由式（9-6）可知，影响齿轮弯曲疲劳强度的主要因素是模数。模数越大，齿轮的弯曲疲劳强度越高；由式（9-10）可知，影响

齿轮齿面接触疲劳强度的主要因素是齿轮的分度圆直径。小齿轮分度圆直径越大，齿轮的齿面接触疲劳强度越高。

（4）当配对齿轮的齿面均属硬齿面时，两轮的材料、热处理方法及硬度均可取成一样。设计这种齿轮传动时，可分别按齿根弯曲疲劳强度及齿面接触疲劳强度的设计公式进行计算，并取其中较大者作为设计结果。

例题 9-1　设计一减速器的直齿圆柱齿轮传动。已知输入轴转速 $n_1 = 1450$ r/min，传动比 $i = 4$，传递功率 $P = 10\text{kW}$，此减速器用于带式输送机。

解：（1）齿面接触疲劳强度计算。

1）确定作用在小齿轮上的转矩 T_1。

$$T_1 = 955 \times 10^6 \frac{P}{n_1} = 9.55 \times 10^6 \times \frac{10}{1450} = 65.862 \times 10^3 \,\text{N} \cdot \text{mm}$$

2）选择齿面材料、确定许用接触应力 $[\sigma_H]$，根据工作要求，采用软齿面（硬度≤350HBS）小齿轮选用 45 钢，调质，硬度为 260HBS；大齿轮选用 45 钢，调质，硬度为 220HBS。由表 9-7 可确定许用接触应力 $[\sigma_H]$：小齿轮 $[\sigma_H]_1 = 562$ MPa；大齿轮 $[\sigma_H]_2 = 534$ MPa。

3）由表 9-6 选择齿宽系数 $\phi_d = 1$（按两支承相对于小齿轮做对称布置）。

4）确定载荷系数 K。因齿轮相对轴承对称布置，且载荷较平稳，故由表 9-4 取 $K = 1.1$。

5）计算小齿轮分度圆直径 d_1。

由式（9-10）得

$$d_1 \geqslant 76 \sqrt[3]{\frac{(i+1)KT_1}{i\phi_d[\sigma_H]^2}} = 76 \times \sqrt[3]{\frac{(4+1) \times 1.1 \times 65.862 \times 10^3}{4 \times 1 \times 534^2}} = 51.85 \,\text{mm}$$

6）选择齿数并确定模数。取 $z_1 = 26$，则 $z_2 = iz_1 = 4 \times 26 = 104$。

$$m = d_1 / z_1 = 51.85 / 26 = 1.99 \,\text{mm}$$

取标准模数（表 5-1），$m = 2$ mm。

7）齿轮几何尺寸计算。

小齿轮分度圆直径 $d_1 = mz_1 = 2 \times 26 = 52$ mm。

大齿轮分度圆直径 $d_2 = mz_2 = 2 \times 104 = 208$ mm。

大齿轮的宽度 $b_2 = \phi_d d_1 = 1 \times 52 = 52$ mm

小齿轮宽度 b_1 因小齿轮齿面硬度高，为补偿装配误差，避免工作时在大齿轮齿面上造成压痕，一般 b_1 应比 b_2 宽些，取 $b_1 = b_2 + 5 = 57$ mm。

8）确定齿轮的精度等级。

齿轮圆周速度 $v = \dfrac{\pi d_1 n_1}{60000} = \dfrac{3.14 \times 52 \times 1450}{60000} = 3.95$ m/s。

根据工作要求和圆周速度，查表 9-3 选用 8 级精度。

（2）齿根弯曲疲劳强度验算。

1）确定许用弯曲应力，根据表 9-7 查得小齿轮 $[\sigma_F]_1 = 192$ MPa；大齿轮 $[\sigma_F]_2 = 184$ MPa。

2）查齿形系数 Y_F 和应力校正系数 Y_S，比较 $\dfrac{Y_F Y_S}{[\sigma_F]}$。

由 $z_1 = 26$，查表 9-5 可得 $Y_{F1} = 2.6$，$Y_{S1} = 1.595$；$z_2 = 104$，查表 9-5 可得 $Y_{F2} = 2.17$，$Y_{S2} = 1.80$。

$$\frac{Y_{F1}Y_{S1}}{[\sigma_F]_1}=\frac{2.6\times1.595}{192}=0.0216\text{；}\quad \frac{Y_{F2}Y_{S2}}{[\sigma_F]_2}=\frac{2.17\times1.80}{184}=0.0212$$

因 $\frac{Y_{F1}Y_{S1}}{[\sigma_F]_1}>\frac{Y_{F2}Y_{S2}}{[\sigma_F]_2}$，所以应验算小齿轮。

3）验算弯曲应力。

$$\sigma_{F1}=\frac{2KT_1Y_{F1}Y_{S1}}{\phi_d m^3 z_1^2}=\frac{2\times1.1\times65.862\times2.6\times1.595}{1\times2^3\times26^2}=111\text{MPa}<192\text{MPa}\text{，安全。}$$

结构设计（略）。

§9-4 斜齿圆柱齿轮传动的强度计算

一、作用力分析

图 9-5 所示为斜齿圆柱齿轮轮齿的受力情况。作用在轮齿上的法向力 F_n 可以分解为三个分力：

$$\begin{cases}\text{圆周力}\quad F_t=2T_1/d_1\\ \text{径向力}\quad F_r=F_t\tan\alpha_n/\cos\beta\\ \text{轴向力}\quad F_a=F_t\tan\beta\end{cases}\tag{9-11}$$

法向力

$$F_n=\frac{F_t}{\cos\alpha_n\cos\beta}\tag{9-12}$$

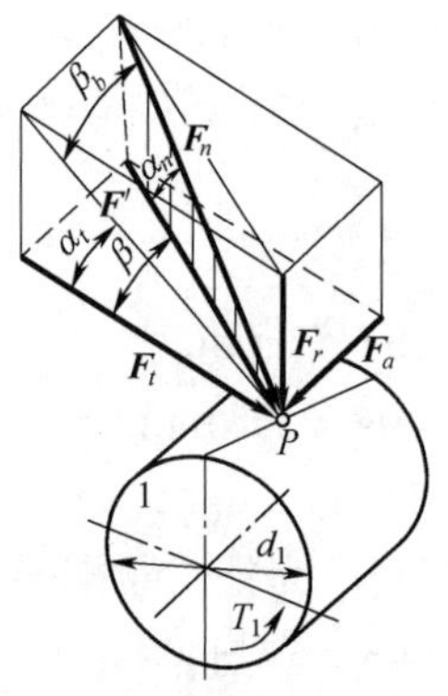

图 9-5 斜齿圆柱齿轮受力分析模型

在主动轮上，圆周力 F_t 的方向和回转方向相反，从动轮上和回转方向一致。径向力 F_r 的方向对两轮都是指向轮心。轴向力 F_a 的方向可以用主动轮左、右手方法来判断：若主动轮为右旋则握紧右手，以四指弯曲方向表示主动轮的回转方向，拇指的指向即为作用在主动轮上轴向力 F_a 的方向；若主动轮为左旋，则以左手来判断。知道主动轮上的轴向力 F_a 方向后，则从动轮轴向力的方向与其相反，大小相等。

二、齿面接触疲劳强度计算

用分析直齿圆柱传动类似的方法，并考虑到斜齿轮传动本身的特点，可以得到斜齿圆柱齿轮齿面接触疲劳强度的校核公式为

$$\sigma_H = 624\sqrt{\frac{KT_1}{\phi_d d_1^3} \cdot \frac{i \pm 1}{i}} \leqslant [\sigma_H]\,\text{MPa} \tag{9-13}$$

其设计公式为

$$d_1 \geqslant 73\sqrt[3]{\frac{KT_1}{[\sigma_H]^2 \phi_d} \cdot \frac{i \pm 1}{i}}\ \text{mm} \tag{9-14}$$

其中各参数的意义及单位均与直齿圆柱齿轮的相同。许用接触应力的计算与直齿圆柱齿轮的相同。在简化计算时，载荷系数 K 可按直齿圆柱齿轮的数据选用。斜齿圆柱齿轮的啮合情况较好，故齿宽系数 ϕ_d 可选得较直齿圆柱齿轮的大些。

按式（9-14）求出小齿轮分度圆直径后，再选择齿数 z_1 及螺旋角 β，求出法向模数 m_n，最后应选取标准模数。

由于 $d_1 = \dfrac{m_n z_1}{\cos\beta}$，故

$$m_n = \frac{d_1 \cos\beta}{z_1} \tag{9-15}$$

因为 z_1 及 z_2 应为整数，m_n 应符合标准，若中心距已预先决定或需要调整，则必须利用下式调整螺旋角

$$\beta = \arccos\frac{m_n(z_1 + z_2)}{2a} \tag{9-16}$$

z_1 的选取与直齿圆柱齿轮的相同。在斜齿圆柱齿轮传动中，螺旋角 β 越大，重合度越大，传动情况良好。但轴向力会随螺旋角的增大而增大，影响轴承组合及传动效率。若螺旋角 β 过小时，将失去斜齿的优点。一般螺旋角取为 $\beta = 8 \sim 20°$ 。

式（9-13）及（9-14）只适用于钢齿轮，如材料改变时，公式中的系数 624 及 73 应做如下改变：钢对灰铸铁改为 538 及 67；钢对球墨铸铁改为 596 及 71；灰铸铁对灰铸铁改为 480 及 62。

三、轮齿的弯曲疲劳强度计算

斜齿圆柱齿轮的弯曲疲劳强度校核计算公式为

$$\sigma_F = \frac{1.6KT_1Y_FY_S}{bm_nd_1} = \frac{1.6KT_1Y_FY_S\cos\beta}{bm_n^2z_1} \leqslant [\sigma_F]\,\text{MPa} \tag{9-17}$$

取 $\beta = 10°$，并以 $b = \phi_d d_1 = \dfrac{\phi_d m_n z_1}{\cos\beta}$ 代入上式，化简后可得斜齿圆柱轮齿弯曲疲劳强度计算公式为

$$m_n = \sqrt[3]{\frac{1.55KT_1Y_FY_S}{\phi_d z_1^2[\sigma_F]}} \tag{9-18}$$

式（9-17）及（9-18）中的 Y_F、Y_S 是斜齿圆柱齿轮的当量齿轮的齿形系数和应力校正系数，可根据当量齿数 $z_V = \dfrac{z}{\cos^3\beta}$ 由表 9-5 查得。许用弯曲应力 $[\sigma_F]$ 按表 9-7 确定。其他参数的意义及单位同直齿圆柱齿轮。

例题 9-2 一带式输送机的单级斜齿圆柱齿轮减速器，已知主动轮传递的转矩 $T_1 = 14 \times 10^4 \text{N} \cdot \text{mm}$，转速 $n_1 = 360\text{r/min}$，传动比 $i = 4.5$，试设计该斜齿圆柱齿轮传动。

解：（1）齿面接触疲劳强度计算。

1）选择齿轮材料、确定齿面接触应力 $[\sigma_H]$

根据工作要求，采用齿面硬度小于或等于 350HBS 的软齿面。小齿轮选用 40Cr 钢，调质，硬度为 260HBS；大齿轮选用 42SiMn 钢，调质，硬度为 220HBS。

由表 9-7，可确定许用接触应力 $[\sigma_H]$：小齿轮 $[\sigma_H]_1$=640MPa；大齿轮 $[\sigma_H]_2$=600MPa。

2）由表 9-6 选择齿宽系数 $\phi_d = 1$（按两支承相对于小齿轮做对称布置）。

3）确定载荷系数 K。因齿轮相对轴承对称布置，且载荷较平稳，故由表 9-4 取 $K = 1.1$。

4）计算小齿轮分度圆直径 d_1 为

$$d_1 \geqslant 73\sqrt[3]{\frac{(i+1)KT_1}{i\phi_d[\sigma_H]^2}} = 73 \times \sqrt[3]{\frac{(4.5+1)\times 1.1 \times 14 \times 10^4}{4.5 \times 1 \times 600^2}} = 58.81\,\text{mm}$$

5）选择齿数并确定模数取 $z_1 = 19$，则 $z_2 = iz_1 = 4.5 \times 19 \approx 86$，初选螺旋角 $\beta = 14°$。可得法向模数

$$m_n = d_1 \cos\beta / z_1 = 58.81 \times \cos 14° / 19 = 3.00\,\text{mm}$$

取标准模数（表 5-1），$m_n = 3\,\text{mm}$。

6）齿轮几何尺寸计算

小齿轮分度圆直径 $d_1 = m_n z_1 / \cos\beta = 3 \times 19 / \cos 14° = 58.74\,\text{mm}$。

大齿轮分度圆直径 $d_2 = m_n z_2 / \cos\beta = 3 \times 86 / \cos 14° = 265.90\,\text{mm}$。

大齿轮的宽度 $b_2 = \phi_d d_1 = 1 \times 58.74 \approx 59\,\text{mm}$。

因小齿轮齿面硬度高，为补偿装配误差，避免工作时在大齿轮齿面上造成压痕，一般 b_1 应比 b_2 宽些，取 $b_1 = b_2 + 5 = 64\,\text{mm}$。

7）确定齿轮的精度等级及齿轮圆周速度。圆周速度为

$$v = \frac{\pi d_1 n_1}{60000} = \frac{3.14 \times 58.74 \times 360}{60000} = 1.11\,\text{m/s}$$

根据工作要求和圆周速度，由表 9-3 选用 9 级精度。

（2）齿根弯曲疲劳强度验算。

1）确定许用弯曲应力，带式输送机齿轮传动式单向传动，根据表 9-7 查得小齿轮 $[\sigma_F]_1 = 233\,\text{MPa}$；大齿轮 $[\sigma_F]_2 = 221\,\text{MPa}$。

2）查齿形系数 Y_F 和应力校正系数 Y_S，比较 $\frac{Y_F Y_S}{[\sigma_F]}$。

由 $z_1 = 19$，查表 9-5 可得 $Y_{F1} = 2.85$，$Y_{S1} = 1.54$；$z_2 = 86$，查表 9-5 可得 $Y_{F2} = 2.21$，$Y_{S2} = 1.775$。

$$\frac{Y_{F1}Y_{S1}}{[\sigma_F]_1} = \frac{2.85 \times 1.54}{233} = 0.0188\,;\quad \frac{Y_{F2}Y_{S2}}{[\sigma_F]_2} = \frac{2.21 \times 1.775}{221} = 0.0178$$

因 $\frac{Y_{F1}Y_{S1}}{[\sigma_F]_1} > \frac{Y_{F2}Y_{S2}}{[\sigma_F]_2}$，所以应验算小齿轮。

3）验算弯曲应力计算时应以齿宽 b_2 代入，则

$$\sigma_{F1}=\frac{1.6KT_1Y_{F1}Y_{S1}\cos\beta}{bm_n^2z_1}=\frac{1.6\times1.1\times14\times10^4\times2.85\times1.54\times\cos14^\circ}{64\times3^2\times19}=95.88\text{MPa}<233\text{MPa}$$，安全。

（3）结构设计（略）。

例题 9-3　图 9-6 为一两级斜齿圆柱齿轮减速器。已知：$m_{n2}=3\text{mm}$，$z_2=48$，$\beta_2=15°$；$m_{n3}=5\text{mm}$，$z_3=17$。试完成以下工作：（1）标出输出轴 III 的转向；（2）确定齿轮 2、3、4 的轮齿旋向，要求 II 轴上两斜齿轮所受轴向力相互抵消，并求出 β_3 的大小；（3）标出齿轮 2、3 所受各力的方向。

解：（1）标出输出轴 III 的转向。

由外啮合的圆柱齿轮转向相反，依次标出 II、III 轴的转向，见图 9-7。

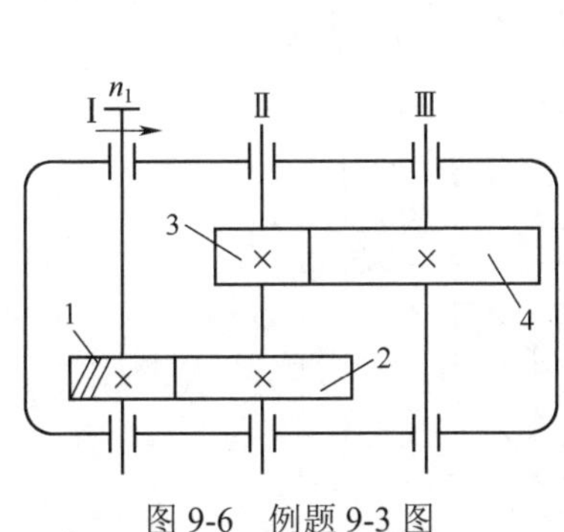

图 9-6　例题 9-3 图

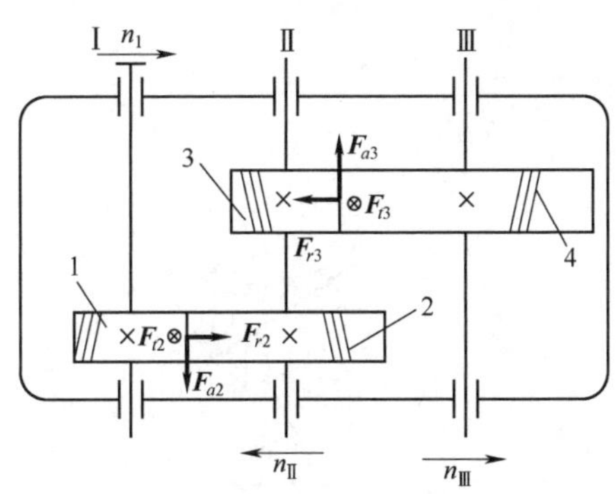

图 9-7　例题 9-3 的解

（2）确定齿轮 2、3、4 的轮齿旋向，求出 β_3 的大小。

因外啮合的一对斜齿轮旋向应相反，且齿轮 1 为右旋，并要求 F_{a2}、F_{a3} 方向相反，所以齿轮 2、3 左旋，齿轮 4 右旋。要使 II 轴上两斜齿轮所受轴向力相互抵消，$F_{a2}=F_{a3}$，即 $F_{t2}\tan\beta_2=F_{t3}\tan\beta_3$，$\tan\beta_3=\dfrac{F_{t2}\tan\beta_2}{F_{t3}}$。

由中间轴的力矩平衡，得 $F_{t2}\cdot\dfrac{d_2}{2}=F_{t3}\cdot\dfrac{d_3}{2}$。

则
$$\tan\beta_3=\frac{F_{t2}\tan\beta_2}{F_{t3}}=\frac{d_3\tan\beta_2}{d_2}=\frac{5\times17/\cos\beta_3}{3\times48/\cos\beta_2}\tan\beta_2$$

得
$$\sin\beta_3=\frac{5\times17}{3\times48}\sin15°=0.1528$$

则
$$\beta_3=8.79°=8°47'24''$$

（3）标出齿轮 2、3 所受各力的方向，见图 9-7。

§9-5　直齿锥齿轮传动的强度计算

锥齿轮的几何关系，参见 5-8 节内容。本节主要讨论锥齿轮的强度计算方式。

一、直齿锥齿轮作用力的分析

为了简化计算，在作用力分析及强度计算中，均以齿宽中点的直齿锥齿轮进行。图 9-8 所示为锥齿轮轮齿的受力情况。法向力 F_n 可以分解为三个分力

$$\begin{cases}\text{圆周力} & F_{t1}=F_{t2}=2T_1/d_{m1}\\ \text{径向力} & F_{r1}=F_{a2}=F_{t1}\tan\alpha\cos\delta_1\\ \text{轴向力} & F_{a1}=F_{r2}=F_{t1}\tan\alpha\sin\delta_1\end{cases} \tag{9-19}$$

法向力

$$F_n=\frac{F_t}{\cos\alpha} \tag{9-20}$$

式中：d_{m1}为小齿轮齿宽中点的分度圆直径，由图可知$d_{m1}=\left(1-0.5\dfrac{b}{R}\right)d_1$。

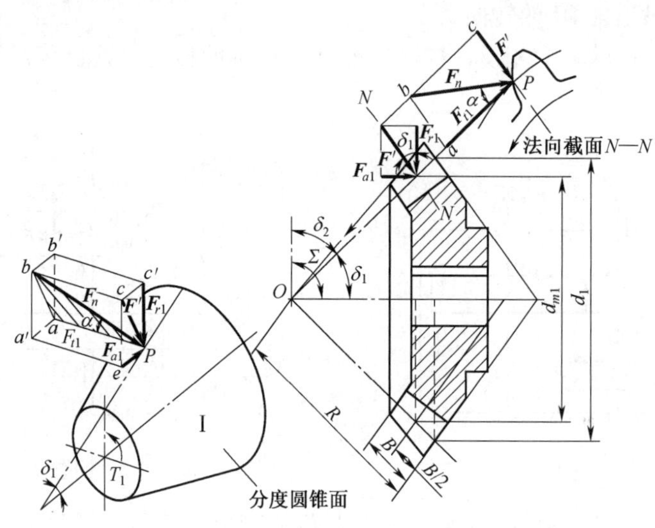

图 9-8　直齿锥齿轮受力分析模型

二、直齿锥齿轮轮齿表面的接触疲劳强度计算

在锥齿轮强计算中，通常把载荷视作沿齿宽上均匀分布，并设其合力作用于齿宽中点。如把直齿锥齿轮看作一对以背锥顶点为中心，以$R_{V1}=\dfrac{d_1}{2\cos\delta_1}=\dfrac{mz_1}{2\cos\delta_1}$和$R_{V2}=\dfrac{d_2}{2\cos\delta_2}=\dfrac{mz_2}{2\cos\delta_2}$为节圆半径，平均模数$m_m$为模数的当量直齿圆柱齿轮传动，这样就可以采用与直齿圆柱齿轮相似的方法，导出直齿锥齿轮轮齿接触疲劳强度的验算公式为

$$\sigma_H=\frac{355}{(R-0.5b)}\sqrt{\frac{\sqrt{(i+1)^3}KT_1}{ib}}\leqslant[\sigma_H] \tag{9-21}$$

设齿宽系数$\phi_R=b/R$，则可得接触疲劳强度计算公式为

$$R=48\sqrt{i^2+1}\cdot\sqrt[3]{\frac{KT_1}{(1-0.5\phi_R)^2 i\phi_R[\sigma_H]^2}} \tag{9-22}$$

式中：$[\sigma_H]$为许用接触应力；K 为载荷系数，其数值与直齿圆柱齿轮相同。齿宽不应太大，否则受力不均匀，一般对切削加工齿宽系数取$\phi_R=0.25\sim0.3$。其他参数的符号及单位同前。

式（9-21）及（9-22）只适用于钢齿轮，当材料不同时，公式中的系数的变换同直齿圆柱齿轮。按式（9-22）求出锥距 R 后，需选择齿数z_1及z_2并按下式确定大端模数，最后应选取标准模数。

$d_1 = mz_1 = 2R\sin\delta_1$，且 $\cot\delta_1 = i$，故 $m = \dfrac{2R\sin\delta_1}{z_1} = \dfrac{2R}{z_1\sqrt{1+i^2}}$ 或 $\dfrac{d_1}{d_{m1}} = \dfrac{R}{R-0.5b} = \dfrac{m}{m_m}$，得

$$m = \frac{m_m}{1-0.5b/R} \tag{9-23}$$

三、直齿锥齿轮轮齿的弯曲疲劳强度计算

直齿锥齿轮的弯曲疲劳强度计算公式为

$$\sigma_F = \frac{2KT_1Y_F}{bd_{m1}m_m} = \frac{2KT_1Y_F}{bz_1m_m^2} \leqslant [\sigma_F]\,\text{MPa} \tag{9-24}$$

以 $b = \phi_R R$ 代入可得到弯曲疲劳强度的设计公式

$$m_m \geqslant \sqrt[3]{\frac{4KT_1Y_F(1-0.5\phi_R)}{\phi_R z_1^2[\sigma_F]\sqrt{1+i^2}}}\,\text{mm} \tag{9-25}$$

式中：Y_F 应按当量齿数 $z_V = \dfrac{z}{\cos\delta}$，由表 9-5 查得。

应用式（9-24）及（9-25）时的注意事项与应用式（9-5）及（9-6）时相同。

例题 9-4　设计一给料机的开式直齿锥齿轮传动（轴交角 $\Sigma = 90^\circ$）。已知小锥齿轮转速 $n_1 = 130\text{r/min}$，传动比 $i = 3$，小齿轮轴转矩 $T_1 = 2\times10^5\ \text{N}\cdot\text{mm}$。

解：开式齿轮传动的主要失效形式是磨粒磨损和轮齿折断，目前只按弯曲疲劳强度进行计算。

（1）选择材料、确定许用弯曲应力 $[\sigma_F]$。

小齿轮选用 45 钢、调质，齿面硬度为 230HBS。由表 9-7 可得许用弯曲应力，小齿轮 $[\sigma_F]_1 = 188\ \text{MPa}$。

大齿轮选用 45 钢、正火，齿面硬度为 190HBS。由表 9-7 可得许用弯曲应力，大齿轮 $[\sigma_F]_2 = 160\ \text{MPa}$。

（2）确定载荷系数 K。

考虑载荷有轻度冲击，查表 9-4 取 $K = 1.45$。

（3）选择齿数和齿宽系数。

取 $z_1 = 17$，则 $z_2 = iz_1 = 3\times17 = 51$。取齿宽系数 $\phi_R = B/R = 0.3$。$\tan\delta_1 = 1/i = 1/3 = 0.333$，则 $\delta_1 = 18°26'6''$。

（4）查齿形系数 Y_F，比较 $Y_F/[\sigma_F]$。

当量齿数

$$z_{V1} = \frac{z_1}{\cos\delta_1} = \frac{17}{\cos(18°26'6'')} \approx 18$$

$$z_{V2} = \frac{z_2}{\cos\delta_2} = \frac{51}{\cos(71°33'54'')} \approx 161$$

查表 9-5 得 $Y_{F1} = 2.91$，$Y_{F2} = 2.136$，则

$$\frac{Y_{F1}}{[\sigma_F]_1} = \frac{2.91}{188} = 0.0155$$

$$\frac{Y_{F2}}{[\sigma_F]_2}=\frac{2.136}{160}=0.0134$$

因 $\frac{Y_{F1}}{[\sigma_F]_1}>\frac{Y_{F2}}{[\sigma_F]_2}$，应验算小齿轮。

（5）计算平均模数 m_m。

由式（9-25）可得

$$m_m \geqslant \sqrt[3]{\frac{4KT_1Y_{F1}(1-0.5\phi_R)}{\phi_R z_1^2[\sigma_F]_1\sqrt{i^2+1}}}=\sqrt[3]{\frac{4\times1.45\times2\times10^5\times2.91\times(1-0.5\times0.3)}{0.3\times17^2\times188\times\sqrt{3^2+1}}}=3.818\text{ mm}$$

（6）确定大端模数 m。

由式（9-23）可得 $m=\frac{m_m}{1-0.5\phi_R}=\frac{3.814}{1-0.5\times0.3}=4.492\text{ mm}$。

考虑到磨损，取大端模数 $m=4.5\text{mm}$。

（7）计算几何尺寸和结构设计从略。

§9-6 齿轮传动的润滑和结构设计

一、齿轮传动的润滑设计

齿轮传动时，相啮合的齿面间有相对滑动，因此就会产生摩擦和磨损，增加动力消耗，降低传动效率。对齿轮传动进行润滑就是为了避免金属直接接触，减少摩擦磨损，同时还可以起到散热和防锈蚀的目的。开式及半开式齿轮传动或速度较低的闭式齿轮传动，通常采用人工周期性加油润滑。闭式齿轮传动常采用浸油润滑（图 9-9a）和喷油润滑（图 9-9c）。当齿轮的圆周速度 v<12m/s 时，常将大齿轮的轮齿浸入油池中进行浸油润滑。齿轮浸入油中的深度可视齿轮的圆周速度大小而定，对圆柱齿轮通常不宜超过一个齿高，但一般亦不应小于 10mm；对圆锥齿轮应浸入全齿宽，至少应浸入齿宽的一半。在多级齿轮传动中，可借带油轮将油带到未进入油池内的齿轮的齿面上（图 9-9b）。

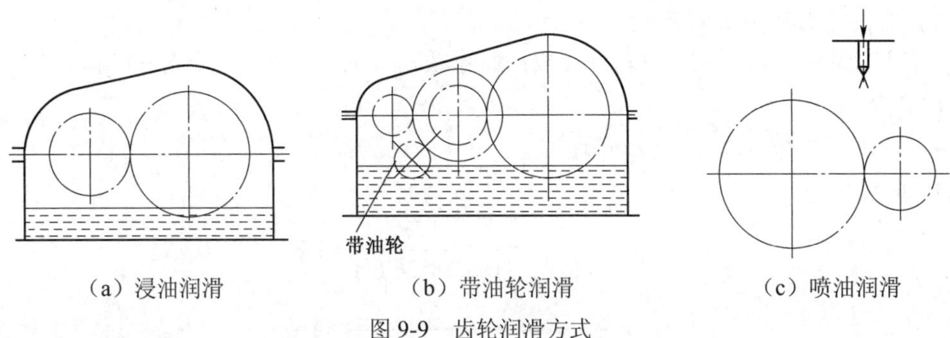

（a）浸油润滑　（b）带油轮润滑　（c）喷油润滑

图 9-9　齿轮润滑方式

当齿轮的圆周速度 $v>12$ m/s 时，应采用喷油润滑，即由油泵或中心油站以一定的压力供油，借喷嘴将润滑油喷到轮齿的啮合面上。当 $v\leqslant25$m/s，喷嘴位于轮齿啮入边或啮出边均可；当 $v>25$ m/s 时，喷嘴应位于轮齿啮出的一边，以便借润滑油及时冷却刚啮合过的轮齿，同时亦对轮齿进行润滑。

齿轮传动常用的润滑剂为润滑油或润滑脂。选用时，应根据齿轮的工作情况（转速高低、载荷大小、环境温度等），选择润滑剂的黏度、牌号。

二、齿轮的结构设计

齿轮的结构设计主要是确定轮缘、轮辐、轮毂等结构形式及尺寸大小。通过强度计算确定出齿轮的齿数 z、模数 m、齿宽 B、螺旋角 β、分度圆直径 d 等主要尺寸。在综合考虑齿轮几何尺寸、毛坯、材料、加工方法、使用要求及经济性等各方面因素的基础上，按齿轮的直径大小，选定合适的结构形式，再根据推荐的经验数据进行结构尺寸计算。

对于直径很小的钢制齿轮，当为圆柱齿轮时，若齿根圆到键槽底部（图 9-10a）的距离 $e<2m_t$（m_t 为端面模数）；当为锥齿轮时，按齿轮小端尺寸（图 9-10b）计算而得的 $e<2m_t$ 时，均应将齿轮和轴做成一体，称为齿轮轴（图 9-11）。若 e 值超过上述尺寸时，齿轮与轴以分开制造为合理。当齿顶圆直径 $d_a \leqslant 160\text{mm}$ 时，可以做成实心结构的齿轮（图 9-12）。当齿顶圆直径 $d_a<500\,\text{mm}$ 时，可做成腹板式结构（图 9-13），腹板上开孔的数目按结构尺寸大小及需要而定。齿顶圆直径 $d_a>300\,\text{mm}$ 的铸造圆锥齿轮，可做成带加强肋的腹板式结构，加强肋的厚度 $C_1 \approx 0.8C$，其他结构尺寸与腹板式相同。当齿顶直径 $400\text{mm}<d_a<1000\text{mm}$ 时，可做成轮辐截面为“十”字形的轮辐式结构的齿轮（图 9-14）。

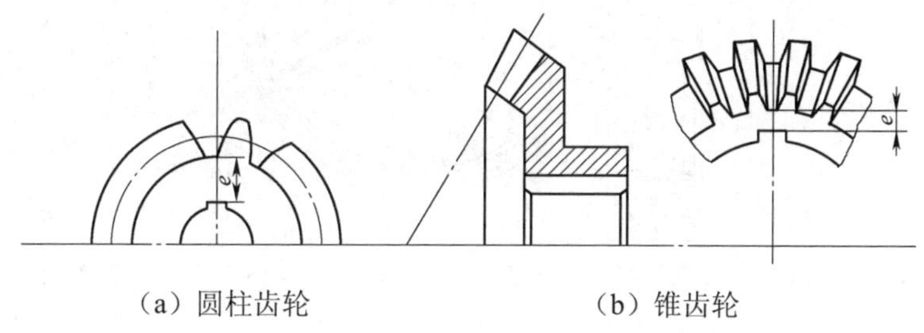

（a）圆柱齿轮　　（b）锥齿轮

图 9-10　齿轮结构尺寸 e

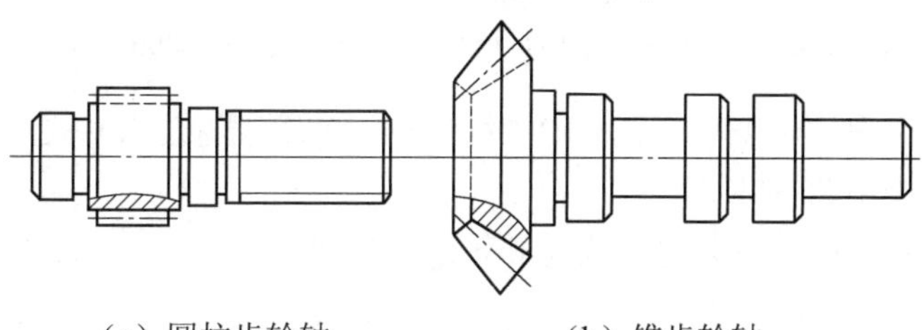

（a）圆柱齿轮轴　　（b）锥齿轮轴

图 9-11　齿轮轴

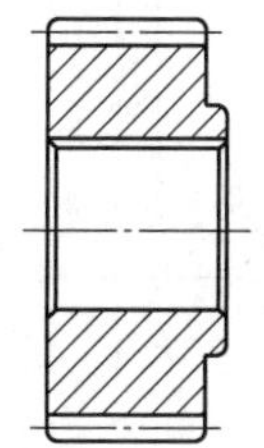

图 9-12　实心式齿轮

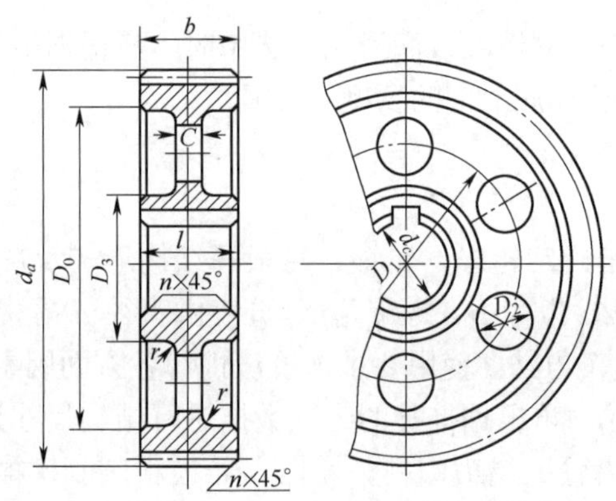

$D_3 = 1.6d_c$；$D_0 = d_a - 10m_n$；$D_2 = (0.25 \sim 0.35)(D_0 - D_3)$；$D_1 = (D_0 + D_3)/2$；

$C = (0.2 \sim 0.3)b$；$n = 0.5m_n$；$r \approx 5\text{mm}$；$l \geqslant b$

图 9-13　腹板式结构齿轮（$d_a < 500\ \text{mm}$）

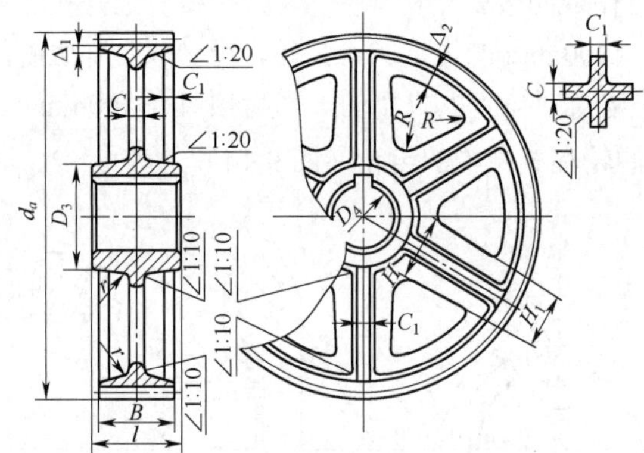

$B < 240\ \text{mm}$；$D_3 \approx 1.6D_4$（钢材）；$D_3 \approx 1.7D_4$（铸铁）；$\Delta_1 = (3 \sim 4)m_n$，但不应小于 8mm；

$\Delta_2 \approx (1 \sim 1.2)\Delta_1$；$H \approx 0.8D_4$（钢材）；$H \approx 0.9D_4$（铸铁）；$H_1 = 0.8H$；$C \approx \dfrac{H}{5}$；$C_1 \approx \dfrac{H}{6}$；$R \approx \dfrac{H}{2}$；

$1.5D_4 > l \geqslant B$；轮辐常数取为 6

图 9-14　轮辐式结构的齿轮（$400\text{mm} < d_a < 1000\text{mm}$）

为了节约贵重金属，对于尺寸较大的圆柱齿轮，可做成组装齿圈式的结构（图 9-15）。齿圈用钢制，而轮芯则用铸铁或铸钢。

进行齿轮结构设计时，还要进行齿轮和轴的连接设计。

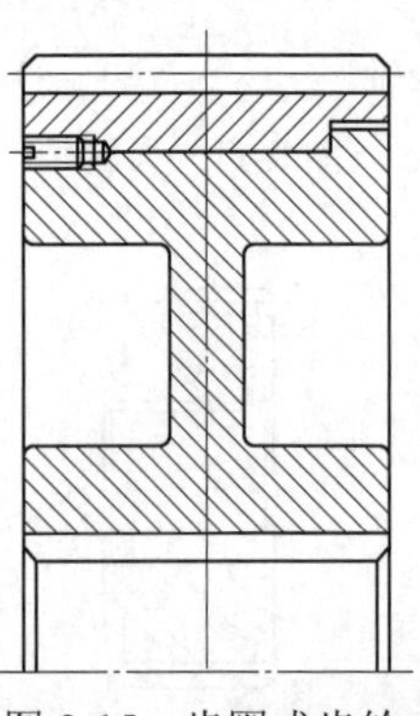

图 9-15　齿圈式齿轮

习　题

9-1　齿轮轮齿有哪几种失效形式？开式传动和闭式传动的失效形式是否相同？设计及使用中应该如何防止这些失效？

9-2　软齿面齿轮选择材料时，为什么小齿轮比大齿轮的材料要好些或热处理硬度要高些？

9-3　齿轮传动中润滑方式如何选取？

9-4　齿宽系数的大小对传动有何影响？设计时如何选择？

9-5　在轮齿的弯曲强度计算中，齿形系数 Y_F 与什么因素有关？

9-6　两级斜齿圆柱齿轮减速器如图所示，输出轴的转向和齿轮 4 的螺旋线方向如图所示，求：（1）为使齿轮 2、齿轮 3 所受轴向力方向相反，齿轮 1、2、3 的螺旋线方向；（2）两对齿轮所受各分力的方向。

9-7　圆锥-圆柱齿轮减速器，动力由 I 轴输入，转向如图所示，求：（1）为使轴 II 上两齿轮所受轴向力方向相反，确定斜齿轮 3、4 的螺旋线方向；（2）锥齿轮 1、2 和斜齿轮 3、4 所受各分力的方向。

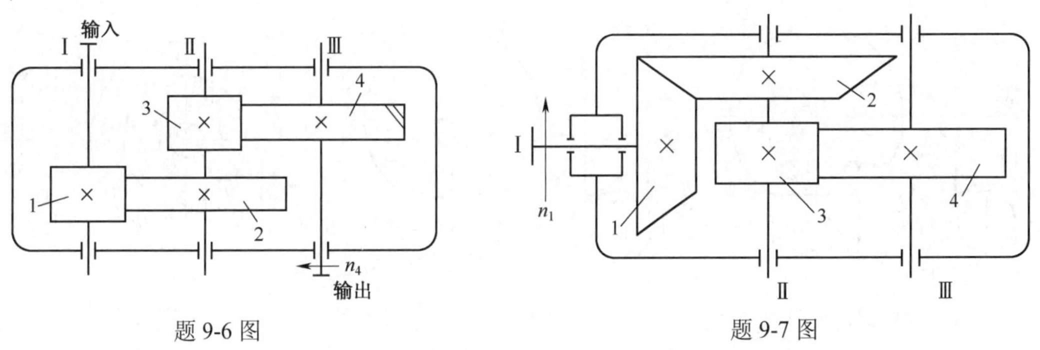

题 9-6 图　　　　题 9-7 图

9-8　有一单级直齿圆柱齿轮减速器（正常齿标准齿轮），其齿轮齿数 $z_1 = 20$、$z_2 = 80$，并测得齿顶圆直径 $d_{a1} = 110\,\text{mm}$，$d_{a2} = 410\,\text{mm}$，齿宽 $b = 60\,\text{mm}$。小齿轮材料为 45 钢，齿面硬度为 220HBS，大齿轮材料为 ZG40，其硬度为 180HBS，齿轮精度为 8 级，齿轮对轴承对称布置。现想把此减速器用于带式运输机上，所需的输出转速 $n_2 = 150\,\text{r/min}$，单向转动，试求此减速器所能传递的最大功率。

9-9　在题 9-7 中，已知电动机功率 $P = 2.8\,\text{kW}$，转速 $n_1 = 1430\,\text{r/min}$，减速器的总速比为 12.6，高速级速比 $i_1 = 3.15$，试设计此减速器中的齿轮传动系统。

第 10 章　蜗杆传动

§10-1　普通蜗杆传动的承载能力计算

一、蜗杆传动类型概述

蜗杆传动由蜗杆和蜗轮组成，常用于交错角 $\Sigma = 90^{\circ}$ 的两轴间传递运动和动力。一般蜗杆为主动件，做减速运动。蜗杆传动具有传动比大且结构紧凑等优点，所以在各类机械，如机床、冶金机械、矿山机械、起重运输机械中得到了广泛应用。

按蜗杆的形状，蜗杆传动可分为圆柱蜗杆传动（图 10-1a）、环面蜗杆传动（图 10-1b）和锥蜗杆传动（图 10-1c）等类型。

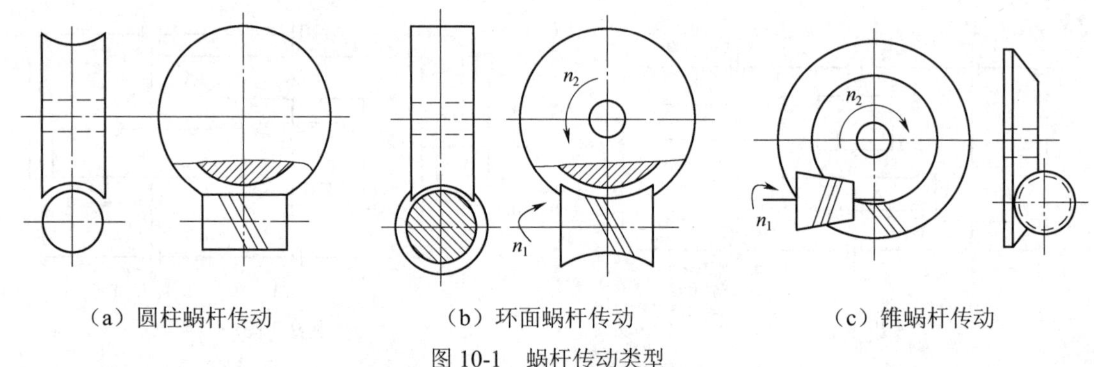

（a）圆柱蜗杆传动　（b）环面蜗杆传动　（c）锥蜗杆传动

图 10-1　蜗杆传动类型

圆柱蜗杆传动分为普通圆柱蜗杆传动和圆弧圆柱蜗杆传动。普通圆柱蜗杆传动多用直母线刀刃加工。按齿廓曲线的不同，普通圆柱蜗杆传动可分为阿基米德蜗杆、渐开线蜗杆、法线直廓蜗杆和锥面包络蜗杆四种类型。本章主要讲述应用最广泛的阿基米德蜗杆传动的设计。

二、蜗杆传动的失效形式、设计准则及常用材料

和齿轮传动一样，蜗杆传动的失效也有点蚀（齿面接触疲劳破坏）、齿根折断、齿面胶合和过度磨损等。由于材料和结构上的原因，蜗杆螺旋齿部分的强度总是高于蜗轮轮齿的强度，故失效经常发生在蜗轮轮齿上，因此，一般只对蜗轮轮齿进行承载能力的计算。由于蜗杆与蜗轮齿面间有较大的相对滑动，从而增加了产生胶合和磨损失效的可能性，尤其在润滑不良的条件下，蜗杆传动因齿面胶合而失效的可能性更大。因此，蜗杆传动的承载能力往往受到抗胶合能力的限制。

在开式传动中多发生齿面磨损和轮齿折断，因此应以保证齿根弯曲疲劳强度作为开式传动的主要设计准则。在闭式传动中，蜗杆副多因齿面胶合或点蚀而失效，因此，通常按齿面接触疲劳强度进行设计，而按齿根弯曲疲劳强度进行校核。此外，对于闭式蜗杆传动由于散热较为困难，还应做热平衡计算。

大多数蜗杆均用碳素钢或合金钢制成，并进行热处理。对于高速重载传动，为了消除淬火后蜗杆的变形，提高承载能力，一般必须经过磨削、研磨或抛光。对于低速传动，且功率不大时，蜗杆可进行调质或正火处理。常用的材料为 45 钢、35SiMn、42SiMn、40Cr（齿面淬火到硬度为 45～50HRC）；20Cr、20CrMnTi 钢（渗碳淬火到硬度为 56～62HRC）；45、40Cr（调质处理到硬度为 250～350HBS）。

常用的蜗轮（齿圈）材料是铸造锡青铜及铸造铝青铜。锡青铜的耐磨性、抗胶合性能均好，但价格贵、强度较低，一般用于滑动速度 $v_s \geqslant 3$m/s 的重要传动，常用的锡青铜有 ZCuSn10p1、ZCuSn5Pb5Zn5；铝青铜强度较高、价廉，但抗胶合性能差，一般用于滑动速度 $v_s \leqslant 6 \sim 10$m/s 的传动，常用的是铝青铜有 ZCuAl10Fe3、ZCuAl10Fe3Mn2；对于速度很低 $v_s \leqslant 2$m/s 而尺寸较大的蜗轮，可采用灰铸铁 HT150、HT200 等。为了防止变形，常对蜗轮进行时效处理。

三、蜗杆传动的受力分析

通常蜗杆传动中都是蜗杆主动，如图 10-2 所示，当蜗杆沿箭头所示的方向旋转时，作用在蜗杆螺旋面上的法向力 F_n 可以分解为三个相互垂直的分力：

$$\begin{cases} \text{圆周力} \quad F_{t1} = F_{a2} = \dfrac{2T_1}{d_1} \\ \text{径向力} \quad F_{r1} = F_{r2} = F_{t2} \tan\alpha \\ \text{轴向力} \quad F_{a1} = F_{t2} = \dfrac{2T_2}{d_2} \end{cases} \tag{10-1}$$

式中：$\tan\alpha = \dfrac{\tan\alpha_n}{\cos\gamma}$，$T_1$、$T_2$ 分别为蜗杆和蜗轮上的转矩，$T_2 = i\eta T_1 = 9550\times10^3 \dfrac{n_1 P_1 \eta}{n_2} \text{N}\cdot\text{mm}$；$P_1$ 为蜗杆输入功率；η 为蜗杆传动的效率；d_1，d_2 为蜗杆及蜗轮的分度圆直径，mm。

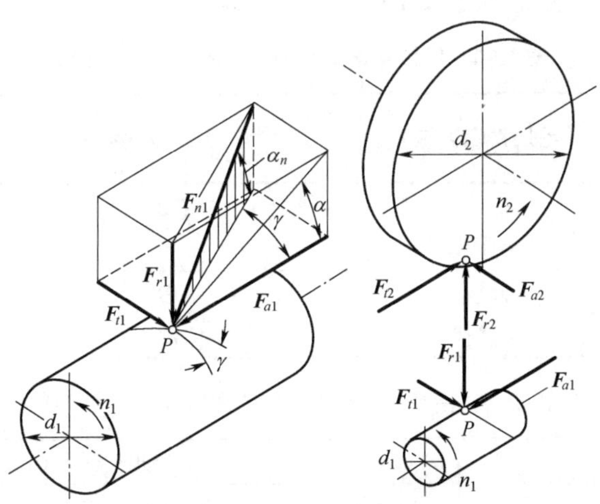

图 10-2　蜗杆受力分析模型

蜗杆或蜗轮上的作用力的方向与螺旋线的方向、蜗杆或蜗轮的转动方向等有关，在分析时应特别注意。具体方法是右旋蜗杆用右手判断（左旋蜗杆用左手判断），四指代表蜗杆旋转方向，则拇指的指向代表蜗杆轴向力的方向，而蜗轮的转向与拇指所指的方向相反。如图 10-2 所示，作用在主动蜗杆上的圆周力 F_{t1} 与其转向相反（F_{t1} 是阻力）；而作用在蜗轮上的圆周力 F_{t2}

与蜗轮的转向相同（F_{t2} 是驱动力）。

蜗杆强度及刚度的校核计算和轴一样，其计算方法可参阅第 15 章。

四、蜗轮轮齿表面的强度计算

由于蜗杆传动中胶合和磨损还没有成熟的计算方法，因此目前蜗轮的强度计算仍按接触疲劳强度及弯曲疲劳强度进行计算。

1．蜗轮齿面接触疲劳强度计算

蜗杆传动中，由于蜗杆材料强度较蜗轮高，因而在强度计算中只计算蜗轮的轮齿强度。蜗轮轮齿表面接触强度计算仍以式（9-7）为基础。前已述及，蜗杆蜗轮在中间平面内的啮合情况和齿轮齿条啮合相似。如以蜗轮、蜗杆的相应参数代入（9-7），便可得蜗轮轮齿表面接触强度的验算公式为

$$\sigma_H = \frac{510}{d_2}\sqrt{\frac{KT_2}{d_1}} \leqslant [\sigma_H]\,\text{MPa} \tag{10-2}$$

上式用于钢蜗杆对青铜或铸铁蜗轮（指轮缘）。以 $d_2 = mz_2$ 代入上式，整理可得设计公式

$$m^2 d_1 = \left(\frac{510}{z_2[\sigma_H]}\right)^2 KT_2\,\text{mm}^3 \tag{10-3}$$

在式（10-2）及式（10-3）中，T_2 为作用在蜗轮上的转矩（$\text{N}\cdot\text{mm}$）；K 为载荷系数；$[\sigma_H]$ 为蜗轮轮齿的许用接触应力，MPa。

设计时，按式（10-3）算出 $m^2 d_1$ 值后，再由表 5-7 查得适合的模数和相应的蜗杆分度圆直径。同齿轮传动一样，载荷系数 K 也是考虑载荷集中及动载荷对蜗轮轮齿强度的影响。若工作载荷平稳，可取 $K=1\sim1.2$；若工作载荷变化较大，可取 $K=1.1\sim1.3$；蜗轮圆周速度较小时取小值，反之取较大值，严重冲击时，取 $K=1.5$。

许用接触应力 $[\sigma_H]$ 的数值列于表 10-1 及表 10-2。

表 10-1　铸锡青铜蜗轮的许用应力 $[\sigma_H]$/MPa

蜗轮材料	毛坯铸造方法	滑动速度 v_S/(m/s)	蜗杆表面硬度	
			≤350HBS	>45HRC
ZCuSn10P1	砂模	≤12	180	200
	金属模	≤25	200	220
ZCuSn5Pb5Zn5	砂模	≤10	110	125
	金属模	≤12	135	150

表 10-2　铸铝青铜及铸铁蜗轮的许用应力 $[\sigma_H]$/MPa

蜗轮材料	蜗杆材料	滑动速度 v_S/(m/s)						
		0.5	1	2	3	4	6	8
ZCuAl9Fe3 ZCuAl10Fe3Mn2	淬火钢[①]	250	230	210	180	160	120	90
HT150，HT200	渗碳钢	130	115	90	—	—	—	—
HT150	调质钢	110	90	70	—	—	—	—

注：蜗杆未经淬火，$[\sigma_H]$ 应降低 20%。

2. 蜗轮轮齿的弯曲强度计算

由于蜗轮轮齿的形状复杂，很难求出轮齿的危险截面和实际弯曲应力，因而近似地将蜗轮看作一斜齿圆柱齿轮，再按圆柱齿轮弯曲强度公式，即 $\sigma_F = \dfrac{KF_{t2}Y_F}{bm_n}$ 来计算。以 $m = m_n / \cos\beta$ 及 $b \approx 0.9d_1$ 代入上式，化简后可得轮齿弯曲强度的验算公式为

$$\sigma_F = \frac{2.2KT_2Y_F}{m^2 d_1 z_2 \cos\beta} \leqslant [\sigma_F]\,\text{MPa} \tag{10-4}$$

略去螺旋角 β（导程角 γ）的影响，则设计公式为

$$m^2 d_1 \geqslant \frac{2.2KT_2Y_F}{z_2[\sigma_F]} \tag{10-5}$$

式中：$[\sigma_F]$ 为轮齿的许用弯曲应力，MPa，其值列于表 10-3；Y_F 为蜗轮的齿形系数，按蜗轮齿数 z_2 查表 10-4；其他符号同接触强度计算中的符号。

表 10-3　蜗轮轮齿的许用弯曲应力 $[\sigma_F]$/MPa

蜗轮材料	毛坯铸造方法	脉动循环应力 $[\sigma_F]_0$	对称循环应力 $[\sigma_F]_{-1}$
ZCuSn10P1	砂模	51	32
	金属模	70	40
ZCuSn5Pb5Zn5	砂模	33	24
	金属模	40	29
ZCuAl10Fe3	砂模	82	64
	金属模	90	80
ZCuAl10Fe3Mn2	砂模	—	—
	金属模	100	90
HT150	砂模	40	25
HT200	砂模	48	30

表 10-4　蜗轮的齿形系数 Y_F

z_2	26	28	30	32	35	37	40	45	50	60	80	100	150
Y_F	2.51	2.48	2.44	2.41	2.36	2.34	2.32	2.27	2.24	2.20	2.14	2.10	2.07

五、普通圆柱蜗杆传动的精度等级及其选择

GB 10089-1988 对蜗杆传动规定了 12 个精度等级；1 级精度最高，依次降低。与齿轮公差相仿，蜗杆、蜗轮和蜗杆传动的公差也分成三个公差组。

普通圆柱蜗杆传动的精度，一般以 6～9 级应用最广泛。6 级精度的传动可用于中等精度机床的分度机构、发动机调节系统的传动以及武器读数装置的精密传动，它允许的蜗轮圆周速度 v_2>5m/s。7 级精度常用于运输和一般工业中的中等速度（v_2<7.5m/s）的动力传动。8 级精度常用于每昼夜只有短时工作的次要的低速（v_2≤3m/s）传动。

§10-2　普通蜗杆传动的效率、润滑及热平衡计算

一、蜗杆传动的效率

闭式蜗杆传动的效率与齿轮传动的效率类似，也是由三部分组成

$$\eta=\eta_1\cdot\eta_2\cdot\eta_3 \tag{10-6}$$

其中：η_1为啮合摩擦损耗的效率；η_2为轴承摩擦损耗的效率；η_3为溅油损耗的效率；η_1与蜗杆啮合副的结构形式和摩擦系数有关，其计算公式为

$$\eta_1=\frac{\tan\gamma}{\tan(\gamma+\varphi_V)} \tag{10-7}$$

式中：γ为蜗杆的导程角；φ_V为当量摩擦角，它与蜗轮、蜗杆的材料，表面情况及滑动速度等有关，一般对于钢制蜗杆和铜制蜗轮在油池中工作时，可取φ_V=2°～3°，对于开式传动的铸铁蜗轮，可取φ_V=5°～7°。

由于轴承摩擦及溅油这两项功率损耗不大，一般取$\eta_2\eta_3=0.95\sim0.96$，则总效率$\eta$为

$$\eta=\eta_1\eta_2\eta_3=(0.95\sim0.96)\frac{\tan\gamma}{\tan(\gamma+\varphi_V)} \tag{10-8}$$

对于闭式传动，单头蜗杆的效率为70%左右，双头蜗杆的效率为80%左右，四头蜗杆的效率为90%左右，六头蜗杆的效率为95%左右。

二、蜗杆传动的润滑

蜗杆传动的润滑的主要目的在于减磨与散热，具体润滑方法与齿轮传动的润滑相近。润滑油的种类很多，需根据蜗杆、蜗轮配对材料和运转条件选用。润滑油黏度及给油方式一般根据相对滑动速度及载荷类型进行选择。

滑动速度v_s是指蜗轮与蜗杆在节点的相对速度

$$v_s=\frac{v_1}{\cos\gamma}=\frac{\pi d_1 n_1}{60\times1000\times\cos\gamma} \tag{10-9}$$

图10-3为相对滑动速度的分析图。

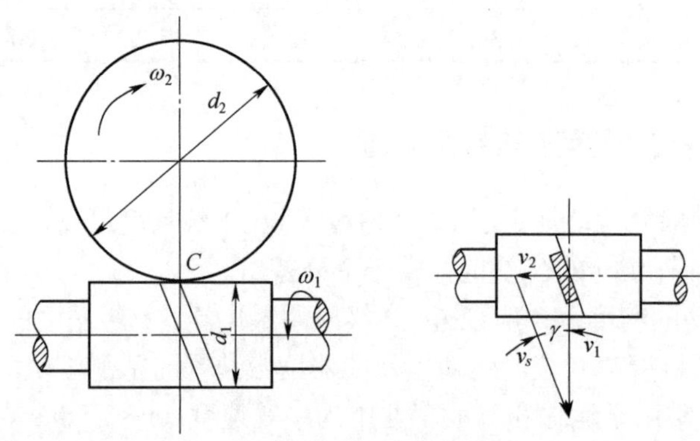

图10-3　蜗杆传动的滑动速度

闭式蜗杆传动的给油方法包括油浴润滑、喷油润滑等。其润滑方式和润滑油黏度的选择

参考表 10-5。

表 10-5　蜗杆传动润滑油的黏度、润滑方式和滑动速度的关系

滑动速度 v_s（m/s）	≤1.5	>1.5～3.5	>3.5～10	>10
黏度 v_{40}（cSt）	>612	414～506	288～352	108～242
润滑方式	油浴润滑		油浴润滑或喷油润滑	喷油润滑

蜗杆传动齿轮箱中油池的深度与蜗杆布置形式有关。当蜗杆下置时（图 10-4a），若蜗杆圆周速度较大、浸油较深，则搅油会消耗过大的功率，因此蜗杆浸油深度不能超过一个齿高。当蜗杆的圆周速度 $v_1 > (4\sim 5)\text{m/s}$ 时，即使浸油深度不超过一个齿高，搅油消耗的功率仍然很大，此时，可将蜗杆上置（蜗轮浸入油池，图 10-4b），或在蜗杆上设置溅油轮（溅油轮浸入油池，图 10-4c），靠溅油轮将油飞溅到蜗杆与蜗轮的啮合面上。速度较高时，离心力大，蜗杆齿面上粘上的润滑油被甩出去而到不了啮合区从而无法润滑，因此应采用喷油润滑，喷油嘴要对准蜗杆啮入端，而且要控制一定的油压。为了提高蜗杆传动的抗胶合能力，选用黏度较大的润滑油，或适当加入油性添加剂，提高油膜厚度。但是，对于青铜蜗轮，不允许采用活性大的添加剂，以免腐蚀蜗轮。

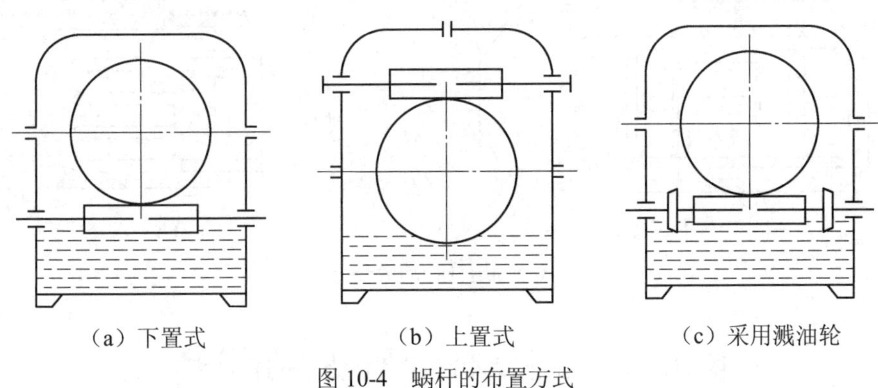

（a）下置式　（b）上置式　（c）采用溅油轮

图 10-4　蜗杆的布置方式

三、蜗杆传动的热平衡计算

蜗杆传动由于效率低，所以工作时产生的热量大。在闭式传动中，如果产生的热量不能及时散逸，将因油温不断升高而使润滑油稀释，从而增加摩擦损失，甚至发生胶合。所以，必须根据单位时间内的发热量 Φ_1 等于同时间内的散热量 Φ_2 的条件进行热平衡计算，以保证油温稳定地处于规定的范围内。

系统因摩擦功耗产生的热量为

$$\Phi_1 = 1000P(1-\eta) \tag{10-10}$$

式中：P 为蜗杆传递的功率，kW。

自然冷却从箱壁散去的热量为

$$\Phi_2 = \alpha_d S(t_0 - t_\alpha) \tag{10-11}$$

式中：α_d 为箱体的表面传热系数，可取 $\alpha_d = (8.15\sim 17.45)\ \text{W}/(\text{m}^2\cdot ℃)$，当周围空气流通良好时，取偏大值；$S$ 为润滑油冷却面积，m^2；t_0 为润滑油的工作温度，一般限制在 60℃～70℃，最高不应超过 80℃；t_α 为周围空气的温度，常温情况下可取为 20℃。

热平衡的条件是$\Phi_1=\Phi_2$，可求得在既定工作条件下的油温t_0

$$t_0=t_\alpha-\frac{1000P(1-\eta)}{\alpha_d S} \tag{10-12}$$

或在既定条件下，保持正常工作温度所需要的散热面积S为

$$S=\frac{1000P(1-\eta)}{\alpha_d(t_\alpha-t_0)} \tag{10-13}$$

在t_0>80℃或有效的散热面积不足时，则必须采取加装散热片以增大散热面积、在蜗杆轴端加装风扇（图 10-5a）以加速空气流通、在传动箱内装循环冷却管路（图 10-5b）等方式来提高散热能力。

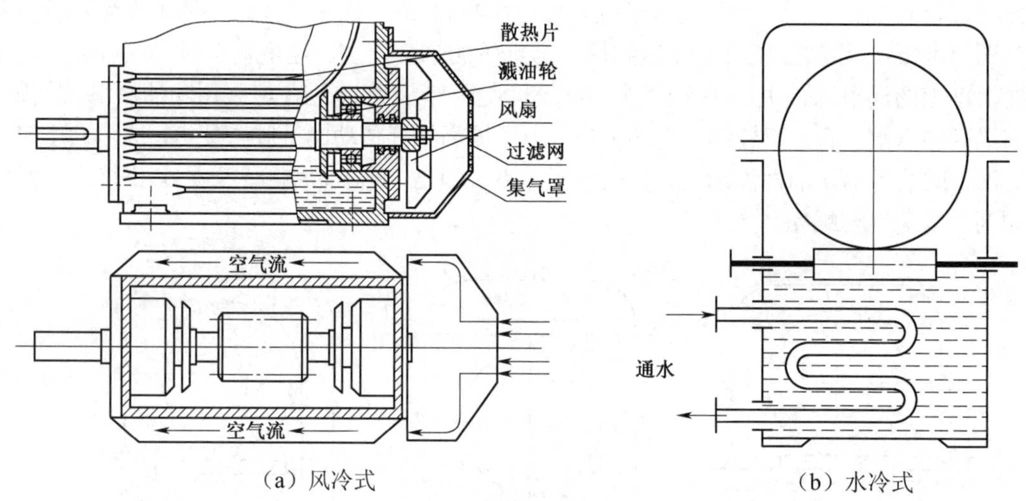

（a）风冷式　　（b）水冷式

图 10-5　蜗杆传动散热方式

§ 10-3　圆柱蜗杆和蜗轮的结构设计

蜗杆螺旋部分的直径不大，所以常和轴做成一个整体（图 10-6）。当蜗杆螺旋部分的直径较大时，可以将轴与蜗杆分开制作。图 10-6a 所示的结构无退刀槽，加工螺旋部分时只能用铣制加工；图 10-6b 所示的结构有退刀槽，螺旋部分可以车制，也可以铣制，但这种结构的刚度比前一种差。

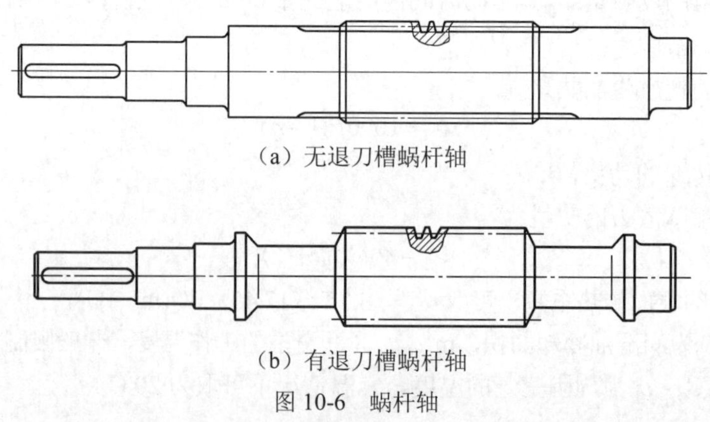

（a）无退刀槽蜗杆轴

（b）有退刀槽蜗杆轴

图 10-6　蜗杆轴

图 10-7 为蜗轮的结构形式。为了减磨的需要，蜗轮通常要用青铜制作。为了节省铜材，当蜗轮直径较大时，采用组合式蜗轮结构，即整体式、齿圈式、拼铸式、螺栓连接式等类型。蜗轮结构参数可参照齿轮结构尺寸。整体浇铸式（图 10-7a），主要用于铸铁蜗轮或尺寸很小的青铜蜗轮。齿圈式（图 10-7b），这种结构由青铜齿圈及铸铁铁芯组成。齿圈与轮芯多用过盈配合，并加装 4～6 个紧定螺钉（或用螺钉拧紧后将头部锯掉），以增强连接的可靠性。这种结构多用于尺寸不太大或工作温度变化较小的地方，以免热胀冷缩影响配合质量。拼铸式（图 10-7c），这是在铸铁轮芯上加铸青铜齿圈，然后切齿。只用于成批制造的蜗轮。螺栓连接式（图 10-7d），可用普通螺栓连接，或用铰制孔用螺栓连接，螺栓的尺寸和数目可参考蜗轮的结构尺寸取定，然后做适当的校核。这种结构装拆比较方便，多用于尺寸较大或容易磨损的蜗轮。

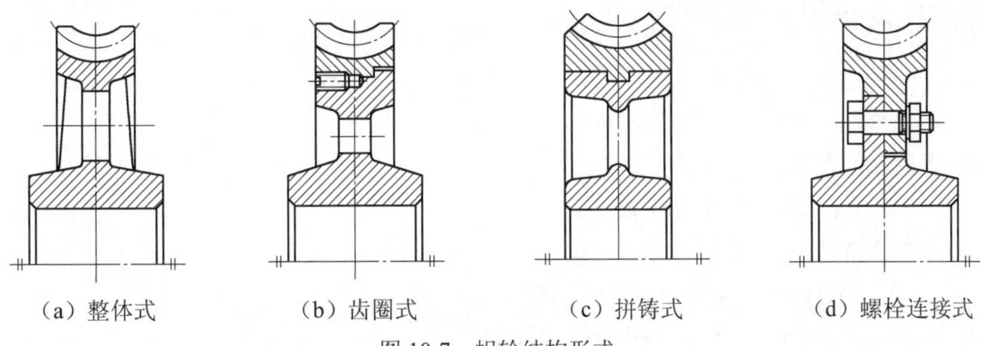

（a）整体式　（b）齿圈式　（c）拼铸式　（d）螺栓连接式

图 10-7　蜗轮结构形式

例题 10-1 已知一单级蜗杆减速器的输入轴传递功率 $P_1 = 2.8\,\text{kW}$，转速 $n_1 = 960\,\text{r/min}$，传动比 $i = 20$，蜗杆减速器的工作情况为单向传动，工作载荷稳定，长期连续运转，试设计此蜗杆减速器。

解：（1）蜗轮轮齿表面接触强度计算。

1）选择齿面材料、确定许用接触应力$[\sigma_H]$。

蜗杆用 45 钢，表面淬火硬度大于 45HRC；蜗轮用 ZCuSn10P1 铸锡青铜，砂模铸造。由表 10-1 查得$[\sigma_H] = 200\,\text{MPa}$。

2）选择蜗杆头数 z_1 及蜗轮齿数 z_2。

根据传动比 $i = 20$，取 $z_1 = 2$，则蜗轮齿数 $z_2 = iz_1 = 40$。

3）确定作用在蜗轮上的转矩T_2。因 $z_1 = 2$，故初步取$\eta = 0.80$，$n_2 = n_1 / i = 960 / 20 = 48$，则

$$T_2 = 955 \times 10^4 \frac{P_1 \eta}{n_2} = 955 \times 10^4 \times \frac{2.8 \times 0.8}{48} = 44.56 \times 10^4\,\text{N} \cdot \text{mm}$$

4）确定载荷系数 K。

因蜗杆和蜗轮相对轴承对称布置，且载荷较平稳，故取 $K = 1.1$。

5）计算模数 m 及确定蜗杆分度圆直径 d_1。由式（10-3）得

$$m^2 d_1 = \left(\frac{510}{z_2 [\sigma_H]} \right)^2 KT_2 = \left(\frac{510}{40 \times 200} \right)^2 \times 1.1 \times 44.56 \times 10^4 = 1992\,\text{mm}^3$$

由表 5-7 查得接近的 $m^2 d_1 = 2250\,\text{mm}^3$，则标准模数 $m = 5\,\text{mm}$，$d_1 = 90\,\text{mm}$。

6）验算效率η。先由式（5-29）计算蜗杆导程角。

$$\tan \gamma = \frac{z_1 m}{d_1} = \frac{2 \times 5}{90} = 0.111111$$

解得$\gamma = 6°20'25''$。

因蜗杆啮合副是在油池中工作，故取当量摩擦角$\rho' = 2°$，则

$$\eta = \frac{\tan\gamma}{\tan(\gamma+\rho')} = \frac{\tan 6°20'25''}{\tan(6°20'25''+2°)} = 0.76$$

比假设$\eta = 0.80$略小，偏于安全。

7）确定其他尺寸。

蜗杆分度圆直径$d_1 = 90\text{ mm}$。

蜗轮分度圆直径$d_2 = mz_2 = 5\times 40 = 200\text{ mm}$。

蜗轮齿顶圆直径$d_{a2} = d_2 + 2m = 200 + 5\times 2 = 210\text{ mm}$。

中心距$a = \dfrac{d_1 + d_2}{2} = \dfrac{90+200}{2} = 145\text{ mm}$。

（2）齿根弯曲疲劳强度验算。

1）确定许用弯曲应力，根据表 10-3 查得$[\sigma_F] = 51\text{ MPa}$。

2）查齿形系数Y_F

$z_2 = 40$，由表 10-4 查得$Y_F = 2.32$。

3）验算弯曲应力。由式（10-4）得

$\sigma_F = \dfrac{2.2KT_2Y_F}{m^2 d_1 z_2 \cos\beta} = \dfrac{2.2\times 1.1\times 44.56\times 10^4\times 2.32}{2250\times 40\times \cos 6°20'25''} = 27.9\text{MPa} < 51\text{MPa}$，安全。

（3）散热计算。

由式（10-13）可求出所需散热面积为

$$S = \frac{1000P_1(1-\eta)}{\alpha_d(t_\alpha - t_0)} = \frac{1000\times 2.8\times(1-0.76)}{16\times 35} = 1.2\text{ m}^2$$

式中：$P_1 = 2.8\text{ kW}$，传动效率$\eta = 0.76$，减速器通风条件良好，取表面散热系数$\alpha_d = 16\text{W}/(\text{m}^2\cdot℃)$，环境温度$t_0 = 30℃$，箱体内许用油温$t_\alpha = 65℃$。

减速器结构初步确定后，应计算散热面积是否满足要求。若不满足要求应采取其他散热措施，如设置散热片或在蜗杆轴端装风扇。

例题 10-2 一起重量为$G = 8000\text{N}$的手动蜗杆传动装置，起重卷筒的计算直径$D = 200\text{ mm}$，作用于蜗杆手柄上的起重转矩$T_1 = 16000\text{ N}\cdot\text{mm}$。已知蜗杆为单头蜗杆（$z_1 = 1$），模数$m = 5\text{ mm}$，蜗杆分度圆直径$d_1 = 50\text{mm}$，传动总效率$\eta = 0.4$。试确定所需蜗轮的齿数$z_2$及中心距$a$。

解：（1）作用于蜗轮上的转矩$T_2 = G\dfrac{D}{2} = 8000\times\dfrac{200}{2} = 800000\text{N}\cdot\text{mm}$

（2）因$T_2 = iT_1\eta = \dfrac{z_2}{z_1}T_1\eta$，故蜗轮的齿数为

$$z_2 = \frac{z_1T_2}{T_1\eta} = \frac{1\times 800000}{16000\times 0.4} = 125$$

（3）取$z_2 = 125$，则中心距

$$a = \frac{d_1+d_2}{2} = \frac{50+120\times 5}{2} = 337.5\text{ mm}$$

习　题

10-1　与齿轮传动比较，蜗杆传动有哪些特点及其应用范围。

10-2　蜗杆传动的啮合效率受哪些因素的影响？

10-3　为什么蜗杆传动可得到大的传动比？传动比为多少？

10-4　蜗轮是用什么刀具加工的？为什么要规定蜗杆分度圆直径与模数对应标准值？

10-5　蜗杆传动的主要失效形式有哪些？

10-6　为什么蜗杆传动常用青铜蜗轮而不采用钢制蜗轮？

10-7　蜗轮的结构形式有哪几类？适用于何种场合？

10-8　为什么对连续工作的蜗杆传动不仅要进行强度计算，而且还要进行热平衡计算？

10-9　设计一蜗杆减速器。已知传递的功率 $P_1 = 8\text{kW}$，蜗杆转速 $n_1 = 960\text{r/min}$，传动比 $i = 20$，由电动机驱动，载荷稳定，长期工作。

10-10　如图所示，为蜗杆传动和圆锥齿轮传动的组合。已知输出轴上的锥齿轮 z_4 的转向 n_4。试确定蜗杆的螺旋线方向和蜗杆的转向；在图中标出蜗轮轴向力的方向。

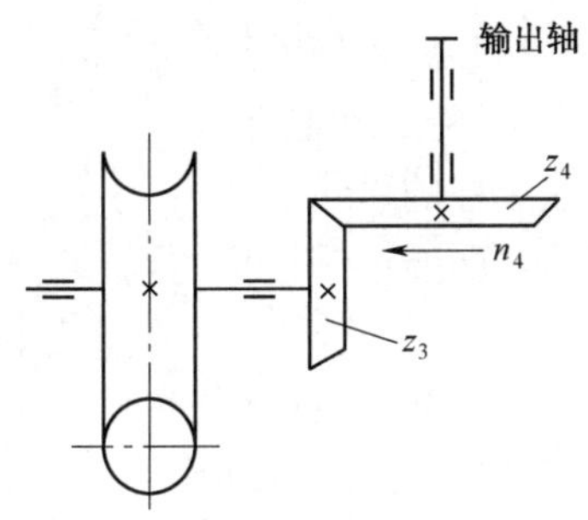

题 10-10 图

10-11　如图所示，蜗杆主动，$T_1 = 20\text{N}\cdot\text{m}$，$m = 4\,\text{mm}$，$z_1 = 2$，$d_1 = 50\,\text{mm}$，蜗轮齿数 $z_2 = 50$，传动效率 $\eta = 0.75$。试确定：（1）蜗轮的转向；（2）蜗杆与蜗轮上作用力的大小和方向。

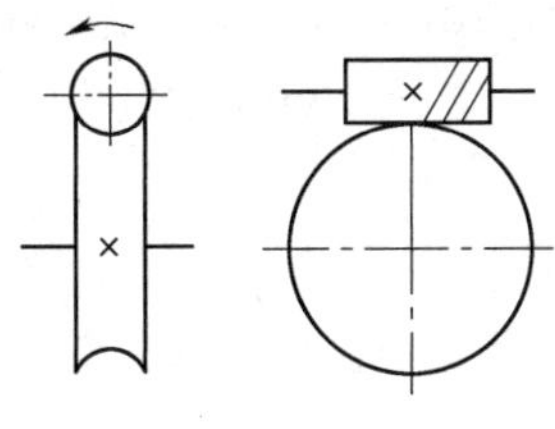

题 10-11 图

第四篇　机械连接

第 11 章　螺纹连接

§11-1　螺纹的基本参数

一、螺纹的形成及分类

如图 11-1 所示，将一底边长度等于 πd_1 的直角三角形绕在直径为 d_1 的圆柱体上，并使底边绕在圆柱体的底边上，则它的斜边在圆柱体上便形成一螺旋线。取任一平面图形，使它的一边靠在圆柱的母线上并沿螺旋线移动，移动时保持该图形的平面通过圆柱体的轴线，就得到相应的螺纹。

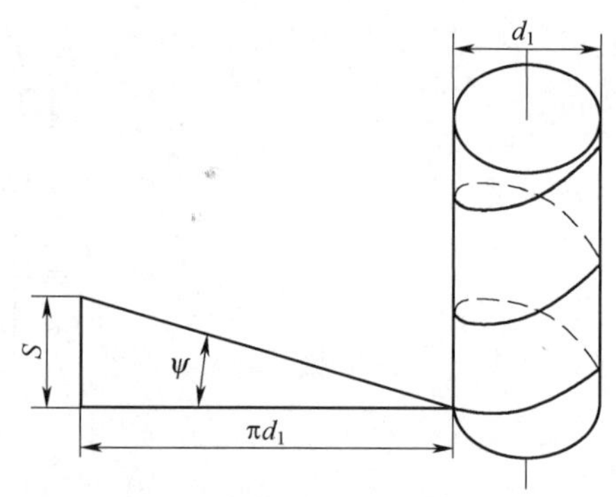

图 11-1　螺纹的形成

螺纹有外螺纹和内螺纹之分，它们共同组成螺旋副。用于连接作用的螺纹称为连接螺纹；用于传动作用的螺纹称为传动螺纹。螺纹根据其母体形状可分为圆柱螺纹和圆锥螺纹两类，圆锥螺纹主要用于管件连接，圆柱螺纹用于一般连接和传动。螺纹的单位有米制和英制之分，国内除管螺纹保留英制外，其余均采用米制螺纹。

螺纹有右旋螺纹和左旋螺纹两种，大部分场合使用右旋螺纹，特殊场合使用左旋螺纹；如车床溜板箱、煤气罐开关、自行车脚踏板等。根据螺旋线数目分为单线螺纹（图 11-2a）、双线螺纹（图 11-2b）、多线螺纹（图 11-2c）。单线螺纹自锁能力强，常用于连接形式上。多线螺纹效率高，常用于传动形式上。

按照牙型的不同螺纹又分为普通螺纹（图 11-3a）、管螺纹（图 11-3b）、矩形螺纹（图 11-3c）、梯形螺纹（图 11-3d）和锯齿形螺纹（图 11-3e）等。前两种主要用于连接，后三种主要用于传动。

普通螺纹截面为三角形，其牙型角为 60°，分为粗牙螺纹和细牙螺纹。粗牙螺纹用于一般连接。细牙螺纹在相同公称直径时，螺距小、螺纹深度浅、导程和升角也小、自锁性能好，适合用于薄壁零件和微调装置。但细牙螺纹不耐磨，易滑扣不宜经常装拆，所以广泛使用粗牙螺纹。

管螺纹属英制细牙三角形螺纹，多用于有紧密性要求的管件连接，牙型角为 55°。管螺纹有密封管螺纹和非密封管螺纹之分。非密封管螺纹要求连接具有密封性时需添加密封物，密封管螺纹不加填料即可保证不渗漏。

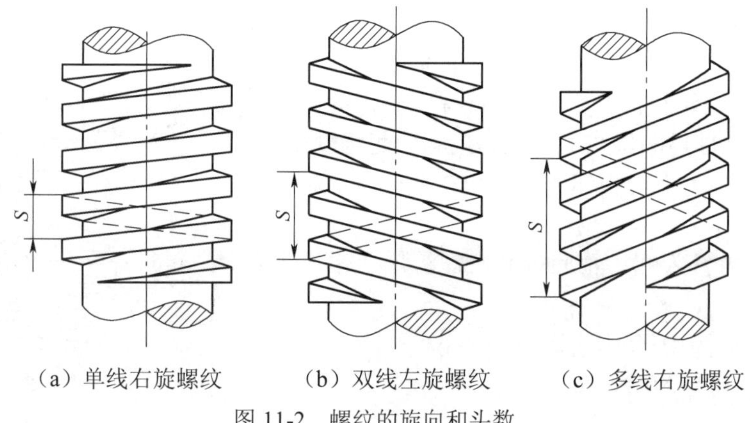

（a）单线右旋螺纹　（b）双线左旋螺纹　（c）多线右旋螺纹

图 11-2　螺纹的旋向和头数

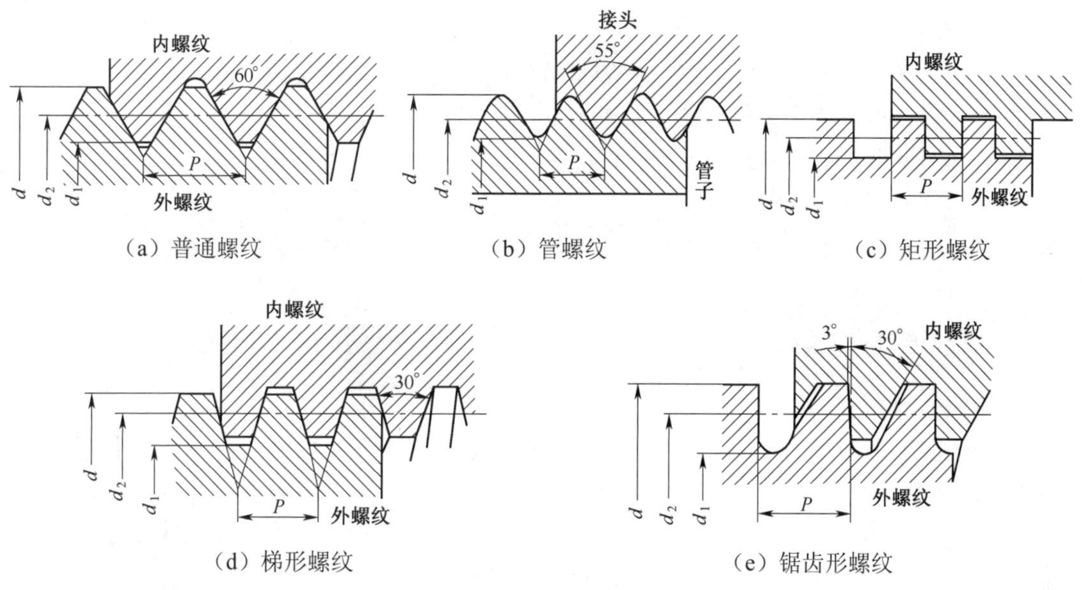

（a）普通螺纹　（b）管螺纹　（c）矩形螺纹

（d）梯形螺纹　（e）锯齿形螺纹

图 11-3　螺纹的类型

矩形螺纹牙型为矩形，牙型角为 0°，传动效率高；但由于它具有精加工困难、螺纹磨损后无法补偿、螺母与螺杆对中的精度较差以及螺纹根部强度较低等缺点，虽适用于做传动螺纹，但应用较少。

梯形螺纹牙型为等腰梯形，牙型角为 30°，加工工艺性好、牙根强度高、对中性好、效率较矩形螺纹低，是应用最广泛的一种传动螺纹，多用于车床丝杠等传动螺旋及起重螺旋中。

锯齿形螺纹牙型为不等腰梯形，工作面的牙型角 $\beta = 3°$，非工作面的牙型角 $\beta' = 30°$。适用于单向受载的传动螺旋。在受载很大的起重螺旋及螺旋压力机中常采用锯齿形螺纹。

二、螺纹的主要参数

以外螺纹为例，如图 11-4 所示，螺纹的主要参数为大径 d、小径 d_1、中径 d_2、螺距 P、牙型角 β、升角 ψ、线数 n、导程 S、接触高度 h 等。

（1）大径 d 即螺纹的公称直径，是指与外螺纹牙顶（或内螺纹牙底）相重合的假想圆柱体的直径。

（2）小径 d_1 常用于连接的强度计算，是指与外螺纹牙底（或内螺纹牙顶）相重合的假想圆柱体的直径。

（3）中径 d_2 常用于连接的几何计算，是一个假想圆柱体的直径，该圆柱体的母线上牙型沟槽和凸起宽度相等。

（4）螺距 P 为螺纹相邻两个牙型在中径线上对应两点间的轴向距离。

（5）牙型角 β 为螺纹轴向截面内螺纹牙型相邻两侧边的夹角。

（6）升角 ψ 为中径圆柱上，螺纹线和圆柱面交线上一点的切线与螺杆端面的夹角。

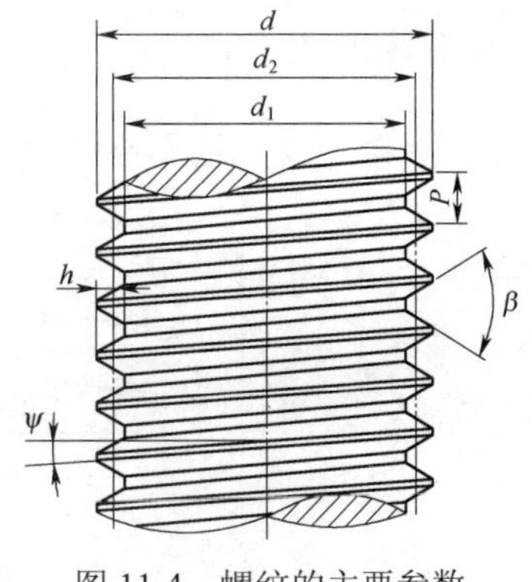

图 11-4 螺纹的主要参数

$$\psi = \arctan\frac{S}{\pi d_2} = \arctan\frac{nP}{\pi d_2} \tag{11-1}$$

（7）线数 n 为螺纹的螺旋线数目。

（8）导程 S 为螺纹上任一点沿同一条螺旋线转一周所移动的轴向距离，$S=nP$。

（9）接触高度 h 为内外螺纹旋合后的接触面的径向高度。

常用的普通螺纹的基本参数可查阅 11-7 节附表 11-1。

§ 11-2 螺纹连接的类型和标准连接件

一、螺纹连接的类型

1. 螺栓连接

螺栓连接应用最广，在被连接件上开有通孔，插入螺栓后在螺栓的另一端拧上螺母。被连接件加工通孔，通常用于被连接件不太厚，且有足够装配空间的情况。螺栓连接有普通螺栓连接（图 11-5a）和铰制孔用螺栓连接（图 11-5b）之分。普通螺栓连接被连接件上的孔和螺栓杆之间有间隙，故孔的加工精度可以较低。其结构简单，装拆方便，应用广泛。

铰制孔用螺栓连接孔和螺栓杆之间常采用基孔制过渡配合，因而，孔的加工精度要求较高。一般用于需螺栓承受横向载荷或需靠螺栓杆精确固定被连接件相对位置的场合。

2. 双头螺柱连接

如图 11-5c 所示，双头螺柱没有钉头，两端都有螺纹，适用于结构上不能采用螺栓连接的场合。这种连接用于被连接件之一太厚不宜制成通孔，材料比较软（例如用铝镁合金钢制造的壳体）且需经常装拆或结构上受到限制不能采用螺栓连接的场合。双头螺柱旋入零件中的长度和连接零件的材料有关：对于钢件，旋入深度 $H=d_1$；对于铸铁，旋入深度为 $H\approx 1.35d_1$；对于合金钢，旋入深度为 $H\approx 2d_1$。

3. 螺钉连接

如图 11-5d 所示，螺钉连接不用螺母，直接将螺钉旋入被连接件之一的螺纹孔内而实现连接。也用于被连接件之一较厚的场合，在结构上比双头螺柱连接简单、紧凑。但由于经常装拆，容易使螺纹孔损坏，所以多用于受力不大，或不经常装拆的场合。

4. 紧定螺钉连接

如图 11-5e 所示，利用紧定螺钉旋入并穿过一零件，以其末端压紧或嵌入另一零件，用以固定两零件之间的相对位置，并可传递不大的力或扭矩。多用于轴上零件的连接。紧定螺钉除作为连接和紧定外，还可用于调整零件位置，如机器、仪器的调节螺钉等。

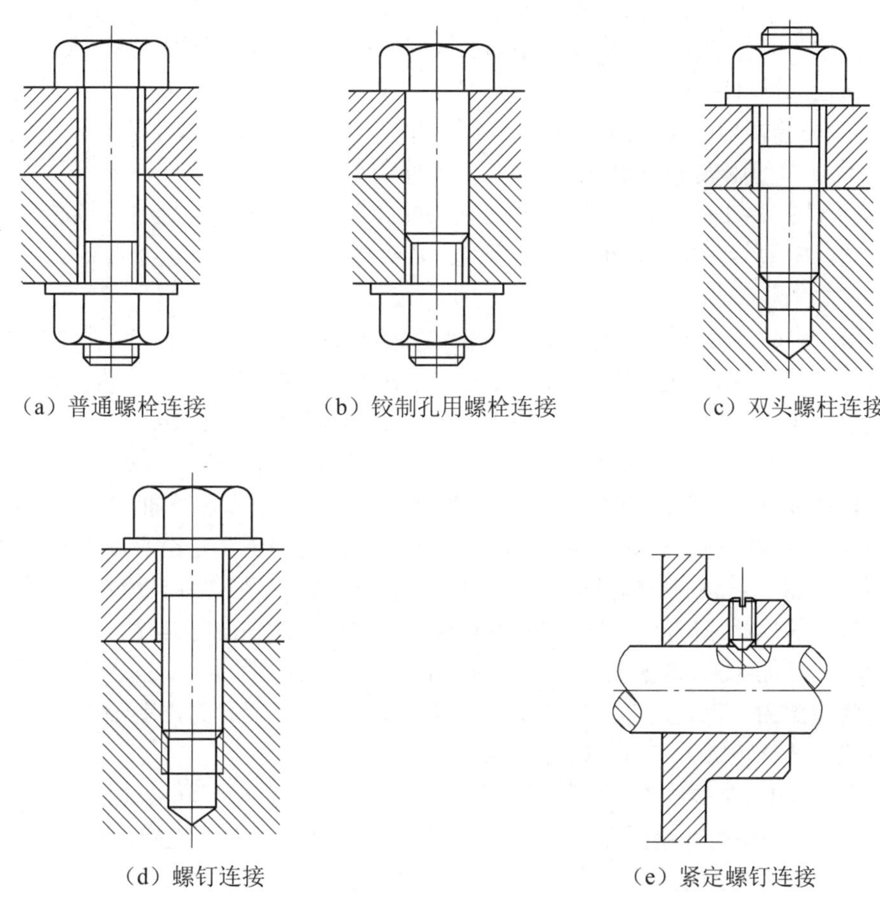

（a）普通螺栓连接　（b）铰制孔用螺栓连接　（c）双头螺柱连接

（d）螺钉连接　（e）紧定螺钉连接

图 11-5　螺纹连接的类型

除上述四种基本螺纹连接形式外，还有一些特殊结构的连接。例如，专门用于将机座或机架固定在地基上的地脚螺栓连接（11-6a），装在机器或大型零、部件的顶盖或外壳上便于起吊用的吊环螺钉连接（图 11-6b），用于工装设备中的 T 型槽螺栓连接（图 11-6c）等。

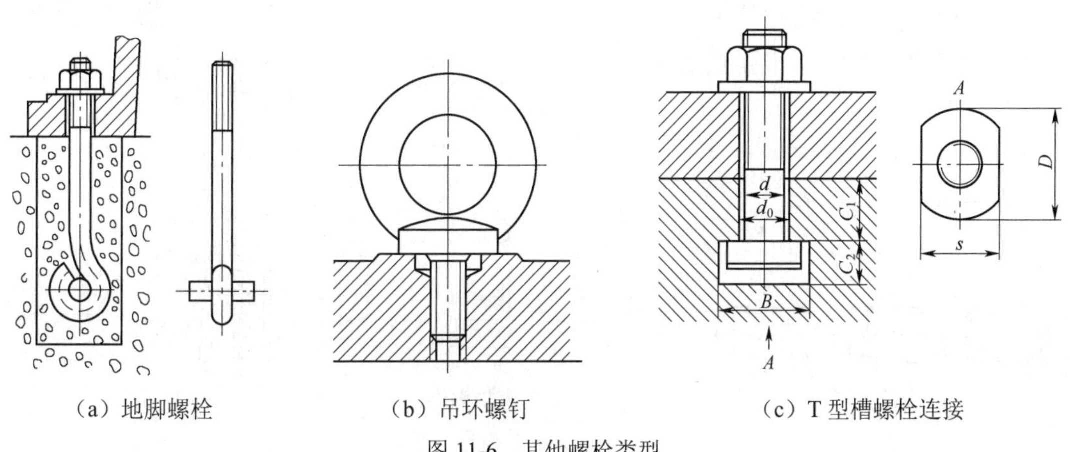

（a）地脚螺栓　（b）吊环螺钉　（c）T 型槽螺栓连接

图 11-6　其他螺栓类型

二、标准螺纹连接件

螺纹连接件的类型很多，在机械制造中常见的螺纹连接件有螺栓、双头螺柱、螺钉、螺母和垫圈等。这类零件的结构形式和尺寸都已标准化，设计时可根据有关标准选用。

六角头螺栓（图 11-7a）种类很多，应用最广，精度分为 A、B、C 三级，通用机械制造中多用 C 级。螺栓杆部分可制出一段螺纹或全螺纹，螺纹可用粗牙或细牙。六角头螺栓尺寸和标准查阅 11-7 节的附表 11-2 和 11-3。

双头螺柱（图 11-7b）两端都制有螺纹，两端螺纹可相同或不同，螺柱可带退刀槽（A 型）或制成腰杆状（B 型）两类，也可制成全螺纹。双头螺柱的标准尺寸选择查阅 11-7 节的附表 11-4。

螺钉（图 11-7c）头部形状有圆头、扁圆头、六角头、圆柱头和沉头等。头部的槽有一字、十字和内六角等形式。十字槽螺钉头部强度高，对中性好，便于自动装配。内六角孔螺钉能承受较大的扳手力矩，连接强度高，可代替六角头螺栓，用于要求结构紧凑的场合。

紧定螺钉（11-7d）的末端形状，常用的有锥端、平端和圆柱端。锥端适用于被紧定零件的表面硬度较低或不经常拆卸的场合；平端接触面积较大，不伤零件表面，常用于预紧硬度较大的平面或经常拆卸的场合；圆柱端压入轴上的凹坑中，适用于紧定空心轴上的零件。

六角螺母（图 11-7e）根据螺母厚度的不同，螺母分为标准螺母和薄型螺母两种。薄型螺母常用于受剪力的螺栓或空间尺寸受限制的场合。螺母的制造精度与螺栓相同，分为 A、B、C 三级，分别与相同级别的螺栓配用。圆螺母常和止动垫圈配用，装配时将垫圈内舌插入轴上的槽内，而将垫圈的外舌嵌入圆螺母的槽内，螺母即被锁紧。常作为滚动轴承的轴向固定用。螺钉的标准尺寸选择查阅 11-7 节的附表 11-5。

垫圈（图 11-7f）是螺纹连接中不可缺少的附件，常放置在螺母和被连接件之间，起保护支撑表面等作用。垫圈有斜垫圈和平垫圈两类。斜垫圈主要用于斜面连接。平垫圈按加工精度不同，分为 A 级和 C 级两种。用于同一螺纹直径的垫圈又分为特大、大、普通和小 4 种规格，特大垫圈主要在铁木结构上适用。垫圈的标准尺寸选择查阅 11-7 节的附表 11-6。

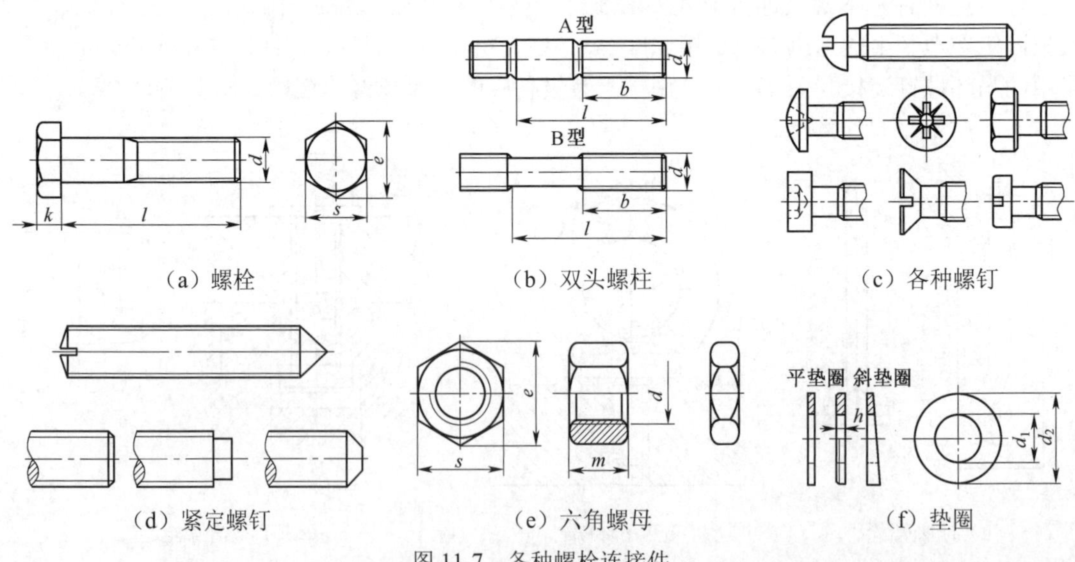

（a）螺栓　（b）双头螺柱　（c）各种螺钉

（d）紧定螺钉　（e）六角螺母　（f）垫圈

图 11-7　各种螺栓连接件

由 GB/T 5782-2000 的规定，螺纹连接件分为三个精度等级，其代号为 A、B、C 级。A 级精度公差小，精度高，用于要求配合精确、防止振动等重要零件的连接；B 级精度多用于受载较大且经常拆卸、调整或承受变载荷的连接；C 级精度多用于一般的螺纹连接。

§11-3　螺旋副中力的关系、效率和自锁

矩形螺纹在矩形螺旋副中，若承受的轴向载荷为 F_a，则当螺母在螺纹上旋转时，可以把它看成一重量为 F_a 的物体沿着螺纹斜面移动。沿中径 d_2 把螺纹展开得一斜面（图 11-8），图中 ψ 为升角，F 为推力，它作用在与轴线垂直的平面内并与中径的圆周相切。

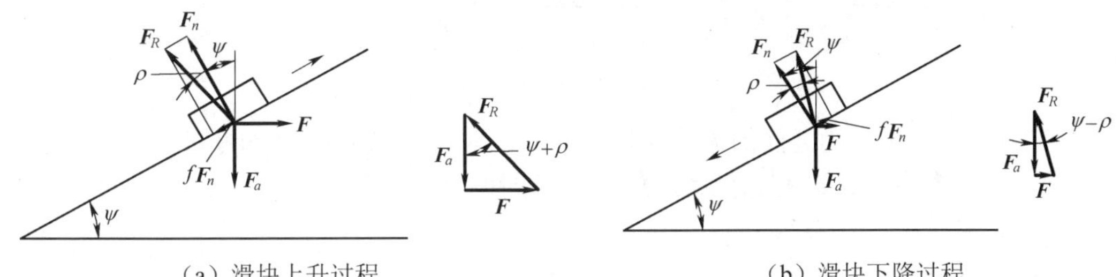

（a）滑块上升过程　　（b）滑块下降过程

图 11-8　矩形螺纹连接受力分析

当重物沿斜面等速上升时，摩擦力 fF_n 向左，因而总反力 F_R 与 F_n 的夹角等于升角 ψ 与摩擦角 ρ 之和。由力矢量图（图 11-8a）解得

$$F = F_n \tan(\psi + \rho) \tag{11-2}$$

当重物沿斜面等速下降时，摩擦力则向右（图 11-8b），这时 F 已经不是推力而是阻力，并且总反力 F_R 与 F_n 的夹角等于 $(\psi - \rho)$，故由力的矢量图（图 11-8b）解得

$$F = F_n \tan(\psi - \rho) \tag{11-3}$$

当拧紧螺母时，螺母旋转一周所需的输入功为 $W_1 = F\pi d_2 = F_n \tan(\psi + \rho)\pi d_2$。此时升举重物所做的有效功为 $W_2 = F_n \mathrm{S} = F_n \tan\psi \pi d_2$，所以旋转螺母升举起重物时，螺旋副的效率为

$$\eta = W_2 / W_1 = \tan\psi / \tan(\psi + \rho) \tag{11-4}$$

由上式可知，当摩擦角 ρ 不变时，螺旋副的效率是升角 ψ 的函数。

为了求最大螺旋效率时的 ψ 角，可令一次导数 $\dfrac{\mathrm{d}\eta}{\mathrm{d}\psi} = 0$，即 $\dfrac{\mathrm{d}\eta}{\mathrm{d}\psi} = \dfrac{\mathrm{d}}{\mathrm{d}\psi}\left[\dfrac{\tan\psi}{\tan(\psi + \rho)}\right] = 0$。由此可知：当 $\psi = 45° - \rho/2$ 时，螺旋副的效率最高。但是过大的升角会引起加工工艺上的困难，故一般取不大于 20°～25°。

由式（11-4）知，如 $\psi \leqslant \rho$，则 $F \leqslant 0$，即不加支持力 F，重物在 Fa 的作用下也不会自动滑下。在这种情况下，则称该螺旋副具有自锁作用，即螺旋副不会自动松脱。自锁条件是

$$\psi \leqslant \rho \tag{11-5}$$

所以要求螺旋副具有自锁作用的情况下，当拧紧螺母时，螺旋副的效率总是小于 50%的。

三角形螺纹副的运动可以看成是楔形滑块在斜槽内滑动（图 11-9），由图知：楔形滑块若以等速沿垂直于图面的方向移动时，摩擦力 $F_f = 2fF_N$。由 $F_N = \dfrac{F_Q}{2\sin\gamma} = \dfrac{F_Q}{2\cos\alpha}$ 得 $F_f = 2fF_N =$

$\frac{f}{\cos\alpha}F_Q = f'F_Q$，式中 $\frac{f}{\cos\alpha} = f'$ 称为当量摩擦系数。因此，三角形螺纹中的摩擦阻力是大于矩形螺纹的。

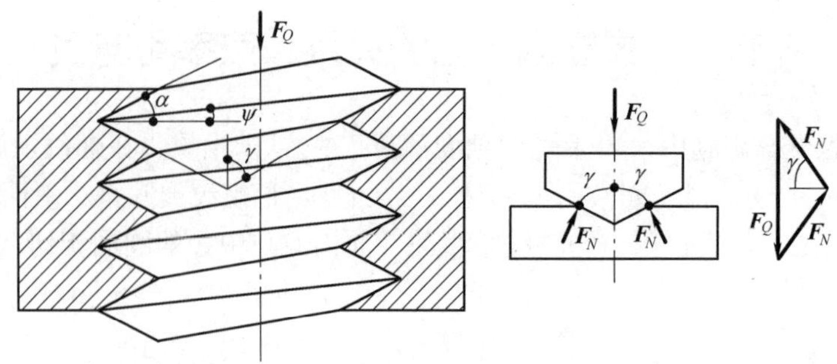

图 11-9 三角螺纹受力分析

在三角形螺纹中，各力之间的关系及效率公式等都和矩形螺纹中的分析相似，只需将 f 和 ρ 相应地用当量摩擦系数 f' 和当量摩擦角 ρ' 代替即可。

力的关系为

$$F = F_n \tan(\psi + \rho') \tag{11-6}$$

自锁条件为

$$\psi \leqslant \rho' \tag{11-7}$$

$$\rho' = \tan^{-1} f' \tag{11-8}$$

效率为

$$\eta = \tan\psi / \tan(\psi + \rho') \tag{11-9}$$

§11-4 螺纹连接的预紧和防松

一、螺栓的预紧

多数情况下，螺纹连接在装配时需要拧紧，称为预紧。被连接件在承受工作载荷之前，螺栓已预先受到力的作用，这个预加作用力称为预紧力 F_0。预紧的目的在于增强连接的可靠性和紧密性，以防止受载后被连接件间出现缝隙或发生相对滑移。实验证明，适当选用较大的预紧力对螺纹连接的可靠性以及连接件的疲劳强度都是有利的。特别对于像汽缸盖、管路凸缘、齿轮箱、轴承盖等紧密性要求较高的螺纹连接更为重要。预紧力的控制通常是通过控制拧紧时所施加的拧紧力矩来实现的。

拧紧后螺纹连接件的预紧应力不得超过其材料的屈服极限 σ_s 的 70%。预紧力的大小应根据载荷性质、连接刚度等具体工作条件确定。对于重要连接在装配时应控制预紧力。控制拧紧力矩的常用方法是用测力矩扳手（图 11-10a），定力矩扳手（图 11-10b）来实现。测力矩扳手靠扳手臂的变形来确定预紧力的大小。定力矩扳手由套筒 1、销轴 2、弹簧 3、紧定螺钉 4 组成。通过调整紧定螺钉的位置，从而调整弹簧的弹力，当螺栓的预紧力达到控制值时，销轴脱开，套筒不再转动，从而实现预紧。目前，定力矩扳手由气动扳手和电动扳手替代。

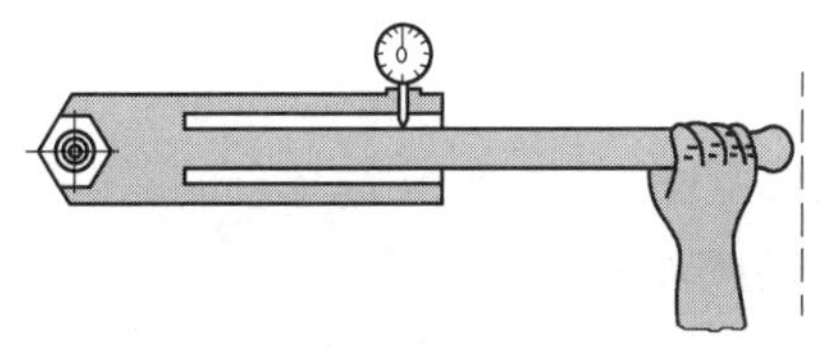

（a）测力矩扳手

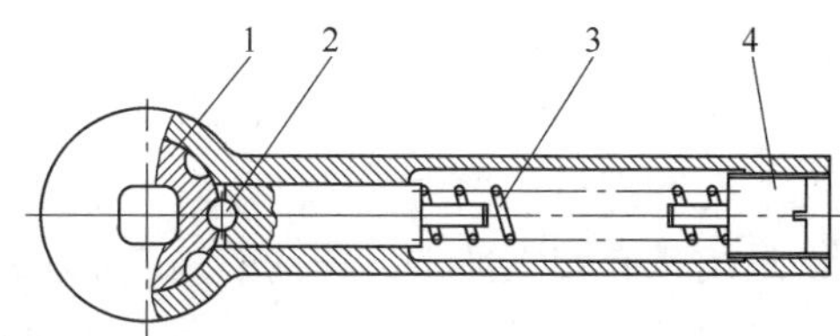

（b）定力矩扳手

图 11-10　螺栓预紧方式

拧紧螺母时，如图 11-11 所示，由于拧紧力矩 $T=FL$ 的作用，使螺栓和被联接件之间产生预紧力 F_0。根据力学知识得到，需要克服的摩擦阻力矩由螺纹副上的摩擦阻力矩 T_1 和支承面的摩擦阻力矩 T_2 两部分组成，其中

$$T_1=F_0\frac{d_2}{2}\tan(\psi+\rho')\text{，}\quad T_2=\frac{1}{2}f_cF_0\frac{D_0^3-d_0^3}{D_0^2-d_0^2}$$

根据经验得

$$T=T_1+T_2\approx 0.2F_0d \tag{11-10}$$

由于摩擦系数不稳定，且加在扳手上的力难于准确控制。对于直径较小的螺栓，有时可能会被拧断。所以，对于重要的连接，不宜采用小于 M12～M16 的螺栓。

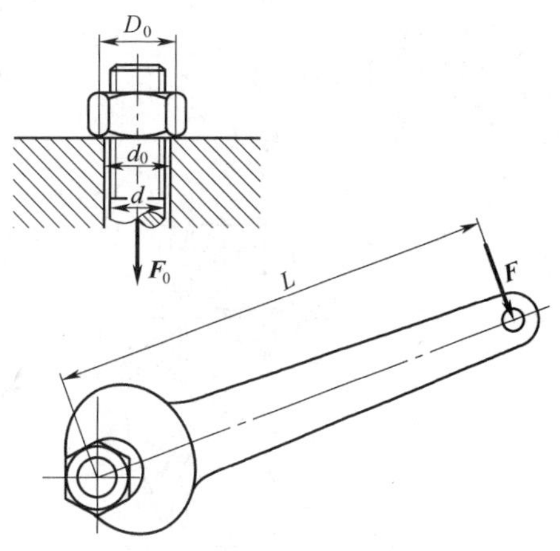

图 11-11　螺栓的预紧

二、螺纹连接的防松

螺纹连接件一般采用单线普通螺纹。螺纹升角（$\psi=1°42'\sim3°2'$）小于螺旋副的当量摩擦角（$\rho'=6°30'\sim10°30'$）。因此，螺纹连接在静载荷和工作温度变化不大的场合都是满足自锁条件的，不会松动。但在冲击、振动和变载荷作用下，螺纹之间的摩擦力可能瞬时消失而影响正常工作；在高温或温度变化较大时，若螺栓与被连接件的温度变化或材料的蠕变，也可能导致连接的松脱，导致机器不能正常工作，甚至发生严重事故。所以设计时，应考虑到防松的问题。以保证连接安全可靠。

螺纹连接一旦出现松脱，轻者会影响机器的正常运转，重者会造成严重事故。因此，为了防止连接松脱，保证连接安全可靠，设计时必须采取有效的防松装置。防松的根本问题在于防止螺旋副在受载时发生相对转动。按其工作原理可分为摩擦防松、机械防松和破坏螺纹副的防松方法。

摩擦防松有双螺母防松、弹簧垫圈防松等方式。

双螺母（图 11-12a）防松利用两螺母拧紧后，使旋合螺纹间始终受到附加的压力和摩擦力的作用，工作载荷有变动时，该摩擦力仍然存在。螺栓旋合段受拉而螺母受压，使螺纹副纵向压紧。结构简单，适用于平稳、低速和重载的固定装置的连接。

弹簧垫圈（图 11-12b）防松是利用螺母拧紧后，靠垫圈压平而产生的弹性反力使旋合螺纹间压紧。同时垫圈斜口的尖端抵住螺母与被连接件的支承面也有防松作用。结构简单，使用方便；但在振动冲击载荷作用下，防松效果较差，一般用于不太重要的连接。

机械防松有开口销与开槽螺母、止动垫片、串联钢丝等防松方式。

开口销与开槽螺母（图 11-12c）防松的方法为：六角开槽螺母拧紧后，将开口销穿入螺栓尾部小孔和螺母的槽内，并将开口销尾部掰开与螺母侧面贴紧。结构简单，使用方便，防松可靠。适用于有较大冲击、振动的高速机械中运动部件的连接。

止动垫片（图 11-12d）防松。螺母拧紧后，将单耳或双耳止动垫片分别向螺母和被连接件的侧面折弯贴紧，即可将螺母锁住。若两个螺栓需要双联锁紧时，可采用双联止动垫片，使两个螺母相互制动。结构简单，使用方便，防松可靠。

串联钢丝（图 11-12e）防松。用钢丝穿入各螺钉头部的孔内，将各螺钉串联起来，使其相互制动。但需注意钢丝的穿入方向。适用于螺钉组连接，但拆卸不便。

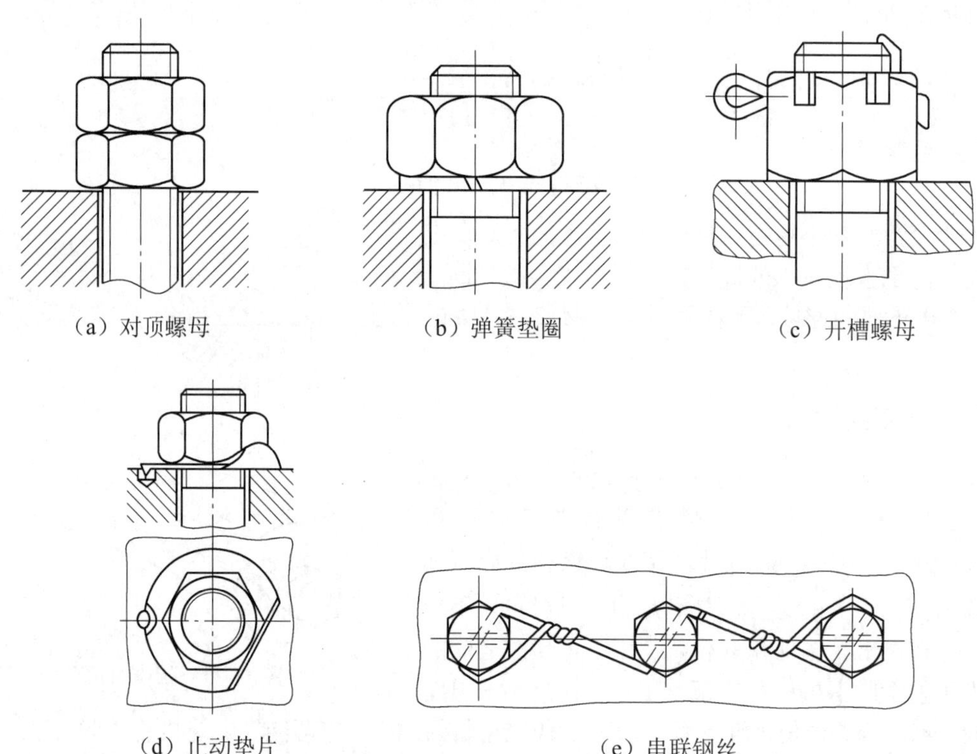

（a）对顶螺母　（b）弹簧垫圈　（c）开槽螺母

（d）止动垫片　（e）串联钢丝

图 11-12　螺纹的防松方式

破坏螺纹副防松是利用焊点、冲点和粘合的办法破坏螺纹副，排除了螺母相对螺栓转动的可能性，是一种不可拆卸的永久性防松。

§11-5　螺栓连接的强度计算

大多数机器的螺纹连接件都是成组使用的。其中以螺栓组连接最具有典型性，因此，下面以螺栓组连接为例，讨论强度计算问题。

螺栓布置时要合理地确定连接结合面的几何形状和螺栓的布置形式，力求各螺栓和连接结合面间受力均匀，便于加工和装配。因此，一般满足下列要求：①连接结合面的几何形状通常都设计成轴对称的简单几何形状；②螺栓的布置应使各螺栓的受力合理；③螺栓的排列应有合理的间距、边距；④分布在同一圆周上的螺栓数目要便于钻孔画线加工；⑤避免螺栓承受附加弯曲载荷。

螺栓组连接的受力比较复杂，一般可以简化为轴向载荷、横向载荷、转矩和倾覆力矩四种类型。但对普通螺栓来说，一般承受轴向拉力。它的计算主要是根据连接的构造、材料性质和受力情况等来确定螺栓的危险截面尺寸（即螺纹小径d_1），然后按标准选出相应的公称直径d，至于螺栓的其他尺寸以及螺母、垫圈等都可以按照螺栓公称直径d从标准中选取。

一、松螺栓连接的强度计算

松螺栓连接是指装配时螺母不被拧紧，螺栓不受预紧力及螺纹间摩擦力矩的作用。这种连接只受工作拉力的作用，即螺栓所受的总拉力就是工作拉力F，如图 11-13 所示的起重机吊钩的螺栓连接。装配时，不拧紧，不受预紧力。工作中只承受轴向工作拉力F。

拉伸强度安全条件为

$$\sigma=\frac{4F}{\pi d_1^2}\leqslant[\sigma] \tag{11-11}$$

故设计公式为

$$d_1\geqslant\sqrt{\frac{4F}{\pi[\sigma]}} \tag{11-12}$$

式中：d_1为螺纹的小径，mm；$[\sigma]$为螺栓的许用应力，MPa；F为所受的轴向拉力，kN。

二、紧螺栓连接的强度计算

紧螺栓连接在装配时必须拧紧，所以在承受工作载荷之前，螺栓就受到一定的预紧力。这种连接应用很广泛。下面列举几种不同的受力情况和连接形式来说明螺栓连接的计算方法。

1. 受横向载荷的紧螺栓连接

如图 11-14 所示，按预紧后接合面间所产生的最大摩擦力必须大于或等于横向载荷。假设各螺栓连接接合面的摩擦力相等并集中在螺栓中心处，则根据力的平衡条件得

$$fF_0iz\geqslant k_sF_\Sigma \tag{11-13}$$

故需要的最小预紧力为

$$F_0\geqslant\frac{k_sF_\Sigma}{fiz} \tag{11-14}$$

式中：f为接合面的摩擦系数，由表 11-1 查取；i为接合面的数目；z为螺栓数目；k_s为考虑摩擦系数不稳定而加入的可靠性系数，一般取 1.1～1.3。

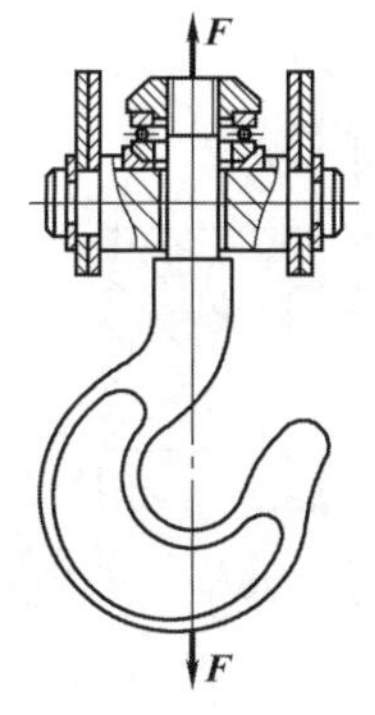

图 11-13　松螺栓连接

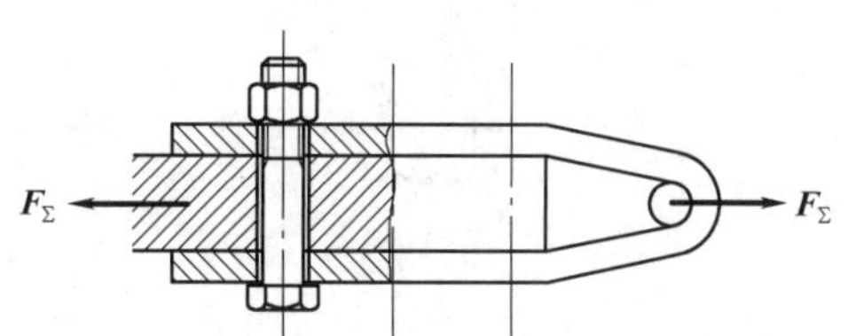

图 11-14　受横向载荷的螺栓组

表 11-1 连接接合面间的摩擦系数

被连接件	接合面的表面状态	摩擦系数 f
钢或铸铁零件	干燥的机加工表面	0.10～0.16
	有油的机加工表面	0.06～0.10
钢结构构件	经喷砂处理	0.45～0.55
	涂覆锌漆	0.35～0.40
	轧制、经钢丝刷清理浮锈	0.30～0.35
铸铁对砖料、混凝土或木材	干燥表面	0.40～0.45

紧螺栓连接装配时，螺母需要拧紧，在拧紧力矩作用下，螺栓除受预紧力 F_0 的拉伸应力外，还受螺纹摩擦力矩 T_1 的扭转而产生扭转切应力，使螺栓处于拉伸与扭转的复合应力状态下。因此，进行仅承受预紧力的紧螺栓的强度计算时，应综合考虑拉伸应力与扭转切应力的作用。

预紧力引起的拉应力 $\sigma=\dfrac{4F_0}{\pi d_1^2}\leqslant[\sigma]$，加入 30%的扭转切应力的影响得

$$\sigma_{ca}=\frac{1.3F_0}{\dfrac{\pi}{4}d_1^2}\leqslant[\sigma] \tag{11-15}$$

故设计公式为

$$d_1\geqslant\sqrt{\frac{5.2F_0}{\pi[\sigma]}} \tag{11-16}$$

对于 M10～M68 的普通螺栓，经理论分析知摩擦力矩的作用相当于使拉伸载荷 F 增大 30%。当普通紧螺栓连接承受横向载荷时，由于预紧力的作用，将在接合面间产生摩擦力来抵抗工作载荷。预紧力 F_0 的大小，根据接合面不产生滑移的条件确定。这时，螺栓仅承受预紧力的作用，而且预紧力不受工作载荷的影响，在连接承受工作载荷后仍保持不变。

当连接承受较大的横向载荷 F 时，由于要求 $F_0\geqslant F/f$（$f=0.2$），即 $F_0\geqslant 5F$，因而需要大幅度地增加螺栓直径。为减小螺栓直径的增加，可采用减载措施，例如在螺栓连接结合面装配减载销、套筒和键（图 11-15）等。这种具有减载零件的紧螺栓连接，其连接强度按减载零件的剪切、挤压强度条件计算，而螺纹连接只是保证连接，不再承受工作载荷，因此预紧力不必很大。但这种连接增加了结构和工艺上的复杂性。

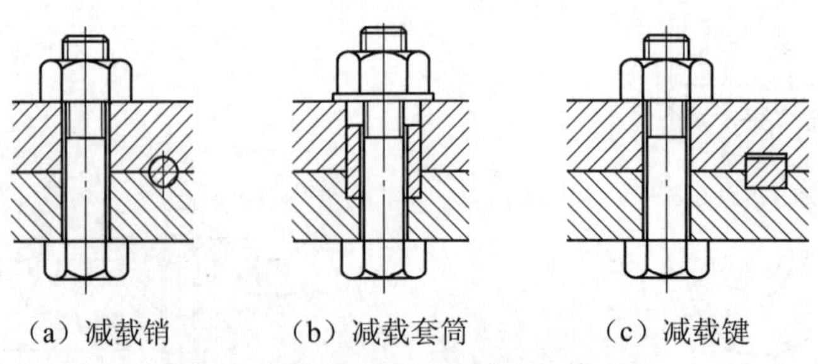

(a) 减载销　(b) 减载套筒　(c) 减载键

图 11-15 承受横向载荷的减载零件

2. 受轴向工作载荷作用的紧螺栓连接

如图 11-16 所示，汽缸盖承受轴向载荷，所受轴向力通过螺栓组形心时，各螺栓受的工作载荷相等，即

$$F = \frac{F_{\Sigma}}{z} \tag{11-17}$$

其中 z 为螺栓数目。

这类连接在拧紧后还要承受轴向载荷 F，由于弹性变形的影响，螺栓所受的总拉力并不等于预紧力和工作拉力之和，还与螺栓的刚度、被连接刚度等因素有关。这类螺栓也常用普通螺栓连接。

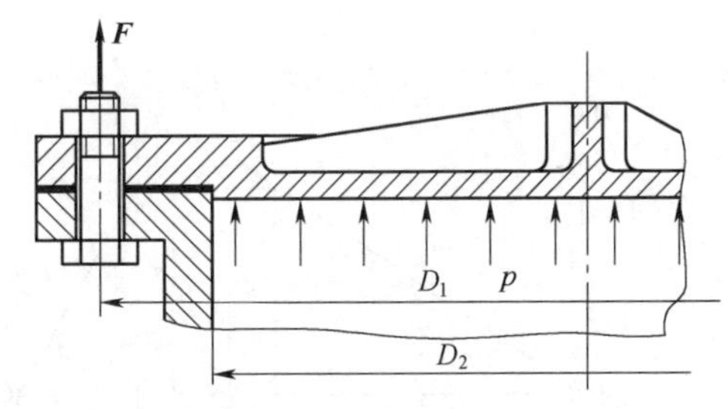

图 11-16　受轴向载荷的紧螺栓连接

图 11-17 为单个螺栓连接的受力变形图。图 11-17a 为螺母刚好拧到与被连接件接触，此时螺栓与被连接件未受力，也不产生变形。图 11-17b 是螺母已拧紧，但尚未承受工作拉力，螺栓仅受预紧力 F_0 的作用。此时，螺栓产生伸长量 λ_b，被连接件产生压缩量 λ_m。图 11-17c 是螺栓受轴向工作载荷 F 后的情况。这时，螺栓拉力增大到 F_2，拉力增量为 $F_2 - F_0$，伸长增量为 $\lambda_b + \Delta\lambda$；被连接件由于螺栓的继续伸长而放松，所受压力由 F_0 减小到 F_1（称之为剩余预紧力），压缩减量为 $\lambda_m - \Delta\lambda$。因为连接件和被连接件变形的相互制约和协调，有 $\lambda_b + \Delta\lambda = \lambda_m - \Delta\lambda$。

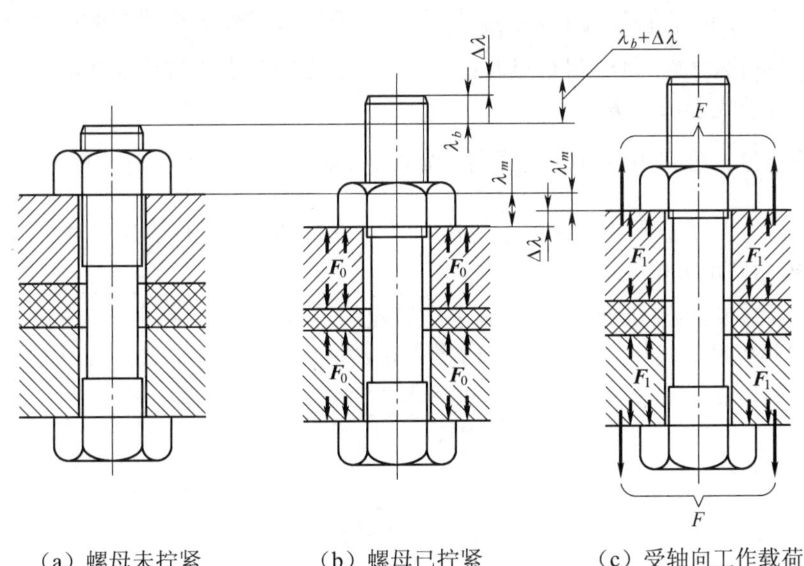

图 11-17　单个受轴向载荷的紧螺栓受力分析图

螺栓连接受力和变形的关系图表示为图 11-18。由图可知，紧螺栓受轴向载荷后，被连接件反作用在螺栓上的力已不是原来的预紧力 F_0，而是剩余预紧力 F_1，螺栓所受的总拉力 F_2 为：$F_2 = F_1 + F$。

图 11-18a 中，设螺栓刚度为 $C_b = \dfrac{F_0}{\lambda_b} = \tan\theta_b$，被连接件的刚度为 $C_m = \dfrac{F_0}{\lambda_m} = \tan\theta_m$。图

11-18b 中，根据几何关系 $F_0=F_1+(F-\Delta F)$，$\dfrac{\Delta F}{F-\Delta F}=\dfrac{\Delta\lambda\tan\theta_b}{\Delta\lambda\tan\theta_m}=\dfrac{C_b}{C_m}$，$\Delta F=\dfrac{C_b}{C_b+C_m}F$。

螺栓的预紧力为

$$F_0=F_1+\left(1-\frac{C_b}{C_b+C_m}\right)F=F_1+\frac{C_m}{C_b+C_m}F \tag{11-18}$$

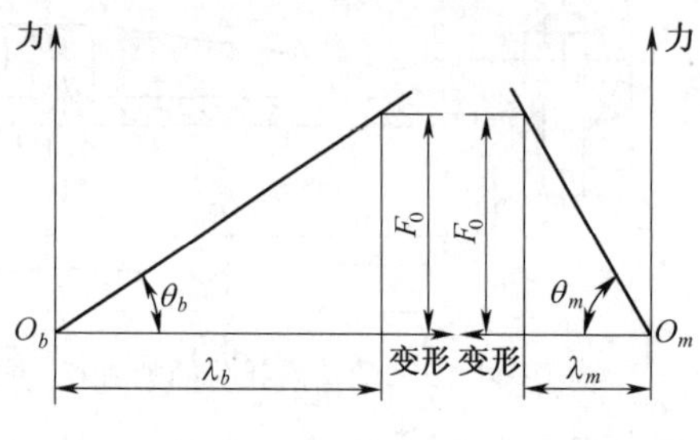

（a）单个连接件受力图

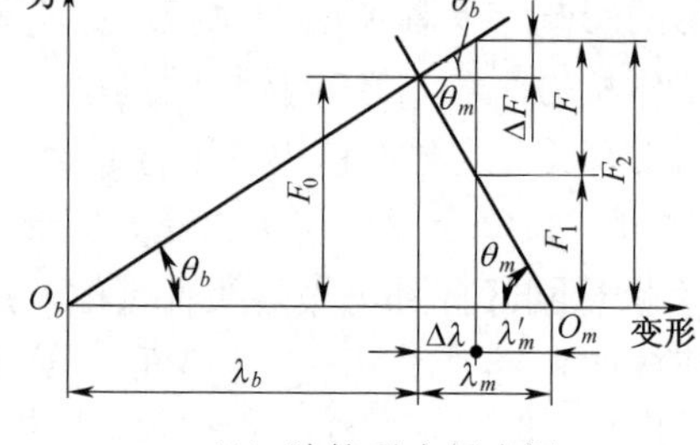

（b）连接受力组合图

图 11-18 螺栓受力变形图

螺栓的总拉力为

$$F_2=F_0+\Delta F=F_0+\frac{C_b}{C_b+C_m}F \tag{11-19}$$

为了保证连接的刚性或紧密性，F_1 应大于零。一般连接工作载荷稳定时取 0.2～0.6 倍的 F；一般连接工作载荷有变化时取 0.11～1.0 倍的 F；有紧密性要求的螺栓连接取 1.5～1.8 倍的 F；地脚螺栓连接要求大于等于 F。

从螺栓的总拉力公式中可以看出载荷一定时，相对刚度 $\dfrac{C_b}{C_b+C_m}$ 对总拉力影响很大，相对刚度和垫片类型有关，金属垫片（或无垫片）时为 0.2～0.3，皮革垫片取 0.7，铜皮或石棉垫片取 0.8，橡胶垫片取 0.9。

设计时，可先根据连接的受载情况，求出螺栓的工作拉力 F，再根据连接的工作要求选取 F_1 值，然后计算螺栓的总拉力 F_2。求得考虑到扭转切应力的影响，螺栓的强度计算公式为

$$\sigma_{ca}=\frac{1.3F_2}{\pi d_1^2/4}\leqslant[\sigma] \tag{11-20}$$

螺栓的设计公式为

$$d_1\geqslant\sqrt{\frac{5.2F_2}{\pi[\sigma]}} \tag{11-21}$$

3. 受剪螺栓连接

如图 11-19 所示，这种连接是利用铰制孔用螺栓抗剪切来承受载荷 F。螺栓杆与孔壁之间无间隙，接触表面则受挤压；在连接接合面处，螺栓杆则受剪切。因此，应分别按挤压与剪切强度条件计算。

计算时，假设螺栓杆与孔壁表面上的压力分布是均匀的，又因这种连接所受的预紧力很小，所以不考虑预紧力和螺纹摩擦力矩的影响。

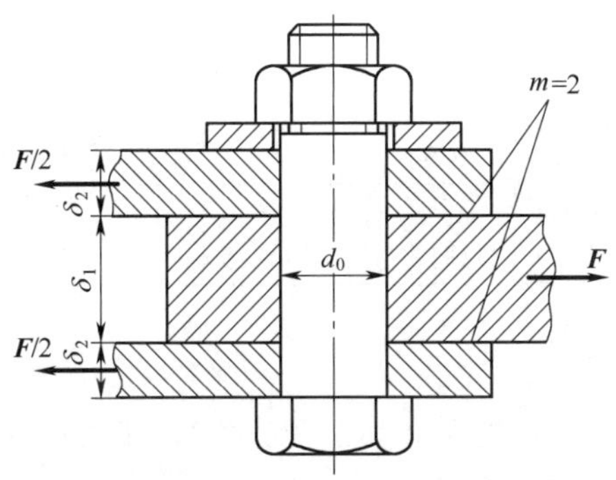

图 11-19　承受工作剪力的铰制孔用螺栓

螺栓杆与孔壁的挤压强度条件为

$$\sigma_p = \frac{F}{d_0\delta} \leqslant [\sigma_p] \tag{11-22}$$

螺栓杆的剪切强度条件为

$$\tau = \frac{F}{m\pi d_0^2/4} \leqslant [\tau] \tag{11-23}$$

式中：d_0 为螺栓受剪处直径，mm；F 为横向载荷，N；m 为剪切面面数；$\delta = \min(\delta_1, 2\delta_2)$；$[\sigma_p]$ 为螺栓或孔壁较弱材料的许用挤压应力，MPa；$[\tau]$ 为螺栓的许用切应力。

§ 11-6　螺纹连接件的材料及许用应力

一、螺纹连接件的材料

螺纹连接件的常用材料有 Q215、Q235、25 和 45 钢，对于重要的或特殊用途的螺纹连接件，可选用 15Cr、20Cr、40Cr、15MnVB、30CrMrSi 等机械性能较高的合金钢。螺纹连接件（螺栓、螺柱、螺钉、螺母等）都已标准化。有专门的厂家生产，只要按有关标准选用合适的尺寸规格即可，不用自己设计制造。表 11-2 列出了常用螺纹连接件的性能等级。性能等级共分 10 级，从 3.6 级到 12.9 级，小数点前的数字代表材料的抗拉强度极限的 1/100，小数点后的数字代表材料的屈服极限与抗拉极限之比值的 10 倍。例如性能等级为 6.8，其材料的抗拉强度极限为 600MPa，屈服强度极限为 480MPa。螺母的性能等级分为 7 级，从 4 到 12，与其螺栓性能等级相匹配。

表 11-2　螺栓、螺钉、螺柱、螺母的性能等级

性能等级标记		3.6	4.6	4.8	5.6	5.8	6.8	8.8	9.8	10.9	12.9
螺栓、螺钉、螺柱	抗拉强度极限 σ_B/MPa	300	400		500		600	800	900	1000	1200
	屈服强度极限 σ_S/MPa	180	240	320	300	400	480	640	720	900	1080
	布氏硬度 HBS	90	109	113	134	140	181	238	269	312	365
	推荐材料	10 Q215	15 Q235	10 Q215	25 35	15 Q235	45	35	35 45	40Cr 15MnVB	30CrMnSi 15MnVB

续表

性能等级标记		3.6	4.6	4.8	5.6	5.8	6.8	8.8	9.8	10.9	12.9
相配合螺母	性能级别	4 或 5	4 或 5	4 或 5	5	5	6	8 或 9	9	10	12
	推荐材料	10 Q215	10 Q215	10 Q215	10 Q215	10 Q215	15 Q215	35	35	40Cr 15MnVB	30CrMnSi 15MnVB

二、螺纹连接件的许用应力

螺纹连接件的许用应力与载荷性质（静、变载荷）、连接是否拧紧、预紧力是否需要控制以及螺纹连接件的材料、结构尺寸等因素有关。

对于受拉力的紧螺栓连接，设计时，其许用拉应力可参照表 11-3 选择。

表 11-3 紧螺栓连接的许用拉应力及安全系数

许用应力	不控制预紧力时的安全系数				控制预紧力时的安全系数 S
$[\sigma]=\sigma_S/S$	直径材料	M6～M16	M16～M30	M30～60	不分直径
	碳钢 合金钢	4～3 5～4	3～2 4～2.5	2～1.3 2.5	1.2～1.5

注：松螺栓连接时，取：$[\sigma]=\sigma_S/S$，$S=1.2\sim1.7$。

对于承受横向载荷的铰制孔用螺栓或减载装置，在静载荷下的许用应力按表 11-4 查询。

表 11-4 许用剪切和挤压应力及安全系数

被连接件材料	剪切		挤压	
	许用应力	S	许用应力	S
钢	$[\tau]=\sigma_S/S$	2.5	$[\sigma_P]=\sigma_S/S$	1.25
铸铁			$[\sigma_P]=\sigma_B/S$	2～2.5

例题 11-1 有一气缸盖与缸体凸缘采用 24 个普通螺栓联接，如图 11-16 所示。已知气缸中的压力 $P=2$ MPa，气缸内径 $D=500$ mm，螺栓分布圆直径 $D_0=650$ mm。为保证气密性要求，剩余预紧力 $F_1=1.8F$（F 为螺栓的轴向工作载荷，d 为螺栓的大径）。螺栓材料的许用拉伸应力 $[\sigma]=120$ MPa，试设计此螺栓组连接。

解：（1）计算螺栓的轴向工作载荷 F 为

$$F=\frac{F_\Sigma}{z}=\frac{\frac{\pi D^2}{4}P}{z}=16362.5\text{N}$$

（2）螺栓所受总拉力为

$$F_2=F+F_1=2.8F=45815\text{ N}$$

（3）计算螺栓直径为

$$d_1\geqslant\sqrt{\frac{5.2F_2}{\pi[\sigma]}}=25.139\text{ mm}$$

故由附表 11-1，选取螺栓为 M30。

例题 11-2 图 11-20 为一凸缘联轴器，用 4 个普通螺栓连接，已知联轴器传递的转矩 $T=4.0\times10^5\text{ N}\cdot\text{mm}$，螺栓均匀分布在直径 $D=200$ mm 的圆周上，试确定螺栓的直径。

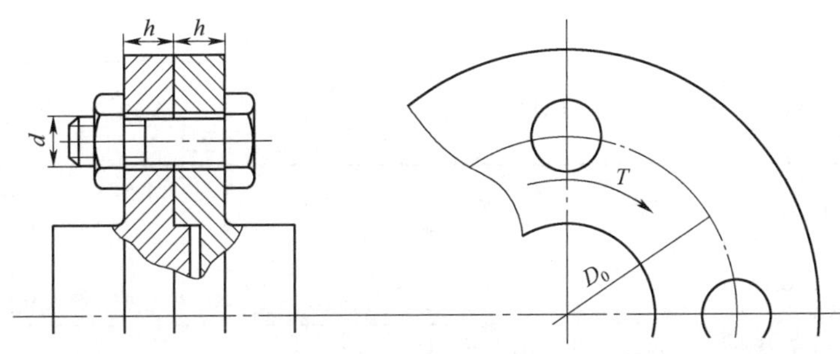

图 11-20　凸缘联轴器

解：（1）螺栓组受力分析。两个半联轴器工作前采用普通螺栓拧紧连接，凸缘靠接触面上产生的摩擦力来传递力矩。此种工作状态下，螺栓组受横向载荷，故每个螺栓所需的预紧力 F_0 按式（11-14）计算，摩擦系数 f 取为 0.15；可靠性系数 k_s 取为 1.2。

（2）作用在中心圆上的圆周力为

$$F_{\Sigma}=\frac{2T}{D}=\frac{2\times4.0\times10^5}{200}=4000\,\text{N}$$

（3）根据式（11-14）

$$F_0\geqslant\frac{K_sF_{\Sigma}}{fiz}=\frac{1.2\times4000}{0.15\times1\times4}=8000\,\text{N}$$

（4）选择螺栓材料，确定许用应力。

选择螺栓材料性能等级为 4.6 级，由表 11-2 查得材料的 $\sigma_S=240\,\text{MPa}$，若不控制预紧力，预设螺栓直径为 16～30mm 之间，由表 11-3 查得安全系数 $S=3$，故螺栓材料的许用应力为

$$[\sigma]=\frac{\sigma_S}{S}=\frac{240}{3}=80\,\text{MPa}$$

（5）确定螺栓直径。

由式（11-16）可得

$$d_1\geqslant\sqrt{\frac{5.2F_0}{\pi[\sigma]}}=\sqrt{\frac{5.2\times8000}{\pi\times80}}=12.866\,\text{mm}$$

查附表 11-1，取 $d=16\,\text{mm}$，故采用 M16 螺栓。

§ 11-7　螺纹连接件的尺寸参数

本节摘选了一些常用的螺纹和螺纹连接件的标准几何参数（见附表 11-1 至附表 11-7），以供设计选用。

附表 11-1　普通螺纹基本尺寸（GB/T 196-2003 摘录）

公称直径 D、d		螺距 P	中径 D_2、d_2	小径 D_1、d_1	公称直径 D、d		螺距 P	中径 D_2、d_2	小径 D_1、d_1
第一系列	第二系列				第一系列	第二系列			
3		0.5*	2.675	2.459	4		0.7*	3.545	3.242
		0.35	2.773	2.621			0.5	3.675	3.459
5		0.8*	4.480	4.134	6		1*	5.350	4.917
		0.5	4.675	4.459			0.75	5.513	5.188

续表

公称直径 D、d		螺距 P	中径 D_2、d_2	小径 D_1、d_1	公称直径 D、d		螺距 P	中径 D_2、d_2	小径 D_1、d_1
第一系列	第二系列				第一系列	第二系列			
8		1.25* 1 0.75	7.188 7.350 7.513	6.647 6.917 7.188	10		1.5* 1.25 1 0.75	9.026 9.188 9.350 9.513	8.376 8.647 8.917 9.188
12		1.75* 1.5 1.25 1	10.863 11.026 11.188 11.350	10.106 10.376 10.647 10.917		14	2* 1.5 1	12.701 13.026 13.350	11.835 12.376 12.917
16		2* 1.5 1	14.701 15.026 15.350	13.385 14.376 14.917		18	2.5* 2 1.5 1	16.376 16.701 17.026 17.350	15.294 15.835 16.376 16.917
20		2.5* 2 1.5 1	18.376 18.701 19.026 19.350	17.294 17.385 18.376 18.917		22	2.5* 2 1.5 1	20.376 20.701 21.026 21.350	19.294 19.385 20.376 20.917
24		3* 2 1.5 1	22.051 22.701 23.026 23.350	20.752 21.835 22.376 22.917		27	3* 2 1.5 1	25.051 25.701 26.026 26.350	23.752 24.835 25.376 25.917
30		3.5* 3 2 1.5 1	27.727 28.051 28.701 29.026 29.350	26.211 26.752 27.835 28.376 28.917	36		4* 3 2 1.5 1	33.402 34.051 34.701 35.026 35.350	31.6701 32.752 33.835 34.376 34.917

注：① 带“*”为粗牙螺纹，其余为细牙螺纹；

② 优先选用第一系列，其次为第二系列，第三系列（表中未列出）尽可能不用；

③ 括号内尺寸尽可能不用。

附表 11-2 六角头螺栓-A 和 B（GB/T 5782-2000）摘录

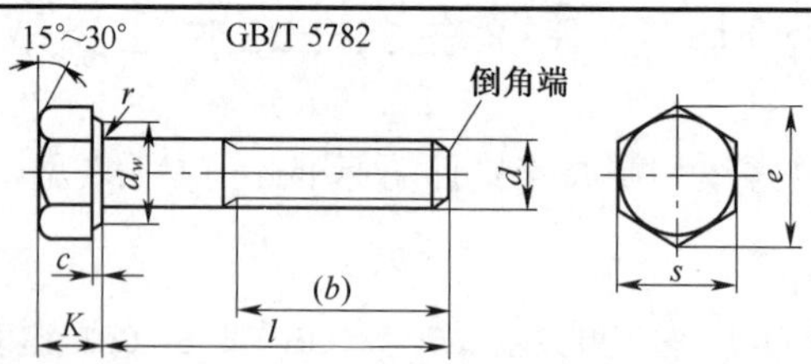

螺纹规格 d = M12 、公称长度 l = 80 、性能等级为 8.8 级、表面氧化、A 级的六角头螺栓的标记为
螺栓 GB/T 5782 M12×80

螺纹规格 d		M3	M4	M5	M6	M8	M10	M12	(M14)	M16	(M18)	M20	(M22)	M24	(M27)	M30	M36
b 参考	$l \leqslant 125$	12	14	16	18	22	26	30	34	38	42	46	50	54	60	66	
	$125 < l \leqslant 200$	18	20	22	24	28	32	36	40	44	48	52	56	60	66	72	84
	$l > 200$	31	33	33	37	41	45	49	53	57	61	65	69	73	79	85	97

续表

a	max		1.5	2.1	2.4	3	3.75	4.5	5.25	6	6	7.5	7.5	7.5	9	9	10.5	12
c	max		0.4	0.4	0.5	0.5	0.6	0.6	0.6	0.6	0.8	0.8	0.8	0.8	0.8	0.8	0.8	0.8
	min		0.15	0.15	0.15	0.15	0.15	0.15	0.15	0.15	0.2	0.2	0.2	0.2	0.2	0.2	0.2	0.2
d_w	min	A	4.6	5.9	6.9	8.9	11.6	14.6	16.6	19.6	22.5	25.3	28.2	31.7	33.6	—	—	—
		B	4.5	5.7	6.7	8.7	11.5	14.5	16.5	19.2	22	24.9	27.7	31.4	33.3	38	42.8	51.1
e	min	A	6.01	7.66	8.79	11.05	14.38	17.77	20.03	23.35	26.75	30.14	33.53	37.72	39.98	—	—	—
		B	5.88	7.50	8.63	10.89	14.20	17.59	19.85	22.78	26.17	29.56	32.95	37.29	39.55	45.2	50.85	60.79
K	公称		2	2.8	3.5	4	5.3	6.4	7.5	8.8	10	11.5	12.5	14	15	17	18.7	22.5
r	min		0.1	0.2	0.2	0.25	0.4	0.4	0.6	0.6	0.6	0.6	0.8	0.8	1	1	1	1
s	公称		5.5	7	8	10	13	16	18	21	24	27	30	34	36	41	46	55
l 范围			20～30	25～40	25～50	30～60	35～80	40～100	45～120	60～140	55～160	60～140	65～200	70～220	80～240	90～260	90～300	110～360
l 范围（全螺线）			6～30	8～40	10～50	12～60	16～80	20～100	25～120	30～140	30～150	35～180	40～150	45～200	50～150	55～200	60～200	70～200
l 系列			6,8,10,12,16,20～70（5 进位），80～160（10 进位），180～360（20 进位）															

附表 11-3　六角头铰制孔用螺栓-A 和 B 级（GB/T 27-1998 摘录）

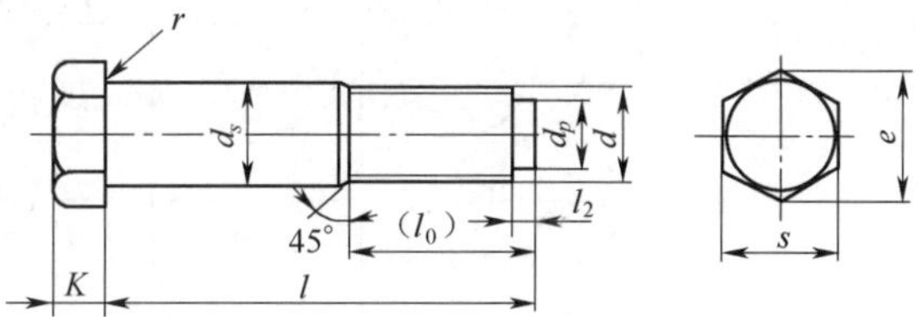

标记示例：

螺纹规格 d = M12 、 d_s 尺寸按表规定、公称长度 l = 80 、性能等级为 8.8 级、表面氧化、A 级的六角头铰制孔用螺栓的标记为

螺栓　GB/T 27　M12×80

螺纹规格 d		M6	M8	M10	M12	（M14）	M16	（M18）	M20	（M22）	M24	（M27）	M30	M36
d_s(h9)	max	7	9	11	13	15	17	19	21	23	25	28	32	38
s	max	10	13	16	18	21	24	27	30	34	36	41	46	55
K	公称	4	5	6	7	8	9	10	11	12	13	15	17	20
r	min	0.25	0.4	0.4	0.6	0.6	0.6	0.6	0.8	0.8	0.8	1	1	1
d_p		4	5.5	7	8.5	10	12	13	15	17	18	21	23	28
l_2		1.5		2		3			4			5		6
e_{min}	A	11.05	14.38	17.77	20.03	23.35	26.75	30.14	33.53	37.72	39.98	—	—	—
	B	10.98	14.20	17.59	19.85	22.78	26.17	29.56	32.95	37.29	39.55	45.2	50.85	60.79
l_0		12	15	18	22	25	28	30	32	35	38	42	50	55
l 范围		25～65	25～80	30～120	35～180	40～200	45～200	50～200	55～200	60～200	65～200	75～200	80～230	90～200
l 系列		25,（28）,30,（32）,35,（38）,40,45,50,（55）,60,（65）,70,（75）,80,85,90,（95）,100～200（10 进位）,280,300												

注：①尽可能不采用括号内的规格；

②根据使用要求，螺杆上无螺纹部分杆径（d_s）允许 m6、u8 制造。

附表 11-4 双头螺柱 $b_m = d$ （GB/T 897-1988 摘录）、$b_m = 1.25d$ （GB/ T898-1988 摘录）、$b_m = 1.5d$ （GB/T 899-1988 摘录）

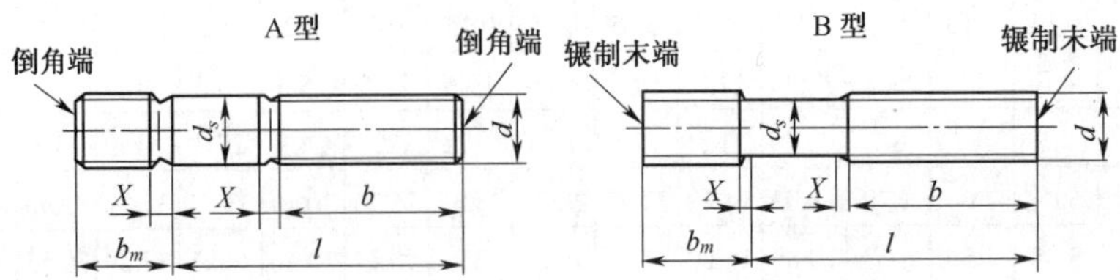

标记示例：
两端均为粗牙普通螺纹，d = M12、$l = 50$、性能等级为 4.8 级、不经表面处理、B 型、$b_m = 1.25d$ 的双头螺柱的标记为
螺栓 GB/T 898 M12×50

螺纹规格 d		M5	M6	M8	M10	M12	(M14)	M16
b_m（公称）	$b_m = d$	5	6	8	10	12	14	16
	$b_m = 1.25d$	6	8	10	12	15	18	20
	$b_m = 1.5d$	8	10	12	15	18	21	24
$\frac{l(\text{公称})}{b}$		$\frac{16 \sim 22}{10}$	$\frac{20 \sim 22}{10}$	$\frac{20 \sim 22}{12}$	$\frac{25 \sim 28}{14}$	$\frac{25 \sim 30}{16}$	$\frac{30 \sim 35}{18}$	$\frac{30 \sim 38}{20}$
		$\frac{25 \sim 50}{16}$	$\frac{25 \sim 30}{14}$	$\frac{25 \sim 30}{16}$	$\frac{30 \sim 38}{16}$	$\frac{32 \sim 40}{20}$	$\frac{38 \sim 45}{25}$	$\frac{40 \sim 55}{30}$
			$\frac{32 \sim 75}{18}$	$\frac{32 \sim 90}{22}$	$\frac{40 \sim 120}{26}$	$\frac{40 \sim 120}{30}$	$\frac{50 \sim 120}{34}$	$\frac{60 \sim 120}{38}$
					$\frac{130}{32}$	$\frac{130 \sim 180}{36}$	$\frac{130 \sim 180}{40}$	$\frac{130 \sim 200}{44}$

螺纹规格 d		(M18)	M20	(M22)	M24	(M27)	M30	M36
b_m（公称）	$b_m = d$	18	20	22	24	27	30	36
	$b_m = 1.25d$	22	25	28	30	35	38	45
	$b_m = 1.5d$	27	30	33	36	40	45	54
$\frac{l(\text{公称})}{b}$		$\frac{35 \sim 40}{22}$	$\frac{35 \sim 40}{22}$	$\frac{40 \sim 45}{30}$	$\frac{45 \sim 50}{30}$	$\frac{50 \sim 60}{35}$	$\frac{60 \sim 65}{40}$	$\frac{65 \sim 70}{45}$
		$\frac{45 \sim 60}{35}$	$\frac{45 \sim 65}{35}$	$\frac{50 \sim 70}{40}$	$\frac{55 \sim 75}{45}$	$\frac{65 \sim 85}{50}$	$\frac{70 \sim 90}{50}$	$\frac{80 \sim 100}{60}$
		$\frac{65 \sim 120}{42}$	$\frac{70 \sim 120}{46}$	$\frac{75 \sim 120}{50}$	$\frac{80 \sim 120}{54}$	$\frac{90 \sim 120}{60}$	$\frac{95 \sim 120}{66}$	$\frac{120}{78}$
		$\frac{130 \sim 200}{48}$	$\frac{130 \sim 200}{52}$	$\frac{130 \sim 200}{56}$	$\frac{130 \sim 200}{60}$	$\frac{130 \sim 200}{66}$	$\frac{130 \sim 200}{72}$	$\frac{130 \sim 200}{84}$
							$\frac{210 \sim 250}{85}$	$\frac{210 \sim 300}{97}$
公称长度 l 的系列		16,（18）,20,（22）,25,（28）,30,（32）,35,（38）,40,45,50,（55）,60,（65）,70,（75）,80,（85）,90,（95）,100～260（10 进位）,280,300						

注：①尽可能不采用括号内的规格，GB/T 897 中的 M24、M30 为括号内的规格；②GB/T 898 为商品紧固件品种，应优先选用；③ $b - b_m \leqslant 5$ mm 时，旋螺母一端应制成倒圆端。

附表 11-5　I型六角螺母-A 和 B 级（GB/T 6170-2000 摘录）、六角薄螺母-A 和 B 级-倒角（GB/T 6172.1-2000 摘录）

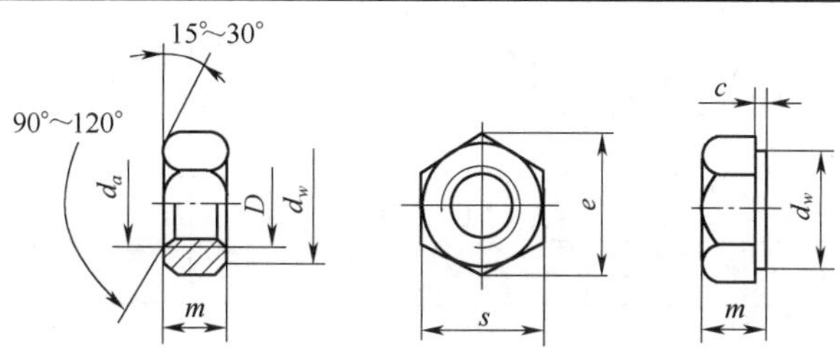

标记示例：

螺纹规格 $D=$ M12 、性能等级为 8 级、不经表面处理、A 级的 I 型六角螺母的标记为

螺母　GB/T 6170 M12

螺纹规格 $D=$ M12 、性能等级为 04 级、不经表面处理、A 级的 I 型六角薄型螺母的标记为

螺母　GB/T 6172.1 M12

螺纹规格 D		M3	M4	M5	M6	M8	M10	M12	(M14)	M16	(M18)	M20	(M22)	M24	(M27)	M30	M36
d_α	max	3.45	4.6	5.75	6.75	8.75	10.8	13	15.1	17.30	19.5	21.6	23.7	25.9	29.1	32..4	38.9
d_w	min	4.6	5.9	6.9	8.9	11.6	14.6	16.6	19.6	22.5	24.9	27.7	31.4	33.3	38	42.8	51.1
e	min	6.01	7.66	8.79	11.05	14.38	17.77	20.03	23.36	26.75	29.56	32.95	37.29	39.55	45.2	50.85	60.79
s	max	5.5	7	8	10	13	16	18	21	24	27	30	34	36	41	46	55
c	max	0.4	0.4	0.5	0.5	0.6	0.6	0.6	0.6	0.8	0.8	0.8	0.8	0.8	0.8	0.8	0.8
mm (max)	六角螺母	2.4	3.2	4.7	5.2	6.8	8.4	10.8	12.8	14.8	15.8	18	19.4	21.5	23.8	25.6	31
	薄螺母	1.8	2.2	2.7	3.2	4	5	6	7	8	9	10	11	12	13.5	15	18

技术条件	材料	性能等级	螺纹公差	表面处理	公差产品等级
	钢	六角螺母 6,8,10, 薄螺母 04,05	6H	不经处理或镀锌 钝化	A 级用于 $D<$ M16 ；B 级用于 $D>$ M16 DM16

注：尽可能不采用括号内的规格。

附表 11-6　小垫圈、平垫圈

小垫圈—A 级（GB/T 848-2002 摘录）

平垫圈—A 级（GB/T 97.1-2002 摘录）

平垫圈—倒角型—A 级（GB/T 97.2-2002 摘录）

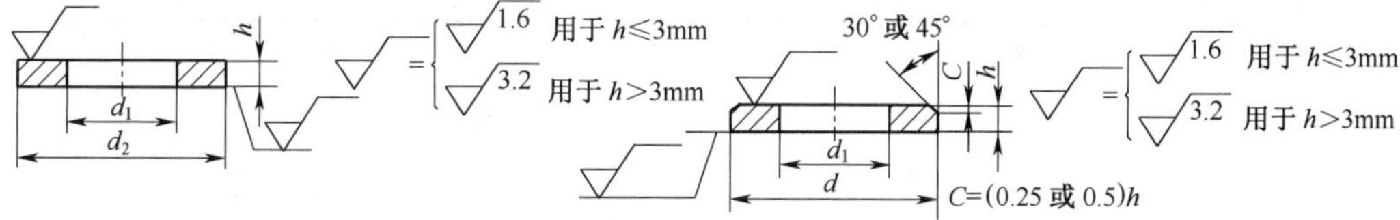

标记示例：

小系列（或标准系列）、公称规格 8mm、由钢制造的硬度等级为 200HV 级、不经表面处理、产品等级为 A 级的平垫圈的标记为

垫圈　GB/T 848　8（或 GB/T 97.1　8 或 GB/T97.2　8）

公称尺寸（螺纹规格 d）		1.6	2	2.5	3	4	5	6	8	10	12	(14)	16	20	24	30	36
d_1	GB/T 848-2002	1.7	2.2	2.7	3.2	4.3	5.3	6.4	8.4	10.5	13	15	17	21	25	31	37
	GB/T 97.1-2002																
	GB/T 97.2-2002	—	—	—	—	—											

续表

d_2	GB/T 848-2002	3.5	4.5	5	6	8	9	11	15	18	20	24	28	34	39	50	60
	GB/T 97.1-2002	4	5	6	7	9	10	12	16	20	24	28	30	37	44	56	66
	GB/T 97.2-2002	—	—	—	—	—											
h	GB/T 848-2002	0.3	0.3	0.5	0.5	0.5	1	1.6	1.6	1.6	2	2.5	2.5	3	4	4	5
	GB/T 97.1-2002					0.8				2	2.5		3				
	GB/T 97.2-2002	—	—	—	—	—											

附表 11-7 标准型弹簧垫圈（GB/T 93-1987 摘录）、轻型弹簧垫圈（GB/T 8859-1987 摘录）/mm

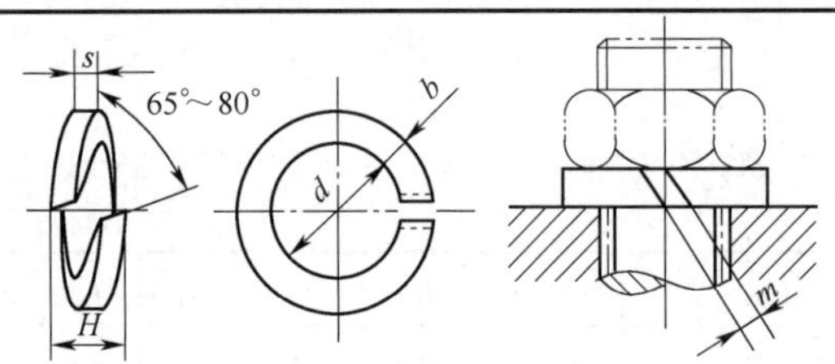

标记示例：

规格为 16、材料为 65Mn、表面氧化的标准型（或轻型）弹簧垫圈的标记为

垫圈 GB/T 93 16

（或 GB/T 8859 16）

规格（螺纹大径）			3	4	5	6	8	10	12	(14)	16	(18)	20	(22)	24	(27)	30	(33)	36
GB/T 93-1987	$s(b)$	公称	0.8	1.1	1.3	1.6	2.1	2.6	3.1	3.6	4.1	4.5	5.0	5.5	6.0	6.8	7.5	8.5	9
	H	min	1.6	2.2	2.6	3.2	4.2	5.2	6.2	7.2	8.2	9	10	11	12	13.6	15	17	18
		max	2	2.75	3.25	4	5.25	6.5	7.75	9	10.25	11.25	12.5	13.75	15	17	18.75	21.25	22.5
	m	≤	0.4	0.55	0.65	0.8	1.05	1.3	1.55	1.8	2.05	2.25	2.5	2.75	3	3.4	3.75	4.25	4.5
GB/T 859-1897	s	公称	0.6	0.8	1.1	1.3	1.6	2	2.5	3	3.2	3.6	4	4.5	5	5.5	6	—	—
	b	公称	1	1.2	1.5	2	2.5	3	3.5	4	4.5	5	5.5	6	7	8	9	—	—
	H	min	1.2	1.6	2.2	2.6	3.2	4	5	6	6.4	7.2	8	9	10	11.	12	—	—
		max	1.5	2	2.75	3.25	4	5	6.25	7.5	8	9	10	11.25	12.5	13.75	15	—	—
	m	≤	0.3	0.4	0.55	0.65	0.8	1.0	1.25	1.5	1.6	1.8	2.0	2.25	2.5	2.75	3.0	—	—

注：尽可能不采用括号内的规格。

习 题

11-1 螺纹连接有哪些基本类型？各有何特点？

11-2 为什么对于重要的螺栓连接要控制螺栓的预紧力？控制预紧力的方法有哪几种？

11-3 重要的普通螺栓连接中，为什么应尽可能不采用小于 M12～M16 的螺栓？

11-4 为什么螺纹连接常需要防松？按防松原理，螺纹连接的防松方法可分为哪几类？试举例说明。

11-5 螺栓的主要失效形式有哪些？经常发生在哪个部位？

11-6　画出单个紧螺栓连接的受力变形图，并根据线图写出螺栓的总拉力、预紧力和剩余预紧力的公式。

11-7　有一受预紧力 F_0 和轴向工作载荷 $F=1000\text{N}$ 作用的紧螺栓连接，已知预紧力 $F_0=1000\text{ N}$，螺栓的刚度 C_b 与被连接件的刚度 C_m 相等。试计算该螺栓所受的总拉力 F_2 和剩余预紧力 F_1。在预紧力 F_0 不变的条件下，若保证被连件间不出现缝隙，该螺栓的最大轴向工作载荷 $F_{\max}$ 为多少？

11-8　螺栓组连接受力分析的目的是什么？在进行受力分析时，通常要做哪些假设条件？

11-9　如图所示为一拉杆螺纹连接。已知拉杆受的载荷 $F=50\text{ kN}$，载荷稳定，拉杆螺栓材料性能等级选 4.6 级。试计算此拉杆螺栓的直径。

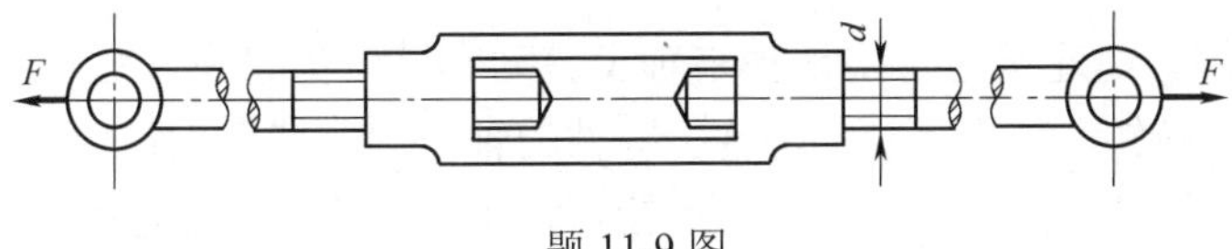

题 11-9 图

11-10　如图所示螺栓连接用 4 个材料性能等级为 4.6 级 M16 的普通螺栓，不控制预紧力，结合面间摩擦系数 $f=0.165$，取防滑系数 $K_s=1.2$，试计算允许的静载荷 F_Σ。

11-11　如图所示凸缘联轴器（铸钢）用分布在直径为 $D_0=220\text{ mm}$ 的圆上的六个性能等级为 6.6 级的普通螺栓，将两半联轴器紧固在一起，控制预紧力，结合面间的摩擦系数 $f=0.15$，取防滑系数 $K_s=1.2$。（1）试确定该联轴器能传递多大的转矩？（2）若用铰制孔用螺栓连接，传递同样的转矩，确定螺栓的直径。

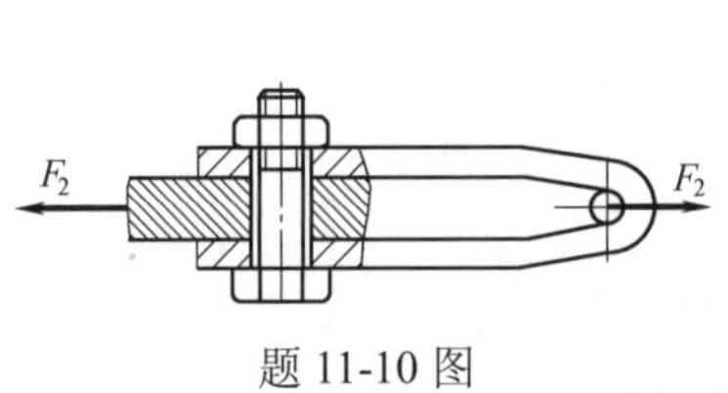

题 11-10 图

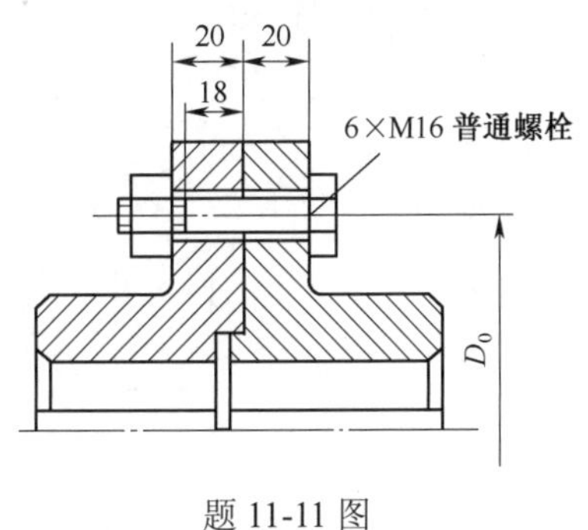

题 11-11 图

第 12 章　轮毂连接

§12-1　键连接

一、键连接的功能、分类、结构形式及应用

键是一种标准件。键连接用于实现轴与轴上转动零件（如带轮、齿轮、飞轮、凸轮等）间的周向固定以传递转矩，有些还能实现轴上零件的轴向固定或轴向的滑动导向。由于键连接的结构简单，工作可靠及装拆方便，所以键连接获得了广泛应用。键连接是一种可拆连接。主要类型有平键、半圆键、楔键、切向键。

1. 平键连接

根据用途的不同，平键分为普通平键、导向平键和滑键。其中普通平键用于静连接，导向平键和滑键用于动连接。

图 12-1 为普通平键连接的结构形式。键的两侧面是工作面，工作时，靠键同键槽侧面的挤压来传递转矩。键的上表面和轮毂的键槽底面间则留有间隙。平键连接具有结构简单、装拆方便、对中性较好等优点，因而得到广泛应用。这种键连接不能承受轴向力，因而对轴上的零件不能起到轴向固定的作用。

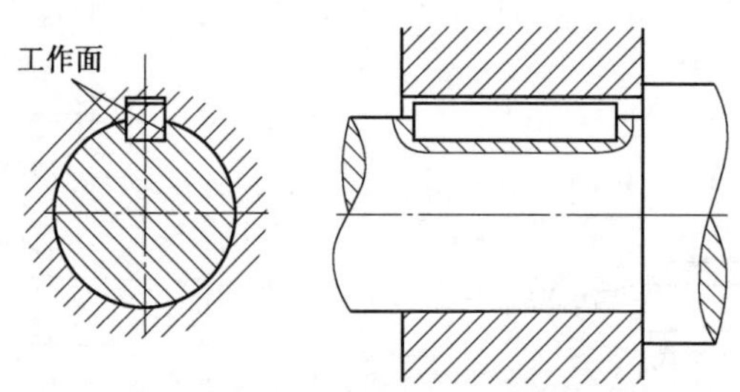

图 12-1　普通平键连接

普通平键按构造分有圆头（A 型）、平头（B 型）和单圆头（C 型）三种。圆头平键（图 12-2a）宜放在轴上用指状铣刀铣出的键槽中，键在键槽中轴向固定良好，缺点是键的头部侧面与轮毂上的键槽底部并不接触，因而键的圆头部分不能充分利用，而且轴上键槽端部的应力集中较大。平头平键（图 12-2b）是放在用盘状铣刀铣出的键槽中，因而避免了上述缺点，但对于尺寸大的键，宜用紧定螺钉固定在轴上的键槽中，以防松动。单圆头平键（图 12-2c）则常用于轴端与轮毂类零件的连接。轮毂上的键槽为通槽，用插刀插削或拉刀拉削加工。

导向平键（图 12-3）和滑键（图 12-4）用于动连接。导向平键较长，键和轴通过紧定螺钉固定在轴上，轮毂在沿轴向滑动。滑键使用在轴上滑移距离较大的场合，其滑键固定在轮毂上，滑键和轮毂一起沿轴线移动。

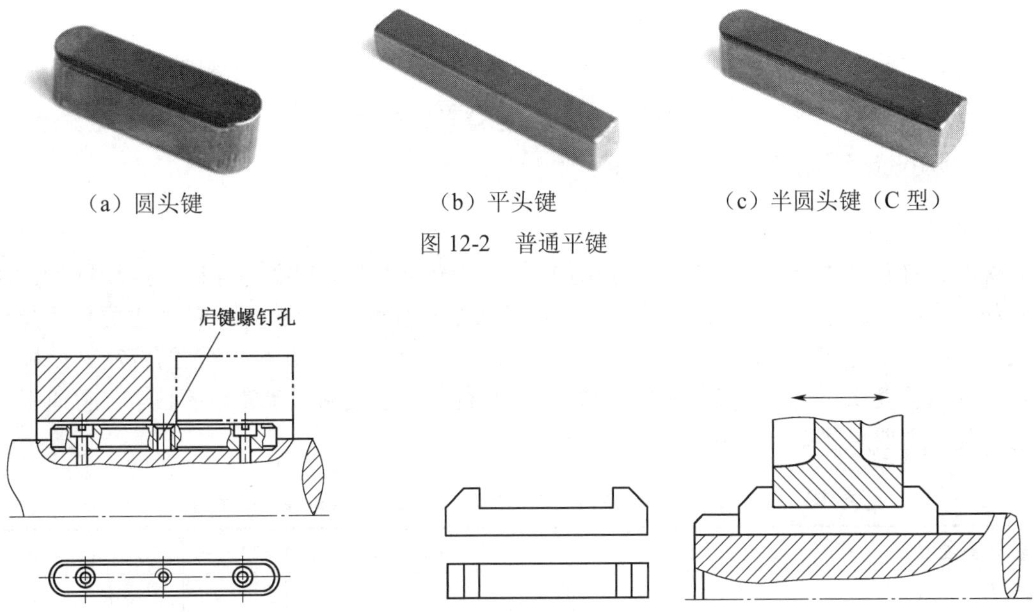

（a）圆头键　（b）平头键　（c）半圆头键（C 型）

图 12-2　普通平键

图 12-3　导向平键

图 12-4　滑键

2. 半圆键连接

半圆键连接如图 12-5 所示。轴上键槽用尺寸与半圆键相同的半圆键槽铣刀铣出，因而键在槽中能绕其几何中心摆动以适应轮毂中键槽的斜度。半圆键工作时，靠其侧面来传递转矩。这种键连接的优点是工艺性较好，装配方便，尤其适用于锥形轴端与轮毂的连接。缺点是轴上键槽较深，对轴的强度削弱较大，故一般只用于轻载静连接中。

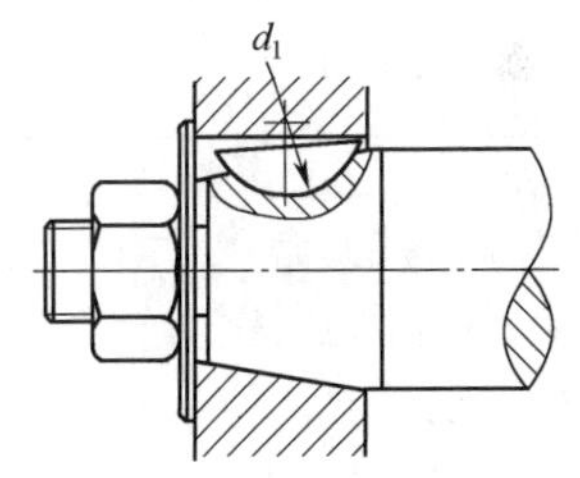

图 12-5　半圆键

3. 楔键连接

楔键连接如图 12-6 所示。键的上下两面是工作面，键的上表面和与它相配合的轮毂键槽底面均有 1:100 的斜度。装配后，键即楔紧在轴和轮毂的键槽里。工作时，靠键的楔紧作用产生的摩擦力和键上下面的挤压传递转矩，同时还可以承受单向的轴向载荷，对轮毂起到单向的轴向固定作用。楔键的侧面与键槽侧面间有很小的间隙，当转矩过载而导致轴与轮毂发生相对转动时，键的侧面能像平键那样参加工作。因此，楔键连接在传递有冲击和振动的较大转矩时，仍能保证连接的可靠性。楔键连接的缺点是键楔紧后，轴和轮毂的配合产生偏心和偏斜。因此主要用于毂类零件的定心精度要求不高和低转速的场合。

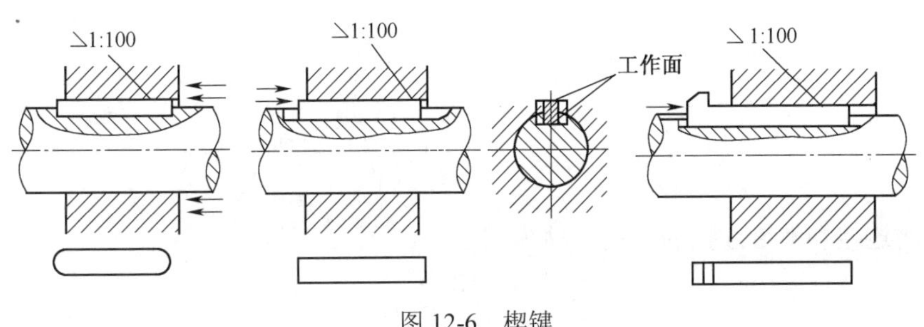

图 12-6　楔键

楔键分为普通楔键和钩头楔键两种，普通楔键有圆头、平头和单圆头三种形式。装配时，圆头楔键要先放入轴上键槽中，然后打紧轮毂；平头、单圆头和钩头楔键则在轮毂装好后才将键放入键槽并打紧。钩头楔键的钩头供拆卸用，安装在轴端时，应注意加装防护罩。

二、键的选择和键连接的强度计算

1. 键的选择

键的选择包括类型选择和尺寸选择两个方面。键的类型应根据键连接的结构特点、使用要求和工作条件类型来选择；键的尺寸则按标准规格和强度要求来选择。键的主要尺寸为其截面尺寸（一般以键宽 b×键高 h 表示）与长度 L。键的截面尺寸 $b\times h$ 按轴的直径 d 由标准中选定。键的长度 L 一般可按轮毂的长度而定，则键长等于或略短于轮毂的长度。普通平键和普通楔键的主要尺寸见表 12-1。

表 12-1 普通平键和普通楔键的主要尺寸（GB/T 1096-2003 节选）

轴的直径 d	6～8	>8～10	>10～12	>12～17	>17～22	>22～30	>30～38	>38～44
键宽 b×键高 h	2×2	3×3	4×4	5×5	6×6	8×7	10×8	12×8
轴的直径 d	>44～50	>50～58	>58～65	>65～75	>75～85	>85～95	>95～110	>110～130
键宽 b×键高 h	14×9	16×10	18×11	20×12	22×14	25×14	28×16	32×18
键的长度系列 L	6,8,10,12,14,16,18,20,22,25,28,32,36,40,45,50,56,63,70,80,90,100,110,125,140,180,200,220,250,……							

2. 键的强度计算

对于普通平键连接（静连接），其主要失效形式是工作面的压溃，有时也会出现键的剪断，但一般只做连接的挤压强度校核。对于导向平键连接和滑键连接，其主要失效形式是工作面的过度磨损，通常按工作面上的压力进行条件性的强度校核计算。

如图 12-7 所示，假定载荷在键的工作面上均匀分布，普通平键连接的强度条件为

$$\sigma_p=\frac{2T\times10^3}{kld}\leqslant[\sigma_p] \tag{12-1}$$

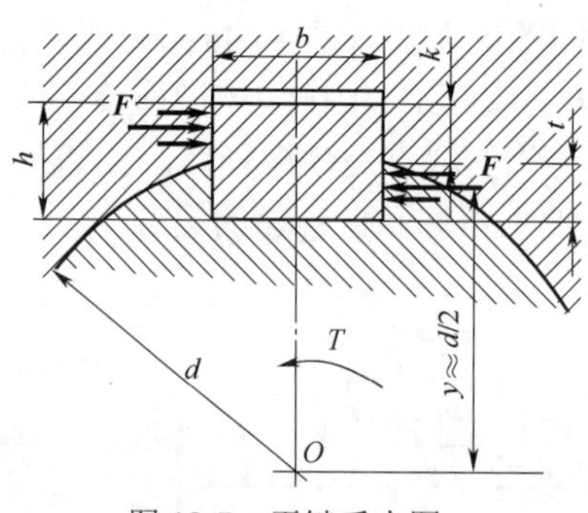

图 12-7 平键受力图

导向平键连接和滑键连接的强度条件为

$$p=\frac{2T\times10^3}{kld}\leqslant[p] \tag{12-2}$$

式中：d 为轴的直径，mm；k 为键与轮毂的接触高度，$k \approx 0.5h$（h 为键的高度，mm）；l 为键的接触长度，mm，圆头平键 $l = L - b$，平头平键 $l = L$，这里 L 为键的公称长度，mm；b 为键的宽度，mm；T 为传递的转矩，N·m；$[\sigma_p]$ 为许用挤压应力（键、轴、轮毂三者之中较弱者的许用应力），MPa；$[p]$ 为许用压力（键、轴、轮毂三者之中较弱者的许用压力），MPa。

键连接的许用挤压应力、许用压力见表 12-2。

表 12-2　键连接的许用挤压应力、许用压力/MPa

许用挤压应力、许用压力	连接工作方式	键或轮毂、轴的材料	载荷性质		
			静载荷	轻微冲击	冲击
$[\sigma_p]$	静连接	钢	120～150	100～120	60～90
		铸铁	70～80	50～60	30～45
$[p]$	动连接	钢	50	40	30

注：①如果使用一个平键不能满足强度条件，可采用两个平键，两键相隔 180° 布置。考虑到载荷分布的不均匀性，强度计算时按 1.5 个键考虑；②虽然两个式子的形式完全一样，但是表示的物理意义不同，键的材料为强度极限不低于 600MPa 的钢料；③半圆键的强度计算和平键相同；④楔键失效形式主要是工作面“压溃”，需要验算挤压强度。

例题 12-1　某减速器输出端上装有联轴器，如图 12-8 所示的 A 型平键连接。已知输出轴直径为 60mm，输出转矩为 1200N·m。键的许用挤压应力为 150MPa，试校核键的强度。

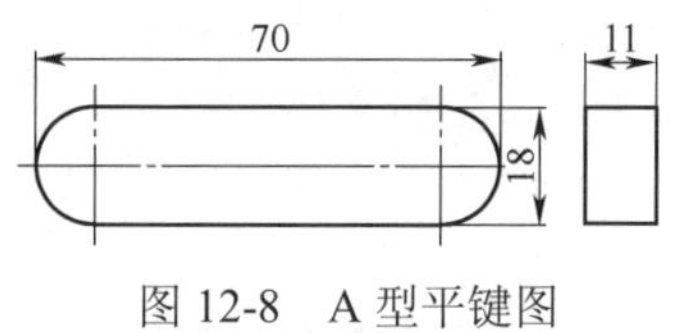

图 12-8　A 型平键图

解：$\sigma_p = \dfrac{F}{kl} = \dfrac{2T \times 10^3}{kld} = \dfrac{2 \times 1200 \times 10^3}{5.5 \times 52 \times 60} = 139.86\text{MPa} < [\sigma_p] = 150\text{MPa}$，故键的强度满足设计要求。

例题 12-2　某蜗轮与轴用 A 型普通平键连接。已知轴径 $d = 40$ mm，转矩 $T = 522000$ N·mm，轻微冲击。初定键的尺寸为 $b = 12$ mm，$h = 8$ mm，$l = 100$ mm。$[\sigma_p] = 50$～60MPa，试校核键连接的强度。若强度不够，请提出改进措施。

解：$\sigma_p = \dfrac{F}{kl} = \dfrac{2T \times 10^3}{kld} = \dfrac{2 \times 522000 \times 10^3}{4 \times (100 - 12) \times 40} = 74.148\text{MPa} > [\sigma_p] = 50～60\text{MPa}$

改进措施：采用双键；增加轮毂宽度；增加键的长度。

§ 12-2　花键连接

花键连接是由外花键（图 12-9a）和内花键（图 12-9b）组成。花键连接是将具有均布的多个凸齿的轴置于轮毂相应的凹槽中所构成的连接。其工作面是键齿侧。花键连接可用于静连接或动连接。花键连接适用于定心精度要求较高、载荷大或经常滑移的连接；花键连接的齿数、尺寸、配合均应按标准选取。和普通平键相比，花键具有以下优点：①因为在轴上与轮毂孔上直接而匀称地制出较多的齿与槽，故连接受力较为均匀；②因槽较浅，齿根处应力集中较小，轴与轮毂的强度削弱较少；③齿数较多，总接触面积较大，因而可承受较大载荷；④轴上零件与轴的对中性好（适合高速和精密机器）；⑤导向性较好（适合动连接）；⑥可用磨削的方法提高加工精度和连接质量。花键连接的缺点是：齿根有应力集中、有时需用专门设备加工、加工成本较高。

按其齿形不同，可分为矩形花键和渐开线花键两类。

矩形花键（图 12-9c）按齿高不同，齿形尺寸在标准中规定了两个系列，即轻系列和中系列。轻系列的承载能力较小，多用于静连接或轻载连接；中系列用于中等载荷的连接。矩形花键的定心方式为小径定心，即外花键和内花键的小径为配合面。定心精度高，定心的稳定性好，能用磨削的方法消除热处理引起的变形，应用广泛。

渐开线花键（图 12-9d）的齿廓为渐开线，分度圆压力角有 30° 和 45° 两种，齿顶高分别为 0.5m 和 0.4m 两种，m 为模数。与渐开线齿轮相比，花键齿较短，齿根较宽，不发生根切的最少齿数较少。可用制造齿轮的方式加工，工艺性好，制造精度也较高，根部强度高，应力集中小，易于定心，当传递的转矩较大且轴径也大时，宜采用渐开线花键连接。

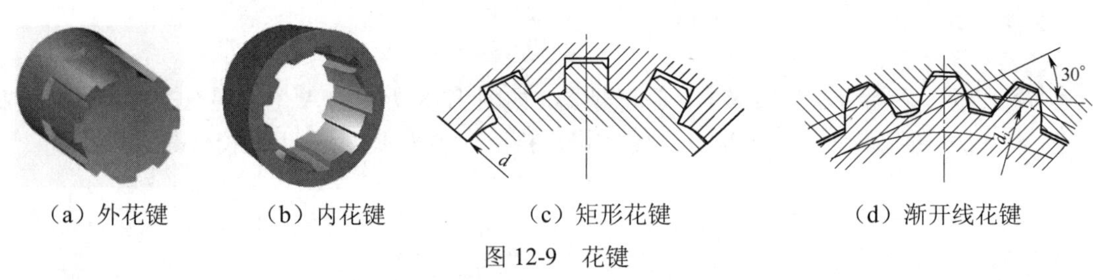

（a）外花键　（b）内花键　（c）矩形花键　（d）渐开线花键

图 12-9　花键

§12-3　无键连接和销连接

凡是轴与毂的连接不用键或花键时，统称为无键连接。

一、型面连接

型面连接（图 12-10）是用非圆截面的柱面体或锥面体的轴与相同轮廓的毂孔配合以传递运动和转矩的可拆连接，它是无键连接的一种形式。其优点是：装拆方便，对中性较好；连接面上没有应力集中源，减少了应力集中；锥体型面连接中作用有很大的推力，且挤压应力比键连接中的挤压应力高，承载能力较低。其缺点是：切削加工较复杂，不易保证配合精度，应用尚不广泛。但由于成型工艺的发展，促进了型面连接在轻载连接中的应用。

二、胀紧连接

胀紧连接是在毂孔与轴之间装入胀紧连接套（简称胀套），可装一个（指一组）或几个，在轴向力作用下，同时胀紧轴与毂而构成的一种静连接（图 12-11）。根据胀套结构形式的不同，GB/T 58610-2000 规定了五种型号。

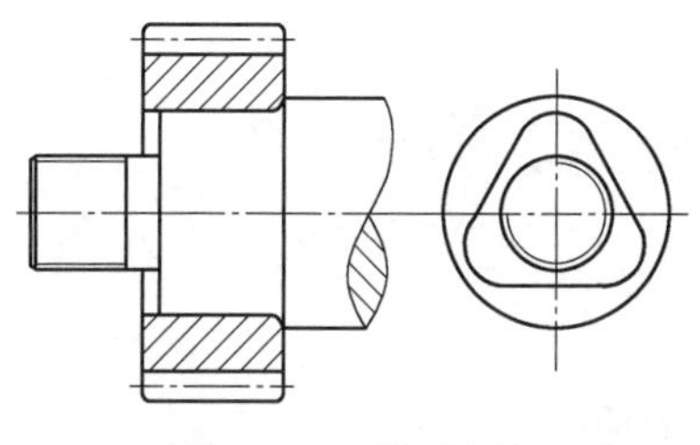
图 12-10 型面连接

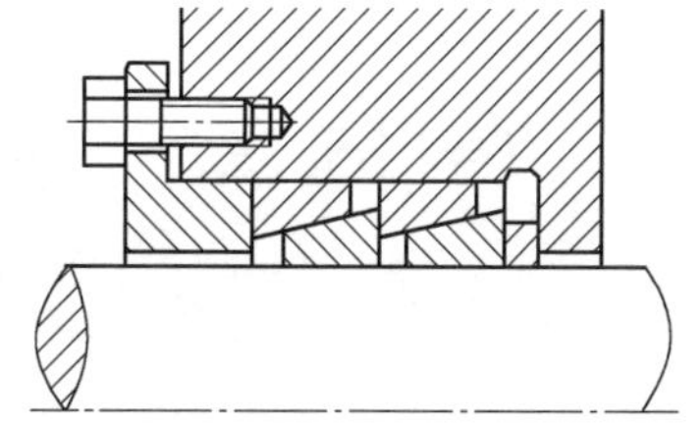
图 12-11 胀紧连接

三、销连接

销主要用来固定零件之间的相对位置，称为定位销（图 12-12a），它是组合加工和装配时的重要辅助零件；也可用于连接，称为连接销，可传递不大的载荷（图 12-12b）；还可作为安全装置中的过载剪断元件，称为安全销（图 12-12c）。销有多种类型，如圆柱销、圆锥销、槽销、轴销和开口销等，这些销均已标准化。

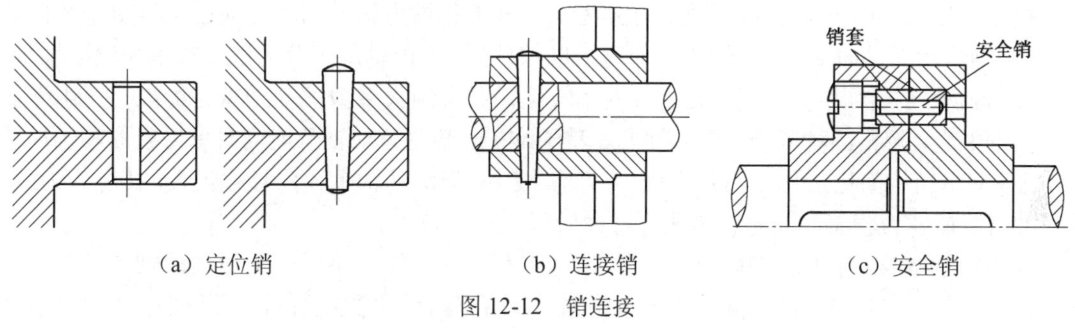

（a）定位销　（b）连接销　（c）安全销

图 12-12 销连接

习 题

12-1 键连接适用在什么场合？平键连接有哪些类型？

12-2 如何选取普通平键的尺寸 $b \times h \times L$？它的公称长度 L 与工作长度 l 之间有什么关系？

12-3 平键和楔键在结构和使用性能上有何异同？为何平键使用较广泛？

12-4 花键连接和平键连接相比有哪些优缺点？

12-5 常用的花键齿形有哪几种？各用于什么场合？

12-6 销有哪几种类型？其中哪些销已有国家标准？

12-7 普通平键连接有哪些失效形式？强度校核判定强度不够时，可采取哪些措施？滑动平键连接和导向平键连接的主要失效形式是什么？

12-8 什么是胀紧连接？应用在何种场合？

12-9 什么是型面连接？常见的型面连接有哪些？

第五篇　轴承及轴系零部件

第13章　轴承

§13-1　概述

轴承是各种机械中常见的重要部件之一，其功用是支承轴或轴上的转动零件，并保证轴的旋转精度；减小转轴与支承之间的摩擦和磨损。

根据承受载荷的方向不同，轴承可分为向心轴承和推力轴承两种。向心轴承承受径向载荷；推力轴承承受轴向载荷。按轴承工作时的摩擦性质不同，轴承可分为滑动轴承和滚动轴承。

滚动轴承摩擦阻力小、启动灵活、效率较高，并且绝大多数滚动轴承已标准化，由专业工厂大量生产，规格品种齐全、互换性好、易于维护、某些滚动轴承能同时承受径向和轴向载荷，可使支承结构简化，所以广泛应用于各种机械中。但滚动轴承径向尺寸较大，接触应力大，承受冲击载荷能力较差，高速、重载下寿命较低，噪声较大。

滑动轴承本身具有的一些独特优点，使得它在某些不能、不便或使用滚动轴承没有优势的场合，如在工作转速特高、特大冲击与振动、径向空间尺寸受到限制或必须剖分安装，以及需在水或腐蚀性介质中工作等场合，仍占有重要地位。

根据摩擦面间存在润滑剂的情况，滑动轴承中摩擦可分为：①干摩擦——两摩擦面间无润滑剂而直接接触的摩擦，摩擦性质取决于相配对材料的性质（图 13-1a）。例如，钢对干的或清洁表面的铜摩擦系数约为 0.30～0.35；②边界摩擦——两摩擦面由吸附着的很薄的边界膜隔开的摩擦，摩擦性质取决于边界膜和表面的吸附性质（图 13-1b），摩擦系数约为 0.01～0.1；③液体摩擦——两摩擦面完全由液体隔开的摩擦，摩擦性质主要取决于润滑油的黏度（图 13-1c），摩擦系数很小，一般为 0.001～0.01；④混合摩擦——两摩擦面间的摩擦状态介于边界摩擦和液体摩擦之间（图 13-1d）。干摩擦、边界摩擦、混合摩擦统称为非完全液体摩擦。显然，液体摩擦可以避免摩擦表面的磨损。

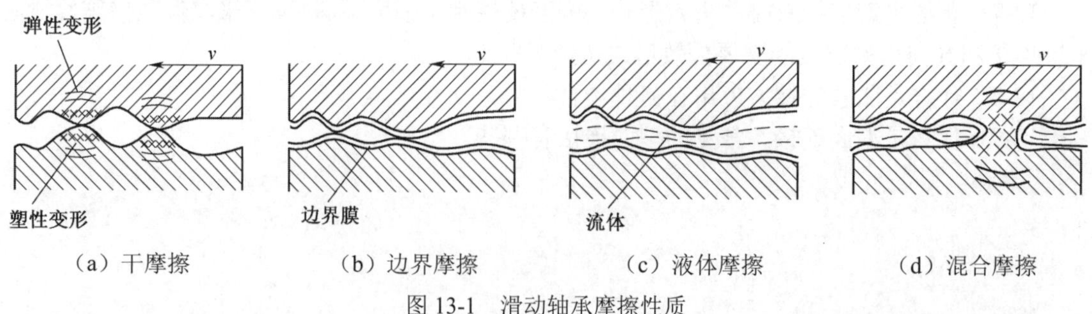

（a）干摩擦　　（b）边界摩擦　　（c）液体摩擦　　（d）混合摩擦

图 13-1　滑动轴承摩擦性质

按摩擦状态，滑动轴承可分为液体摩擦滑动轴承（液体摩擦状态）和非液体摩擦轴承（边界摩擦状态或混合摩擦状态）。根据压力油膜的形成原理不同，液体摩擦滑动轴承又分为液体动压润滑轴承（简称动压轴承）和液体静压润滑轴承（简称静压轴承）。

§13-2　滑动轴承的主要结构形式

滑动轴承通常由轴承体、轴瓦及轴承衬、润滑及密封装置等部分组成。但简单的滑动轴承不用轴瓦、轴承衬及密封装置。下面对向心滑动轴承和推力滑动轴承的典型结构进行介绍。

一、向心滑动轴承的结构

1. 整体式

图 13-2 是常见的整体式滑动轴承结构。套筒式轴瓦（或轴套）压装在轴承座中（对某些机器，也可直接压装在机体孔中）。润滑油通过轴套上的油孔和内表面上的油沟进入摩擦面。这种轴承结构简单、制造方便、刚度较大。缺点是轴瓦磨损后间隙无法调整和轴颈只能从端部装入。因此，它仅适用于轴颈不大、低速轻载或间隙工作的机械，如绞车、手动起重机上的轴承。

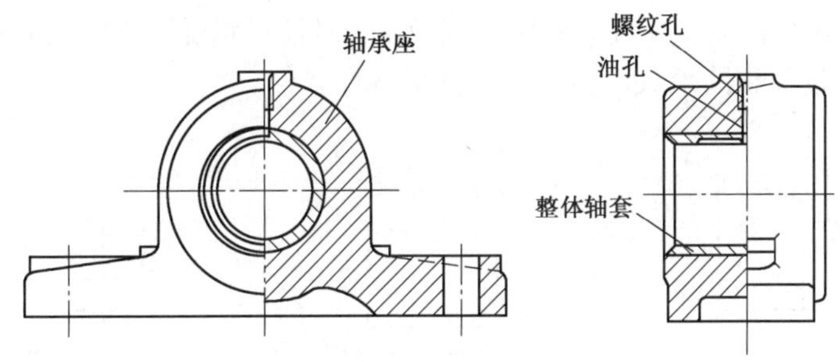

图 13-2　整体式滑动轴承结构

2. 剖分式

图 13-3 是普通剖分式轴承的结构。普通剖分式轴承结构由轴承盖、轴承座、剖分轴瓦和螺栓组成。轴瓦是直接和轴颈相接触的重要零件，为了安装时易对中和减轻轴承盖螺栓受横向载荷，轴承盖和轴承座的剖分面常做出阶梯形的榫口。润滑油通过轴承盖上的油孔和轴瓦上的油沟流入轴承间隙润滑摩擦面。轴承剖分面最好与载荷方向近似于垂直，以防剖分面位于承载区出现泄漏，降低承载能力。通常，多数轴承剖面为水平剖分，也称正剖分。

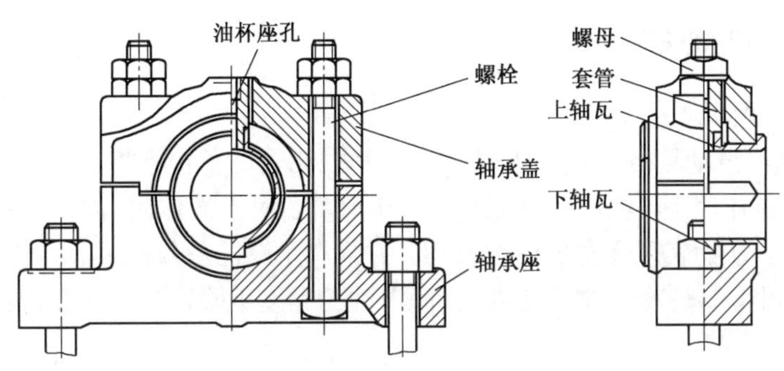

图 13-3　剖分式滑动轴承结构

由于轴承和轴承座剖分面间留有不大的间隙，间隙中垫入很薄的垫片（通常采用铜片），这样，当轴瓦工作面发生磨损后，取出部分轴瓦剖分面间所放置的垫片，拧紧螺栓，并对轴瓦工作面进行刮研后，就可以调整轴颈和轴承孔间的间隙。剖分式轴承在装拆时轴不需要做轴向位移，故使用较方便。

3. 自动调心式

当轴颈的长度较大、轴的刚度较小，由于轴的倾斜易使轴瓦边缘产生严重的磨损。因此，当轴承的宽径比 $\phi=\dfrac{b}{d}=1.5\sim1.75$ 时，多用自动调心轴承（图 13-4）。轴瓦的外部装在轴承座的凹球面上，随着载荷的变化，轴瓦随轴沿轴承座的球面自由摆动，实现自动调心功能。

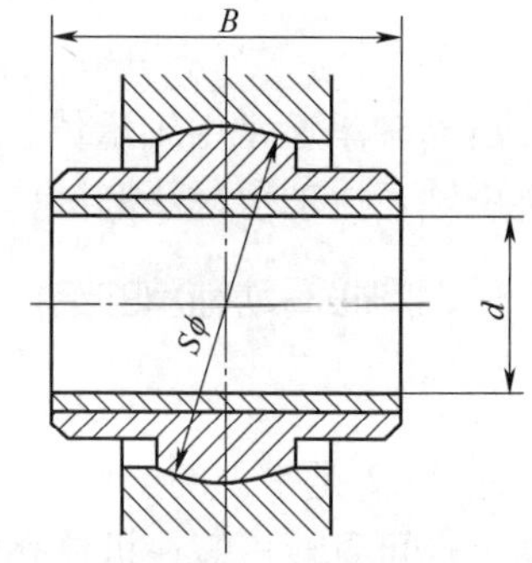

图 13-4 自动调心式滑动轴承结构

二、推力滑动轴承的结构

推力滑动轴承由轴承座和止推轴颈组成。常用的轴颈结构形式有空心式（图 13-5a）、单环式（图 13-5b）、多环式（图 13-5c）。空心式轴颈接触面上压力分布较均匀，润滑条件较实心式改善；单环式利用轴颈的环形端面承受轴向载荷，结构简单，润滑方便，广泛用于低速、轻载的场合；多环式不仅能承受较大的轴向载荷，有时还可承受双向轴向载荷，由于各环间载荷分布不均，其单位面积的承载能力比单环式低 50%。

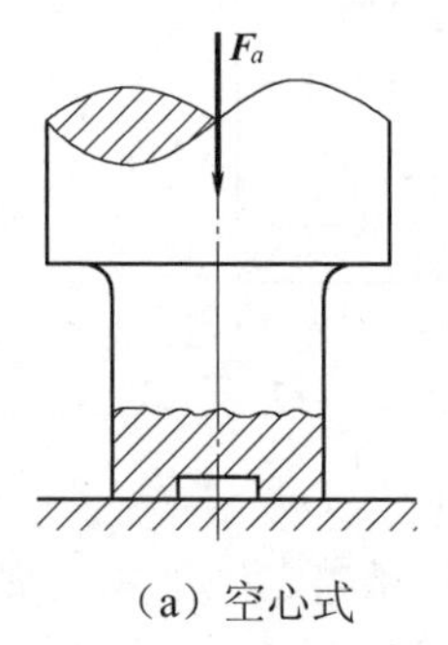

（a）空心式

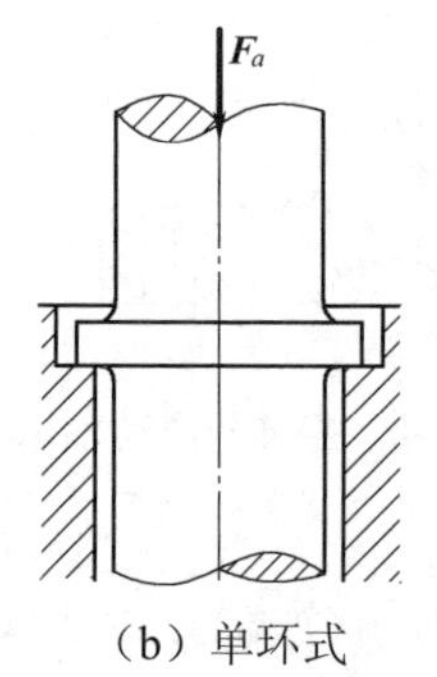

（b）单环式

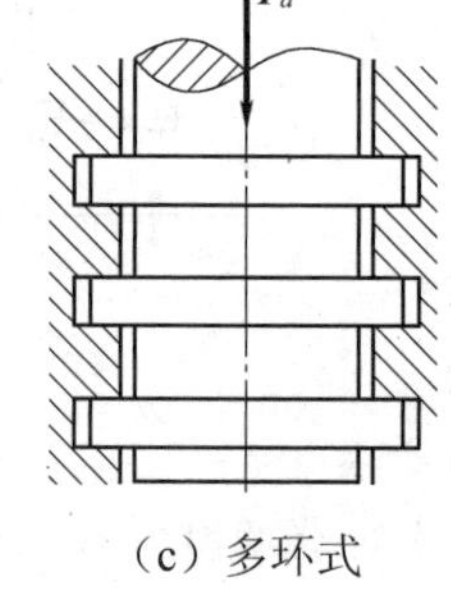

（c）多环式

图 13-5 推力滑动轴承结构

§13-3 滑动轴承的失效形式、常用材料

一、滑动轴承的主要失效形式

1. 主要失效形式

由于非液体润滑滑动轴承的润滑不充分，故磨损比较严重；摩擦热量多时，还可能发生胶合破坏；在变载荷作用下，轴承还可能产生疲劳破坏。对于液体润滑滑动轴承来说，主要是形成液体润滑油膜，从而实现完全的液体摩擦，并具有足够的承载能力。因此其失效形式：一是不能形成液体润滑，二是发生轴承过热，使润滑油的黏度下降，从而降低了轴承的承载能力。

2. 设计准则

对于非液体润滑滑动轴承，主要是保证边界油膜不被破坏，尽量减少轴承材料的磨损。

但是影响边界油膜强度的因素很复杂，目前没有一个完善的计算方法，一般都是采用简化的条件性计算，即对摩擦表面的压强 p 和摩擦表面的相对滑动速度 v 进行限制。另外，考虑到轴承摩擦产生的热量过多会引起轴承的胶合破坏，因此要对其单位面积上的发热量进行限制，即

$$\begin{cases} p \leqslant [p] \\ v \leqslant [v] \\ pv \leqslant [pv] \end{cases} \tag{13-1}$$

对于液体润滑滑动轴承，要形成润滑油膜，就必须保证在两摩擦表面间的最小油膜厚度大于零。考虑到摩擦表面的凹凸不平，所以最小油膜厚度应大于两摩擦表面的不平量的总和；另外，由于有摩擦，有热量产生，使润滑油温度升高，黏度下降，从而影响润滑油膜的承载能力，即轴承的承载能力，因此要限制润滑油的温升。

二、滑动轴承材料

1. 对轴承材料的要求

为了保证轴承能安全有效的工作，对轴承的材料有一定的要求。在轴承中，轴瓦和轴承衬的材料统称为轴承材料。

滑动轴承必须具备足够的强度，以保证轴颈的正常工作。其强度包括冲击强度、抗压强度和疲劳强度。为了使轴承能够更好的工作，要求轴承应具有良好的顺应性、嵌入性和跑合性。除以上性能要求以外，还要求良好的热化学性能、耐腐蚀性、工艺性及经济性。

最广泛的轴瓦及轴承衬材料有金属与非金属两大类。

2. 金属材料

使用最广泛的、具有耐磨性的金属材料是轴承合金（巴氏合金）、青铜、粉末合金，其次是铸铁。

（1）轴承合金又称巴氏合金或白合金，其金相组织是在锡或铅的软基体中夹着锑、铜和镉金属等硬合金颗粒。它的减磨性能最好，很容易和轴颈跑合。具有良好的抗胶合性和耐腐蚀性，但它的弹性模量和弹性极限都很低，机械强度比青铜、铸铁等低很多，一般只用作轴承衬的材料，锡基合金的热膨胀性质比铝基合金好，更适用于高速轴承。

（2）铜合金。有锡青铜、铝青铜和铅青铜三种。青铜有很好的疲劳强度，耐熔性和减磨性均很好，工作温度可高达 250℃。但可塑性差、不易跑合，与之相配的轴颈必须淬硬。适用于中速重载、低速重载的轴承。

（3）粉末冶金。将不同的金属粉末经压制烧结而成的多孔结构材料，称为粉末冶金材料，其孔隙约占体积的 10%～35%，可贮存润滑油。使用前先把轴瓦放在热油中浸渍数小时，使其空隙加热扩张充满润滑油，当取出时温度降低，空隙收缩，润滑油的黏度增大，润滑油就包含在材料中，故把这种材料做成的轴承也称为含有轴承。在工作时，由于轴颈与轴承摩擦产生热量，使空隙扩张，润滑油的黏度下降变稀，就会从空隙中渗出，起到润滑作用；不工作时，因毛细管作用，油被吸回到轴承材料中。因此这种材料的轴承不需要加润滑油也能工作较长时间。但此种材料的韧性较小，不宜用于有冲击载荷作用的场合，它适用于平稳、无冲击载荷作用的中低速度，且不便加润滑油的情况。

（4）铸铁。铸铁作为轴衬材料，主要用于低速轻载和不重要的场合。因铸铁中含有石墨，可以起到减磨和耐磨的作用。主要使用的铸铁有灰铸铁和耐磨铸铁。

表 13-1 列出了常用金属轴瓦及轴承衬材料的性能。

表 13-1　常用轴瓦及轴承衬材料性能

材料名称	材料牌号	[p]/MPa 不大于	[pv]/ MPa·m/s 不大于	材料硬度/HBS		最高工作温度/℃	轴颈硬度不低于
				金属型	砂型		
锡青铜	ZCuSn5Pb5Zn5	8	15	65	60	250	45HRC
	ZCuSn10P1	15	15	90	80	250	45HRC
铝青铜	ZCuAl0Fe3	15（30）	12（60）			300	45HRC
	ZCuAl0Fe3Mn2	20	15				
锡锑轴承合金	ZSnSb11Cu6	平稳 25	20	27		110	150HBS
		冲击 20	15				
铅锑轴承合金	ZPbSb16Sn16Cu2	15	10（50）	30		120	150HBS
酚醛塑料		40	0.18～0.5			120	
聚四氟乙烯（PTFE）		3.5	0.04（$v=0.05\ \text{m/s}$） 0.06（$v=0.5\ \text{m/s}$） <0.09（$v=5\ \text{m/s}$）			250	

注：表中 [pv] 值为非全液体摩擦下的许用值，（）内为极限值。

3. 非金属材料

非金属轴瓦材料有酚醛塑料（由棉织物、石棉等填料经酚醛树脂粘结而成）、尼龙、聚四氟乙烯、硬木、橡胶等。以塑料用得最多，其优点是摩擦系数小，可承载冲击载荷，可塑性、跑合性良好，耐磨、耐腐蚀，可用水、油及化学溶液润滑。但它的导热性差（只有青铜的 1/2000～1/5000），耐热性低（120℃～150℃时焦化），膨胀系数大，易变形。为改善此缺陷，可将薄层塑料作为轴承衬粘附在金属轴瓦上使用。塑料轴承一般用于温度不高、载荷不大的场合。尼龙轴承自润性、耐腐性、耐磨性、减震性等都较好，但导热性不好，吸水性大，线膨胀系数大，尺寸稳定性不好，适用于速度不高或散热条件好的地方。橡胶轴承弹性大，能减轻振动，使运转平稳，可以用水润滑，常用于离心水泵，水轮机等场合。

§13-4　滑动轴承润滑剂和润滑装置

一、常用的润滑剂

润滑剂的作用是减少摩擦损失、减轻工作表面的磨损、冷却和吸振等，因此，应该尽可能地使用润滑剂充满摩擦面间。常用的润滑剂有润滑油、润滑脂和固体润滑剂三种类型。润滑油和润滑脂是最常用的润滑剂，固体润滑剂一般应用在特殊场合。润滑油最重要的物理性能是黏度，黏度表征液体流动的内摩擦性能，它是液体流动时内摩擦阻力的量度。润滑油的黏度愈大，内摩擦阻力愈大，润滑油的流动性愈差，因此，在压力作用下，油不易被挤出，易形成油膜，承载能力强，但摩擦系数大、效率较低。黏度随温度的升高而降低。润滑油的另一个物理性能是油性。油性是指润滑油在金属表面上的吸附能力。在非全液体润滑时，润滑油的油性对防止金属磨损起着主要作用。选择润滑油的品种时，以黏度为主要指标，原则上是当转速高、载荷小时，可选黏度较低的油；反之，当转速较低、载荷大时，则选黏度较高的油。具体选择可参考表 13-2。

表 13-2　滑动轴承润滑油牌号的选择（非全液体润滑，工作温度<60℃）

轴颈圆周速度 v/(m/s)	平均压强 p<3MPa	轴颈圆周速度 v/(m/s)	平均压强 3～7.5MPa
<0.1	L-AN68、100、150	<0.1	L-AN150
0.1～0.3	L-AN68、100	0.1～0.3	L-AN100、150
0.3～2.5	L-AN46、68	0.3～2.6	L-AN100
2.5～5.0	L-AN32、46	0.6～1.2	L-AN68、100
5.0～9.0	L-AN15、22、32	1.2～2.0	L-AN68
>9.0	L-AN7、10、15		

注：①表中润滑油是以 40℃时运动黏度为基础的牌号；

②L-AN×××表示全损耗系统用油，数字×××表示 40℃时该油运动黏度的概略平均值。

润滑脂是用矿物油、各种稠化剂（如钙、钠、锂、铝等金属皂）和水调制成的。金属皂是碱金属与各种脂肪酸反应形成的。根据金属皂不同分别称为钙基、钠基、锂基、铝基润滑脂。通常用针入度（稠度）、滴点及耐水性来衡量润滑脂的特性。针入度是指用一特制锥形针在 5s 内刺入润滑脂内的深度，借以衡量其稠密程度。它标志着润滑脂内阻力的大小和受力后流动性的强弱。滴点是指温度升高时，润滑脂第一滴掉下时其特性的保持程度。

润滑脂多用在低速级重载或摆动的轴承中。钙基润滑脂耐水性好，易用于温度为 60℃～80℃处。钠基润滑脂对水较敏感，不能用于和水直接接触或潮湿处，宜用于温度为 100℃～150℃处。高温时，宜选用钙钠基润滑脂或锂基润滑脂。滑动轴承润滑脂的选择见表 13-3。

表 13-3　滑动轴承润滑脂的选择

轴颈圆周速度 v/(m/s)	轴承压强 p/MPa	最高工作温度/℃	选用润滑脂牌号
≤1	≤1	75	3 号钙基润滑脂
0.5～5	1～6.5	55	2 号钙基润滑脂
≤0.5	≥6.5	75	3 号钙基润滑脂
0.5～5.0	≤6.5	120	2 号钠基润滑脂
≤0.5	>6.5	110	1 号钙钠基润滑脂
≤1	1～6.5	100	2 号锂基润滑脂
≤0.5	>6.5	60	2 压延机润滑脂

固体润滑剂有石墨、二硫化钼和聚四氟乙烯等多种品种。一般在低速重载条件下，或在高温介质中使用。气体润滑剂常用空气，多用于高速及不能用润滑油或润滑脂处。润滑剂的供应要在轴承工作时间隙最大的一边，同时在轴瓦上制出油槽（图 13-6），便于润滑剂均匀分布在工作面上。

二、常用的润滑装置

润滑方式有分散润滑和集中润滑两种。在分散润滑中润滑装置主要有：

（1）油孔。每隔适当时间，用油壶将油自轴承孔浇入，这是最简单的供油方式。它只能得到间歇润滑，不能调节也不可靠。适用于低速、轻载及不重要的轴承中。

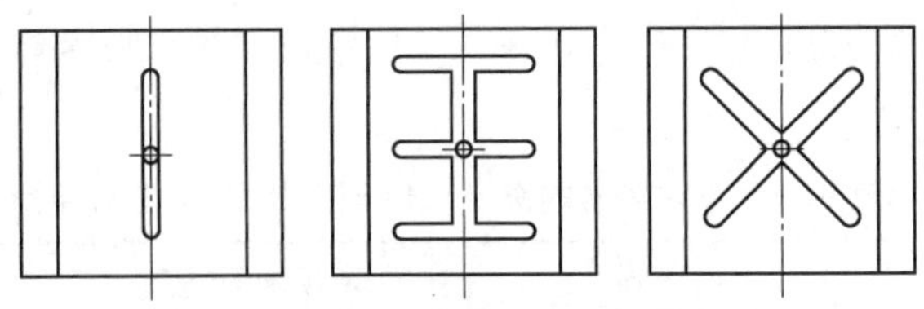

图 13-6 轴瓦的各种油槽

（2）芯捻或纱线油杯（图 13-7）。它是装在轴承润滑孔上的油杯，其中有一管子内装有用毛线或棉线做成的芯捻（油绳），芯捻的一段浸在杯中的油内，另一端在管子内和轴颈不接触。这样，利用毛细管作用，把油吸到摩擦面上。这种装置能使润滑油连续而又均匀供应，但是不易调节供油量，在机器停车时仍供应润滑油，不适用于高速轴承。

（3）针阀滴油油杯（图 13-8）。它的结构特点是有一针阀 3，油经过针阀流到摩擦表面上，靠手柄 1 控制和调整供油量。它使用可靠，可以观察油的进给情况，但要保持均匀供油，必须经常加以观察和调节。

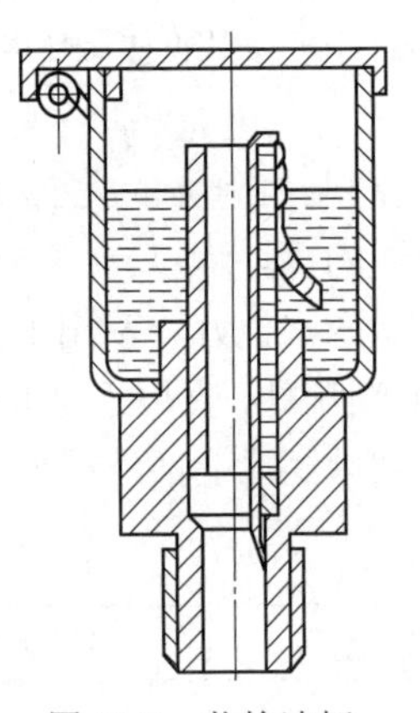

图 13-7 芯捻油杯

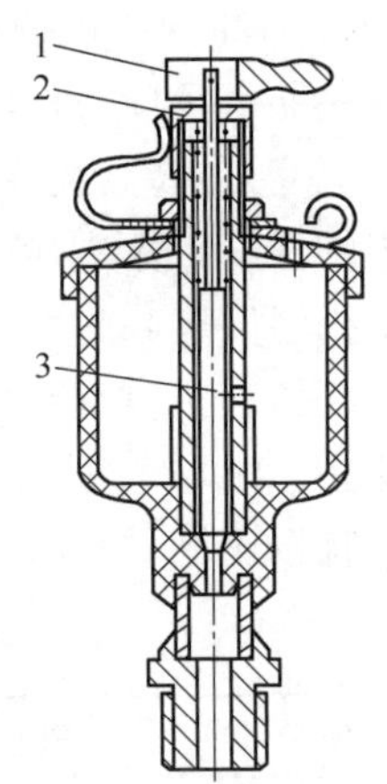

图 13-8 针阀滴油油杯

（4）油环（图 13-9）。在轴颈上有自由悬挂的油环，它的下半部分浸在储油槽内。当轴旋转时，油环也随着运转，因而能将油带到轴颈上去。这种润滑装置只能用于水平位置、连续运转和工作稳定的轴承，并且轴的圆周速度不小于 0.5m/s。它制造简单，不需经常观察使用情况，同时，油是循环的，故节省耗油。

（5）飞溅润滑。 利用密封壳体中转速较快的零件浸入油池适当的深度，使油飞溅，直接落到摩擦表面上，或在轴承座上制有油槽，以便聚集飞溅的油流入摩擦面，这种润滑适用于速度中等的机器中，例如各种多级减速器中经常使用。

（6）压力润滑。用出油量小的油泵将润滑油通过油管在压力下输入摩擦表面。也可以利用特殊喷嘴将油喷射成油流，或利用喷雾器将油流喷成油雾以润滑摩擦表面。它能保证连续充分的供油。

润滑脂主要用于压力润滑。润滑时将润滑脂压注给摩擦表面，其供油装置主要用旋盖油杯（图 13-10a）和压注式油杯（图 13-10b）。旋盖油杯内充满润滑脂，旋转杯盖可将润滑脂挤压到摩擦表面上。压注油杯必须定期地用油枪压注入润滑脂。这些装置不能控制供脂量。

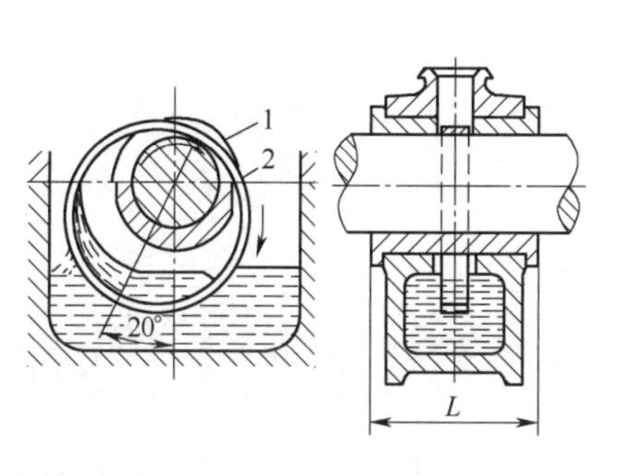

图 13-9　油环

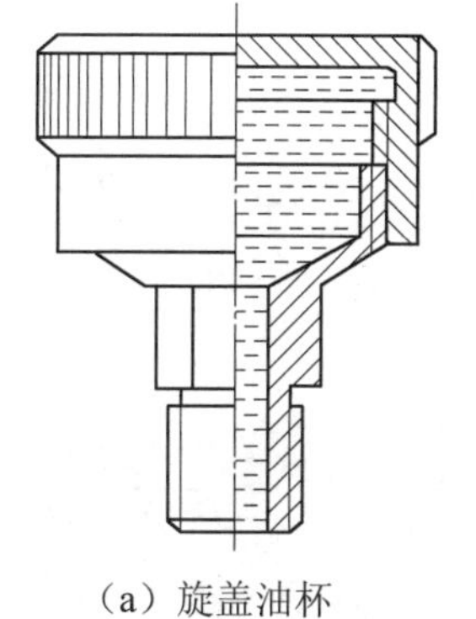

（a）旋盖油杯

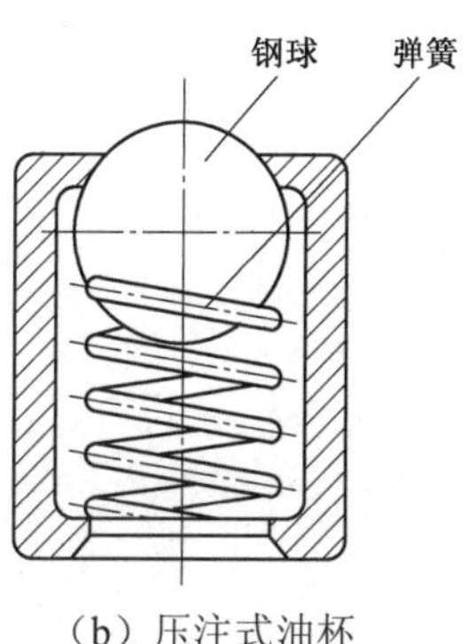

（b）压注式油杯

图 13-10　脂润滑油杯

§13-5　非全液体摩擦滑动轴承的计算

目前，非全液体摩擦滑动轴承采用磨损的条件性计算作为设计依据，即在按强度及结构要求确定出主要尺寸后，进行轴承工作面上的压强及压强和速度乘积的验算。

一、向心轴承

1. 轴承强度的验算

限制轴承的压强可以保证其润滑，减少磨损。轴承投影面上的压强的验算公式为

$$p=\frac{F}{bd}\leqslant[p] \tag{13-2}$$

式中：F 为轴承所承受的最大计算径向载荷，N；d 为轴颈的直径，mm；b 为轴瓦的宽度，mm；p 和$[p]$为计算压强值及许用压强值，MPa。许用压强的数值列于表 13-4 中。

表 13-4　推力滑动轴承的[p]、[pv]值

材料	[p]/（MPa）不大于	[pv]/（MPa·m/s）不大于
软钢对铸铁	2～2.5	2～4
软钢对青铜	4～6	
软钢对轴承合金	5～6	
淬火钢对轴承合金	7.5～8	
淬火钢对轴承合金	8～9	

2. 轴承压强和速度乘积的验算

若取轴承的摩擦系数是固定的数值，则压强和速度乘积可表示轴承中产生的热量。为了保证轴承运转时不产生过多的热量，以控制温升，保证完好的边界膜和防止粘着磨损，需要进行压强和速度乘积的验算，其验算式为

$$pv=\frac{F}{bd}\cdot\frac{\pi dn}{60\times1000}=\frac{Fn}{19100b}\leqslant[pv] \tag{13-3}$$

式中：F 为轴承所承受的最大计算径向载荷，N；d 为轴颈的直径，mm；b 为轴瓦的宽度，mm；n 为轴颈的转速，r/min；pv 和[pv]为计算压强和速度乘积的计算值及计算值的许用值，其许用数值列于表 13-1 中。

二、推力滑动轴承

非全液体摩擦推力滑动轴承多为环状或多环的。验算时，假设轴承压力是均匀分布在支承面上的。

1. 轴承压强的验算

轴承压强 p 的验算式为

$$p=\frac{F}{\pi(d^2-d_0^2)z\varphi}\leqslant[p] \tag{13-4}$$

式中：F 为轴承所承受的最大计算轴向载荷，N；z 为支承面的数目，对环状推力轴承为 1；d 为环状支承面的外径，mm；d_0 为环状支承面的内径，mm；φ 为考虑油槽使支承面减小的系数，其值为 0.9～0.95；p 和 $[p]$ 为计算压强值及许用压强值，MPa，环状推力轴承的 $[p]$ 值列于表 13-4 中，对多环推力轴承，取表 13-4 中数值的 50%。

2. 轴承压强和速度乘积的验算

轴承压强 p 和速度 v_m 乘积的验算式为

$$pv_m\leqslant[pv] \tag{13-5}$$

式中：v_m 为环形支承面平均半径处的圆周速度，m/s；pv_m 和 $[pv]$ 为压强和速度乘积的计算值和许用值，MPa·m/s，其许用值列于表 13-4 中。

例题 13-1 试按非全液体摩擦设计铸件清理滚筒上的一对滑动轴承。已知滚筒装置（包括自重）为 40000N，转速为 60r/min，两端轴颈的直径为 120 mm。

解：（1）决定滑动轴承上的径向载荷 F 为

$$F=\frac{40000}{2}\text{N}=20000\text{N}$$

（2）选取宽径比 $\frac{b}{d}=1.25$，则

$$b=1.25d=1.25\times120=150\text{ mm}$$

1）验算压强 p

$$p=\frac{F}{bd}=\frac{20000}{120\times150}\text{Mpa}=1.11\text{MPa}$$

2）验算压强与速度乘积 pv

$$Pv=\frac{Fn}{19100b}=\frac{20000\times60}{19100\times150}\text{MPa}\cdot\text{m/s}=0.42\text{MPa}\cdot\text{m/s}$$

选用 ZCuSn5Pb5Zn5 作为轴瓦材料，由表 13-1 查得：$[p]\leqslant8\text{MPa}$，$[pv]\leqslant15\text{MPa}\cdot\text{m/s}$，可以满足要求。

轴颈圆周速度 $v=\frac{\pi\times60\times120}{60000}\text{m/s}=0.38\text{m/s}$，由表 13-3，选用 3 号钙基润滑脂。

§ 13-6 滚动轴承的结构

滚动轴承是现代机器中广泛应用的部件之一，它是依据主要元件间的滚动接触来支承转动零件的。滚动轴承绝大多数已标准化，并由专业工厂大量制造及供应各种常用规格的轴承。滚动轴承由外圈 1、滚动体 2、内圈 3、保持架 4 组成（图 13-11）。外圈和轴承座孔装配，内

圈和轴颈装配。通常内圈随轴颈旋转，外圈固定，也可以是外圈旋转内圈固定，或是内、外圈同时回转的场合。当内、外圈相对转动时，滚动体在内、外圈的滚道间滚动。常用的滚动体如图 13-12 所示，有球、圆柱滚子、滚针、圆锥滚子、球面滚子、非对称球面滚子、螺旋圆柱等几种类型。

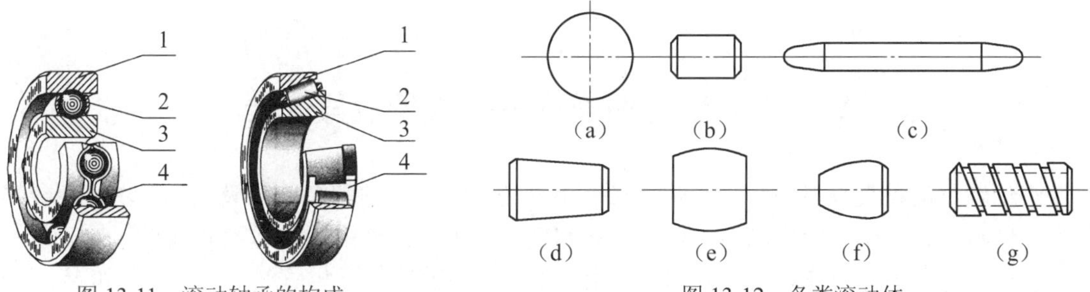

图 13-11　滚动轴承的构成　　　　图 13-12　各类滚动体

滚动轴承的内圈、外圈和滚动体用强度高、耐磨性好的轴承钢（铬锰合金钢）制造，常用牌号有 15Cr、GCr15SiMn 等。轴承元件都经过淬火、回火处理，工作表面要求磨削抛光。热处理后硬度一般不低于 60HRC。由于一般轴承的这些元件都经过 150℃的回火处理，所以通常当轴承的工作温度高于 120℃时元件的硬度就会下降。保持架的主要作用是均匀地隔开滚动体，如果没有保持架，则相邻滚动体转动时将会由于接触处产生较大的相对滑动速度而引起磨损。保持架有冲压保持架和实体保持架两种。冲压保持架一般用低碳钢板冲压制成，它与滚动体间有较大的间隙。实体保持架常用铜合金、铝合金或塑料等材料经切削加工制成，有较好的定心作用。表 13-5 列出了滚动轴承的主要类型和结构。

表 13-5　滚动轴承的主要类型

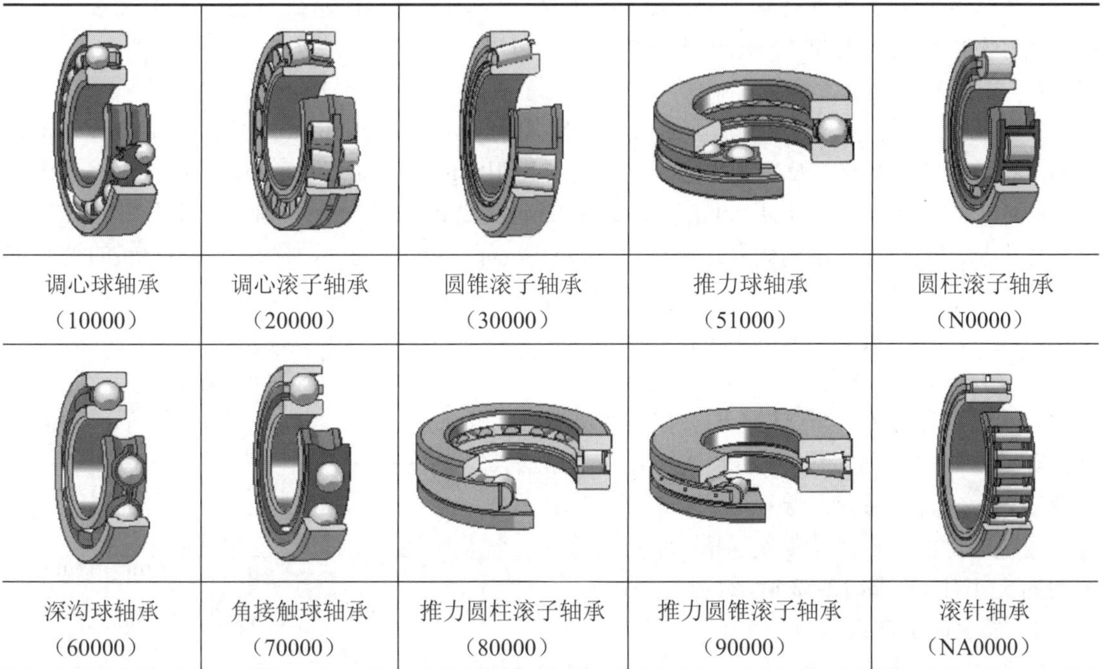

调心球轴承（10000）	调心滚子轴承（20000）	圆锥滚子轴承（30000）	推力球轴承（51000）	圆柱滚子轴承（N0000）
深沟球轴承（60000）	角接触球轴承（70000）	推力圆柱滚子轴承（80000）	推力圆锥滚子轴承（90000）	滚针轴承（NA0000）

与滑动轴承相比，滚动轴承的主要优点是：①摩擦力矩和发热较小，在通常的速度范围内，摩擦力矩很少随速度而改变，启动转矩比滑动轴承要低得多（比后者小 80%～90%）；②维护比较方便，润滑剂消耗较小；③轴承单位宽度的承载能力较大；④大大地减少有色金属的消耗。

缺点是径向外廓尺寸比滑动轴承大，接触应力高，承受冲击载荷能力较差，高速重负荷下寿命较低，小批生产特殊的滚动轴承时成本较高；减振能力比滑动轴承低。

§13-7 滚动轴承的主要类型及其代号

滚动轴承的种类很多，而各类轴承又有不同的结构、尺寸和公差等级。为了表征各类轴承的不同特点，便于组织生产、管理、选择和使用，国家标准中规定了滚动轴承代号的基本方法，由数字和字母组成。滚动轴承代号由基本代号、前置代号和后置代号组成，如表 13-6 所示。

表 13-6 滚动轴承代号

<table>
<tr><th>前置代号</th><th colspan="5">基本代号</th><th colspan="8">后置代号</th></tr>
<tr><td rowspan="3">成套轴承分部件代号</td><td>五</td><td>四</td><td>三</td><td>二</td><td>一</td><td rowspan="3">内部结构</td><td rowspan="3">密封与防尘代号</td><td rowspan="3">保持架及其材料</td><td rowspan="3">轴承材料</td><td rowspan="3">公差等级</td><td rowspan="3">游隙</td><td rowspan="3">配置</td><td rowspan="3">其他</td></tr>
<tr><td rowspan="2">类型代号</td><td colspan="2">尺寸系列代号</td><td colspan="2" rowspan="2">内径代号</td></tr>
<tr><td>宽（高）度系列代号</td><td>直径系列代号</td></tr>
</table>

一、基本代号

基本代号表示轴承的基本类型、结构和尺寸，是轴承代号的基础。它由类型代号、尺寸系列代号及内径代号组成，一般用 5 位数字或字母表示。

1. 内径代号

右起第一、二两位数字表示轴承的内径代号。轴承内径 d 从 20mm 到 480mm（22mm、28mm、32mm 除外）时，内径一般为 5 的倍数。内径 d 为 10mm、12mm、15mm、17mm 的代号相应为 00、01、02、03。内径大于 500mm，以及 22mm、28mm、32mm 的轴承，用公称内径毫米数直接表示，但与尺寸系列代号之间用“/”分开。如 230/600 表示内径 $d = 600\,\text{mm}$ 的调心滚子轴承。由于直径大于 500mm 和小于 10mm 的轴承使用较少，故不属于本书讨论范围。

2. 轴承的直径系列

轴承的直径系列，即结构、内径相同的轴承在外径和宽度方面的变化系列，用基本代号右起第三位数字表示。直径系列代号有 1、2、3 等，对应于相同内径轴承的外径尺寸依次递增。部分直径系列之间的尺寸对比如图 13-13 所示。

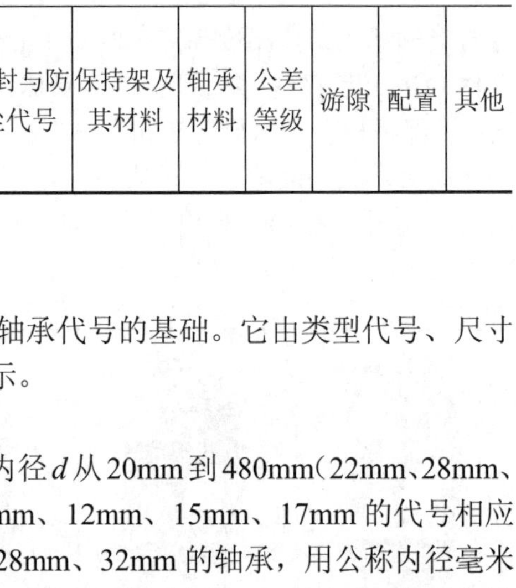

6410 6310 6210 6010

图 13-13 滚动轴承尺寸系列比较

3. 轴承的宽度系列

轴承的宽度系列，即结构、内径和直径系列相同的轴承，在宽度方面的变化系列，对于推力轴承，是指高度系列用基本代号右起第四位数字表示。宽度系列代号有 0、1、2、3 等，对应同一直径系列的轴承，其宽度依次递增。多数轴承在代号中不标出代号 0，但对于调心滚子轴承和圆锥滚子轴承，宽度系列代号 0 应标出。

直径系列代号和宽度系列代号统称为尺寸系列代号。

4. 类型代号

右起第五位为轴承类型代号，用数字或字母表示，见表 13-7。

表 13-7　滚动轴承类型代号

代号	轴承类型	代号	轴承类型
0	双列角接触球轴承	6	深沟球轴承
1	调心球轴承	7	角接触球轴承
2	调心滚子轴承及推力调心滚子轴承	8	推力圆柱滚子轴承
3	圆锥滚子轴承	N	圆柱滚子轴承（双列或多列用 NN 表示）
4	双列深沟球轴承	NA	滚针轴承
5	推力球轴承		

注：表示代号后或前加字母或数字，则表示该类轴承中的不同结构。

二、前置代号

用于表示轴承的分部件，用字母表示。如用 L 表示分离轴承的可分离套圈；K 表示轴承的滚动体与保持架组件等。例如 LNU 207，K81107。

三、后置代号

用字母和数字等表示轴承的结构、公差及材料的特殊要求等，后置代号的内容很多，下面介绍几个常用的代号。

（1）内部结构代号是表示同一类型轴承的不同内部结构，用字母紧跟着基本代号表示。如：接触角为 15°、25°和 40°的角接触球轴承分别用 C、AC 和 B 表示内部结构的不同，例如 7310C、7310AC、7310B；圆锥滚子轴承 B 为接触角加大，如 32310B；E 为轴承加强型（即内部结构设计改进，增大轴承承载能力），如 N207E。

（2）轴承的公差等级分为 2 级、4 级、5 级、6 级、6x 级和 0 级，共 6 个级别，依次由高级到低级，其代号分别为/P2、/P4、/P5、/P6、/P6x 和 P0。公差等级中，6x 级仅适用于圆锥滚子轴承，0 级为普通级，在轴承代号中不标出。

（3）常用的轴承径向游隙系列分为 1 组、2 组、0 组、3 组、4 组和 5 组，共 6 个组别，径向游隙依次由小到大。0 组游隙是常用的游隙组别，在轴承代号中不标出，其余的游隙组别在轴承代号中分别用/C1、/C2、/C3、/C4、/C5 表示。实际应用的滚动轴承类型是很多的，相应的轴承代号也是比较复杂的。

关于滚动轴承详细的代号方法可查阅 GB/T 272-2000。本章第 11 节中附表列出了部分轴承的结构尺寸、极限转速及基本额定动载荷的标准值。

例题 13-2　说明轴承代号 6308、N105/P5、7214AC/P4、30213 的含义。

解：6308：6－深沟球轴承，3－中系列，08－内径 $d = 40$mm，公差等级为 0 级，游隙组为 0 组。

N105/P5：N－圆柱滚子轴承，1－特轻系列，05－内径 d=20mm，公差等级为 5 级，游隙组为 0 组。

7214AC/P4：7－角接触球轴承，2－轻系列，14－内径 d=70mm，公差等级为 4 级，游隙组为 0 组，公称接触角 α=15° 。

30213：3－圆锥滚子轴承，2－轻系列，13－内径 d=65mm，0－正常宽度（0 不可省略），公差等级为 0 级，游隙组为 0 组。

§13-8　滚动轴承的类型选择

一、滚动轴承的主要类型及特点

（1）调心球轴承（图 13-14a）。调心球轴承主要承受径向载荷，也能承受少量的双向轴向载荷。外圈滚道为球面，具有调心性能，内外圈轴线相对偏斜允许 2°～3°，适用于多支点轴、弯曲刚度小的轴以及难于精确对中的支承。

（2）调心滚子轴承（图 13-14b）。调心滚子轴承能承受特别大的径向载荷，也可以同时承受不大的轴向载荷，它的承载能力比相同尺寸的调心球轴承大一倍，能自动调心，允许内外圈轴线的偏斜达 0.5° ～2° 。它常用于重型机械上。

（3）圆锥滚子轴承（图 13-14c）。圆锥滚子轴承能承受较大的径向载荷和单向的轴向载荷，极限转速较低。轴承的接触角越大，承受轴向载荷能力越强。内外圈可分离，故轴承游隙可在安装时调整，通常成对使用，对称安装。适用于转速不太高、轴的刚性较好的场合。

（4）推力球轴承。推力球轴承的套圈与滚动体多半是可分离的，有单向和双向之分。单向推力球轴承（图 13-14d）只能承受单向轴向载荷，两个套圈的内孔不一样大，内径较小的是轴圈，与轴配合，内孔较大的是座圈，与机座固定在一起。极限转速较低，适用于轴向力大而转速较低的场合。

（5）双向推力球轴承（图 13-14e）。双向推力球轴承可承受双向轴向载荷，中间套圈为轴圈，另两套圈为座圈。高速时，由于离心力大，球与保持架因摩擦而发热严重，寿命较低。常用于轴向载荷大、转速不高处。

（6）深沟球轴承（图 13-14f）。深沟球轴承主要承受径向载荷，也可同时承受少量双向轴向载荷。工作时内外圈轴线允许偏斜 8′～16′；摩擦阻力小、极限转速高、结构简单、价格便宜，应用最广泛；但承受冲击载荷能力较差。适用于高速场合，在高速时可代替推力球轴承。

（7）角接触球轴承（图 13-14g）。角接触球轴承能同时承受径向载荷与单向的轴向载荷，公称接触角 α 有 15°、25°、40°三种。α 越大，轴向承载能力也越大。通常成对使用，对称安装，极限转速较高，适用于转速较高、同时承受径向和轴向载荷的场合。

（8）圆柱滚子轴承（图 13-14h）。圆柱滚子轴承的内圈或外圈和滚子及保持架装成一体，故便于内外圈分开装配，并允许内外圈有少量的轴向位移。它只能承受径向载荷，不能承受轴向载荷。承受载荷能力比同尺寸的球轴承大，尤其是承受冲击载荷能力强，极限转速较高。

（9）滚针轴承（图 13-14i）。滚针轴承采用数量较多的滚针作滚动体，一般没有保持架。径向结构紧凑、径向承载能力很强、价格低廉。缺点是不能承受轴向载荷，滚针间有摩擦，旋转精度及极限转速低，工作时不允许内、外圈轴线有偏斜。常用于转速较低而径向尺寸受限制的场合。

（10）推力调心滚子轴承（图 13-14j）。推力调心滚子轴承可以承受很大的轴向载荷和一定的径向载荷。滚子为鼓形，外圈滚道为球面，能自动调心，允许轴线偏斜 2°～3°，转速可比推力球轴承高，常用于水轮机轴和起重机转盘等。

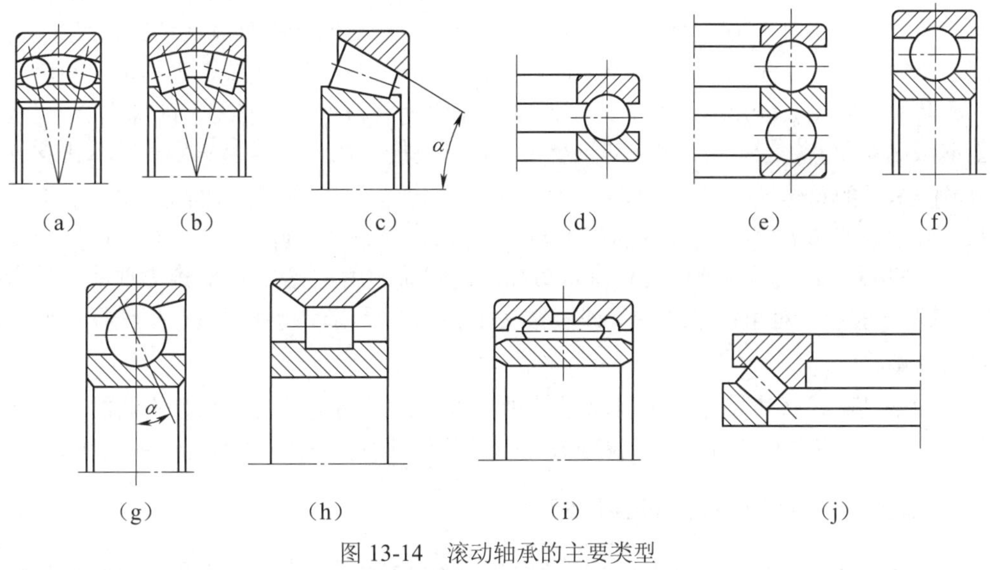

图 13-14　滚动轴承的主要类型

二、滚动轴承的类型选择

选择滚动轴承的类型时，要根据它的工作载荷的大小、性质、方向、转速高低、调心性、轴承安装和拆卸的方便性及经济性要求确定。一般球轴承的转速较滚子轴承高，滚子轴承的承载能力比球轴承强。同型号的轴承中实体保持架的极限转速较冲压保持架的转速高，相同载荷下考虑转速因素应选用实体保持架轴承。同类轴承中径向尺寸较小的轴承转速较高。主要承受径向载荷时一般宜选用向心轴承（深沟球轴承或圆柱滚子轴承）；主要承受轴向载荷时一般选用推力轴承（推力球轴承、推力滚子轴承）；既有径向载荷又有轴向载荷时一般选用向心推力轴承（角接触球轴承、圆锥滚子轴承）。当轴的刚度较弱需要调心性能时宜选用调心球轴承或调心滚子轴承。当轴承内外圈同时需要装配时宜选用内外圈可分离轴承。在满足使用要求的前提下，优先选用价格低廉的深沟球轴承。

§ 13-9　滚动轴承尺寸的选择

一、滚动轴承的失效形式

实践证明，有适当的润滑和密封，安装和维护条件正常时，绝大多数轴承由于滚动体沿着套圈滚动，在相互接触的表层内产生变化的接触应力，经过一定次数循环后，此应力就导致表层下不深处形成微观裂缝。微观裂缝被渗入其中的润滑油挤裂而引起点蚀，致使轴承不能正常工作。套圈和滚动体表面的疲劳点蚀是滚动轴承最基本的失效形式，是作为滚动轴承寿命计算的依据。此外，由于使用维护和保养不当或密封润滑不良等，也会引起磨损、胶合、断裂等多种失效形式。

二、滚动轴承的基本额定寿命和基本额定动载荷

所谓轴承寿命，对于单个滚动轴承来说，是指其中一个套圈或滚动体材料首次出现疲劳点蚀之前，一套圈相对于另一套圈所能运转的转数。由于对同一批轴承（结构、尺寸、材料、热处理以及加工等完全相同），在完全相同的工作条件下进行寿命实验，滚动轴承的疲劳寿命是相当离散的，所以只能用基本额定寿命和基本额定动载荷作为选择轴承的标准。

基本额定寿命 L_{10} 是指一批相同的轴承，在相同条件下运转，其中 90%的轴承在发生疲劳点蚀以前能运转的总转数（以 10^6 转为单位）或在一定转速下所能运转的总工作小时数。

基本额定动载荷 C 是指当轴承的基本额定寿命为 10^6 转（一百万转）时轴承所能承受的载荷值。对于向心轴承，基本额定动载荷是指纯径向载荷，用 C_r 表示；对推力轴承，是指纯轴向载荷，用 C_a 表示；对角接触球轴承或圆锥滚子轴承，是指使套圈间只产生纯径向位移的载荷的径向分量。

基本额定动载荷代表了不同型号轴承的承载能力，不同型号的轴承有不同的基本额定动载荷值（参见本章第 11 节部分轴承标准），它表征了不同型号轴承承载能力的大小。

三、滚动轴承疲劳寿命计算的基本公式

滚动轴承的载荷与基本额定寿命的关系曲线见图 13-15，它表示了当量动载荷 P 与基本额定寿命 L_{10} 之间的关系。曲线方程为

$$P^{\varepsilon} L_{10} = \text{const} \tag{13-6}$$

当 $L_{10}=1$ 时，$P=C$，则

$$P^{\varepsilon} L_{10} = C^{\varepsilon} \cdot 1 = \text{const}$$

即

$$L_{10} = \left(\frac{C}{P}\right)^{\varepsilon} 10^6 \ （\text{r}） \tag{13-7}$$

式中：P 为当量动载荷，N；ε 为寿命指数，对于球轴承 $\varepsilon=3$，对于滚子轴承 $\varepsilon=10/3$。

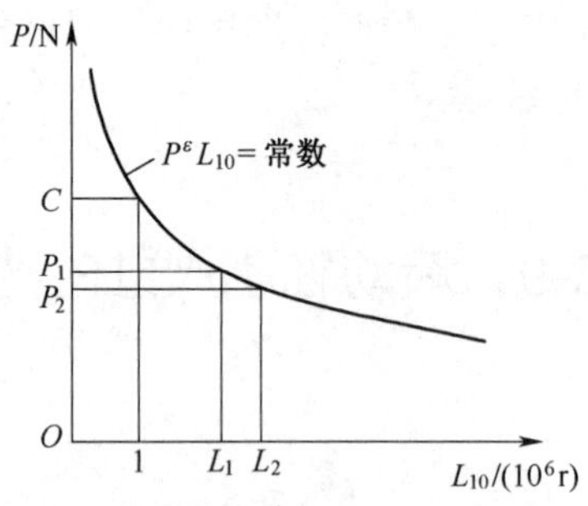

图 13-15 滚动轴承的载荷-寿命曲线

实际计算时，常用小时数表示轴承寿命，设 n 为轴承的转速，r/min；L_h 为轴承的设计寿命，L_h' 为轴承的预期寿命，从表 13-8 查取，则

$$L_h = \frac{10^6}{60n}\left(\frac{C}{P}\right)^{\varepsilon} \geqslant L_h' \ （\text{h}） \tag{13-8}$$

当轴承的预期寿命 L_h' 确定后，则可由上式求得轴承所需的额定动载荷为

$$C' \geqslant p\sqrt[\varepsilon]{\frac{60nL_h'}{10^6}} \text{（N）} \tag{13-9}$$

再从手册查得合适的轴承型号，使其基本额定动载荷 $C \geqslant C'$，即可满足使用要求。

表 13-8 推荐的轴承预期计算寿命 L_h'

机器类型	预期计算寿命/h
不经常使用的仪器或设备，如闸门开闭装置等	300～3000
短期或间断使用的机械，中断使用不致引起严重后果，如手动机械等	3000～8000
间断使用的机械，中断使用后果严重，如发动机辅助设计、流水作业线自动传送装置、升降机、车间吊车、不常使用的机床等	8000～12000
每日 8 小时工作的机械（利用率不高），如一般的齿轮传动、某些固定电动机等	12000～20000
每日 8 小时工作的机械（利用率较高），如金属切削机床、连续使用的起重机、木材加工机械、印刷机械等	20000～30000
24 小时连续工作的机械，如矿山升降机、纺织机械、泵、电机等	40000～60000
24 小时连续工作的机械，中断使用后果严重。如纤维生产或造纸设备、发电站主电机、矿井水泵、船舶桨轴等	100000～200000

四、滚动轴承的当量动载荷

滚动轴承的寿命计算，实质上是把滚动轴承承受的实际载荷与基本额定动载荷进行比较，而滚动轴承的受载情况往往与确定基本额定动载荷的实验条件不一致，所以必须进行必要的换算。把经换算而得到的等效载荷称为当量动载荷，用 P 表示。在当量动载荷 P 作用下的轴承寿命与工作中的实际载荷作用下的寿命相等。

对于向心推力轴承，在不变的径向 F_r 和轴向载荷 F_a 作用下，当量动载荷的计算公式是

$$P = XF_r + YF_a \tag{13-10}$$

式中：F_r、F_a 为轴承所受的径向载荷和轴向载荷，N；X、Y 分别为径向载荷系数和轴向载荷系数，可分别按 $\frac{F_a}{F_r} > e$ 或 $\frac{F_a}{F_r} \leqslant e$ 两种情况按表 13-9 查得，e 称为轴向载荷影响系数（或判别系数），表示轴向载荷对轴承寿命的影响，其值与 $\frac{F_a}{C_0}$ 的大小有关（C_0 为轴承的额定静载荷，可由轴承手册查得）。

表 13-9 滚动轴承的径向载荷系数 X 及轴向载荷系数 Y

轴承类型	相对轴向载荷 $\frac{F_a}{C_0}$	判别系数 e	$\frac{F_a}{F_r} \leqslant e$		$\frac{F_a}{F_r} > e$	
			X	Y	X	Y
深沟球轴承（60000）	0.250 0.040 0.070 0.130 0.250 0.500	0.22 0.24 0.27 0.31 0.37 0.44	1	0	0.56	2.0 1.8 1.6 1.4 1.2 1.0

续表

轴承类型		相对轴向载荷 $\frac{F_a}{C_0}$	判别系数 e	$\frac{F_a}{F_r}\leqslant e$		$\frac{F_a}{F_r}>e$	
				X	Y	X	Y
角接触球轴承	70000C（$\alpha=15°$）	0.015	0.38	1	0	0.44	1.47
		0.029	0.40				1.40
		0.058	0.43				1.30
		0.087	0.46				1.23
		0.120	0.47				1.19
		0.170	0.50				1.12
		0.290	0.55				1.02
		0.440	0.56				1.00
		0.580	0.56				1.00
	70000AC（$\alpha=25°$）	—	0.68	1	0	0.41	0.87
	70000B（$\alpha=40°$）	—	1.14	1	0	0.35	0.57
调心球轴承 10000		—	（e）	1	（Y_1）	0.65	（Y_2）
圆锥滚子轴承 30000		—	（e）	1	0	0.4	（Y）

注：①使用时，X、Y、e 等值应按国标 GB 6341-1995 查取；

②表中括号内的系数 Y、Y_1、Y_2 及 e 值应查轴承手册；

③表中未列出的 F_a/C_0 值可由插值法求出相应的 e、X、Y 值。

对于只能承受纯径向载荷的圆柱滚子轴承、滚针轴承、螺旋滚子轴承 $P=F_r$。对于只能承受纯轴向载荷的推力轴承 $P=F_a$。根据轴承的实际工作情况，还需引入载荷系数 f_p 对其进行修正，在表 13-10 中查取。修正后的当量动载荷应按下面的公式进行计算

$$P=f_p(XF_r+YF_a) \tag{13-11}$$

表 13-10　载荷系数 f_p

载荷性质	平稳运转或轻微冲击时	中等冲击时	剧烈冲击时
f_p	1.0～1.2	1.2～1.8	1.8～3.0
举例	电机、汽轮机、通风机、水泵等	车辆、动力机械、起重机、造纸机、冶金机械、选矿机、卷扬机、机床等	破碎机、轧钢机、钻探机、振动筛等

五、角接触轴承轴向载荷的计算

角接触轴承的外圈滚道和滚动体接触处存在着接触角 α，当它承受径向载荷 F_r 时，作用在载荷区内滚动体上的法向力可分解为径向载荷 F_{ri} 和轴向载荷 F_{di}（图 13-16a），各滚动体上所受轴向分力的和即为轴承的派生轴向力 F_d，它有使滚动体与外圈接触处分离的趋势。因此，在计算这类轴承的轴向力时，必须考虑到由径向力 F_r 引起的派生轴向力 F_d，表 13-11 列出了派生轴向力的计算公式。

表 13-11　派生轴向力 F_d 的计算公式

圆锥滚子轴承	角接触球轴承		
30000	7000C($\alpha=15°$)	7000AC($\alpha=25°$)	7000B($\alpha=40°$)
$F_d=F_r/(2Y)$ ①	$F_d=eF_r$ ②	$F_d=0.68F_r$	$F_d=1.14F_r$

注：①Y 是指 $\dfrac{F_a}{F_r}>e$ 的 Y 值；②e 值可由表 13-9 查出。

图 13-16b 中两轴承外圈窄边相对，F_{ae} 为轴向力，若它们工作时承受的径向力 F_{r1}、F_{r2} 不同，设 $F_{r1}>F_{r2}$，则 $F_{d1}>F_{d2}$，由 F_{r2} 产生的派生轴向力 F_{d1} 对轴承 1 是一外力，它和外加轴向力 F_{ae} 同方向，故轴承 1 上的轴向力 F_{a1} 应取以下两值中较大者，即

$$F_{a1}=\max\{F_{d2}+F_{ae},F_{d1}\} \tag{13-12}$$

对于轴承 2，由于外加轴向力 F_{ae} 与 F_{d2} 反向，故轴承 2 上的轴向力 F_{a2} 应取两值中的较大值，即

$$F_{a2}=\max\{F_{d1}-F_{ae},F_{d2}\} \tag{13-13}$$

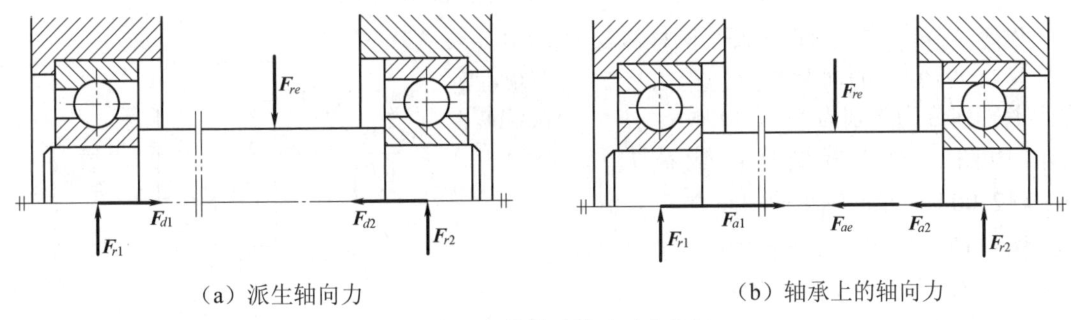

（a）派生轴向力　　（b）轴承上的轴向力

图 13-16　角接触球轴承受力分析

六、滚动轴承的静载荷计算

在工作载荷下基本不旋转或缓慢旋转或缓慢摆动的轴承，其失效形式不是疲劳点蚀，而是因滚动接触面上的接触应力过大而产生的过大的塑性变形。在国家标准中，对每一种规格的滚动轴承规定了一个不应超过的载荷界限——基本额定静载荷，用 C_0 表示。具体值查阅本章第 11 节部分轴承标准。

当轴承同时承受径向载荷 F_r 与轴向载荷 F_a 时应折合成一个当量静载荷 P_0 进行计算。向心轴承和角接触轴承所取得径向当量静载荷 P_{0r} 为一假定的径向载荷，而推力轴承所取得轴向当量静载荷 P_{0a} 为一假定的轴向载荷。在当量静载荷作用下，在最大载荷滚动体与滚道接触中心处，引起与实际载荷条件下相同的接触应力。

当轴承同时承受径向载荷 F_r 与轴向载荷 F_a 时，其径向当量静载荷取下列两式计算数值中的较大者

$$\begin{cases} P_{0r}=X_0F_r+Y_0F_a \\ P_{0r}=F_r \end{cases} \tag{13-14}$$

式中：X_0 为径向载荷系数，Y_0 为轴向载荷系数，可由设计手册查取。

对于$\alpha=90°$的推力球轴承，只能承受轴向载荷，其当量静载荷为

$$P_{0a}=F_a \tag{13-15}$$

滚动轴承静载荷的校核公式为

$$P_{0r}\leqslant C_{0r} \text{或} P_{0a}\leqslant C_{0a} \tag{13-16}$$

例题 13-3 一深沟球轴承 6210，承受的径向载荷$F_r=3000\,\text{N}$，轴向载荷$F_a=870\,\text{N}$。试求其当量动载荷。

解：查得 6210 轴承的基本额定静载荷$C_{0r}=23200\,\text{N}$。

$\dfrac{f_0F_a}{C_{0r}}=\dfrac{14.7\times870}{23200}=0.551$查表 13-9 得$e=0.22\sim0.26$。

$\dfrac{F_a}{F_r}=\dfrac{870}{3000}=0.29>e$，查表 13-9 得$X=0.56$。

Y用插值法求得为

$$Y=1.71+\frac{(1.99-1.71)\times(0.689-0.551)}{(0.689-0.345)}=1.882$$

当量动载荷为

$$P=XF_r+YF_a=0.56\times3000+1.882\times870=3317.34\,\text{N}$$

例题 13-4 安装有两个斜齿圆柱齿轮的转轴由一对代号为 7210AC 的轴承支承（见图 13-17）。已知两齿轮上的轴向分力分别为$F_{A1}=3000\,\text{N}$，$F_{A2}=5000\,\text{N}$，方向如图。轴承所受径向载荷$F_{r1}=8600\,\text{N}$，$F_{r2}=12500\,\text{N}$。求两轴承的轴向力F_{a1}、F_{a2}。

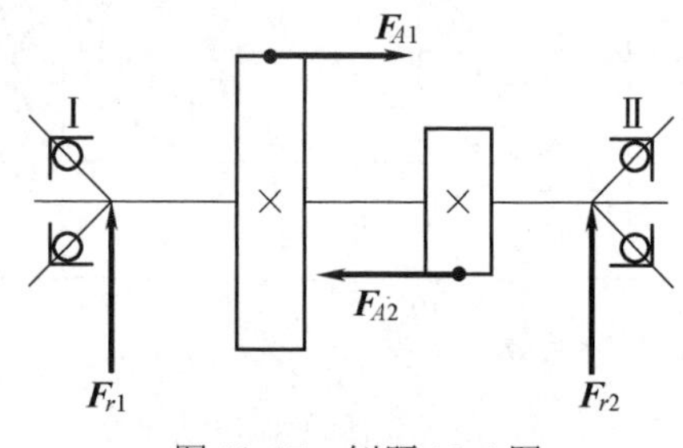

图 13-17 例题 13-4 图

解:（1）求角接触球轴承的派生轴向力，由 7210AC 轴承，查表 13-11 得$F_d=0.68F_r$。

$F_{d1}=0.68F_{r1}=0.68\times8600=5848\,\text{N}$，方向向右；

$F_{d2}=0.68F_{r2}=0.68\times12500=8500$，方向向左。

（2）轴系轴向外载荷F_A为

$F_A=F_{A2}-F_{A1}=5000-3000=2000\,\text{N}$方向向左。

（3）球轴承的轴向力F_a，由式（13-12）和式（13-13）得

$F_{a1}=\max\{F_{d1},F_{d2}+F_A\}=\max\{5848,8500+2000\}=10500\,\text{N}$。

$F_{a2}=\max\{F_{d2},F_{d1}-F_A\}=\max\{8500,5848-2000\}=8500\,\text{N}$。

故滚动轴承的轴向力$F_{a1}=10500\,\text{N}$，$F_{a2}=8500\,\text{N}$。

§13-10 滚动轴承的组合设计

一般轴承是成组使用的。要保证轴承的可靠工作，除了合理地选择轴承类型和尺寸外，还应该正确地设计轴承组合。设计轴承组合时，要考虑下列各方面的问题。

一、轴承的配置和固定

支承部件的主要功能是对轴系回转零件起支承作用，并承受径向和轴向作用力，保证轴

系部件在工作中能正常地传递轴向力以防止轴系发生轴向窜动而改变工作位置，或因轴的热胀冷缩引起轴承的卡死或涨破。为满足功能要求，必须对滚动轴承支承部件进行轴向固定。轴承的固定方式有两端单向固定、一端固定一端游动、两端游动三种方式。

（1）两端单向固定方式（图 13-18a）是两个轴承各限制一个不同方向的轴向移动（只固定内、外圈相对的一个侧面）。适用于较短的轴系（跨距≤400）、温升不高的场合。为了补偿轴的受热膨胀，装配时应留有 0.25～0.4mm 的轴向间隙。

（2）一端固定一端游动方式（图 13-18b）是一端支承处轴承内、外圈均固定，限制轴的双向移动，另一端轴承的外圈不固定，轴可做轴向伸缩移动，为防止轴承脱落，游动端轴承内圈两侧应固定。适用于温升较高、热变形较大的场合。

（3）两端游动支承方式是轴承两支点都为游动端。图 13-18c 所示为人字齿轮传动，啮合时齿轮的轴向力相互抵消。当大齿轮轴两端固定以后，小齿轮轴的轴向工作位置靠轮齿的啮合锁合来保证。另外，由于加工误差，齿轮两侧螺旋角不易做到完全一致，为使轮齿受力均匀，啮合传动时应允许小齿轮轴能做少量的轴向移动，故此时小齿轮轴沿轴向不应固定。图中小齿轮轴两端均选用圆柱滚子轴承，这种轴承内、外圈可相互错动，不会限制轴的位移。但为防止轴承因振动而松脱，对这种轴承的内、外圈应分别进行轴向固定，如图内圈靠轴用弹性挡圈固定，外圈则靠孔用弹性挡圈及轴承盖固定。

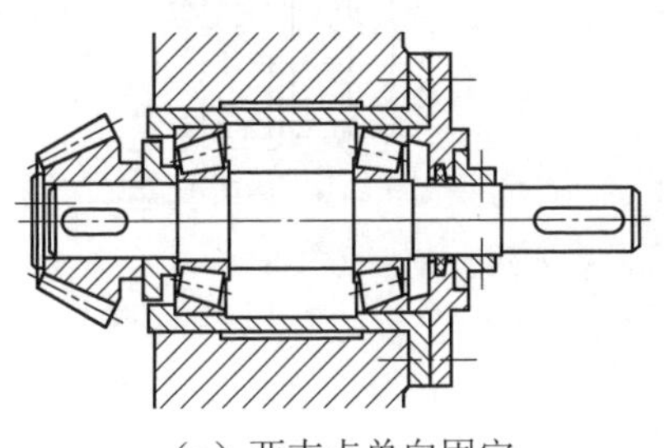

（a）两支点单向固定

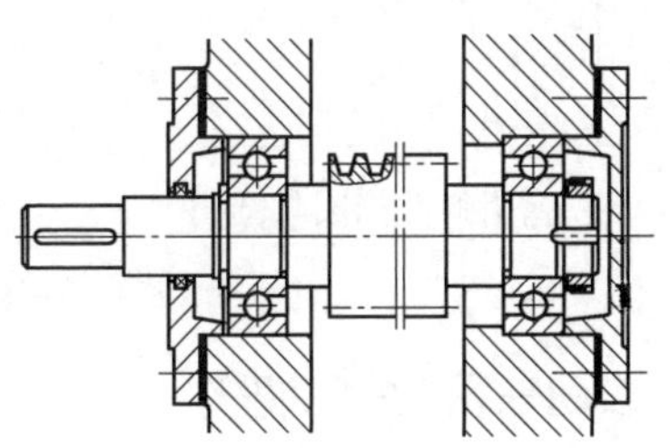

（b）一端固定一端游动

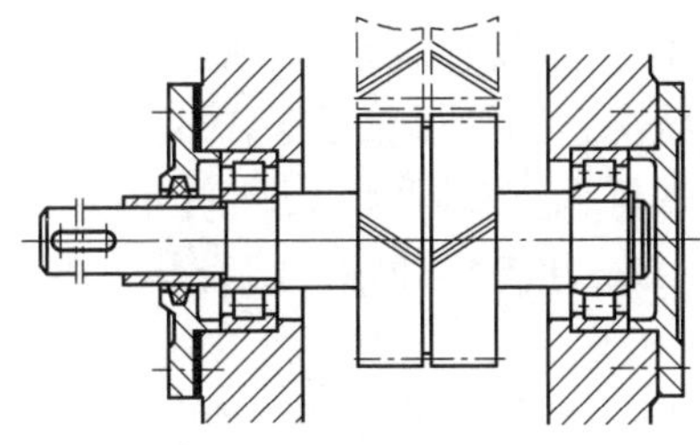

（c）两端游动

图 13-18　轴承的固定方式

由上述支承结构可知，对轴系固定就是对滚动轴承进行轴向固定，其方法都是通过内圈与轴的紧固、外圈与座孔的紧固来实现的。

滚动轴承内圈的固定方法应根据轴向力的大小选用轴用弹性挡圈、轴端挡圈、圆螺母等（图 13-19）。图 13-19a 中轴用弹性挡圈嵌在轴的沟槽内，主要用于轴向力不大及转速不高时的固定；图 13-19b 中用螺钉固定的轴端挡圈固定，用于在高转速下承受大的轴向力的场合；图 13-19c 中用圆螺母和止动垫圈紧固，主要用于轴承转速高、承受较大的轴向力的场合；图 13-19d 中用紧定衬套、止动垫圈和圆螺母紧固，用于光轴上的和转速都不大的、内圈为圆锥孔的轴承固定。

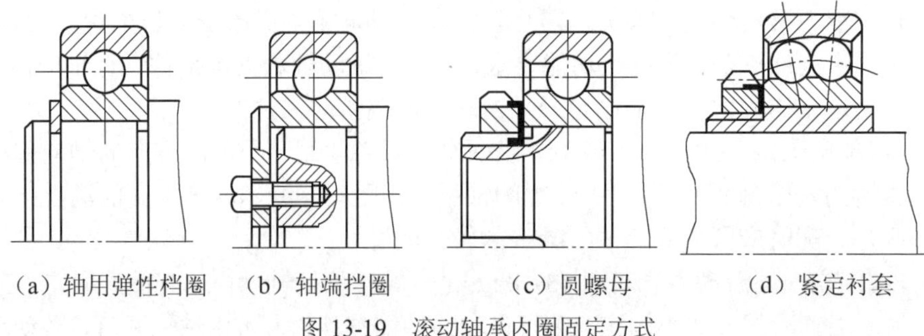

（a）轴用弹性档圈　（b）轴端挡圈　（c）圆螺母　（d）紧定衬套

图 13-19　滚动轴承内圈固定方式

滚动轴承外圈的固定方法有轴承外圈的紧固，常采用轴承盖、孔用弹性挡圈、座孔凸肩、止动环等结构措施。孔用弹性挡圈（图 13-20a）嵌在外壳的沟槽内，主要用于轴向力不大且轴向结构紧凑场合；止动环（图 13-20b）嵌在轴承外圈的止动槽；用轴承端盖紧固（图 13-20c）用于轴承转速高、轴向载荷大，而不适于使用轴承盖紧固的情况。

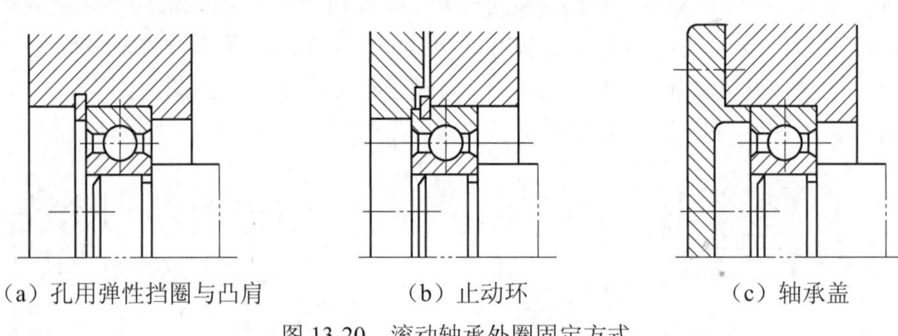

（a）孔用弹性挡圈与凸肩　（b）止动环　（c）轴承盖

图 13-20　滚动轴承外圈固定方式

二、滚动轴承组合的调整

为保证轴承正常运转，通常在轴承内部留有适当的轴向和径向游隙。游隙的大小对轴承的回转精度、受载、寿命、效率、噪声等都有很大影响。游隙过大，则轴承的旋转精度降低，噪声增大；游隙过小，则由于轴的热膨胀使轴承受载加大，寿命缩短，效率降低。因此，轴承组合装配时应根据实际的工作状况适当地调整游隙，并从结构上保证能方便地进行调整。调整游隙的常用方法有垫片调整、螺钉调整和圆螺母调整三种方式。

（1）垫片调整（图 13-21a）。在深沟球轴承组合装置中，通过增减轴承盖与轴承座间的垫片组的厚度来调整游隙。

（2）螺钉调整（图 13-21b）。用螺钉和碟形零件调整轴承游隙，螺母起锁紧作用。这种方法调整方便，但不能承受大的轴向力。

（3）圆螺母调整（图 13-21c）。两圆锥滚子轴承反装结构，轴承游隙靠圆螺母调整。但操作不太方便，且螺纹会削弱轴的强度。

三、滚动轴承的配合与拆装

1. 滚动轴承的配合方式

轴承的配合是指内圈与轴的配合及外圈与座孔的配合，轴承的周向固定是通过配合来保证的。滚动轴承是标准件，与其他零件配合时，轴承内孔为基准孔，外圈是基准轴制，其配合代号不用标注。

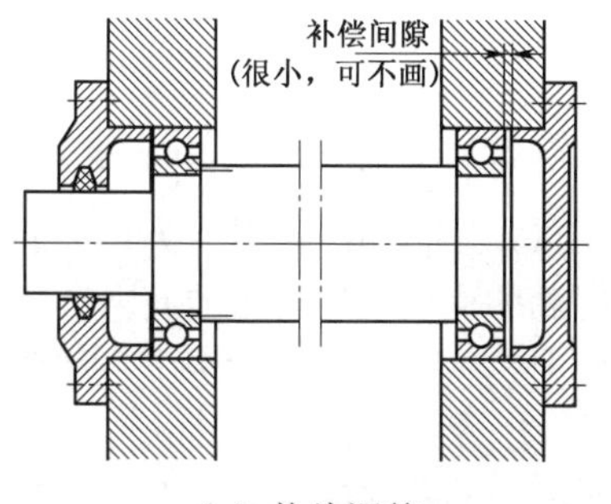

（a）垫片调整

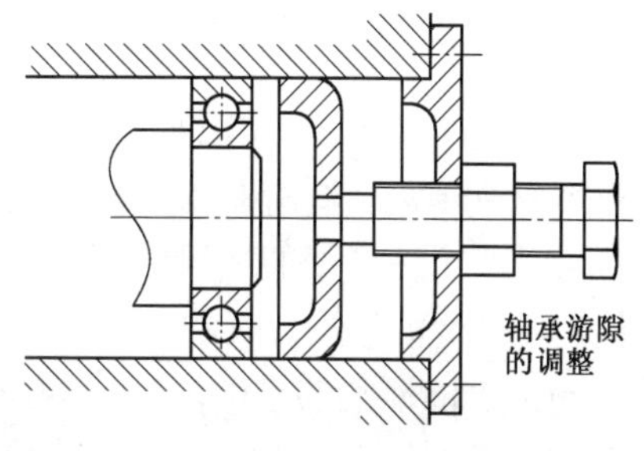

（b）螺钉调整

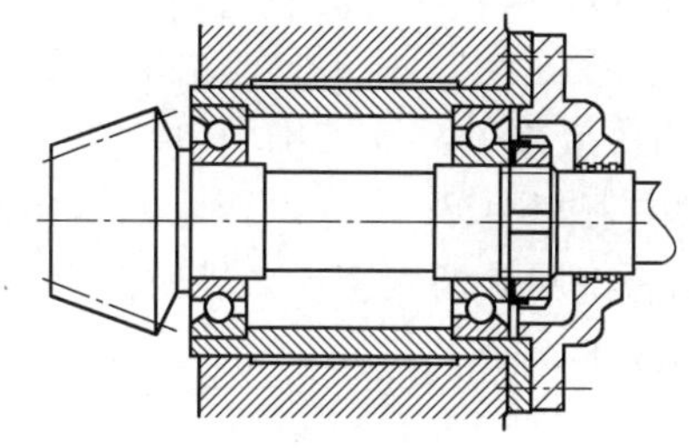

（c）圆螺母调整

图 13-21　轴承游隙的调整

轴承配合种类的选择应根据转速的高低、载荷的大小、温度的变化等因素来决定。配合过松会使旋转精度降低，振动加大；配合过紧，可能因为内、外圈过大的弹性变形而影响轴承的正常工作，也会使轴承装拆困难。一般转速高、载荷大、温度变化大的轴承应选紧一些的配合，经常拆卸的轴承应选较松的配合，转动套圈配合应紧一些，游动支点的外圈配合应松一些。与轴承内圈配合的回转轴常采用 n6、m6、k5、k6、j5、js6；与不转动的外圈相配合的轴承座孔常采用 J6、J7、H7、G7 等配合。

由于滚动轴承的配合通常较紧，为便于装配，防止损坏轴承，应采取合理的装配方法保证装配质量，组合设计时也应采取相应措施。

2. 滚动轴承的装拆

安装轴承时，小轴承可用铜锤轻而均匀地敲击配合套圈装入。大轴承可用压力机压入（图 13-22a）。尺寸大且配合紧的轴承可将孔件加热膨胀后再进行装配。为了不损伤轴承，受力点应施加在被装配的套圈上。拆卸轴承时，可采用专用工具，如图 13-22b 所示，为便于拆卸，轴承的定位轴肩高度应低于内圈高度，其值可查阅轴承样本。

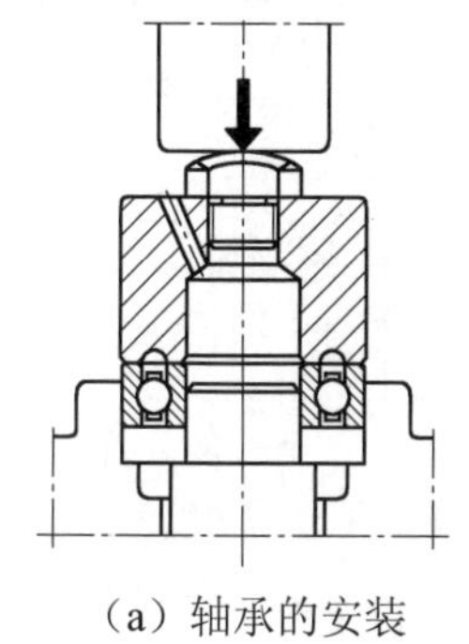

（a）轴承的安装

（b）轴承的拆卸

图 13-22　轴承的装拆方式

四、滚动轴承的润滑与密封

轴承常用的润滑剂有润滑油、润滑脂和固体润滑剂。脂润滑用于温度低于 100℃、圆周速度不大于 4～5m/s 处。润滑脂只能填充轴承自由空间的 1/2～1/3。油润滑在高速高温条件下选用，转速高时选用黏度低的润滑油；载荷大时选用黏度高的润滑油。常用的润滑方式有油浴润滑、飞溅润滑、滴油润滑、喷油润滑、油雾润滑等几种形式。固体润滑适用于采用脂润滑和油润滑达不到可靠的润滑要求的场合，如高温、真空等。

密封的目的是阻止灰尘、水、和其他杂物进入轴承，并阻止润滑剂流失。密封装置可分为非接触式密封和接触式密封两大类。

接触式密封常见毡圈密封和唇形密封。毡圈密封如图 13-23a、b 所示，将矩形剖面的毡圈放在轴承盖上的梯形槽中，与轴直接接触。其结构简单，但磨损较大，主要用于 v<4～5m/s 的脂润滑场合。唇形密封圈密封如图 13-23c 所示，唇形密封圈放在轴承盖槽中并直接压在轴上，环形螺旋弹簧压在密封圈的唇部用来增强密封效果。唇朝内可防漏油，唇朝外可防尘。安装简便，使用可靠，适用 v<10m/s 的场合。

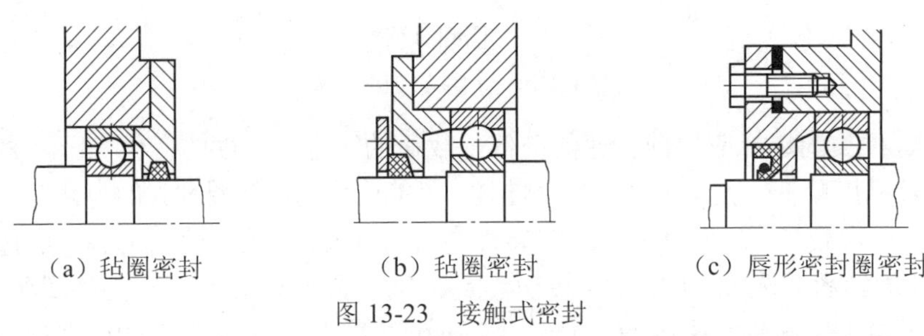

（a）毡圈密封　（b）毡圈密封　（c）唇形密封圈密封

图 13-23　接触式密封

非接触式密封可避免在接触处的滑动摩擦。这类密封没有与轴直接接触，多用于速度较高的场合。油沟式密封（图 13-24a）是在轴与轴承盖的通孔壁间留 0.1～0.3mm 的窄缝隙，并在轴承盖上车出沟槽，在槽内充满油脂。其结构简单，用于 v<5～6m/s 的场合。迷宫式密封（图 13-24b）是将旋转和固定的密封零件间的间隙制成迷宫形式，缝隙间填入润滑油脂以加强密封效果。适合于油润滑和脂润滑的场合。组合式密封（图 13-24c）在油沟密封区内的轴上装上一个甩油环，当油落在环上时可靠离心力的作用甩掉再导回油箱，在高速时密封效果好。

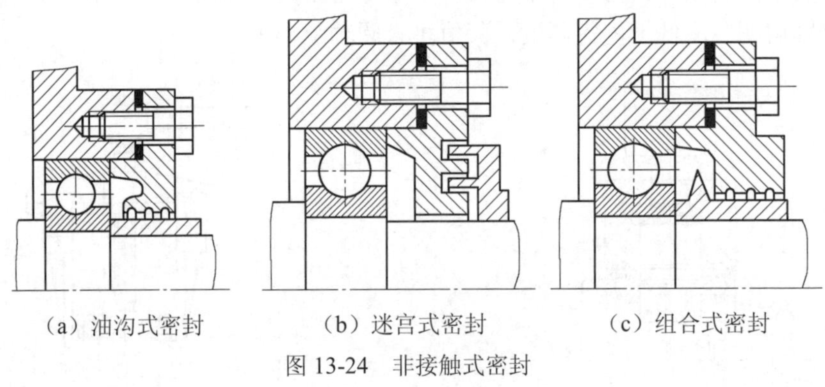

（a）油沟式密封　（b）迷宫式密封　（c）组合式密封

图 13-24　非接触式密封

§13-11　滚动轴承的标准

本节附录（附表 13-1 至附表 13-4）本章中常用的滚动轴承基本尺寸、安装尺寸、基本额定载荷和极限转速的标准（节选）。

附表 13-1　深沟球轴承（GB/T 276-2013 摘录）

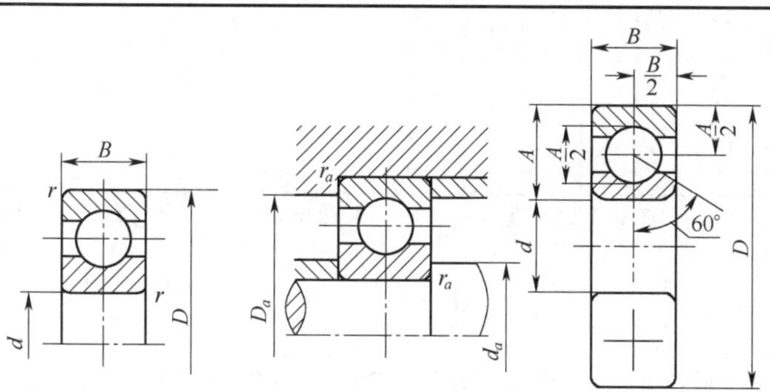

6000 型安装尺寸简化画法

标记示例：滚动轴承 6210 GB/T 276-2013

轴承代号	基本尺寸/mm				安装尺寸/mm			基本额定动载荷 C_r /kN	基本额定静载荷 C_{0r} /kN	极限转速/（r/min）	
	d	D	B	r_a min	d_a min	D_a max	r_{as} max			脂润滑	油润滑
6000	10	26	8	0.3	12.4	23.6	0.3	4.58	1.98	20000	28000
6001	12	28	8	0.3	14.4	25.6	0.3	5.10	2.38	19000	26000
6002	15	32	9	0.3	17.4	29.6	0.3	5.58	2.85	18000	24000
6003	17	35	10	0.3	19.4	32.6	0.3	6.00	3.25	17000	22000
6004	20	42	12	0.6	25	37	0.6	9.38	5.02	15000	19000
6005	25	47	12	0.6	30	42	0.6	10.0	5.85	13000	17000
6006	30	55	13	1	36	49	1	13.2	8.30	10000	14000
6007	35	62	14	1	41	56	1	16.2	10.5	9000	12000
6008	40	68	15	1	46	62	1	17.0	11.8	8000	11000
6009	45	75	16	1	51	69	1	21.0	14.8	8000	10000
6010	50	80	16	1	56	74	1	22.0	16.2	7000	9000
6011	55	90	18	1.1	62	83	1	30.2	21.8	6300	8000
6012	60	95	18	1.1	67	88	1	31.5	24.2	6000	7500
6013	65	100	18	1.1	72	93	1	32.0	24.8	5600	7000
6014	70	110	20	1.1	77	103	1	38.5	30.5	5300	6700
6015	75	115	20	1.1	82	108	1	40.2	33.2	5000	6300
6206	30	62	16	1	36	56	1	19.5	11.5	9500	1300
6207	35	72	17	1.1	42	65	1	25.5	15.2	8500	1100
6208	40	80	18	1.1	47	73	1	29.5	18.0	8000	1000
6209	45	85	19	1.1	52	78	1	31.5	20.5	7000	9000
6210	50	90	10	1.1	57	83	1	35.0	23.2	6700	8500

续表

6306	30	72	19	1.1	37	65	1	27.0	15.2	9000	12000
6307	35	80	21	1.5	44	71	1.5	33.2	19.2	8000	10000
6308	40	90	23	1.5	49	81	1.5	40.8	24.0	7000	9000
6309	45	100	25	1.5	54	91	1.5	52.8	31.8	6300	8000
6310	50	110	27	2	60	100	2	61.8	38.0	6000	7500
6403	17	62	17	1.1	24	55	1	22.5	10.8	11000	15000
6404	20	72	19	1.1	27	65	1	31.0	15.2	9500	13000
6405	25	80	21	1.5	34	71	1.5	38.2	19.2	8500	11000
6406	30	90	23	1.5	39	81	1.5	47.5	24.5	8000	10000
6407	35	100	25	1.5	44	91	1.5	56.8	29.5	6700	8500
6408	40	110	27	2	50	100	2	65.6	37.5	6300	8000

注：①表中 C_r 值适用于轴承为真空脱气轴承钢材料。如为普通电炉钢，C_r 值降低；如为真空重熔或电渣重熔轴承钢，C_r 值提高；

②$r_{a\min}$ 为 r 的单向最小倒角尺寸；$r_{a\max}$ 为 r_{as} 的单向最大倒角尺寸。

附表 13-2　角接触球轴承（GB/T 292-2007 摘录）

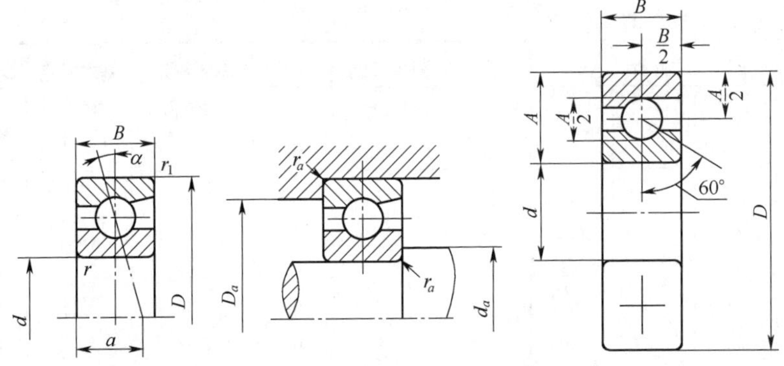

70000C（AC）型安装尺寸简化画法

标记示例：滚动轴承 7210C GB/T 292-2007

轴承代号		基本尺寸/mm					安装尺寸/mm			70000C（$\alpha=15°$）			70000AC（$\alpha=25°$）			极限转速/r/min	
		d	D	B	r_a min	r_{1s} min	d_a min	D_a max	r_{as} max	a/mm	动载荷 C_r /kN	静载荷 C_{0r} /kN	a/mm	动载荷 C_r /kN	静载荷 C_{0r} /kN	脂润滑	油润滑
7000C	7000AC	10	26	8	0.3	0.15	12.4	23.6	0.3	6.4	4.92	2.25	8.2	4.75	2.12	19000	28000
7001C	7001AC	12	28	8	0.3	0.15	14.4	25.6	0.3	6.7	5.42	2.65	8.7	5.20	2.55	18000	26000
7002C	7002AC	15	32	9	0.3	0.15	17.4	29.6	0.3	7.6	6.25	3.42	10	5.95	3.25	17000	24000
7003C	7003AC	17	35	10	0.3	0.15	19.4	32.6	0.3	8.5	6.60	3.85	11.1	6.30	3.68	16000	22000
7004C	7004AC	20	42	12	0.6	0.15	25	37	0.6	10.2	10.5	6.08	13.2	10.0	5.78	14000	19000
7005C	7005AC	25	47	12	0.6	0.15	30	42	0.6	10.8	11.5	7.45	14.4	11.2	7.08	12000	17000
7006C	7006AC	30	55	13	1	0.3	36	49	1	12.2	15.2	10.2	16.4	14.5	9.85	9500	14000
7007C	7007AC	35	62	14	1	0.3	41	56	1	13.5	19.5	14.2	18.3	18.5	13.5	8500	12000
7008C	7008AC	40	68	15	1	0.3	46	62	1	14.7	20.0	15.2	20.1	19.0	14.5	8000	11000
7009C	7009AC	45	75	16	1	0.3	51	69	1	16	25.8	20.5	21.9	25.8	19.5	7500	10000

续表

7010C	7010AC	50	80	16	1	0.3	56	74	1	16.7	26.5	22.0	23.2	25.2	21.0	6700	9000
7011C	7011AC	55	90	18	1.1	0.6	62	83	1	18.7	37.5	30.5	25.9	35.2	29.2	6000	8000
7012C	7012AC	60	95	18	1.1	0.6	67	88	1	19.4	38.2	32.8	27.1	36.2	31.5	5600	7500
7013C	7013AC	65	100	18	1.1	0.6	72	93	1	20.1	40.0	35.5	28.2	38.0	33.8	5300	7000
7014C	7014AC	70	110	20	1.1	0.6	77	103	1	22.1	48.2	43.5	30.9	45.8	41.5	5000	6700
7205C	7205AC	25	52	15	1	0.3	31	46	1	12.7	16.5	10.5	16.4	15.8	9.88	11000	16000
7206C	7206AC	30	62	16	1	0.3	36	56	1	14.2	23.0	15.0	18.7	22.0	14.2	9000	13000
7207C	7207AC	35	72	17	1.1	0.6	42	65	1	15.7	30.5	20.0	21	29.0	19.2	8000	11000
7208C	7208AC	40	80	18	1.1	0.6	47	73	1	17	36.8	25.8	23	35.2	24.5	7500	10000
7209C	7209AC	45	85	19	1.1	0.6	52	78	1	18.2	38.5	28.5	24.7	36.8	27.2	6700	9000
7210C	7210AC	50	90	20	1.1	0.6	57	83	1	19.4	42.8	32.0	26.3	40.8	30.5	6300	8500
7211C	7211AC	55	100	21	1.5	0.6	64	91	1.5	20.9	52.8	40.5	28.6	50.5	38.5	5600	7500
7212C	7212AC	60	110	22	1.5	0.6	69	101	1.5	22.4	61.0	48.5	30.8	58.2	46.2	5300	7000
7213C	7213AC	65	120	23	1.5	0.6	74	111	1.5	24.2	69.8	55.2	33.5	66.5	52.5	4800	6300
7214C	7214AC	70	125	24	1.5	0.6	79	116	1.5	25.3	70.2	60.0	35.1	69.2	57.5	4500	6000
7305C	7305AC	25	62	17	1.1	0.6	32	55	1	13.1	21.5	15.8	19.1	20.8	14.8	9500	14000
7306C	7306AC	30	72	19	1.1	0.6	37	65	1	15	26.5	19.8	22.2	25.2	18.5	8500	12000
7307C	7307AC	35	80	21	1.5	0.6	44	71	1.5	16.6	34.2	26.8	24.5	32.8	24.8	7500	10000
7308C	7308AC	40	90	23	1.5	0.6	49	81	1.5	18.5	40.2	32.3	27.5	38.5	30.5	6700	9000
7309C	7309AC	45	100	25	1.5	0.6	54	91	1.5	20.2	49.2	39.8	30.2	47.5	37.2	6000	8000
	7406AC	30	90	23	1.5	0.6	39	81	1				26.1	42.5	32.2	7500	10000
	7407AC	35	100	25	1.5	0.6	44	91	1.5				29	53.8	42.5	6300	8500
	7408AC	40	110	27	2	1	50	100	2				31.8	62.0	49.5	6000	8000
	7409AC	45	120	29	2	1	55	110	2				34.6	66.8	52.8	5300	7000
	7410AC	50	130	31	2.1	1.1	62	118	2.1				37.4	76.5	64.2	5000	6700
	7412AC	60	150	35	2.1	1.1	72	138	2.1				43.1	102	90.8	4300	5600
	7414AC	70	180	42	3	1.1	84	166	2.5				51.5	125	125	3600	4800
	7416AC	80	200	48	3	1.1	94	186	2.5				58.1	152	162	3200	4300

注：表中 C_r 值，对于（1）0、（0）2 系列为真空脱气轴承钢的负荷能力，对（0）3 系列为电炉轴承钢的负荷能力。

附表 13-3　圆锥滚子轴承（GB/T 273.1-2011 摘录）

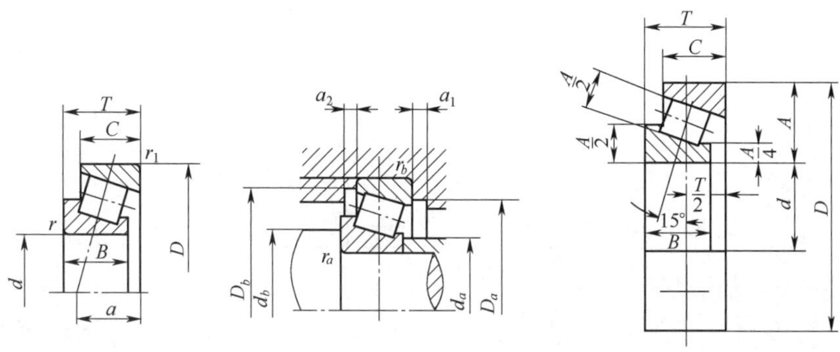

30000 型安装尺寸简化画法

标记示例：滚动轴承 30310 GB/T 273.1-2011

续表

轴承代号	基本尺寸/mm					安装尺寸/mm							基本额定		极限转速/r/min	
	d	D	T	B	C	d_a min	d_b max	D_a min	D_a max	D_b min	a_1 min	a_2 min	动载荷 C_r /kN	静载荷 C_{0r} /kN	脂润滑	油润滑
30203	17	40	13.25	12	11	23	23	34	34	37	2	2.5	20.8	21.8	9000	12000
30204	20	47	15.25	14	12	26	27	40	41	43	2	3.5	28.2	30.5	8000	10000
30205	25	52	16.25	15	13	31	31	44	46	48	2	3.5	32.2	37.0	7000	9000
30206	30	62	17.25	16	14	36	37	53	56	58	2	3.5	43.2	50.5	6000	7500
30207	35	72	18.25	17	15	42	44	62	65	67	3	3.5	54.2	63.5	5300	6700
30208	40	80	19.75	18	16	47	49	69	73	75	3	4	63.0	74.0	5000	6300
30302	15	42	14.25	13	11	21	22	36	36	38	2	3.5	22.8	21.5	9000	12000
30303	17	47	15.25	14	12	23	25	40	41	43	3	3.5	28.2	27.2	8500	11000
30304	20	52	16.25	15	13	27	28	44	45	48	3	3.5	33.0	33.2	7500	9500
30305	25	62	18.25	17	15	32	34	54	55	58	3	3.5	46.8	48.0	6300	8000
30306	30	72	20.75	19	16	37	40	62	65	66	3	5	59.0	63.0	5600	7000
32206	30	62	21.25	20	17	15.6	36	36	52	58	3	4.5	51.8	63.8	6000	7500
32207	35	72	24.25	23	19	17.9	42	42	61	68	3	4.5	70.5	89.5	5300	6700
32208	40	80	24.75	23	19	18.9	47	48	68	75	3	6	77.8	97.2	5000	6300
32209	45	85	24.75	23	19	20.1	52	53	73	81	3	6	80.8	105	4500	5600
32303	17	47	20.25	19	16	12.3	23	24	39	41	43	3	35.2	36.2	8500	11000
32304	20	52	22.25	21	18	13.6	27	26	43	45	48	3	42.8	46.2	7500	9500
32305	25	62	25.25	24	20	15.9	32	32	52	55	58	3	61.5	68.8	6300	8000
32306	30	72	28.75	27	23	18.9	37	38	59	65	66	4	81.5	96.5	5600	7000
32307	35	80	32.75	31	25	20.4	44	43	66	71	74	4	99.0	118	5000	6300
32308	40	90	35.25	33	27	23.3	49	49	76	81	83	4	115	148	4500	5600
32309	45	100	38.25	36	30	25.6	54	56	82	91	93	4	145	188	4000	5000

附表 13-4 圆柱滚子轴承（GB/T 283-2007 摘录）

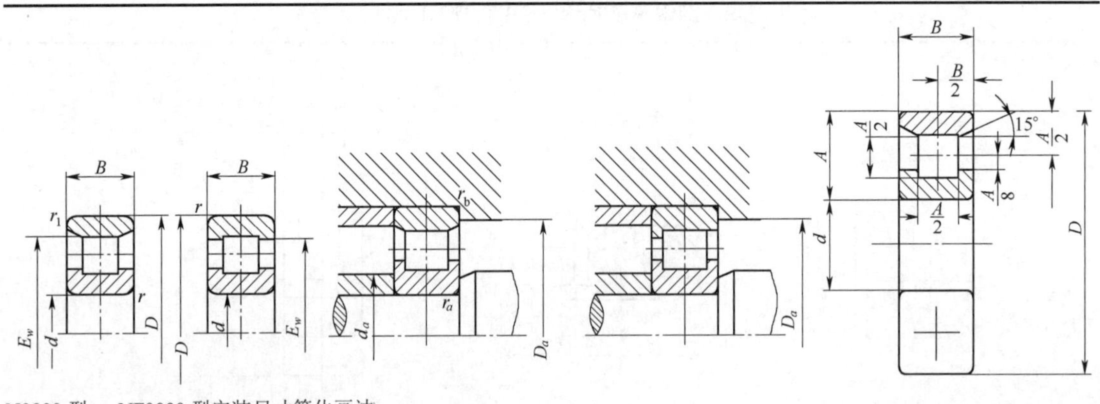

N0000 型　NF0000 型安装尺寸简化画法

标记示例：滚动轴承 N216E GB/T 283-2007

续表

轴承代号		基本尺寸/mm							安装尺寸/mm				基本额定				极限转速/r/min	
		d	D	B	r_s	r_{1s}	E_w		d_a	D_a	r_{as}	r_{bs}	动载荷 C_r /kN		静载荷 C_{0r} /kN		脂润滑	油润滑
					min		N 型	NF 型	min		max		N 型	NF 型	N 型	NF 型		
N204E	NF204E	20	47	14	1	0.6	41.5	70	25	42	1	0.6	25.8	12.5	24.0	11.0	12000	16000
N205E	NF205E	25	52	15	1	0.6	46.5	45	30	47	1	0.6	27.5	14.2	26.8	12.8	10000	14000
N206E	NF206E	30	62	16	1	0.6	55.5	53.5	36	56	1	0.6	36.0	19.2	35.5	18.2	8500	11000
N207E	NF207E	35	72	17	1.1	0.6	64	61.8	42	64	1	0.6	46.5	28.5	48.0	28.0	7500	9500
N208E	NF208E	40	80	18	1.1	1.1	71.5	70	47	72	1	1	51.5	37.5	53.0	38.2	7000	9000
N209E	NF209E	45	85	19	1.1	1.1	76.5	75	52	77	1	1	58.5	39.8	63.8	41.0	6300	8000
N304E	NF304E	20	52	14	1.1	0.6	45.5	44.5	26.5	47	1	0.6	29.0	18.0	25.5	15.0	11000	15000
N305E	NF305E	25	62	17	1.1	1.1	54	54	31.5	55	1	1	38.5	25.5	35.8	22.5	9000	12000
N306E	NF306E	30	72	19	1.1	1.1	62.5	62.5	37	64	1	1	49.2	33.5	48.2	31.5	8000	10000
N307E	NF307E	35	80	21	1.1	1.1	70.2	68.2	44	71	1.5	1	62.0	41.0	63.2	39.2	7000	9000
N308E	NF308E	40	90	23	1.5	1.5	80	77.5	49	80	1.5	1.5	76.8	48.8	77.8	47.5	6300	8000
N406		30	90	23	1.5		73		39	-	1.5		57.2		53.0		7000	9000
N407		35	100	25	1.5		83		44	-	1.5		70.8		68.2		6000	7500
N408		40	110	27	2		92		50	-	2		90.5		89.8		5600	7000
N409		45	120	29	2		100.5		55	-	2		102		100		5000	6300
N410		50	130	31	2.1		110.8		62	-	2.1		120		120		4800	6000
N2204E		20	47	18	1	0.6	41.5		25	42	1	0.6	30.8		30.0		12000	16000
N2205E		25	52	18	1	0.6	46.5		30	47	1	0.6	32.8		33.8		11000	14000
N2206E		30	62	20	1	0.6	55.5		36	56	1	0.6	45.5		48.0		8500	11000
N2207E		35	72	23	1.1	0.6	64		42	64	1	0.6	57.5		63.0		7500	9500
N2208E		40	80	23	1.1	1.1	71.5		47	72	1	1	67.5		75.2		7000	9000
N2209E		45	85	23	1.1	1.1	76.5		52	77	1	1	71.0		82.0		6300	8000

注：①$r_s$min、r_{1s}min 分别为 r、r_1 的单向最小倒角尺寸；r_{asmax}、r_{bsmax} 分别为 r_{as}、r_{bs} 的单向最大倒角尺寸；
②后缀带 E 为加强型圆柱滚子轴承，应优先选用。

习　题

13-1　滑动轴承和滚动轴承如何区分？各应用在什么场合？

13-2　滑动轴承根据载荷不同分为哪些类型？

13-3　滑动轴承和滚动轴承的失效形式各有哪些？

13-4　滑动轴承的结构形式有哪些？

13-5　滑动轴承常用哪些材料和结构形式？

13-6　滚动轴承由哪些零件构成？常用的轴承类型有哪些？

13-7　什么是轴承的寿命和额定寿命？什么是轴承的当量动载荷、当量静载荷？

13-8　轴承在安装中都选用哪些配合？

13-9　轴承常用的密封方式有哪些？各有何特点？

13-10 滚动轴承的紧固方式有哪些？

13-11 试简要叙述滚动轴承的代号：6206、6306、6406、7207C、30207、N303 各属于哪一类轴承？

13-12 球轴承所承受的外载荷增加一倍，寿命将降低多少？滚子轴承的转速增加一倍，承受的载荷将降低多少？

13-13 某机械传动装置中轴的两端各用一 6213 深沟球轴承，每一轴承各承受径向载荷 $F_r = 5500\,\text{N}$，轴的转速 $n = 970\,\text{r/min}$，工作平稳，常温下工作，试计算轴承的寿命。

13-14 已知一传动轴上的深沟球轴承，承受的径向载荷 $F_r = 1200\,\text{N}$，轴向载荷 $F_a = 300\,\text{N}$，轴承转速 $n = 1460\,\text{r/min}$，轴颈直径 $d = 40\,\text{mm}$，要求使用预期寿命 $L_h' = 8000\,\text{h}$，载荷有轻微冲击，常温下工作，试选择轴承的型号尺寸。

13-15 滚动轴承的额定寿命计算式中的符号各代表什么，它们的单位是什么？公式代表的物理意义是什么？

13-16 图示某轴用两个正装的角接触球轴承支承。轴颈直径 $d = 40\,\text{mm}$，转速 $n = 950\,\text{r/min}$，载荷有轻微冲击，常温下工作。已知两轴承所受的径向载荷分别为 $F_{r1} = 4500\,\text{N}$、$F_{r2} = 1800\,\text{N}$；轴向外载荷 $F_A = 1200\,\text{N}$。预期寿命 $L_h' = 5500\,\text{h}$，试选择合适的轴承型号。

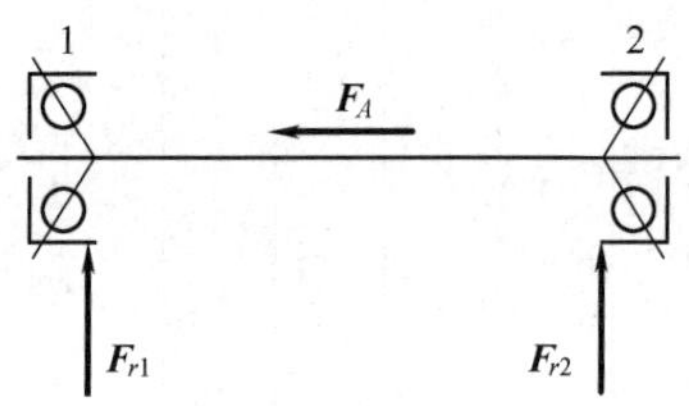

题 13-16 图

第 14 章　联轴器、离合器、制动器

联轴器、离合器和制动器是机械传动中的重要部件。联轴器和离合器可连接主、从动轴，使其一同回转并传递转矩，有时也可用作安全装置。联轴器连接的分与合只能在停机时进行，而离合器的分与合可随时进行。制动器主要用来降低机械的运转速度迫使机械停止运转。

联轴器、离合器和制动器的类型很多，其中多数已标准化，设计选择时可根据工作要求查阅有关手册、样本，选择合适的类型，必要时对其中的主要零件进行强度校核。

§ 14-1　联轴器及其选择

一、联轴器的功用

联轴器是将两轴轴向连接起来并传递转矩及运动的部件。由于制造和安装中存在误差，以及工作受载时基础、机架和其他部件的弹性变形与温度变形，联轴器所连接的两轴线不可避免的要产生相对的偏移。被连接的两轴可能出现的相对偏移有轴向偏移（图 14-1a）、径向偏移（图 14-1b）、角度偏移（图 14-1c）。实际中，两轴中可能存在某一种相对偏移，也可能多种偏移形式共存。常把两种及以上偏移形式称为综合偏移（图 14-1d）。

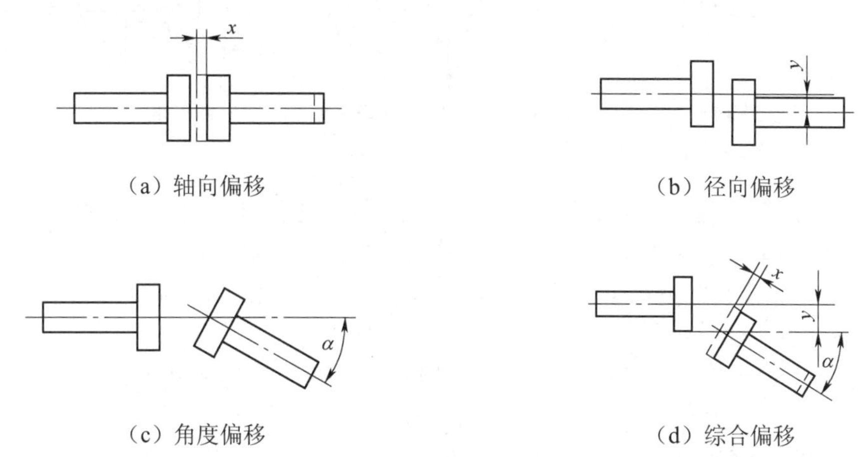

（a）轴向偏移　（b）径向偏移　（c）角度偏移　（d）综合偏移

图 14-1　两轴之间的位置关系

两轴间相对偏移的出现，将在轴、轴承和联轴器上引起附加载荷，甚至出现剧烈振动。因此，联轴器还应具有一定的补偿两轴偏移的能力，以消除或降低被连接两轴相对偏移引起的附加载荷，改善传动性能，延长机器寿命。

二、联轴器的分类

联轴器可分为刚性联轴器和挠性联轴器两大类。

刚性联轴器不具有补偿被连接两轴线相对偏移的能力，也不具有缓冲减振能力；但结构简单，价格便宜。只有在载荷平稳，转速稳定，能保证被连接两轴线相对偏移极小的情况下，才可选用刚性联轴器。属于刚性联轴器的有套筒联轴器、夹壳联轴器和凸缘联轴器等。

挠性联轴器又可分为刚性元件联轴器和弹性元件联轴器，前一类只具有补偿两轴线相对位移的能力，但不能缓冲减振，常见的有十字滑块联轴器、齿式联轴器、万向联轴器和链条联轴器等；后一类因含有弹性元件，除具有补偿两轴线相对位移的能力外，还具有缓冲减振作用，但传递转矩的能力因受到弹性元件强度的限制，一般不及无弹性元件联轴器，常见的有弹性套柱联轴器、弹性柱销联轴器、梅花形联轴器、轮胎式联轴器、蛇形弹簧联轴器和簧片联轴器等。

三、常用联轴器的结构和特点

1. 凸缘联轴器

凸缘联轴器是刚性联轴器中应用最广泛的一种，其结构型式主要有两种（图 14-2）。普通凸缘联轴器（图 14-2a）两个半联轴器通过铰制孔用螺栓连接，靠螺栓杆承受挤压与剪切来传递转矩；对中榫凸缘联轴器（图 14-2b）用普通孔螺栓来连接两个半联轴器，靠接合面的摩擦力来传递转矩。一个半联轴器的凸肩与另一个半联轴器上的凹槽相配合而对中。为了运行安全，凸缘联轴器可做成带防护边的（图 14-2c）。

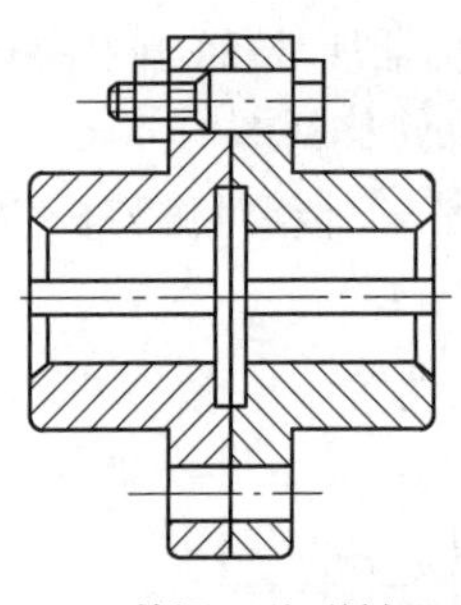

（a）普通凸缘联轴器

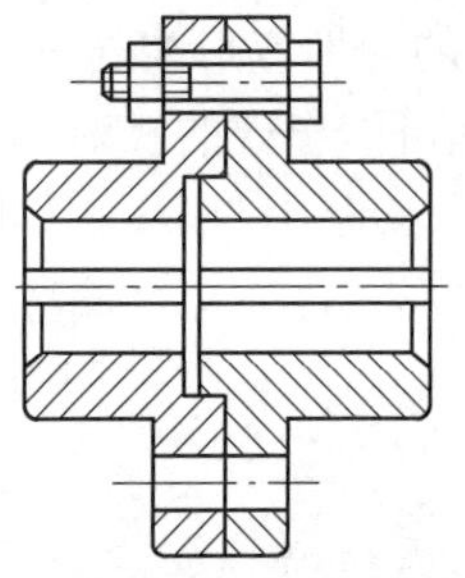

（b）对中榫凸缘联轴器

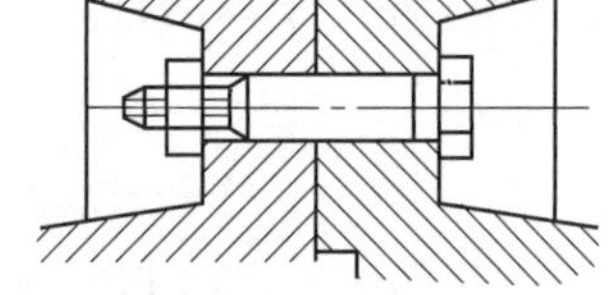

（c）带护边联轴器

图 14-2 凸缘联轴器

凸缘联轴器的材料一般采用灰铸铁或碳钢，重载或圆周速度 30m/s 时常用铸钢或锻钢材料。

凸缘式联轴器构造简单、成本低、可传递较大转矩，但不能补偿两轴间的相对位移，对两轴对中性的要求很高，故适用于低转速、无冲击、轴的刚性大、对中性较好的场合。

2. 滑块联轴器

滑块联轴器由两个端面上开有槽的半联轴器和一个两面带有相互垂直滑块的中间盘构成。如图 14-3 所示。工作时，十字滑块随两轴转动，同时滑块上的两榫可在半联轴器的凹槽中滑动，以补偿两轴的径向位移。其允许有较大的径向位移及不大的角位移和轴向位移。

滑块联轴器结构简单，制造方便，可适应两轴间的综合偏移。但由于十字滑块做偏心转动时会产生较大的离心力，故适应于低速、无冲击的场合。需要定期进行润滑。

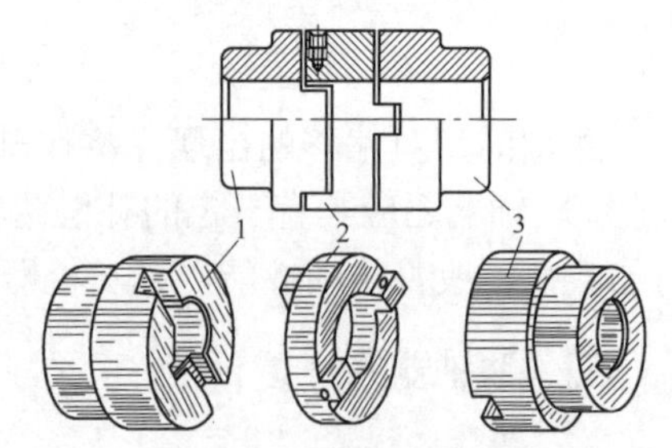

图 14-3 滑块联轴器

3. 弹性套柱销联轴器

弹性套柱销联轴器的结构与凸缘联轴器相似，如

图 14-4 所示，用带有弹性圈的柱销代替了螺栓连接，弹性圈一般用耐油橡胶制成，剖面为梯形以提高弹性。柱销材料多采用 45 钢。为了补偿较大的轴向位移，安装时在两轴间留有一定的轴向间隙 c；为了便于更换易损件弹性套，预留螺栓更换空间。

弹性套柱销联轴器制造简单，装拆方便，但寿命较短。适用于连接载荷平稳，需正反转或启动频繁的小转矩轴，多用于电动机轴与工作机械的连接上。

4. 弹性柱销联轴器

弹性柱销联轴器与弹性套柱销联轴器结构也相似（图 14-5），只是柱销材料为尼龙，柱销两端装有挡板，用螺钉固定。

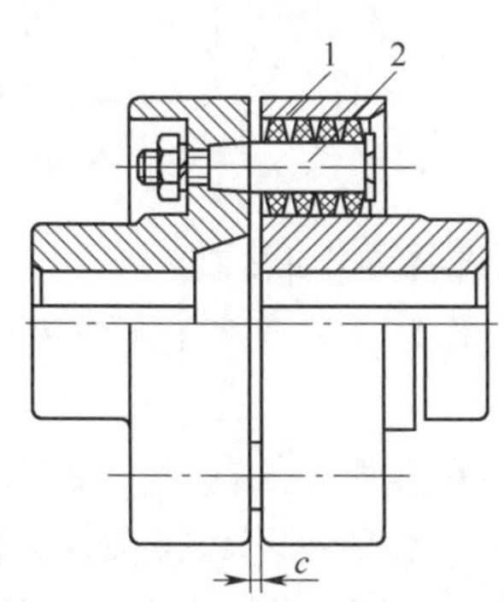

图 14-4　弹性套柱销联轴器

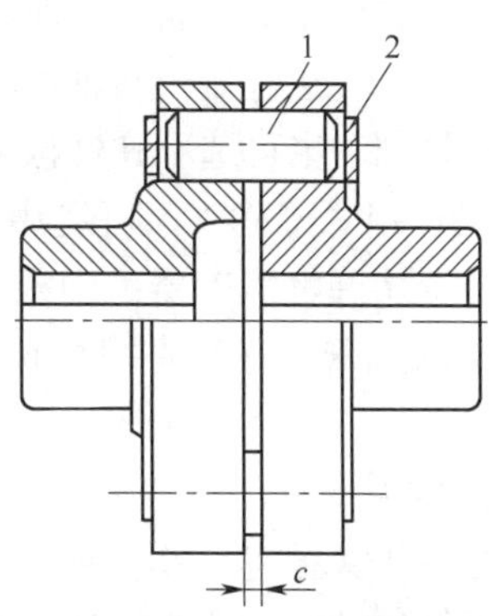

图 14-5　弹性柱销联轴器

弹性柱销联轴器结构简单，能补偿两轴间的相对位移，并具有一定的缓冲、吸振能力，应用广泛，可代替弹性套柱销联轴器。但因尼龙对温度敏感，使用时受温度限制，一般在−20℃～70℃之间使用。

5. 剪切销安全联轴器

安全联轴器有单剪和双剪两种类型(图 14-6)。单剪安全联轴器的结构类似凸缘联轴器(图 14-6a)，用钢制销钉连接。销钉装入经过淬火的两段钢制套管中，过载时即被剪断。这类联轴器由于销钉材料的机械性能不稳定及制造尺寸误差等原因，致使联轴器工作精度不高，而且销钉剪断后，不能自动恢复工作能力，必须停车更换销钉。但由于其结构简单，所以在很少过载的机器中经常使用。双剪安全联轴器（图 14-6b）是将圆锥销插入带套筒的两半轴上实现连接，当过载时销钉两端同时剪断才能停止工作。

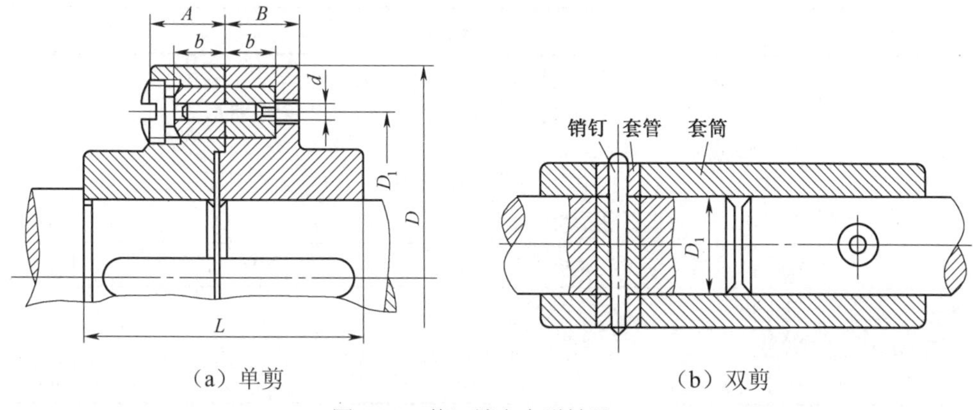

（a）单剪　　（b）双剪

图 14-6　剪切销安全联轴器

6. 带制动轮单面鼓形齿联轴器

图 14-7 为带制动轮单面鼓形齿联轴器（为重载型结构）。用螺栓 3 将半联轴器 1、制动轮 2 及内齿圈 4 连接在一起。齿圈 4 与齿式套筒 5 连接形成联轴器和制动器的双重功能。

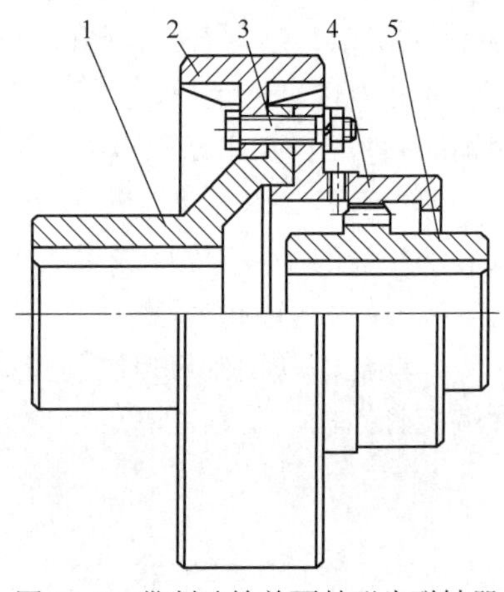

图 14-7 带制动轮单面鼓形齿联轴器

四、联轴器类型的选择原则

联轴器的种类很多，部分联轴器已经标准化，有标准系列产品，本节讲述联轴器选取原则。

当载荷稳定，转速稳定，同轴性好，无相对位移时，可选择刚性联轴器，也可选用弹性联轴器；当载荷稳定，转速稳定，但有相对位移时，可选用无弹性元件的挠性联轴器，也可选用弹性联轴器；当载荷、转速变化时，应选择弹性联轴器。

对于标准联轴器，往往是根据传递的转矩的大小，工作转速，轴的直径等确定联轴器的具体型号。

选择联轴器类型时，应考虑：①所需传递转矩的大小和性质，对缓冲、减振功能的要求以及是否可能发生共振等；②由制造和装配误差、轴受载和热膨胀变形以及部件之间的相对运动等引起两轴轴线的相对位移程度；③许用的外形尺寸和安装方法，为了便于装配、调整和维修所必需的操作空间。对于大型的联轴器，应能在轴不需做轴向移动的条件下实现装拆。

此外，还应考虑工作环境、使用寿命以及润滑、密封和经济性等条件，再参考各类联轴器特性，选择一种适合的联轴器类型。联轴器的标准系列，可查机械设计手册。

五、联轴器型号、尺寸的确定

对于已标准化和系列化的联轴器，选定合适的类型后，可按转矩、轴直径和转速等确定联轴器的型号和结构尺寸。联轴器的计算转矩为

$$T_{ca} = K_A T \tag{14-1}$$

式中：T 为联轴器的名义转矩，N·m；T_{ca} 为联轴器的计算转矩，N·m；K_A 为工作情况系数，其值见表 14-1。

表 14-1 工况系数 K_A

原动件	工作机械	K_A
电动机	皮带运输机、鼓风机、连续运转的金属切削机床	1.25～1.5
	链式运输机、刮板运输机、螺旋运输机、离心泵、木工机械、往复运动的金属切削机床	1.5～2.0
	往复式泵、往复式压缩机、球磨机、破碎机、冲剪机	2.0～3.0
	起重机、升降机、轧钢机	3.0～4.0
涡轮机	发电机、离心泵、鼓风机	1.2～1.5
往复式发动机	发电机	1.5～2.0
	离心泵	3.0～4.0
	往复式工作机	4.0～5.0

根据计算转矩、轴径和转速等已知条件，按下面条件，可从有关手册中选取联轴器的型号和结构尺寸

$$T_{ca} \leqslant [T] \tag{14-2}$$

$$n \leqslant n_{\max} \tag{14-3}$$

式中：$[T]$ 为所选联轴器的许用转矩，N·m；n 为被联接轴的转速，r/min；$n_{\max}$ 为所选联轴器允许的最高转速，r/min。

多数情况下，每一型号的联轴器适用的轴径均有一个范围。标准中已给出轴径的最大与最小值，或者给出适用直径的尺寸系列，被连接的两轴应在此范围之内。

§14-2　离合器

一、离合器的分类

根据实现离合的方法不同，可分为外力操纵离合器和自动操纵离合器两大类。外力操纵离合器通过人的操作实现离合，可分为机械操纵离合器、液压（操纵）离合器、气压（操纵）离合器、电磁（操纵）离合器。自动离合器可分为安全离合器、离心离合器、超越离合器。

（1）安全离合器：当转矩达到一定值时自动分离，起过载保护作用。

（2）离心离合器：利用元件转动时产生的离心力实现离合。

（3）超越离合器（定向离合器）：利用两轴的相对转动方向不同实现离合。

离合器中的接合元件有嵌合式和摩擦式两种。嵌合式离合器结构简单，传递转矩大，两轴同步转动，尺寸小，但接合时有刚性冲击。只能在静止或两轴转速差不大时实现接合动作。摩擦离合器离合比较平稳，过载时可同时打滑起过载保护作用。但两轴不能严格同步转动，接合时产生摩擦热，摩擦元件易磨损。离合器的分类如下：

离合器
- 外力操纵（机械、气动、液压、电磁）
  - 啮合式：牙嵌离合器、齿轮离合器等
  - 摩擦式：圆盘离合器、圆锥离合器等
  - 电磁式：磁粉离合器
- 自动操纵
  - 定向离合器：啮合式、摩擦式
  - 离心离合器：摩擦式
  - 安全离合器：啮合式、摩擦式

二、常见的离合器

1．牙嵌式离合器

如图 14-8 所示，牙嵌式离合器由两个半联轴器组成，每个半联轴器上都有牙齿，接合时，靠它们牙齿的嵌合传递转矩。其中一个半离合器与轴之间采用导向键连接，通过操纵机构使它沿轴向可以移动，实现离合动作。常用的牙形有矩形、梯形、锯齿形、三角形。这种离合器的接合动作应在两轴不回转时或转速差很小时完成，以免损坏牙形（受冲击）。特点：结构简单，没有滑动，尺寸较小。

2．摩擦式离合器

摩擦式离合器是靠离合器中元件之间的摩擦力传递转矩。摩擦式离合器的形式有多种。接合时，必须在接合面上施加较大的正压力以产生足够的摩擦力传递转矩。如图 14-9 为多盘式圆盘摩擦式离合器，外盘上的凸牙和鼓轮 2 的内表面上的凹槽配合使外盘与鼓轮一起转动，

而内盘的凹槽与套筒 4 的凸牙配合使内盘与套筒 4 一起转动，并且内外盘可沿轴向移动。通过曲臂压杆 8 把压板 9 向右推，使各摩擦盘之间相互压紧，产生摩擦力，使两轴实现接合。两轴与鼓轮、套筒之间用键连接。

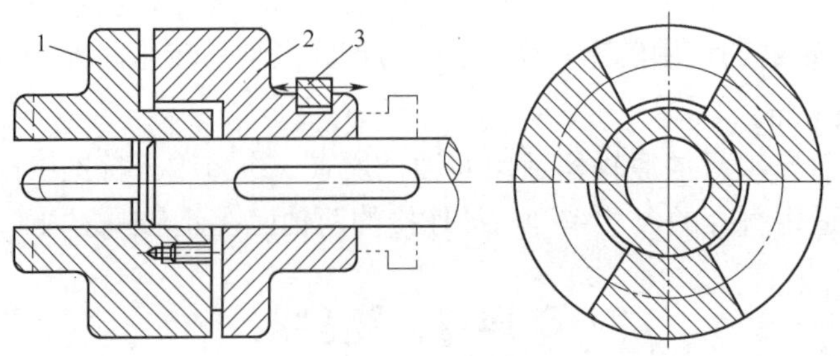

图 14-8 牙嵌式离合器

3. 磁粉离合器

如图 14-10 所示，磁粉离合器主要由磁铁轮芯 5、环形激磁线圈 4、从动外鼓轮 2 和齿轮 1 组成。主动轴 7 与磁铁轮芯 5 固连，在轮芯外缘的凹槽内绕有环形激磁线圈 4，线圈与接触环 6 连接，从动外鼓轮 2 与齿轮 1 连接，并与磁铁轮芯间有 0.5～2mm 的间隙，其中填充磁导率高的铁粉和油或石墨的混合物 3。这样，当线圈通电时，形成一个经轮芯、间隙、外鼓轮又回到轮芯的闭合磁通，使铁粉磁化。当主动轴旋转时，由于磁粉的作用，带动外鼓轮一起旋转从而传递转矩。断电时，铁粉恢复为松散状态，离合器即行分离。这种离合器结合平稳，使用寿命长，可以远距离操纵，但尺寸和重量较大。

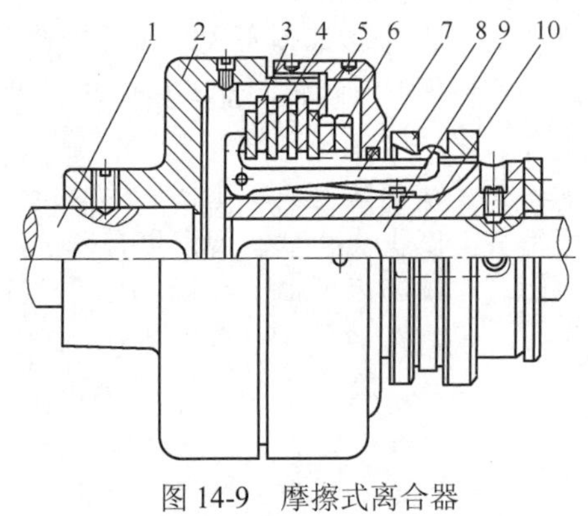

图 14-9 摩擦式离合器

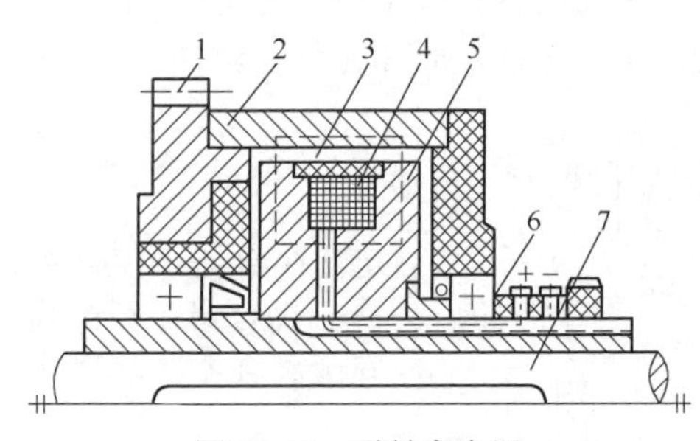

图 14-10 磁粉离合器

4. 超越离合器

图 14-11 所示为滚珠式超越离合器。它主要由外圈 1、星轮 2、滚柱 3 和弹簧顶杆 4 组成。弹簧的作用是将滚柱压向星轮与外圈形成的楔形槽内，使滚柱与星轮、外圈相接触。

星轮和外圈均可作为主动件。当星轮为主动件并按图示方向旋转时，滚柱受摩擦力的作用被楔紧在槽内，因而带动外圈一起转动，这时离合器处于结合状态。当星轮反转时，滚柱受摩擦力的作用，被推到槽的较宽敞的位置，不再被楔紧，这时离合器处于分离状态。

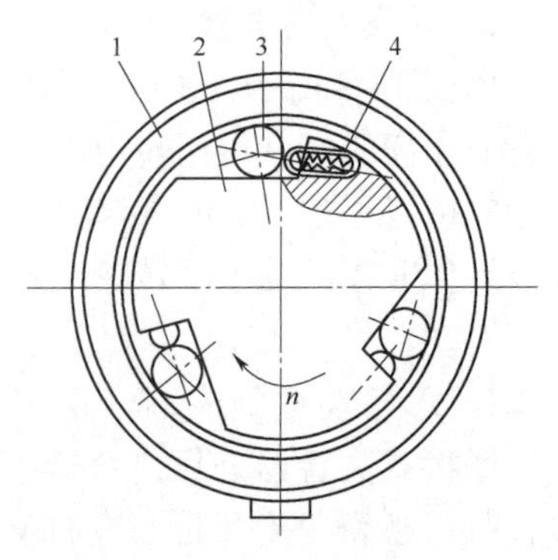

图 14-11 滚珠式超越离合器

如果星轮仍按图示方向旋转，而外圈还能从另一条运动链获得与星轮转向相同但转速较大的运动时，按相对运动原理，离合器将处于分离状态。此时星轮和外圈互不干涉，各以自己的转速转动。由于这种离合器的接合和分离与转向和星轮、外圈之间的转速差有关，且具有从动件的转速可超越主动件转速的特性，因此称为超越离合器或定向离合器。这种从动件可以超越主动件的特性广泛应用于内燃机的启动装置中。

§14-3 制动器

一、制动器的功用

制动器的主要作用是降低机械的运转速度或迫使机械停止运转。制动器多数已标准化，可根据需要选用。常用的制动器有块式制动器、内涨蹄式制动器和带式制动器。

制动器工作原理是利用摩擦副中产生的摩擦力矩来实现制动作用，或者利用制动力与重力的平衡，使机器运转速度保持恒定。为了减小制动力矩和制动器的尺寸，通常将制动器配置在机器的高速轴上。

二、常用制动器的结构和特点

1. 短行程电磁铁双瓦块式制动器

短行程电磁铁双瓦块式制动器的工作原理如图 14-12 所示。在图示状态中，电磁铁线圈断电，主弹簧将左、右两制动臂收拢，两个瓦块同时闸紧制动轮，此时为制动状态。当电磁线圈通电时，电磁铁绕 O 点逆时针转动，迫使推杆向右移动，于是主弹簧被拉伸，左、右两制动臂的上端距离增大，两瓦块离开制动轮，制动器处于开启状态。将两个制动臂对称布置在制动轮两侧，并将两个瓦块铰接在其上，这样可使两瓦块下的正压力相等及两制动臂上的合闸力相等。从而消除制动轮上的横向力。将电磁铁装在制动臂上，可使制动行程较短（<5mm）。主弹簧的压力可由位于其端部、装在推杆上的螺母来调节。两制动臂的张开程度由限位螺钉调节限定。

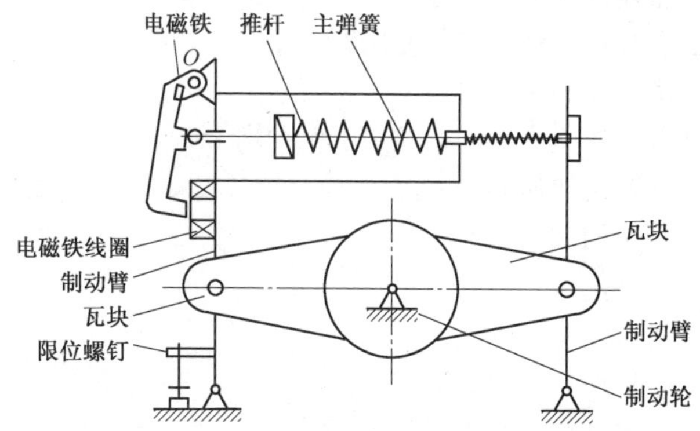

图 14-12 短行程电磁铁双瓦块式制动器工作原理

这种制动器的优点是制动和开启迅速、尺寸小、重量轻，更换瓦块、电磁铁方便，并易于调整瓦块和制动轮之间的间隙。缺点是制动时冲击力较大，开启时所需的电磁铁的尺寸和电能消耗也因此较大。

2. 内涨蹄式制动器

图 14-13 所示为内涨蹄式制动器的工作原理。两个制动蹄分别与机架的制动底板铰接，制动轮与被制动轴连接。制动轮内圆柱表面装有耐磨材料制作的摩擦瓦。当压力油进入油缸后，推动左、右两活塞，两制动蹄在活塞的推力作用下，压紧制动轮内圆柱面，从而实现制动。松闸时，将油路卸压，弹簧收缩，使制动蹄离开制动轮，实现松闸。

3. 带式制动器

带式制动器是由包在制动轮上的制动带与制动轮之间产生的摩擦力矩来制动的，图 14-14 所示为带式制动器工作原理。在重锤的作用下，制动带紧包在制动轮上，从而实现制动。松闸时，则由电磁铁或人力提升重锤来实现。带式制动器结构简单，容易操作。由于包角大，制动力矩也很大，但因制动带磨损不均匀，易断裂；对轴的横向作用力也大。

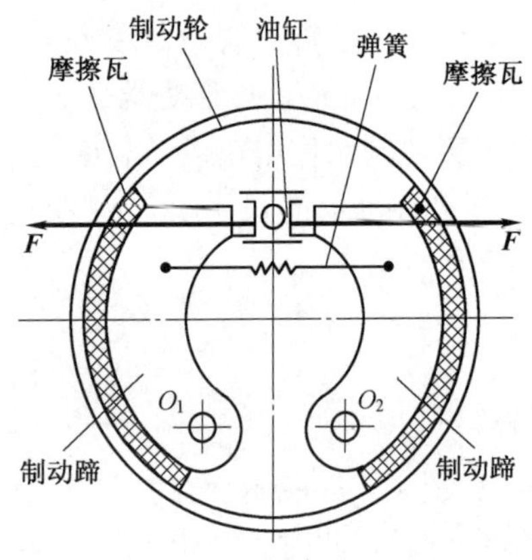

图 14-13 内涨蹄式制动器工作原理

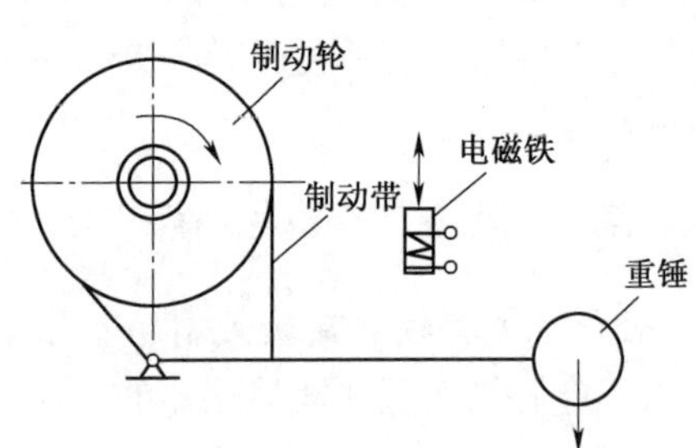

图 14-14 带式制动器工作原理

习 题

14-1 试说明联轴器与离合器的相同点和不同点。

14-2 如何选择联轴器的类型及尺寸？

14-3 刚性联轴器和弹性联轴器有何差别？

14-4 简述摩擦式离合器的工作原理。

14-5 常用的制动器有哪些类型，各适用于何种场合？

14-6 请分析火车车轮是如何制动的。

14-7 简述普通自行车的制动原理。

第 15 章　轴

§ 15-1　概述

轴是组成机器的主要零件之一。做回转运动的传动零件（例如齿轮、链轮、带轮、滑轮等），都须安装在轴上才能传递运动及动力。因此，轴的主要功能是支承回转零件并传递其运动和动力。

按照承受载荷的不同，轴可分为转轴、心轴和传动轴三类。工作中既承受弯矩又承受扭矩的轴称为转轴（图 15-1），这类轴在各种机器中最为常见。只承受弯矩而不承受扭矩的轴称为心轴。心轴又可分为转动心轴（图 15-2a）和固定心轴（图 15-2b）两种，自行车、摩托车的前轴是典型的固定心轴，大部分滑轮组的轴常采用固定心轴。只承受扭矩而不承受弯矩（或弯矩很小）的轴称为传动轴（图 15-3）。

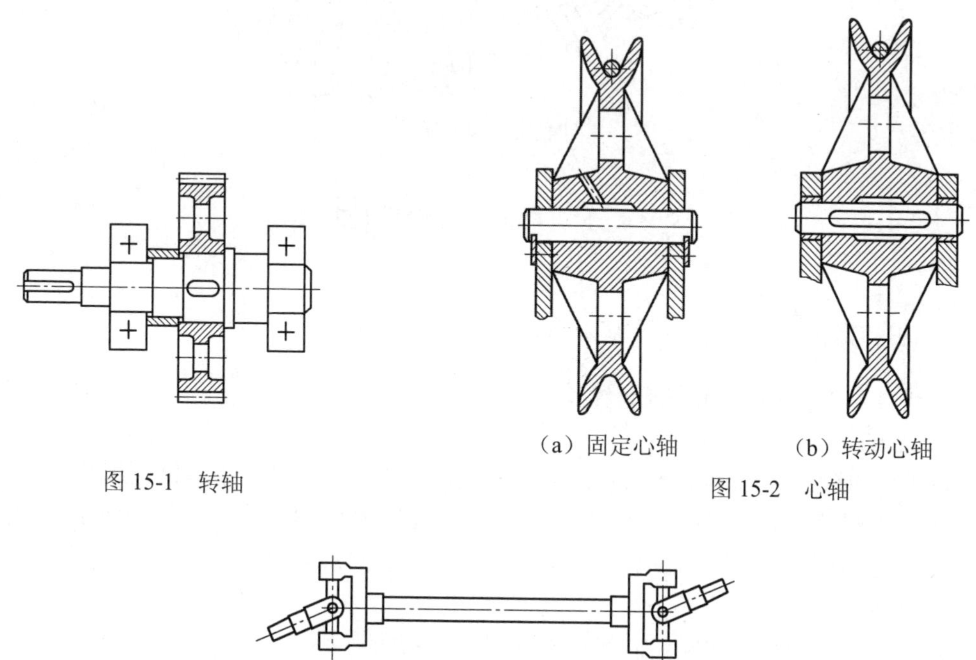

图 15-1　转轴

（a）固定心轴　（b）转动心轴

图 15-2　心轴

图 15-3　传动轴

轴还可以按照轴线形状的不同分为曲轴（图 15-4）和直轴两类。直轴根据外形不同，可分为光轴和阶梯轴（图 15-5）两种。光轴形状简单，加工容易，应力集中源少，但轴上零件不易装配及定位，因此光轴主要用于心轴或传动轴，阶梯轴则常用于转轴。

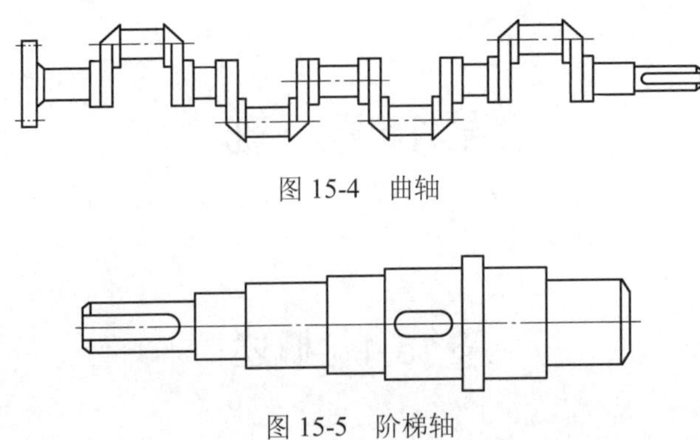

图 15-4　曲轴

图 15-5　阶梯轴

直轴一般都制成实心的。由于机器结构的要求而需要在轴中装设其他零件或者减小轴的质量具有特别重大作用的场合，则将轴制成空心的。空心轴内径与外径的比值常为 0.5～0.6，以保证轴的刚度及扭转稳定性。

此外，还有一种钢丝软轴（图 15-6），又称钢丝挠性轴。它是由多组钢丝分层卷绕而成的，具有良好的挠性，可以把回转运动灵活地传到不开敞的空间位置。

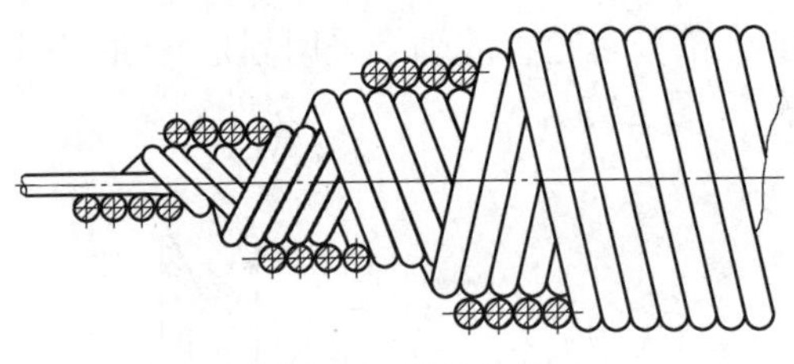

图 15-6　钢丝软轴

§15-2　轴的材料和结构

一、轴的材料

轴的材料主要采用碳素钢和合金钢。

1. 碳素钢

对较重要的轴或承受载荷较大的轴，常选用 35、45、50 等优质中碳钢，因其具有较高的强度、塑性和韧性，其中 45 钢应用最为广泛。为了改善其力学性能，应进行正火或调质处理。不重要或承受载荷较小的轴，则可选用 Q235、Q255 或 Q275 等普通碳素钢。

2. 合金钢

合金钢具有较高的力学性能，但价格较贵，多用于有特殊要求的轴。常用的有 20Cr、20CrMnTi、40Cr、35SiMn、35CrMo 等。应该注意，钢的种类及热处理对钢的弹性模量的影响很小，因此，如采用合金钢或用热处理提高轴的刚度，并无实效。此外，合金钢对应力集中的敏感性高，故采用合金钢时，轴的结构要避免或减小应力集中，并减小其表面粗糙度。

轴的毛坯一般用圆钢或锻件。对形状复杂的曲轴、凸轮轴可采用铸钢或球墨铸铁制造，具有成本低、吸振性能好、对应力集中的敏感性较低等优点。表 15-1 列出轴的常用材料及其主要力学性能。

表 15-1 轴的常用材料及其主要力学性能

材料及热处理	毛坯直径/mm	硬度	抗拉强度 σ_B	屈服强度 σ_S	弯曲疲劳极限 σ_{-1}	应用说明
			/MPa			
Q235			375～460	235	200	用于不重要或载荷不大的轴
Q275	任意	190HBS	490～610	275	240	用于不很重要的轴
35，正火	≤100	≤187HBS	530	315	250	有好的塑性和适当的强度，可作一般的转轴
45，正火	≤100	≤241HBS	600	355	275	用于较重要的轴，应用广泛
45，调质	≤200	217～255HBS	650	360	300	
40Cr，调质	25		980	780	500	用于载荷较大，而无很大冲击的轴
	≤100	241～286HBS	750	550	350	
	>100～300	241～269HBS	700	550	340	
35SiMn，调质（42SiMn）	≤100	229～286HBS	800	520	400	性能接近 40Cr，用于中小型轴
	>100～300	217～269HBS	750	450	350	
40MnB，调质	25		1000	800	485	性能接近 40Cr，用于重要的轴
	≤200	241～286HBS	750	500	335	
30CrMo，调质	≤100	207～269HBS	985	835	390	用于重载荷的轴
20Cr，渗碳淬火回火	15	表面	835	540	375	用于要求强度、韧性及耐磨性均较高的轴
	≤60	56～62HBS	650	400	280	

二、轴的结构

轴的结构主要取决于以下因素：轴在机器中的安装位置及形式；轴上安装的零件的类型、尺寸、数量以及和轴连接的方法；载荷的性质、大小、方向以及分布情况；轴的加工工艺等。由于影响轴的结构的因素较多，其结构形式又要随着具体情况的不同而异，所以轴没有标准的结构形式。轴的结构都应满足：轴和轴上的零件要有准确的工作位置；轴上的零件应便于装拆和调整；轴应具有良好的制造工艺性等。为了防止轴上零件受力时发生沿周向或轴向的相对运动，轴上零件除了有游动或空转的要求外，都必须进行轴向和周向的定位，以保证其准确的工作位置。图 15-7 是一种典型的轴上零件定位结构图。

1. 零件的轴向定位

轴上零件的轴向定位是以轴肩、套筒、轴端挡圈、轴承端盖和圆螺母等来保证的。

轴肩分为定位轴肩（15-7②、⑥）和非定位轴肩（15-7④、⑤）两类。利用轴肩定位是最方便可靠的方法，但采用轴肩就必然会使轴的直径加大，而且轴肩处将因截面突变而引起应力集中。另外，轴肩过多时也不利于加工。因此，轴肩定位多用于轴向力较大的场合。轴环（15-7③）的功用与定位轴肩相同。为了定位可靠，轴肩的过渡圆角要小于轴上零件的圆角（15-7I）和倒角（15-7II）。

套筒（图 15-7）定位结构简单，定位可靠，轴上不需要开槽、钻孔和切制螺纹，因而不影响轴的疲劳强度，一般用于转速不高的轴上两个间距较小的零件间的定位。

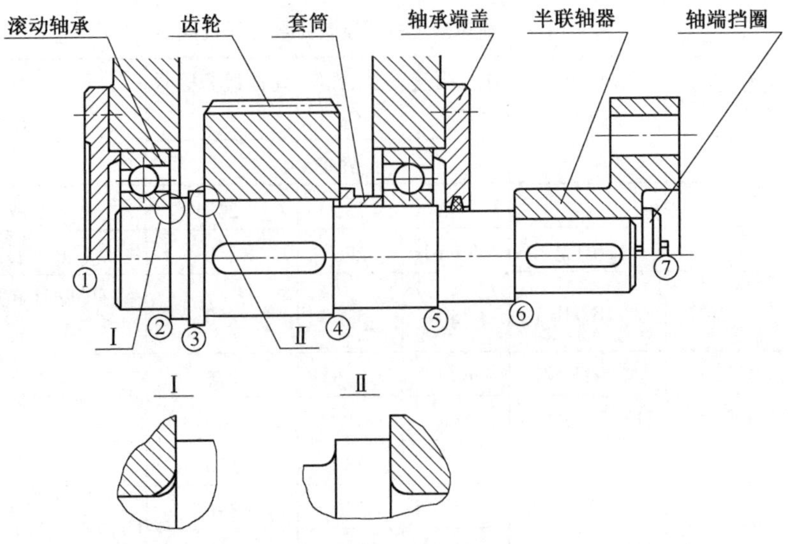

图 15-7 阶梯轴的结构

轴端挡圈（图 15-7⑦）适用于固定轴端零件，可以承受较大的轴向力。轴端挡圈可采用单螺钉固定，为了防止轴端挡圈转动造成螺钉松脱，可加圆柱销锁定轴端挡圈，也可采用双螺钉加止动垫片防松等固定方法。

轴承端盖（图 15-7①）用螺钉或榫槽与箱体连接而使滚动轴承的外圈得到轴向定位。在一般情况下，整个轴的轴向定位也常用轴承端盖来实现。

圆螺母（图 15-8）定位可承受较大的轴向力，但轴上螺纹处有较大的应力集中，会降低轴的疲劳强度，故一般用于固定轴端的零件，有双螺母固定和圆螺母与止动垫片固定两种形式。当轴上两个零件间距离较大不宜使用套筒时，也常用圆螺母定位。

利用弹性挡圈（图 15-9）、紧定螺钉（图 15-10）及锁紧挡圈（图 15-11）等进行轴向定位，只适用于零件上的轴向力不大之处。紧定螺钉和锁紧挡圈常用于光轴上零件的定位。此外，对于承受冲击载荷和同心度要求较高的轴端零件，也可采用圆锥面定位。

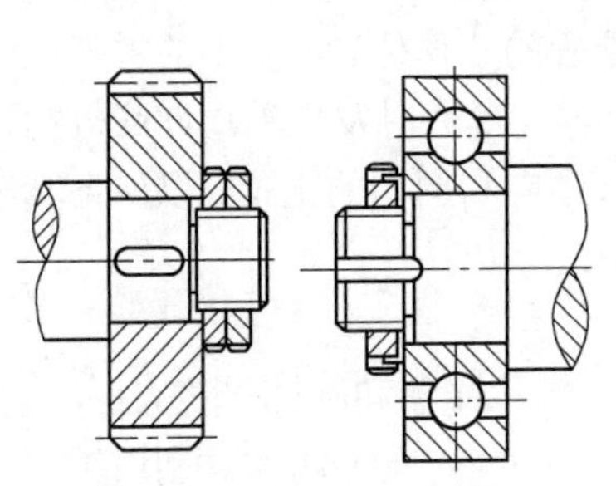

图 15-8 圆螺母定位

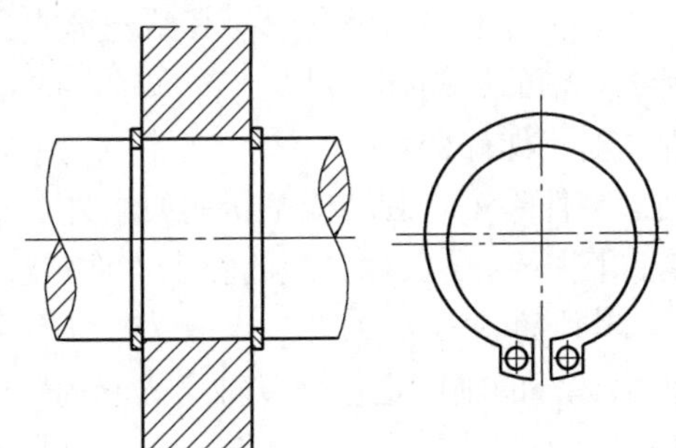

图 15-9 轴用弹性挡圈定位

2. 零件的周向定位

周向定位的目的是限制轴上零件与轴发生相对转动。常用的周向定位方式有键连接、花键连接、紧定螺钉连接、过盈连接、胀紧连接、销连接等，其中紧定螺钉只用于传力不大之处。胀紧连接不损伤被连接件表面。

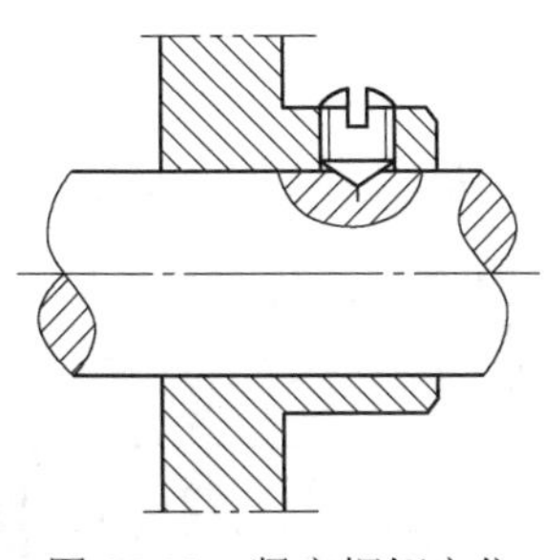

图 15-10　紧定螺钉定位

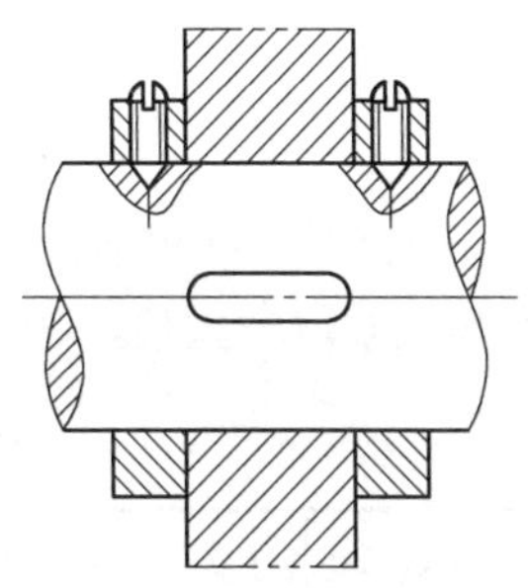

图 15-11　锁紧挡圈

三、各轴段直径和长度的确定

零件在轴上的定位和装拆方案确定后，轴的形状便大体确定。各轴段所需的直径与轴上的载荷大小有关。有配合要求（轴承和轴、齿轮和轴、联轴器和轴等的配合）的轴段，应尽量采用标准直径。安装标准件（如滚动轴承、联轴器、密封圈等）部位的轴径，应取为相应的标准值及所选配合的公差。为了使齿轮、轴承等有配合要求的零件装拆方便，并减少配合表面的擦伤，在配合轴段前应采用较小的直径。为了使与轴进行过盈配合的零件易于装配，相配轴段的压入端应有锥度；或在同一轴段的两个部位上采用不同的尺寸公差。确定各轴长度时，应尽可能使结构紧凑，同时还要保证零件所需的装配或调整空间。轴的各段长度主要是根据各零件与轴配合部分的尺寸和相邻零件间必要的空隙来确定。为了保证轴向定位可靠，与齿轮和联轴器等零件相配合部分的轴段长度一般应比轮毂长度短 2～3mm。

§15-3　轴的计算

轴通常都是在初步完成结构设计后进行校核计算，轴的计算准则是满足轴的强度或刚度要求，必要时还应校核轴的振动稳定性。

一、轴的强度校核计算

根据材料力学知识，对于传动轴应按扭转强度条件计算；对于心轴应按弯曲强度条件计算；对于转轴应按弯扭合成条件进行计算，对于重要场合的轴还要按疲劳条件进行精确校核。对于瞬时过载很大或应力循环不对称较为严重的轴，还应按峰尖载荷校核其静强度，以免产生过量的塑性变形。

1. 按扭转强度条件计算

轴的结构设计时，通常用扭转强度计算方法初步估算轴径。对于传递转矩的圆截面轴，其强度条件为

$$\tau_T = \frac{T}{W_T} \approx \frac{955\times10^4\dfrac{P}{n}}{0.2d^3} \leqslant [\tau_T]\,\text{MPa} \tag{15-1}$$

式中：τ_T 为转矩 T 在轴上产生的切应力，MPa；$[\tau_T]$ 为材料的许用切应力，MPa；T 为轴段承受的转矩，$\text{N}\cdot\text{mm}$；P 为轴所传递的功率，kW；n 为轴的转速，r/min；W_T 为抗扭截面系数，mm^3，对实心圆轴，$W_T = \pi d^3/16 \approx 0.2d^3$，由上式得

$$d \geqslant \sqrt[3]{\frac{955\times10^4 P}{0.2[\tau_T]n}} = \sqrt[3]{\frac{955\times10^4}{0.2[\tau_T]}}\sqrt[3]{\frac{P}{n}} = A_0\sqrt[3]{\frac{P}{n}} \tag{15-2}$$

式中：A_0 为由轴的材料和承载情况确定的常数。当弯矩相对转矩很小时，A_0 值取较小值，$[\tau_T]$ 取较大值；反之，A_0 取较大值，$[\tau_T]$ 取较小值，A_0 值查表 15-2。

表 15-2　常用轴材料的 A_0 值

材料	Q235-A、20	Q275、35（1Cr18Ni9Ti）	45	40Cr、35SiMn、38SiMnMo、3Cr13
$[\tau_T]$/MPa	15～25	20～35	25～45	35～55
A_0	149～126	135～112	126～103	112～97

注：1. 表中 $[\tau_T]$ 值是考虑了弯矩影响而降低了的许用应力；

2. 在下述情况下，$[\tau_T]$ 取较大值，A_0 取较小值：弯矩较小或只受扭矩作用、载荷较平稳、无轴向载荷或只有较小的轴向载荷、减速器的低速轴、轴只做单向旋转；反之，$[\tau_T]$ 取较小值，A_0 取较大值。

应用式（15-2）求出的 d 值，一般作为轴受转矩作用段最细处的直径（阶梯轴轴端直径）。若计算的轴段有键槽，则会削弱轴的强度，作为补偿，此时应将计算所得的直径适当增大，若该轴段同一剖面上有一个键槽，则将 d 增大 5%，若有两个键槽，则增大 10%。当 $d>100$ mm 时，有一个键槽轴径增大 3%；有两个键槽增大 7%。

此外，也可采用经验公式来估算轴的直径。如在一般减速器中，高速输入轴的直径可按与之相联的电机轴的直径 D 估算：$d=(0.8\sim1.2)D$；各级低速轴的轴径可按同级齿轮中心距 a 估算，$d=(0.3\sim0.4)a$。

例题 15-1　已知小齿轮轴传递的功率 $P=20\text{kW}$，转速 $n=200$，试估算此齿轮轴径。

解：（1）选择轴的材料为 45 钢，正火，由表 15-2 查得 $A_0=126\sim103$。

（2）估算齿轮轴径 $d \geqslant A_0\sqrt[3]{\frac{P}{n}}=(126\sim103)\times\sqrt[3]{\frac{20}{200}}=58.5\sim47.8\text{mm}$。

取 $d_0=57\text{mm}$，考虑轴上要加工键槽，轴颈增加 5%，故实际小齿轮轴最小轴径为

$$d=1.05d_0=57\times1.05\approx60\text{mm}$$

即取轴径为 60mm。

2. 按弯扭合成强度条件计算

对于一般钢制的轴，可用材料力学中的第三强度理论求出危险截面的当量应力 σ_{ca}，其强度条件为

$$\sigma_{ca}=\sqrt{\left(\frac{M}{W}\right)^2+4\left(\frac{T}{2W}\right)^2} \tag{15-3}$$

对于直径为 d 的圆截面轴有

$$\sigma_b=\frac{M}{W}=\frac{M}{\pi d^3/32}\approx\frac{M}{0.1d^3} \tag{15-4}$$

$$\tau=\frac{T}{W_T}=\frac{T}{2W} \tag{15-5}$$

式中：σ_b 为危险截面上弯矩 M 产生的弯曲应力；W、W_T 为轴的抗弯和抗扭截面系数。

将 σ_b 和 τ 值带入式（15-3），得

$$\sigma_{ca}=\sqrt{\left(\frac{M}{W}\right)^2+4\left(\frac{T}{2W}\right)^2}=\frac{1}{W}\sqrt{M^2+T^2}\leqslant[\sigma_b] \tag{15-6}$$

由于一般转轴的σ_b为对称循环变应力，而τ的循环特性往往与σ_b不同，为了考虑两者循环特性不同的影响，对式（15-6）中的转矩T乘以折合系数α，即

$$\sigma_{ca}=\frac{M_{ca}}{W}=\frac{\sqrt{M^2+(\alpha T)^2}}{0.1d^3}\leqslant[\sigma_{-1b}] \tag{15-7}$$

式中：M_{ca}为当量弯矩，$M_{ca}=\sqrt{M^2+(\alpha T)^2}$；$[\sigma_{-1b}]$为对称循环状态下的许用弯曲应力（表 15-3）；$\alpha$是考虑扭矩和弯矩的加载情况及产生应力的循环特性的校正系数，当τ为静应力时，取$\alpha=[\sigma_{-1b}]/[\sigma_{+1b}]\approx 0.3$，当$\tau$为脉动循环变应力时，取$\alpha=[\sigma_{-1b}]/[\sigma_{01b}]\approx 0.6$，当$\tau$为对称循环变应力时，取$\alpha=[\sigma_{-1b}]/[\sigma_{-1b}]=1$，若转矩的变化规律不清楚，一般按脉动循环处理。

表 15-3　轴的许用弯曲应力

材料	抗拉强度 σ_B /MPa	许用弯曲应力/MPa		
		静应力或近于静应力$[\sigma_{+1b}]$	脉动循环应力$[\sigma_{0b}]$	对称循环应力$[\sigma_{-1b}]$
碳素钢	400	130	70	40
	500	170	75	45
	600	200	95	55
	700	230	110	65
合金钢	800	270	130	75
	900	300	140	80
	1000	330	150	90
	1200	360	170	110
铸钢	400	100	50	30
	500	200	70	40

通常外载荷不是作用在同一平面内，这时应先将这些力分解到水平面和垂直面内，并求出各面的支反力，再绘出水平面弯矩M_H图、垂直面弯矩M_V图，然后合成弯矩图，$M=\sqrt{M_H^2+M_V^2}$；绘出转矩T图；最后由公式$M_{ca}=\sqrt{M^2+(\alpha T)^2}$绘出当量弯矩图。

根据式（15-7）可得轴的直径设计公式为

$$d\geqslant\sqrt[3]{\frac{M_{ca}}{0.1[\sigma_{-1b}]}}\ \text{（mm）} \tag{15-8}$$

对于一般用途的轴，按上述方法设计计算即可。对于重要的轴，还需要做进一步的强度校核，其计算方法可查阅相关书籍。

例题 15-2　设计带式运输机减速器的主动轴。已知传递功率$P=10$ kW，转速$n=200$ r/min，齿轮齿宽$B=100$ mm，齿数$z=40$，模数$m=5$ mm，螺旋角$\beta=9°22'$，轴端装有联轴器。

解：（1）计算轴上转矩和齿轮作用力为：

轴传递的转矩：$T_1=9.55\times10^6\dfrac{P}{n}=9.55\times10^6\times\dfrac{10}{200}=477500\ \text{N}\cdot\text{mm}$。

齿轮的圆周力：$F_t = \frac{2T_1}{d_1} = \frac{2T_1}{zm_n / \cos\beta} = \frac{2\times 477500}{40\times 5/\cos 9°22'} = 4710\text{ N}$。

齿轮的径向力：$F_r = F_t \frac{\tan\alpha_n}{\cos\beta} = 4710\times\frac{\tan 20°}{\cos 9°22'} = 1740\text{ N}$。

齿轮的轴向力：$F_a = F_t \tan\beta = 4710\times\tan 9°22' = 777\text{ N}$。

（2）选择轴的材料和热处理方式。

选择轴的材料为 45 钢，经调质处理，其机械性能由表 15-1 查得：$\sigma_B = 650\text{ MPa}$，$\sigma_S = 360\text{ MPa}$，$\sigma_{-1} = 300\text{ MPa}$，$\tau_{-1} = 155\text{ MPa}$；$[\sigma_{-1}] = 60\text{ MPa}$。

（3）初算轴的最小轴径。

由表 15-2，选 $A_0 = 110$，由式（15-2）得轴的最小直径为

$$d_{\min} = A_0\sqrt[3]{\frac{P}{n}} = 110\times\sqrt[3]{\frac{10}{200}} = 40.5\text{ mm}$$

轴的最小直径显然是安装联轴器处轴的直径，需开键槽，故将最小轴径增加 5%，变为 42.525mm。查《机械设计手册》，取标准直径为 45mm。

3．选择联轴器

取载荷系数 $K_A = 1.3$，则联轴器的计算转矩为

$$T_{ca} = K_A T_1 = 1.3\times 477500 = 620750\text{N}\cdot\text{mm}$$

根据计算转矩、最小轴径、轴的转速，查标准 GB/T 5015-2003，选用弹性柱销联轴器，其型号为：$LX3\frac{JC45\times 84}{JC45\times 84}$ GB/T 5014-2003。

4．初选轴承

因轴承同时受有径向力和轴向力的作用，故选用角接触球轴承。根据工作要求及输入端的直径（为 45mm），由轴承产品目录中选取型号为 7211C 的滚动轴承，其尺寸（内径×外径×宽度）为 $d\times D\times b = 55\times 100\times 21$。

5．轴的结构设计

（1）拟定轴上零件的装配方案。

根据轴上零件定位、加工要求以及不同的零件装配方案，参考轴的结构设计的基本要求，得出如图 15-12 所示的两种不同轴的结构。图 15-12a 中，齿轮从非输入端装入，齿轮、套筒、右端轴承和端盖从轴的右端装入，左端轴承和端盖、联轴器依次从轴的左端装入。图 15-12b 中，齿轮从输入端装入，齿轮、套筒、右端轴承和端盖、联轴器依次从轴的右端装入，仅左端轴承从左端装入。仅从这两个装配方案比较来看，图 15-12b 的装拆更为简单方便，若为成批生产，该方案在机加工和装拆等方面更能发挥其长处。综合考虑各种因素，故初步选定轴结构尺寸如图 15-12b 所示。

（2）确定轴的各段直径。

由于联轴器型号已定，左端用轴端挡圈定位，右端用轴肩定位。故轴段 6 的直径即为相配合的半联轴器的直径，取为 45mm。联轴器是靠轴段 5 的轴肩来进行轴向定位的，为了保证定位可靠，轴段 5 要比轴段 6 的直径大 5～10mm，取轴段 5 的直径为 52mm。轴段 1 和轴段 4 均是放置滚动轴承的，所以直径与滚动轴承内圈直径一样，为 55mm。考虑拆卸的方便，轴段 3 的直径只要比轴段 4 的直径大 1～2mm 就行了，这里取为 58mm。轴段 2 是一轴环，右侧用

来定位齿轮，左侧用来定位滚动轴承，查滚动轴承的手册，可得该型号的滚动轴承内圈安装尺寸最小为 64mm，同时轴环的直径还要满足比轴段 3 的直径（为 58mm）大 5～10mm 的要求，故这段直径最终取为 66mm。

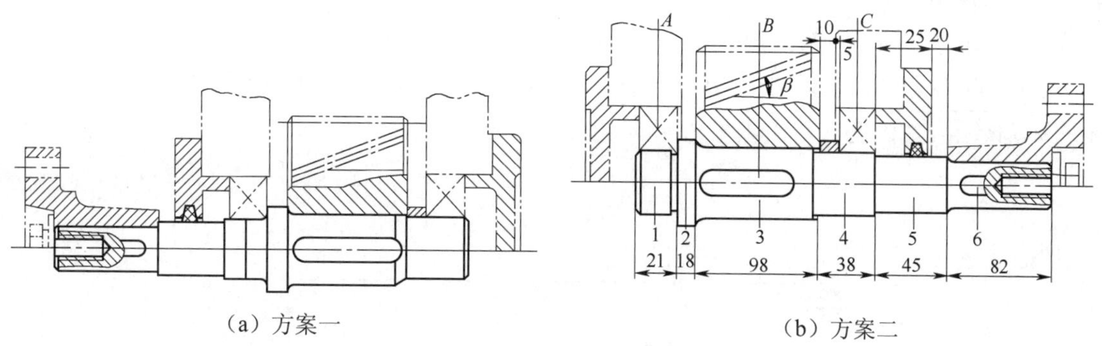

（a）方案一 （b）方案二

图 15-12 轴的结构设计图

（3）确定轴的各段长度。

轴段 6 的长度比半联轴器的毂孔长度（为 84mm）要短 2～3mm，这样可保证轴端挡圈只压在半联轴器上而不压在轴的端面上，故该段轴长取为 82mm。同理，轴段 3 的长度要比齿轮的轮毂宽度（为 100mm）短 2～3mm，故该段轴长取为 98mm。轴段 1 的长度即为滚动轴承的宽度，查手册为 21mm。轴环 2 宽度取为 18mm。轴承端盖的总宽度为 20mm（由减速器及轴承端盖的结构设计而定）。根据轴承端盖的装拆及便于对轴承添加润滑脂的要求，取端盖的外端面与半联轴器右端面间的距离 $l = 25\,\text{mm}$，故取轴段 5 的长度为 45mm。取齿轮距箱体内壁之距离为 10mm，考虑到箱体的铸造误差，在确定滚动轴承位置时，应距箱体内壁一段距离，取 5mm。已知滚动轴承宽度为 21mm，齿轮轮毂长为 100mm，则轴段 4 的长度为：$10 + 5 + (100 - 98) + 21 = 38\,\text{mm}$。

（4）轴上零件的周向定位。

齿轮、半联轴器与轴的周向定位均采用平键连接。对于齿轮，由手册查得平键的截面尺寸宽×高=16×10（GB/T 1095-2003），键槽用键槽铣刀加工，长为 80mm（标准键长见 GB 1096-2003）。在配合精度上，要保证齿轮轮毂与轴的配合为 H7/n6；半联轴器与轴的连接，选用平键为 14×9×63，半联轴器与轴的配合为 H7/k6。滚动轴承与轴的周向定位是借过渡配合来保证的，此处选轴的直径尺寸公差为 k6。

（5）确定轴上圆角和倒角尺寸。取轴端倒角为 2×45°。

*6. 按弯扭合成校核

（1）画受力简图（如图 15-13）。

画轴空间受力简图如图 15-13a 所示，将轴上作用力分解为垂直面受力图如图 15-13b 所示和水平面受力图如图 15-13c 所示。分别求出垂直面上的支反力 R_V 和水平面上支反力 R_H 。对于零件作用于轴上的分布载荷或转矩（因轴上零件如齿轮、联轴器等均有宽度）可当作集中力作用于轴上零件的宽度中点。对于支反力的位置，随轴承类型和布置方式不同而异，一般可按图取定，其中受力点的值参见滚动轴承样本，跨距较大时可近似认为支反力位于轴承宽度的中点。

（2）计算作用于轴上的支反力。

水平面内支反力 $R_{HA} = R_{HB} = F_t / 2 = 2355\,\text{N}$。

垂直面内支反力$R_{VA}=\frac{1}{l}(F_r\times l/2+F_a\times d_1/2)=1362$ N，$R_{VB}=\frac{1}{l}(F_r\times l/2-F_a\times d_1/2)=378$ N。

（3）计算轴的弯矩，并画弯、转矩图分别作出垂直面和水平面上的弯矩图如图 15-13d、e 所示，并按$M=\sqrt{M_H{}^2+M_V{}^2}$计算合成弯矩。画转矩图如图 15-13f 所示。

（4）计算并画当量弯矩图。

转矩按脉动循环变化计算，取$\alpha=0.6$，则$\alpha T=0.6\times477500=286500\text{N}\cdot\text{mm}$，由$M_{ca}=\sqrt{M^2+(\alpha T)^2}$公式作出当量弯矩图如图 15-13g 所示。

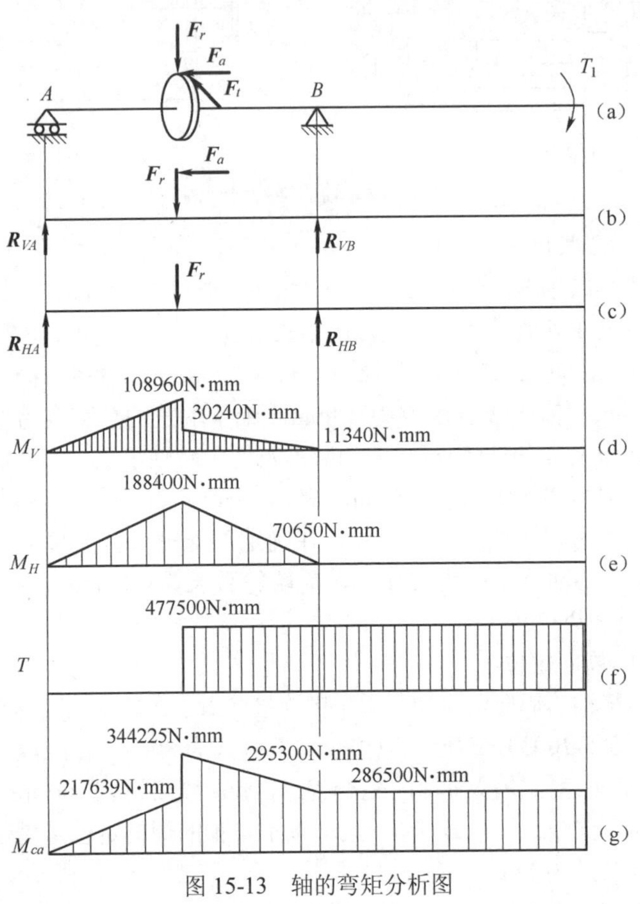

图 15-13 轴的弯矩分析图

（5）校核轴的强度。

一般而言，轴的强度是否满足要求只需对危险截面进行校核即可，而轴的危险截面多发生在当量弯矩最大或当量弯矩较大且轴的直径较小处。根据轴的结构尺寸和当量弯矩图可知，*B-B* 截面处弯矩最大，且截面尺寸也非最大，属于危险截面；*C-C* 截面处当量弯矩不大但轴径较小，也属于危险截面。虽 *A-A* 截面尺寸最小，但由于仅受较小的弯矩作用，故强度肯定满足，无需校核弯扭合成强度。

B-B 截面处当量弯矩为$M_{ca}^a=\sqrt{M^2+(\alpha T)^2}=\sqrt{(190811)^2+(286500)^2}=344225\text{N}\cdot\text{mm}$。

C-C 截面处当量弯矩为$M_{ca}^b=\sqrt{M^2+(\alpha T)^2}=\sqrt{(71554)^2+(286500)^2}=295300\text{N}\cdot\text{mm}$。

强度校核：考虑键槽的影响，$W^a=16.9\text{cm}^3$（$b=16\text{mm}$，$t=10\text{mm}$），$W^b=0.1d^3=16.6\text{cm}^3$，

$\sigma_{ca}^{a}=\dfrac{M_{ca}^{a}}{W^{a}}=\dfrac{344.225}{16.9}=20.4\,\text{MPa}$，$\sigma_{ca}^{b}=\dfrac{M_{ca}^{b}}{W^{b}}=\dfrac{295.3}{16.6}=17.79\,\text{MPa}$，$\sigma_{ca}^{a}\leqslant[\sigma_{-1}]$，$\sigma_{ca}^{b}\leqslant[\sigma_{-1}]$故安全。

二、轴的刚度计算

轴受弯矩作用会产生弯曲变形，即在任意一截面的轴心线会出现挠度，而轴在支承点处会出现倾角；如果轴的弯曲变形太大，即轴的弯曲刚度不够，就会影响旋转零件的正常工作，例如电机转子的挠度过大，会改变转子与定子间的间隙而影响电机的性能，机床主轴的挠度太大，会影响加工精度，而轴在支承点处的偏转角过大，会使轴承的受载不均匀，造成过度磨损及发热。当轴受转矩作用时，会产生扭转变形，如果轴上装齿轮处的扭转角过大，则会使齿轮啮合处偏载。它们对轴的振动也有影响，所以在必要时，应进行刚度计算。

轴的弯曲刚度以挠度 y 和偏转角 θ 来度量。对于光轴，可直接用材料力学中的公式计算其挠度或偏转角。对于阶梯轴，可将其转化为当量直径的光轴后计算其挠度或偏转角。轴的弯曲刚度条件为

$$\begin{cases}\text{挠度} & y\leqslant[y]\\ \text{偏转角} & \theta\leqslant[\theta]\end{cases}\tag{15-9}$$

式中：$[y]$和$[\theta]$分别为轴的许用挠度（mm）及许用偏转角（rad）。在普通机械制造业中轴的许用挠度$[y]$不超过两支点间距离 l 的 0.0002～0.0003 倍；安装齿轮处的许用挠度$[y]$不超过齿轮模数的 0.01～0.03 倍；感应电机的许用挠度$[y]$不超过 0.1 倍定子与转子的气隙。轴在支承处的许用最大偏转角一般不应超过 0.001rad。

轴的挠度主要和作用在它上面载荷的数值及作用点的位置有关，为了减小挠度，应将安装在轴上的零件尽可能靠近轴承。

轴的扭转刚度计算是决定轴的扭转角，对等直径轴的扭转角为

$$\begin{cases}\varphi=\dfrac{Tl}{GI_p}\,\text{rad}=\dfrac{584Tl}{Gd^4}\,(^\circ)\\[2ex] \varphi/l=\dfrac{584T}{Gd^4}\,(^\circ/\text{m})\end{cases}\tag{15-10}$$

式中：G 为材料的切变模量，MPa；I_p 为轴剖面的极惯性矩，mm^4；T 为一段轴长为 $l$mm 内所传递的转矩，$\text{N}\cdot\text{mm}$。

扭转变形的刚度条件为

$$\varphi\leqslant[\varphi]\tag{15-11}$$

对一般传动许用扭转角$[\varphi]=$（0.5～1）（°/m），精确传动$[\varphi]=$（0.25～0.35）（°/m）。重要传动$[\varphi]<0.25$（°/m）。实际计算时，应根据具体机械正常工作时所观测到的数值。

习　题

15-1　设计轴时应考虑哪些主要问题？

15-2　心轴与转轴有何区别？试列举应用的实例。

15-3　轴的常用材料有哪些？如何选用。

15-4 轴上零件的轴向和周向固定常用哪些方式？各适用于何处？

15-5 设计轴时，从轴的结构工艺性考虑应注意哪些问题？

15-6 已知一传动轴传递的功率为 30kW，转速 $n = 850$ r/min，如果轴上的扭转切应力不允许超过 40MPa，求该轴的轴径。

15-7 已知一传动轴的直径 $d = 40$ mm，转速 $n = 1500$ r/min，如果轴上的扭转切应力不允许超过 45MPa，求该轴所能传递的功率。

15-8 如图所示，有一单级标准直齿圆柱齿轮减速器，用电动机直接驱动，电动机功率 $P_1 = 22\text{kW}$，转速 $n_1 = 1470\text{r/min}$，齿轮模数 $m = 4$ mm，齿数 $z_1 = 18$、$z_2 = 82$，若两端轴承间跨距 $l = 180\text{mm}$，齿轮相对两轴承对称布置，轴的材料用 45 钢调质，齿轮时常反向旋转，试计算输出轴危险截面处所需的直径（考虑键槽，直径应增大 3%，忽略摩擦损失）。

15-9 如图所示，转轴上的扭矩 T 由联轴器传入，由斜齿轮传出，齿轮分度圆直径 $d = 67.6$ mm，轮齿受力 $F_t = 10300\text{N}$、$F_a = 2260\text{N}$、$F_r = 3780\text{N}$，设 T 为稳定的，应力校正系数 $\alpha = 0.3$，试求转轴的最大当量弯矩 M'，并画出轴的弯矩图、扭矩图。

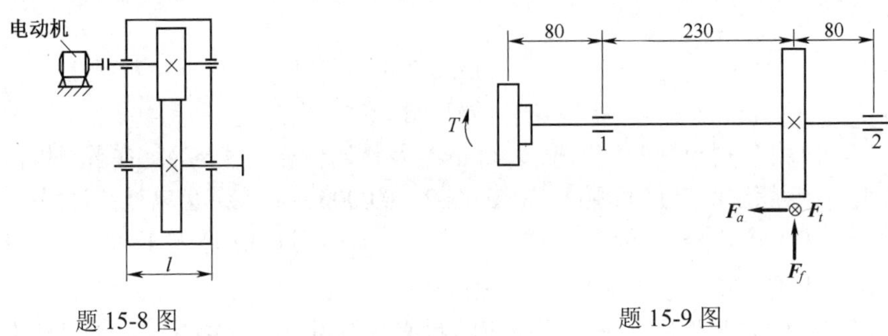

题 15-8 图　　题 15-9 图

15-10 图示小锥齿轮的轴承部件中，套杯与轴承座端面之间的调整垫片起什么作用？

15-11 图中为一齿轮轴结构图，试指出图中的错误，并改正之。

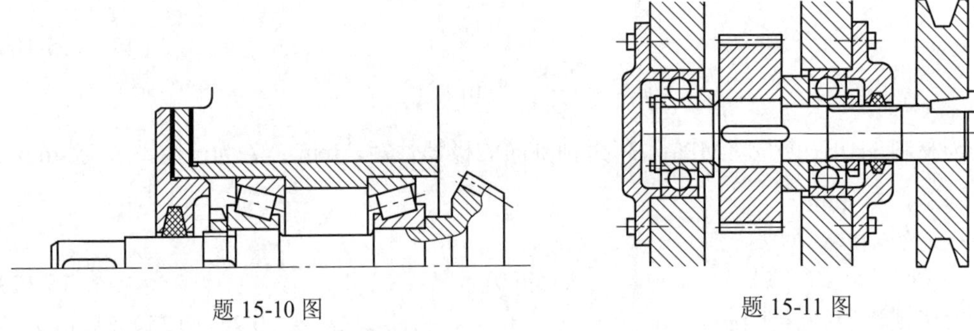

题 15-10 图　　题 15-11 图

第六篇　机械设计实例

第16章　减速器设计

§16-1　减速器的类型及结构

减速器是由置于刚性的封闭箱体中的一对或几对相啮合的齿轮所组成。它在机器中常为一独立部件，用来降低转速以适应机器的要求。在个别情况下，也可用作增速器，例如由低转速水轮机到发电机间的传动。由于减速器应用很广泛，所以它的主要参数已经标准化了，并由专门工厂进行生产。在设计中应尽量选用标准减速器，如硬齿面（>350HBS）圆柱齿轮单级、二级、三级减速器ZDY、ZLY、ZSY及中硬齿面（小齿轮齿面调质硬度306～332HBS，大齿轮齿面调质硬度为283～314HBS）圆柱齿轮减速器ZDZ、ZIZ、ZSZ等。一般可根据传动比i、输入转速n、功率P，参考设计手册等资料选用。当选不到合适的标准减速器时，方可自行设计。

一、减速器的类型

按齿轮的类型分，减速器可分为圆柱齿轮减速器、圆锥齿轮减速器、蜗杆减速器、圆锥-圆柱齿轮减速器及蜗杆-圆柱齿轮减速器等。按齿轮的对数来分，可以有单级、两级和多级减速器等。表16-1列出了常见的减速器类型、传动比范围及特点

表16-1　减速器的形式、分类及传动比范围

分类		结构形式	推荐传动比范围	特点
单级圆柱齿轮减速器			$1 \leqslant i \leqslant 8$	齿轮可选用直齿、斜齿和人字齿。箱体通常用铸铁制成，很少采用焊接结构或铸钢件。支承采用滚动轴承，重载时采用滑动轴承
两级圆柱齿轮减速器	展开式		$i = i_1 \cdot i_2$ $i_1 = (1.3 \sim 1.5) i_2$ $8 \leqslant i \leqslant 60$	是两级减速器中最简单的一种，但齿轮相对于轴承位置不对称，因此，轴应设计成具有较大的刚度。高速级齿轮布置在远离扭矩输入端，这样，轴在扭矩作用下产生的扭转变形将减弱轴的弯曲变形所引起的载荷沿齿宽分布不均匀现象。常用于载荷较平稳的场合。齿轮常采用直齿和斜齿两种形式

续表

分类		结构形式	推荐传动比范围	特点
	分流式	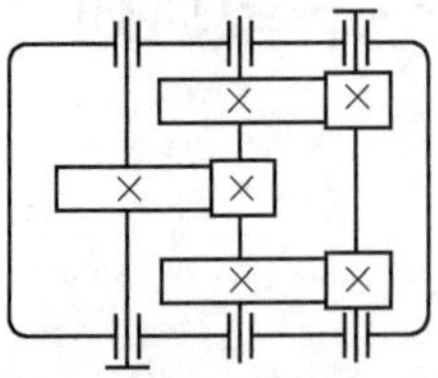	$i=i_1 \cdot i_2$ $i_1=(1.3\sim1.5)i_2$ $8\leqslant i\leqslant 60$	高速级采用斜齿轮传动，低速级可制成直齿。结构较复杂。因低速级齿轮与轴承对称布置，载荷沿齿宽分布均匀，轴承受载均匀。中间轴危险截面上的扭矩相当于轴所传递功率之半。常用于变载荷场合
	同轴式	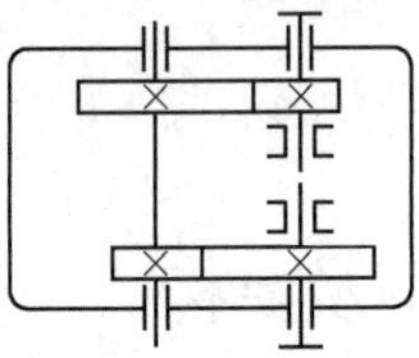	$i=i_1 \cdot i_2$ $i_1=i_2$ $8\leqslant i\leqslant 60$	优点：箱体长度较小，两对齿轮浸入油中的深度大致相同 缺点：减速器轴向尺寸和重量较大；高速级齿轮的承载能力难以充分利用；中间轴承润滑困难；中间轴较长、刚性差，载荷沿齿宽分布不均匀，仅能有一个输入和输出轴端，限制了传动配制的灵活性
单级锥齿轮减速器		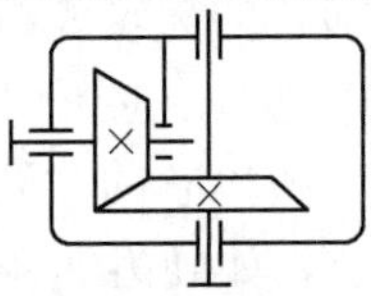	$1\leqslant i\leqslant 10$	用于输入轴和输出轴两轴线垂直相交的机构中。由于锥齿轮制造复杂，仅在机构布置上需要时才应用
两级锥-圆柱齿轮减速器		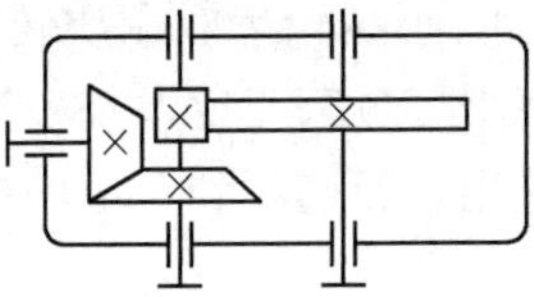	$8\leqslant i\leqslant 40$	特点同单级锥齿轮减速器。锥齿轮应在高速级，使齿轮尺寸不致太大，否则加工困难。锥齿轮做成直齿时，$i_{max}=22$。圆柱齿轮可制成直齿或斜齿
单级蜗杆减速器	蜗杆下置式	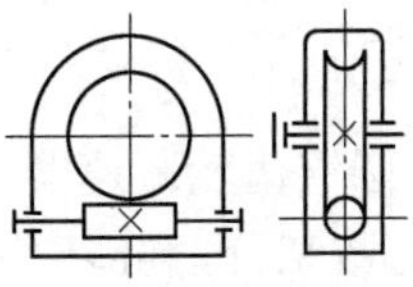	$10\leqslant i\leqslant 80$	蜗杆在蜗轮下边，啮合处冷却和润滑都较好，同时蜗杆轴承润滑也方便。一般用于蜗杆圆周速度 $v<10$ m/s 的情况
	蜗杆上置式	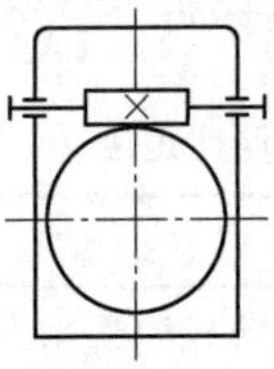	$10\leqslant i\leqslant 80$	蜗杆在蜗轮上边，装拆方便，蜗杆圆周速度可提高些
齿轮-蜗杆减速器		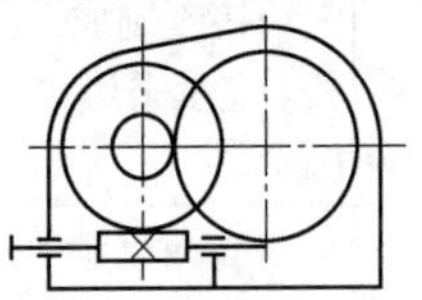	$15\leqslant i\leqslant 480$	有齿轮传动在高速级和蜗杆传动在高速级两种形式。前者结构较紧凑，后者效率较高

二、减速器的结构

减速器主要由齿轮（或蜗杆蜗轮）、轴、轴承及箱体四部分组成（图 16-1 所示）。关于齿轮、轴及轴承的结构可参阅有关章节，此处不再赘述。

减速器箱体是用以支持和固定轴系零件，保证传动零件的啮合精度、良好润滑及密封的重要零件，其重量约占减速器总重量的 50%，因此，箱体结构对减速器的工作性能、加工工艺、材料消耗、重量及成本等有很大影响，设计时必须全面考虑。箱体上安装轴承的孔应一次镗出，保证两轴承座孔同轴。箱体本身也须有足够的刚性，以免箱体在内应力和外载荷作用下产生过大的变形。为了增加减速器的刚性及散热面积，箱体上常加有加强筋或肋板。

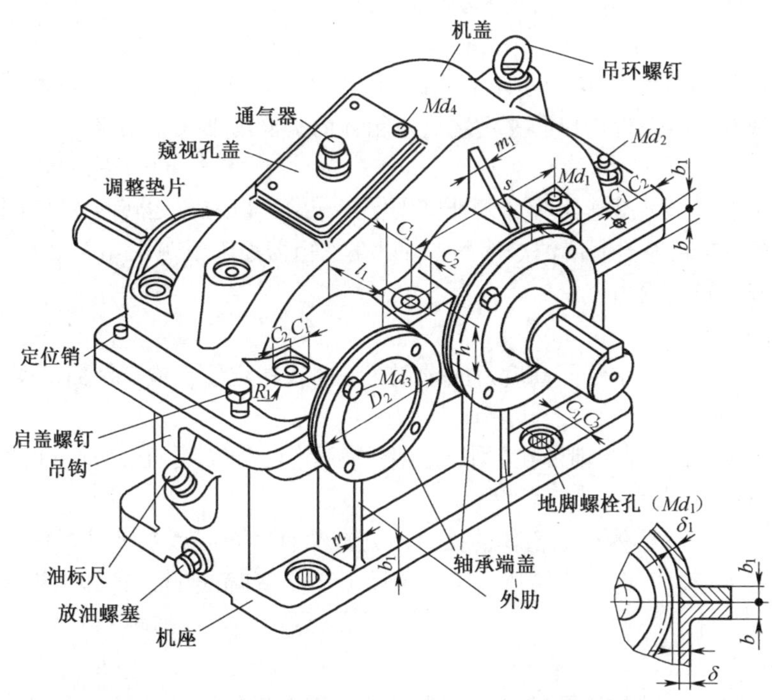

图 16-1　一级圆柱齿轮减速器的典型结构

大批量生产的减速器，箱体一般铸造而成（图 16-1）。箱体通常用灰铸铁（HT150、HT200）制成，用铸钢（ZG200-400）铸造得较少。单件或小批量生产时可用焊接箱体（图 16-2），这样可节省工时并减轻重量。为了便于安装，箱体通常做成剖分式，上箱体和箱座剖分面应与齿轮轴线平面相重合。

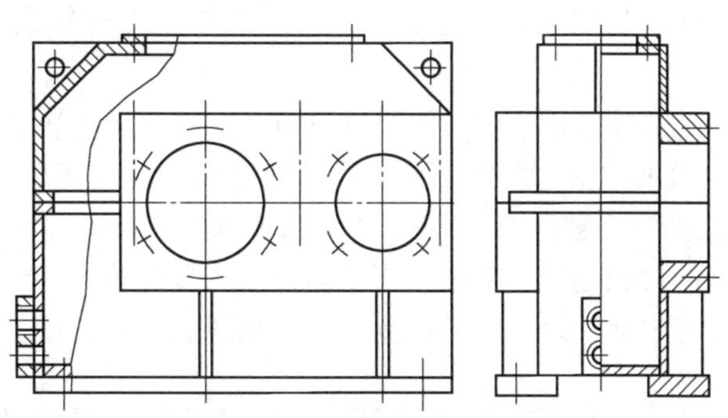

图 16-2　减速器焊接箱体结构

上箱体与底座用螺栓连接成一个整体，并用两个圆锥销来精确固定上箱体与底座的安装位置。螺栓的位置应尽可能靠近轴承处，并需要设置凸肩，以保证螺栓头及螺母有合适的支承面。设计螺栓位置时，应考虑扳手活动空间。

§16-2 减速器的常用附件

为保证减速器的正常工作，减速器箱体上通常设置一些装置或附件，以便用于减速器润滑油池的注油、排油及检查油面高度和拆装、检修等。

1. 窥视孔和窥视孔盖

窥视孔可用于检查齿轮传动的啮合情况、润滑状态、接触斑点及齿侧间隙，还可用来注入润滑油。窥视孔上有盖板，以防止污物进入箱体内和润滑油飞溅出来。

2. 通气器

通气器用于通气，使减速器箱体内外气压保持一致，以避免运转时由于箱体内油温升高、内压增大，从而引起减速器润滑油的渗漏。所以在上箱盖顶部或窥视孔盖上多安装通气器，使箱体内的热胀气体自由逸出。

3. 油标尺和油窗

油标尺和油窗用来指示油面高度，应设置在油面较稳定便于检查油面高度的位置。

4. 泄油孔和油堵

减速器下箱体最低处设有泄油孔，用于定期更换润滑油时方便排出污油，注油前用油堵塞住。

5. 启盖螺钉

为防止漏油，在下箱体与上箱体的接合面处常涂有密封胶或水玻璃，使接合面间不易分开。为便于开启上箱盖，可在上箱体凸缘上装设1～2个启盖螺钉。拆卸上箱体时，可先拧动此螺钉来顶起上箱体。

6. 定位销

为保证箱体轴承座孔的镗孔精度和装配精度，需在机体连接凸缘长度方向的两端安装至少两个定位销，并且对角线方向布置，以提高定位精度。如箱体结构是对称的，销孔位置不应对称布置，以加强定位效果。定位销的位置还应考虑到钻、铰孔的方便，且不应妨碍邻近连接螺栓的拆装。

7. 吊环螺钉、吊钩及吊耳

在上箱体上装有吊环螺钉或铸出吊环或吊钩，如图16-1所示，用以搬运或拆卸上箱体。

在下箱体上铸出吊钩，如图16-1所示，用以搬运下箱体或整个减速器。

8. 调整垫片

调整垫片由多片很薄的软金属制成，如图16-1所示，用于调整轴承间隙和螺栓连接刚度。

在中小型减速器中常采用滚动轴承，其优点为：①润滑比较简单，可以用润滑脂润滑也可以用润滑齿轮的油润滑；②效率高，发热量少；③径向间隙小，能维持齿轮的正常啮合等。

减速器中齿轮润滑的目的是减少磨损、减少摩擦损失及发热、清洗零件表面、防止生锈。减速器的润滑方式主要有定期润滑、滴油润滑、浸油润滑、飞溅润滑、喷油润滑等几种形式。

§16-3 减速器课程设计的内容和要求

一、减速器课程设计的目的

减速器课程设计是“机械设计基础”课程重要的教学环节，也是培养学生机械设计能力的重要实践环节，其基本目的是：

（1）训练学生综合运用机械设计基础课程及有关先修课程的知识，培养理论联系实际的设计思想，巩固、深化、融会贯通及扩展有关机械设计方面的知识。

（2）培养学生分析和解决工程实际问题的能力，使学生了解和掌握机械零件、机械传动装置及简单机械的一般设计过程和步骤。

（3）使学生熟悉设计资料（如设计手册、国标规范和图册等）和经验数据的使用，提高学生有关设计能力（如计算能力、绘图能力和查阅资料能力等），掌握经验估算和处理数据的基本技能。

二、减速器设计的内容和任务

1. 设计题目

设计题目：带式运输机上的单级圆柱齿轮减速器，见图 16-3。

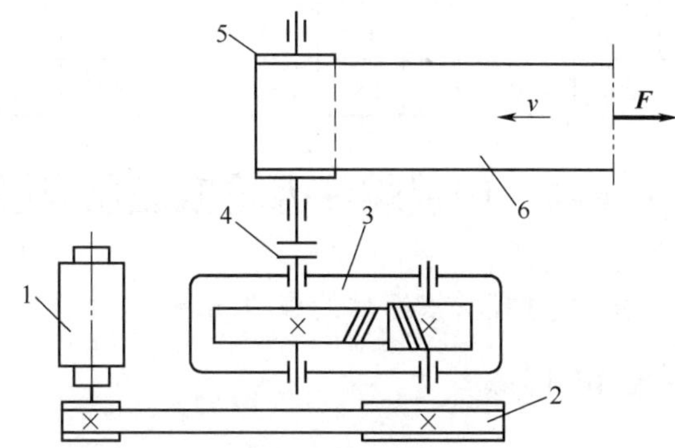

1－电动机；2－V 带传动；3－单级圆柱齿轮减速器；4－联轴器；5－卷筒；6－运输带

图 16-3　带式输送机传动装置

2. 减速器的工作要求

（1）原始数据：输送带轴所需驱动力 F，N；运输带工作速度 v，m/s；卷筒直径 D，mm。

（2）工作条件：室内常温下工作，单班制，每班工作 8h；空载启动，载荷较平稳，连续单向运转。

（3）使用期限及检修年限：工作期限为 8 年，每年工作 300 天，四年一大修，两年一小修。

（4）动力来源：电力，三相交流电，电压 380/220V。

（5）运输带速度允许误差：±5%。

（6）生产条件及生产批量：一般机械厂制造，大批量生产。

3. 设计的主要内容

（1）确定传动装置的总体设计方案。

（2）选择电动机。

（3）计算传动装置的运动和动力参数。

（4）设计计算传动零件和轴。

（5）选择和校核轴承、联轴器、键及润滑密封等。

（6）校核轴。

（7）设计机体结构及其附件。

（8）绘制减速器装配图和零件图。

（9）编写设计计算说明书。

4. 设计的工作量

（1）绘制装配图 1 张（1 号或 0 号图纸）。

（2）零件工作图 1～2 张（齿轮、轴各一张 2 号或 3 号图纸）。

（3）计算说明书一份。

三、设计数据

设计数据，参见表 16-2。

表 16-2 单级圆柱齿轮减速器的设计数据

数据编号	1	2	3	4	5	6	7	8	9	10	11	12
运输带工作拉力 F/N	1200	1500	1800	2000	2000	2200	2500	2500	3000	3500	4000	4000
运输带工作速度 v/m·s^{-1}	1.2	1.2	1.2	1.2	1.4	1.4	1.5	1.5	1.1	1.1	1.1	1.5
卷筒直径 D/mm	200	200	240	250	250	280	320	300	220	240	300	300

§16-4 单级圆柱齿轮减速器样图

本节编入了单级圆柱齿轮减速器关键零件的参考图例，以便学生查阅和参考。

一、圆柱齿轮样图（图 16-4）

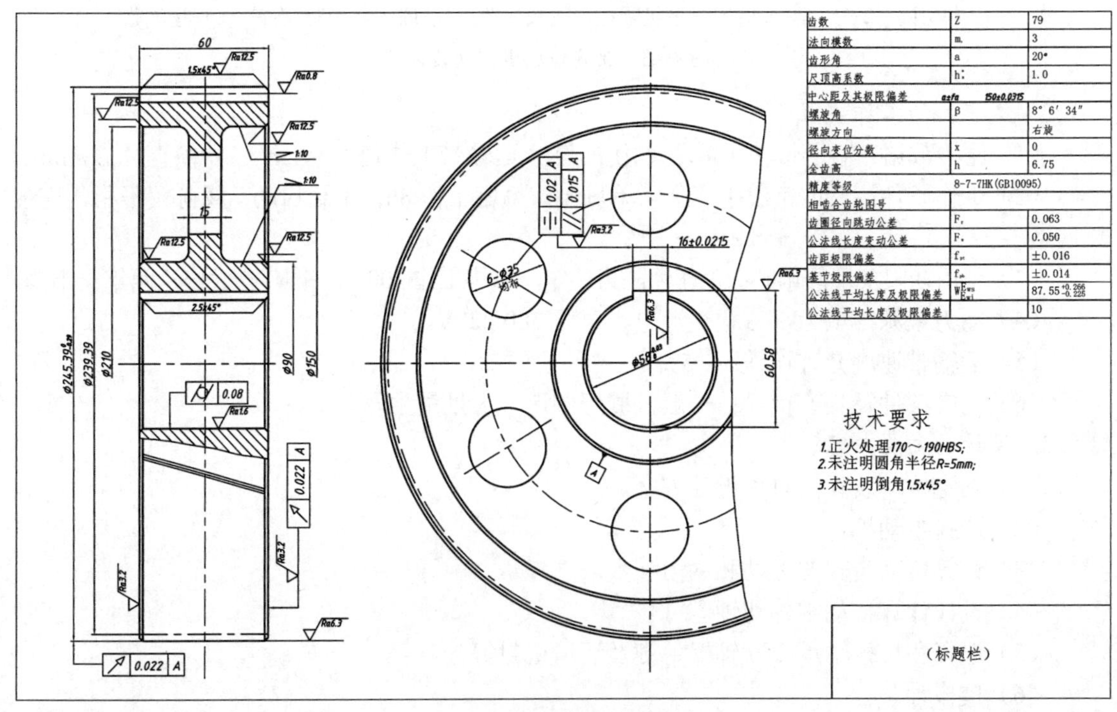

图 16-4 圆柱齿轮样图

二、转轴样图（图 16-5）

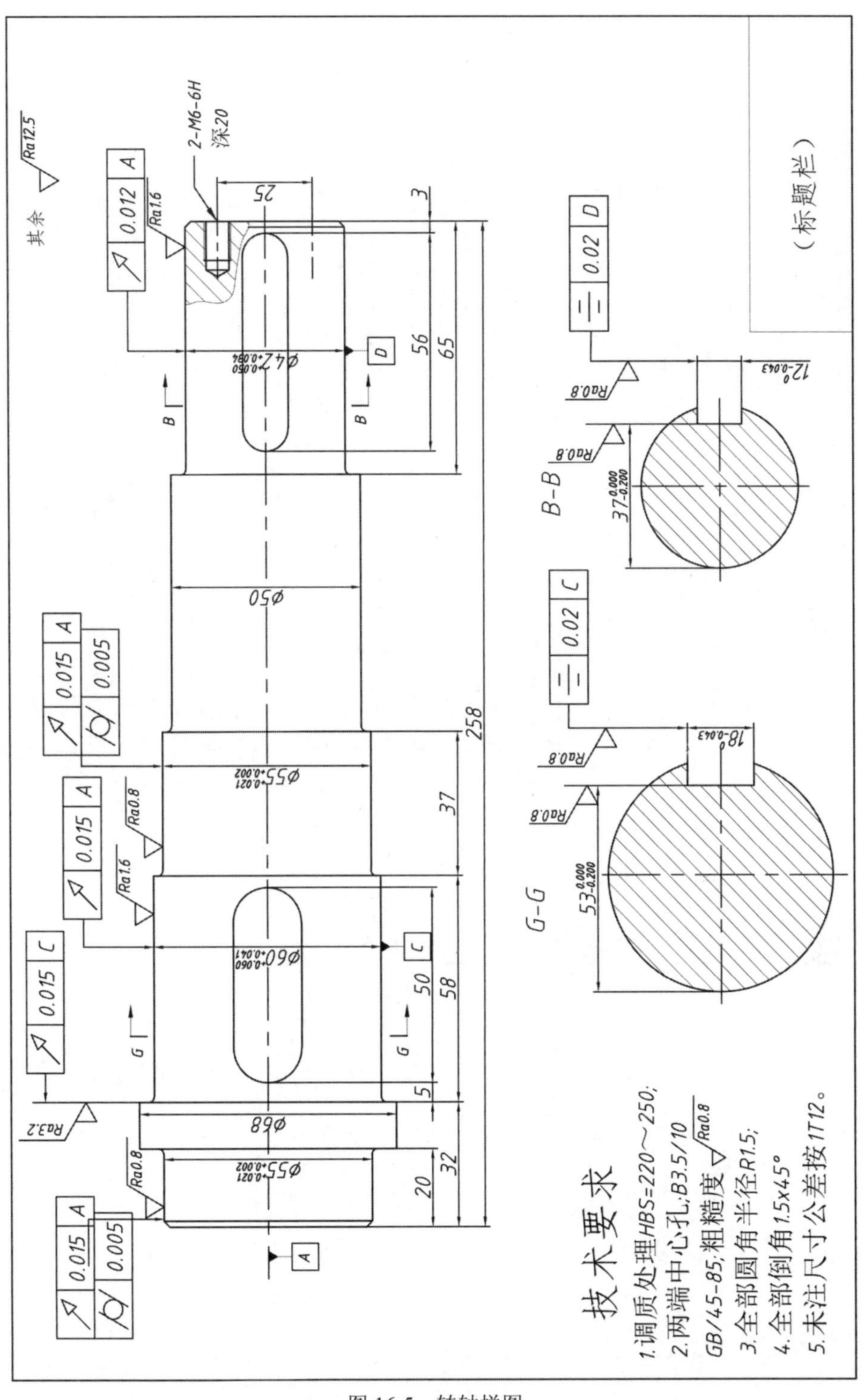

图 16-5　转轴样图

三、装配图样图（图 16-6、图 16-7）

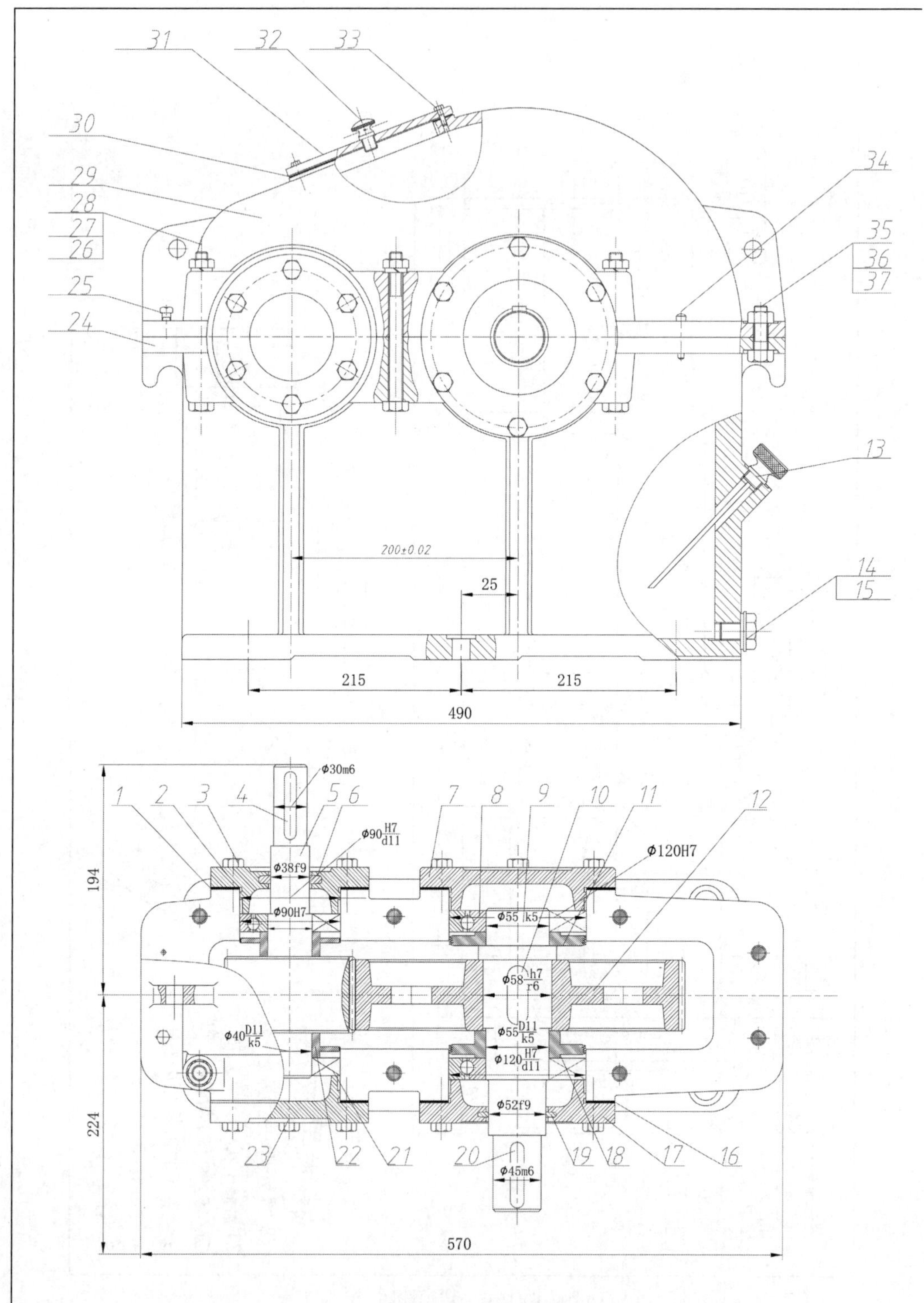

图 16-6 单级减速器样图 1

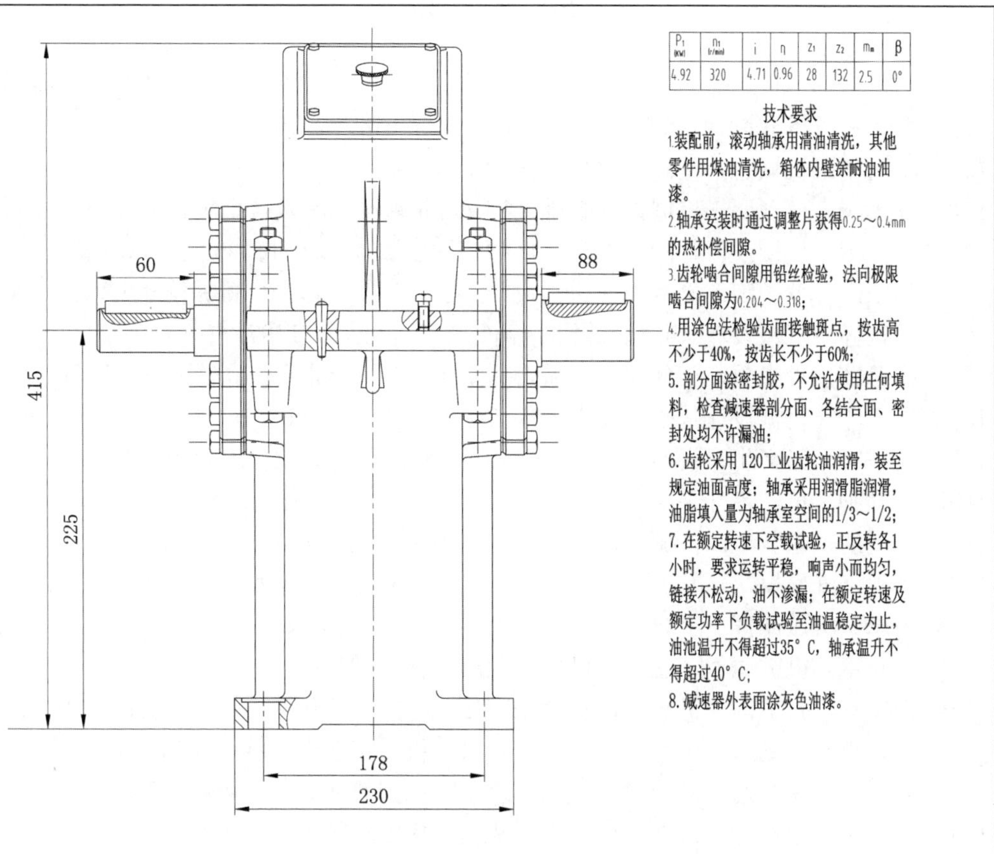

序号	代号	名称	数量	材料	单件质量	总计质量	备注
37	GB/T97.1—2002	垫圈	2	65Mn			12
36	GB/T6170—2000	螺母	2	Q235			M12
35	GB/T5782—2000	螺栓	2	Q235			M12×38
34	GB/T117—2000	圆锥销	2	35			8×30
33	GB/T5783—2000	螺栓	4	Q235			M8×18
32		通气器	1	Q235			
31		检查孔盖	1	Q215			
30		封油垫片	1	石棉橡胶纸			
29		箱盖	1	HT200			
28	GB/T97.1—2002	垫圈	6	65Mn			16
27	GB/T6170—2000	螺母	6	Q235			M16
26	GB/T5782—2000	螺栓	6	Q235			M16×120
25		起盖螺钉	1	35			M12×28
24		箱座	1	HT200			
23		轴承闷盖	1	HT150			
22		封油环	1	Q235			
21	GB/T276—2013	深沟球轴承	2				308
20	GB/T1096—2003	键	1	45			14×80
19		毡圈油封	1	半粗羊毛毡			
18		封油环	1	Q235			
17		轴承透盖	1	HT150			
16		调整垫片	2组	08F			
15		排油螺塞	1	Q235			M20×1.5
14		封油垫	1	石棉橡胶纸			
13		杆式油标	1	Q235			组合件
12		大齿轮	1	45			
11		封油环	1	Q235			
10	GB/T1096—2003	键	1	45			18×65
9		轴	1	45			
8	GB/T276—2013	深沟球轴承	2				311
7		轴承闷盖	1	HT150			
6		毡圈油封	1	半粗羊毛毡			
5		齿轮轴	1	45			
4	GB/T1096—2003	键	1	45			8×50
3	GB/T5783—2000	螺栓	24	Q235			M8×25
2		轴承透盖	1	HT150			
1		调整垫片	2组	08F			

标记	处数	分区	更改文件号	签名	年、月、日		重量	比例	单级圆柱齿轮减速器
设计	(签名)	(年月日)	标准化	(签名)	(年月日)			1:2	
审核									
工艺			批准			共 张 第 张			

图 16-7　单级减速器样图 2

参考文献

[1] 濮良贵．机械设计．8 版．北京：高等教育出版社，2006．
[2] 王新华．机械设计基础．北京：化学工业出版社，2011．
[3] 陈云飞，卢玉明．机械设计基础．7 版．北京：高等教育出版社，2008．
[4] 李文荣．机械设计基础．北京：化学工业出版社，2011．
[5] 吴宗泽，罗圣国．机械设计课程设计手册．3 版．北京：高等教育出版社，2006．
[6] 邱宣怀．机械设计．4 版．北京：高等教育出版社，1997．
[7] 杨可桢，程光蕴，李仲生．机械设计基础．5 版．北京：高等教育出版社，2006．
[8] 郑树琴．机械设计基础．北京：国防工业出版社，2008．
[9] 黄华梁，彭文生．机械设计基础．3 版．北京：高等教育出版社，2001．
[10] 周开勤．机械零件手册．5 版．北京：中国标准出版社，2001．
[11] 纪连清，朱贤华．机械原理．武汉：华中科技大学出版社，2013．
[12] 孙桓，陈作模，葛文杰．机械原理．8 版．北京：高等教育出版社，2013．
[13] 高志．机械原理．上海：华东理工大学出版社，2013．
[14] 冯立艳．机械原理．北京：机械工业出版社，2012．
[15] 杨家军，张卫国．机械设计基础．2 版．武汉：华中科技大学出版社，2013．
[16] 初嘉鹏，刘艳秋．机械设计基础．北京：机械工业出版社，2014．
[17] 侯书林，尹丽娟．机械设计基础．北京：中国农业大学出版社，2012．
[18] 喻全余，李作全．机械设计基础．武汉：华中科技大学出版社，2013．
[19] 朱玉．机械设计基础．北京：北京大学出版社，2013．
[20] 戈晓岚，招玉春．机械工程材料．北京：北京大学出版社，2013．
[21] 庞振基，黄其圣．精密机械设计．北京：机械工业出版社，2003．